航 天 器 结 构

Spacecraft Structures

［荷］雅各布·约布·维科尔（Jacob Job Wijker） 著

董瑶海 周徐斌 满孝颖 张 娇 等译

杜 冬 主审

国防工业出版社

·北京·

著作权合同登记　图字:军–2014–203 号

图书在版编目(CIP)数据

航天器结构/(荷)雅各布·约布·维科尔(Jacob Job
Wijker)著;董瑶海等译. —北京:国防工业出版社,
2017.1
书名原文:Spacecraft Structures
ISBN 978-7-118-10927-6

Ⅰ.①航… Ⅱ.①雅… ②周… Ⅲ.①航天器-结构
设计 Ⅳ.①V414.19

中国版本图书馆 CIP 数据核字(2016)第 298368 号

※

国防工业出版社出版发行

(北京市海淀区紫竹院南路 23 号　邮政编码 100048)
三河市众誉天成印务有限公司印刷
新华书店经售

*

开本 710×1000　1/16　印张 24¾　字数 498 千字
2017 年 1 月第 1 版第 1 次印刷　印数 1—2000 册　定价 98.00 元

(本书如有印装错误,我社负责调换)

国防书店:(010)88540777　　　发行邮购:(010)88540776
发行传真:(010)88540755　　　发行业务:(010)88540717

由于航天领域的特殊性,国内研究人员与国外同行们直接交流的机会不多。即便有,也是零星的针对个别单机产品或某一个具体问题的探讨,很难有全面系统深入的技术交流。并且由于语言障碍,以及双方在研制流程、管理方式等知识背景上的差异或技术保密方面的限制等,很多技术交流与对话停留在表面,难以深入到技术核心。当然,国内的研究人员很勤奋也很聪明,最终通过不断的试验以及吸取很多失败的教训,也能达到几乎与国外水平相当的工程能力,所以几十年来中国航天取得了骄人的成绩,但花费的成本不小,也走过不少弯路。

在全球信息化以及市场国际化的发展趋势下,及时了解世界航天强国的技术方法和研制实践,深入研究对手们的经验和不足,并积极与世界一流航天研究机构对标,不断缩小差距,可以有力地促进国内型号研制能力和技术研发能力的提高。

欧美等国的航天技术研究处于国际领先地位。他们的许多研究人员在总结工程研制实践的基础上出版了大量的研究专著。翻译并出版这些优秀著作应该是当前一个紧迫且极富现实意义的举措。

Spacecraft Structures 就是其中的专著之一。它较为系统地介绍了欧洲一些国家在型号研制管理、航天器结构专业的常用理论和经验方法等,是一本难得的既深入又全面介绍国外航天器结构设计经验的著作。上海卫星工程研究所的设计师在董瑶海总师的带领下,在繁重的型号研制任务之余,花费了很大力气研究了这本英文资料,并将其翻译成了中文,供国内同行们借鉴,相信他们辛勤的工作能够对国内航天型号研制产生积极的作用!

孟执中

在型号研制过程中,经常需要收集并借鉴欧美等航天发达国家的研究成果和成功经验,消化和吸收他们的理论成果和设计方法,并取长补短为我所用,是促进国内航天器设计能力和水平提升的有效途径。

航天器结构是航天器系统中最为重要的分系统之一,它确定了航天器的构型、为有效载荷和各分系统仪器设备提供安装接口和支撑、承受和传递各种载荷(包括过载、振动、冲击、噪声及热载荷等),对航天器任务的圆满完成起到至关重要的作用。

随着航天器任务的精细化和复杂化,对航天器结构在承载能力、发射段振动响应控制水平以及在轨精度保证能力等都提出了比以往更高的要求。这对航天器结构设计人员的能力和水平也提出了新的、更高的要求。因而想到了翻译欧美国家关于航天器结构设计方面的专著,供业内人士参考。

经过遴选,特别是型号一线设计师的推荐,我们选择了 *Spacecraft Structures* 一书。经了解本书的作者在欧洲航天研发单位和高校工作超过 35 年,对航天器结构设计具有独到的见解和丰富的经验。

在翻译过程中,译者了解并学习了欧洲航天系统在航天器结构设计的研制流程和研制方法。本书从载荷假设与环境条件、设计准则、设计细节及制造方法、材料选择、静力与动力分析、失效分析及承载能力、试验验证七大方面进行了详细论述,并在每一小节末及本书最后章节进行了算例分析。它不仅包括了国内通用的设计理论、仿真技术和试验方法,还介绍了随机振动、模态理论、冲击、疲劳、微流星及空间碎片防护等国内航天器结构设计中鲜有涉及的工程和理论方法。如航天器冲击响应的定量评估,国内研究起步较晚,也一直缺乏公认的方法,而本书在相关章节中,直接给出了欧洲和美国航天机构经过大量试验建立的冲击衰减经验公式。又如微流星防护,目前我国还未进行过月球以外的深空探测活动,对深空探测器微流星防护的数据和经验还相当缺乏,书中对微流星环境预估、冲击防护设计均有深入描述。再比如书中用大量篇幅介绍了子结构模态综合在航天器结构动力学仿真分析中的应用,而国内航天器结构分析工程师对此显然是不够重视的。凡此种种,不胜枚举。可以预见,书中的经验会对国内航天器研发能力的提升产生积极作用!

V

本书写作流畅,内容全面、实例丰富,特别注重理论与实践相结合,可作为航天器设计专业高年级本科生及研究生辅助参考书,也可以作为航天器结构研制科研人员的参考资料。

　　本书由董瑶海负责统稿;第 1 章~第 4 章由董瑶海翻译,第 5 章~第 7 章由周徐斌翻译,第 8 章~第 11 章由满孝颖翻译,第 12 章~第 16 章由张娇翻译,第 17 章~第 21 章由刘兴天翻译,第 22 章~第 25 章由李昊翻译,第 26 章~第 29 章由胡梦瑶翻译,杜冬对每一章进行了推敲和审定;张建刚、陈昌亚、石川千、王建炜、朱华、李庆、袁野等对书稿进行了校对。译者还特别感谢浙江大学朱卫秋院士、北京航空航天大学的胡伟平和孟庆春老师、上海交通大学的张志谊和谌勇老师对随机振动、疲劳分析、模态分析及冲击等章节翻译的悉心指导。还要感谢国防工业出版社的肖姝编辑对本书的重要贡献。由于译者的水平有限,在对原文的理解和专业用语方面难免有不妥之处,敬请读者指正并原谅。

译者

2016 年 8 月

这本关于航天器结构设计的专著是基于我在 Dutch Space B.V., formerly Fokker Space B.V., Fokker Space & Systems B.V. and the Space Division of Fokker Aircraft B.V. 等地方超过 35 年的工作经验而撰写的。

目前,我是荷兰德尔夫特理工大学(Delft University of Technology)航天工程学院的兼职副教授,在研究生课程中负责教授"航天器结构"课程。学校的科研氛围和我在航天工业的工作经历促使我产生了写一本关于航天器结构设计相关书籍的愿望。

非常感谢我的妻子 Wil 在我写本书手稿时给予了极大的关心。

更要感谢在荷兰航天领域及德尔夫特理工大学工作的同事们,谢谢他们在本书框架确定的过程中给予的帮助。

Jaap Wijker

家乡 2007

CONTENTS 目录

第1章
概　论

1.1　引　言

　　空间飞行器自诞生以来,便引起学术界和工程界的广泛关注,各国学者对空间飞行器进行了大量的研究,并取得了卓有成效的研究成果。太空探索是人类长久以来的梦想,但由于地球大气层阻碍了大部分的空间辐射,在地面进行太空研究存在诸多限制,而通过空间飞行器从太空来研究行星、恒星和宇宙更加切实可行,因此空间飞行器对太空研究的发展极为重要。

　　因为太空的无重力环境,进行科学研究也更容易产生新发现。

　　和其他众多方式相比,从太空研究地球效率更高。对环境变化乃至天气演化的研究都可以利用天基观测这一高效而廉价的方式进行。

　　空间飞行器的应用已经成为了人们日常生活的一部分,例如,各种气象卫星、环境监测卫星和通信卫星,无不改变着人们的生活方式。其中,通信卫星通常位于赤道上空 36000km 的地球静止轨道上。

　　空间飞行器的应用也产生了新的技术和经济增长点,例如,大量通信卫星的研制需求以及对运载火箭的发射需求。

　　空间飞行器技术具有高度综合性和创新性。它涉及许多技术领域,其中一些将会在本书中详细说明。

　　本书对"空间飞行器"专业领域的全面描述,旨在对空间飞行器的设计、建造和分析方面做一些介绍。包括卫星、运载火箭在内的空间飞行器可分为载人和无人两个明显不同的类别。国际空间站(ISS)、俄罗斯和平号空间站(MIR)、美国航天飞机以及欧洲的空间实验室都是载人空间飞行器,而提供广播和电视服务的通信卫星、提供天气信息的气象卫星都是无人空间飞行器。本书并没有覆盖所有载人/无人空间任务、空间飞行器和运载火箭[Fortescue 1990, Griffin 1991, Marty 1994, Wertz 1999],而是将重点放在无人空间飞行器,尤其是航天器的研制,而不是运载火箭的研制。

　　航天器按它需要执行的任务可分为以下几类:

- 通信卫星(TELECOM,INTELSAT,DRS)

- 气象卫星（METEOSAT，GOES，NOAA）
- 海事卫星（INMARSAT）
- 天文卫星（ANS，IRAS，ISO，Hubble Space Telescope（HST））
- 军事卫星（espionage）
- 地球观测卫星（SPOT，ERS1，Landsat，RADARSAT，ENVISAT）
- 科学卫星（EURECA，GIOTTO，CLUSTER）
- 载人飞行器（航天飞机，空间实验室，"和平"号空间站，国际空间站）
- 微重力卫星（EURECA）

围绕着地球、太阳系其他行星，或者可能更远轨道运行的航天器是一个包含运载火箭（将航天器送入指定轨道）、地面基站（提供通信）在内复杂大系统的一部分。本书仅讲解航天器结构设计方面的内容。

一般说来，航天器可分为两部分：

- 有效载荷
- 服务平台

有效载荷执行预设的任务，如通信卫星的广播通信。空间飞行器的服务平台要包含若干个分系统，如姿态控制、推进、电源、热控、结构、可展开机构（如太阳阵）和遥测遥控等分系统。

Öry [Öry 1991]指出，在航天器结构研制过程中几个主要的部分环节较为重要：

- 载荷设定、载荷环境
- 设计要求
- 设计细节、研制特点、制造方法
- 材料选择
- 静态和动态分析
- 失效分析、承载能力
- 验收级与鉴定级试验

上述内容环环相扣，本书将讨论航天器设计中所有这些环节。

参 考 文 献

Fortescue, P. and Star, J. , 1990, Spacecraft Systems Engineering, Wiley, ISBN 0 471 92794 5.

Griffin, D. G, and French, J. R. , Space Vehicle Design, AIAA Education Series, 1991, ISBN 0-930403-90-8.

Marty, D. , 1994, Systems Spatiaux, Conception et Technology, Masson, ISBN 2-225-84460-7.

Öry, H. , 1991, Structural Design of Aerospace Vehicles I, Space Course, Institut fur Leichtbau, RWTH, Achen.

Wertz, J. and Larson, J. W. , 1999, Space Mission Analysis and Design, third edition, Space technology Library, ISBN 1-881883-10-8.

第 2 章
设计过程

2.1 引　言

航天器研制生产往往具有严格的时间节点要求,同时又要保证一次成功,这导致了其设计和开发具有许多鲜明特征。

对航天器进行的一系列测试和考核要求决定了航天器的最终设计。这些最终设计都体现在图纸和其他资料中,它们共同定义了航天器最终产品和飞行实物的状态。

2.2 设 计 要 求

设计要求(如对质量、刚度、外形等指标的要求)是一切设计的源头。招投标阶段一般要为设计要求可能的改动留有适应的空间。针对一些分系统如太阳阵,还要根据整星设计要求分解出分系统的技术要求。

2.3 设 计 规 范

设计过程的首要工作就是分解得到设计指标。完成这一步需要考虑下列需求:

- 与主任务相关的功能
- 力学载荷
- 环境因素
- 材料特性
- 重量和质心平衡
- 可靠性与寿命
- 安全性要求
- 可互换性、可维修性和可维护性

- 易于管理
- 各个需求因素间的互相干扰

根据设计规范就可以制定设计开发策划书,并定义工作包①。工作包描述了需要完成的工作内容、时间进度和可用的资源。工作包也包括了必要的输入和期望的输出。

2.4 设 计

根据设计开发策划书,通过设计研究、计算机仿真、分析、权衡和详细的试验,以及对试验模型的设计和测试,可对设计技术要求进行验证和完善。

设计过程中的每一阶段,都会将设计固化在产品文件(图纸、工艺卡)、测试大纲和细则中,复杂程度逐步增加。

对试验模型的测试和研究是设计过程中的重要内容。可能这些模型并不是完整的,大多数情况下,会用到以下四部分:

- 结构模型(SM,动力学响应)
- 热模型(TM,真空中的热响应)
- 电路模型(EM,所有联试系统、地面测试设备或地面电气支持设备(Electrical Ground Support Equipment,EGSE)的电响应)
- 鉴定模型(QM,飞行模型(FM)的鉴定件)

对于姿态控制系统的开发,在上述基础上还需增加姿态控制模型。

试验模型测试完成后可能需要对设计进行更改。偏离了规范要求的设计需要得到用户的批准。

2.5 设 计 控 制

设计过程包含若干步骤。经过这些步骤,设计可以逐步深入。这些步骤常常要以一些评审作为标志。大多数情况下,这些评审包括:

- 初步设计评审(Preliminary Design Review PDR):初步设计阶段,一般在试验模型开始生产之前。
- 关键设计评审(Critical Design Review,CDR):在鉴定产品和飞行产品②技术状态确定之前,最好是在飞行产品投产前。

---

① 原著中为 work package,可理解为国内型号工作中具体的节点计划。——译者
② 飞行产品等同国内的正样产品。——译者

4

2.6 练　习

2.6.1　设计和开发

设法找到一份 ESA 和 NASA 的航天器设计开发策划书。

第3章
运载火箭系统

3.1 引　言

发射系统由运载火箭(包含一级或多级)、地面大型支持设备组成。运载火箭将航天器送入至指定轨道和倾角。在发射过程中航天器要承受载荷(后续将讨论),要用鼻锥(整流罩)对航天器进行保护。

因此,运载火箭的选择取决于航天器任务需求,而运载火箭又会对航天器产生约束,如发射重量和可用包络。

Goddard 在 1926 年 3 月 16 日成功发射了第一枚液体火箭。Goddard 是美国火箭推进系统的先驱者之一。他逝世于 1945 年 8 月 10 日。1959 年 5 月 1 日在美国马里兰州的格林贝尔特建立了戈达德航天中心(GSFC)就是为了纪念他。

运载火箭可以分成两类:不可重复用运载火箭(ELV,火箭只能使用一次)和可重复使用运载火箭(RLV,火箭部件可以多次使用)。空间运输系统(STS)就是一个可重复使用运载系统的例子。可/不可重复用运载火箭列举在文献[ESA 2002]中。已经具备提供商业发射能力的国家和地区如下:

- 欧洲
- 美国
- 独联体国家
- 日本
- 中国
- 印度
- 巴西
- 以色列

欧洲的阿丽亚娜5(Ariane 5)和联盟号(Soyuz)运载火箭世界闻名,而美国的航天飞机、德尔塔系列(Delta)、宇宙神系列(Atlas)和大力神系列(TIitan)运载火箭也是享誉世界。

3.1.1 运载火箭用户手册

运载火箭的用户手册旨在向用户(也包括潜在用户)提供火箭的相关信息。通常它包含性能、环境和接口信息,还规定了运载火箭对航天器设计和操作提出的限制条件、可操作的范围。它也描述了运载的操作和发射程序。

一般情况下,用户手册中应该包含下列章节或附录的内容[Arianespace 1998,2002]:

- 引言。
- 运载火箭概况和简要描述。
- 运载火箭性能。这一节要给出运载火箭能力的数据,并简要描述典型任务(如 GTO、SSO、LEO 等)所能发射的航天器的重量。
- 环境条件。力学环境,热环境,无线射频环境,电磁环境,发射过程中的整流罩内的静压变化,以及污染与清洁度状态都要提供。
- 航天器设计的外形尺寸数据。这一节关系到航天器结构设计的外部构型,所以极为重要。内容包含安全规则,航天器建造材料采用的放气性标准,还包括质心位置要求、固有频率下限、分布载荷、与航天器验收级和鉴定级试验相关的静力/正弦振动/声/冲击载荷等。
- 机械接口。这一节描述航天器与运载火箭的接口,涉及到整流罩、星箭适配器和可操作性的问题。
- 电接口和射频接口。
- 发射程序。
- 文档资料。用户使用运载系统后需要的文档资料,如安全性报告、任务分析文件、发射准备、操作范围、运载火箭和有效载荷评审文件。
- 附录中会描述整流罩内部的动态空间、可用的星箭连接适配器。一般情况下,介绍适配器设计状态时也会同时提供其承载能力、冲击响应谱、机械与电接口的图纸。

3.2 练 习

3.2.1 编制设计规范

一个 8000kg 的航天器要发射到 400km① 高度的低地轨道。假定采用阿丽亚娜 5 运载火箭并从位于 Kourou 的综合基地发射。判定阿丽亚娜 5 有没有这

---

① 法属圭亚那库鲁航天发射中心。——译者

个发射能力并完成下列任务：
- 为 8000kg 航天器定义设计规范
- 给出研制流程
- 选择合理的有效载荷适配器
- 定义与航天器的机械接口

阿丽亚娜 5 的用户手册可从 www. arianespace. com/cite/documents 下载。

参 考 文 献

ESA, December 2004, *Launch Vehicles Catalogue*. Volume l and Volume 2, revi sion number 15, ESA contract no. 8152/88/F/BL.

Arianespace. November 2004, *ARIANE 5 User's manual*, Issue 4, revision 0.

Arianespace, September 2004, *VEGA User's manual*, Issue 2, revision 0.

第4章
航天器分系统

4.1 引　　言

运载火箭对搭载的航天器产生了一系列互相矛盾的要求:结实、轻巧、可靠和低成本[Laan 1986]。

除了低重量、低成本、高可靠性等需求,对于个别单机还会有其他特别的要求。例如,对电池提出的温度范围要求可能完全不同于对贮箱内液体推进剂的要求。

为了保证正常工作,每个单机都对其环境提出了要求,同时单机也影响着环境:它占用空间,消耗能量,释放热,形成磁场等。

所有的单机经过封装后彼此靠近,必须保证它们在这样的环境中可以正常工作。通常情况下不会有明显的冲突,不过有时候也可能会引起一些问题。

分系统之间是相互协调的,有时候也彼此支持。例如,结构分系统为设备提供固定的安装位置,承受载荷同时还确保热量可以从温度高的地方传递到温度低的表面。

那么,当分系统对它们的工作环境提出完全不兼容的要求时问题就出现了,比如两个彼此靠近的单机却要求在两个完全不同的温度环境下才能正常工作。

这种情况下必须要采取折中方法。也许这样对单个分系统来说不是最优的,但更重要的是它可以实现整个系统的协调运转。

因为航天器上系统变化和组合多种多样,我们不可能用通常的简化分析来囊括所有的组合。

为了理解分系统之间的相互作用,最重要的分系统以及它们之间的影响可以简化处理。

4.2　电　源　系　统

电源系统就是为其他分系统提供电能,有以下几种类型:

- 蓄电池
- 太阳能电池
- 同位素反应堆
- 燃料电池

4.3　姿态控制系统

姿态控制系统包括：
- 需要外部提供能量的主动系统，通过姿态敏感器和作动器调整姿态。
- 不需要外部能量的被动系统，如偏置飞轮或重力梯度杆。

为了消除外部干扰力矩，和保证一些设备、天线和喷嘴的正常工作，姿态控制系统是必不可少的。

4.4　数 据 系 统[①]

该系统控制着来自敏感器、设备和天线等的数据流。

这些数据常常被临时存储在计算机中，由计算机中的软件进行处理。

数据系统通过数传系统（遥测）与地面站保持联系。

4.5　热 控 系 统

有些单机只有处于一定的温度范围内才能够正常工作，在轨期间必须对这些单机的温度环境进行控制。这就对不同部分之间的热传递提出了要求。

从太阳和其他行星反射光吸收外部能量与向外部（冷空间）散热的传热形式都是辐射。航天器中主要的传热形式是辐射和传导，热控系统在具体的实现上分为被动与主动两种方式。

4.6　通 信 系 统[②]

通信系统与地面站之间进行数据交换，常常也称为遥测与遥控。前者指由航天器发出的信号，后者指航天器接收到的来自地面站的信号。收发常常都是用同一个天线。

---

① 此处 Data System 与我国航天单位对数据系统的定义有明显区别，接近于国内基带数据管理系统。——译者

② 接近于国内星上测控系统、数传系统的信道部分。——译者

4.7　推　进　系　统

在飞行过程中如果需要变轨,就必须使用推进系统。

变轨是通过调整速度来实现的。发动机瞬间点燃并产生脉冲,卫星从转移轨道变到地球同步静止轨道就是这样。

4.8　结　构　系　统

即便没有重力作用,且施加在航天器上的力很小,航天器在设计中也必须考虑能否承受较高的载荷环境。这些载荷发生在起飞阶段——除了较大的加速度,严苛的振动环境也必须引起重视。

航天器结构包括平板结构、圆柱结构以及杆系结构。其中,因为兼具轻量化和高刚度的优势,夹层类结构被大量使用。其他的常用材料也包括铝合金和一些纤维增强树脂材料。

4.9　分系统之间的相互影响

分系统之间应尽可能避免相互影响。

4.9.1　电源系统与姿态控制系统

太阳阵的展开会对航天器姿态产生干扰,同时太阳阵承受的外部扰动力(如太阳光压)也会影响航天器姿态。大型的挠性太阳阵还可能会与姿态控制系统产生动力学耦合作用。

姿态控制系统可以保证太阳阵始终保持对日定向。

主动方式的姿态控制需要消耗能量。

反作用飞轮的卸载需要通过大电流回路的磁线圈来实现。

4.9.2　电源系统与热控系统

由于低温可以保证较高的光电转化效率,故太阳阵的面板需要保持较低温度及反射有害辐射,其结构设计一般较为复杂。

蓄电池工作依靠的是化学反应,因此它的性能和寿命主要取决于温度。

所有消耗的能量都通过热控系统向空间辐射。

4.9.3　姿态控制系统和热控系统

如果使用陀螺作为姿态敏感器,应尽可能保持温度稳定以满足其使用要求。

不过,光学敏感器因为容易受到热变形的影响,它们的温度除了要稳定之外还要求相对于给定的基准温度不能有较大偏差。

4.9.4　热控系统与结构系统

热是通过结构传递的,这就对结构的形式、形状以及材料选择提出一些限制。可以这么说,航天器构型很大程度上决定了不同表面间互相辐射以及向空间辐射的热流大小。

参 考 文 献

Laan,van der,F. H. ,1986,Het natuurlijke ruimtemilieu en de schade die het kan veroorzaken aan ruimtevoertuigen,Thesis work Technical University Delft,Faculaty of Aerospace Engineering.

第 5 章
设计及安全系数

5.1 引　　言

航天工程中之所以要采用安全系数,是因为在载荷预知、结构分析、装配过程和材料特性中存在大量的不确定因素。

本章将给出与各种载荷、许用应力、设计方法、安全系数以及它们的相互关系有关的一些术语。

5.2 术　　语

航天器和运载火箭的设计过程中有一些经常用到的术语,说明如下。

1. 飞行极限载荷

设计条件中的飞行极限载荷是指可能发生的最大载荷,如通常将概率取为 97.7%(2σ)作为定义航天器载荷的覆盖标准。

飞行极限载荷条件下计算得到的应力称为飞行极限应力。

2. 设计极限载荷

设计极限载荷就是飞行极限载荷乘以设计系数,其目的是保证通过设计和试验阶段的考核。设计极限载荷也称为鉴定级载荷。

3. 极端载荷

通常,将设计极限载荷乘以安全系数(the Factor of Safety, FOS)即可得到极端载荷,极端载荷是考核设计最为严酷的载荷条件。

结构必须具备承受极端载荷的能力,施加极端载荷得到的应力称为极端应力。

4. 屈曲载荷

设计极限载荷乘以屈曲安全系数即得屈曲载荷。

5. 屈服载荷

设计极限载荷乘以屈服安全系数就是屈服载荷。结构必须能够承受该载荷且不产生永久变形。

6. 验证载荷

验证载荷就是设计极限载荷乘以验证系数。它可以在航天器或运载整体进行测试前对部分结构进行考核。例如,推进剂贮箱需要在一定内压作用下进行验证载荷的试验。

7. 许用应力

许用应力就是在不发生断裂、失效或任何有害变形前提下的最大应力。

8. 材料强度

材料强度就是作为组成结构的具体材料所能承受的最大应力水平。

9. A 值

所谓 A 值就是指样本中高于这个值的占 99% 以上的比例,其可靠性达到 95%。这意味着 99% 的样本特性参数高于 A 值这一事件发生的概率为 95%。

10. B 值

所谓 B 值就是指高于这个值的样本中有至少 90% 的比例,其可靠性达到 95%。这意味着 90% 的样本特性参数高于 B 值这一事件发生的概率为 95%。

为了确定某种材料强度特性的 A 值与 B 值,可以取 n 个样本,其结果为 x_i ($i=1,2,\cdots,n$)。假定 x_i 满足正态分布,其均值 μ 和标准方差 σ 均未知,那么均值为

$$\bar{x} = \frac{1}{n} \sum_{i=1}^{n} x_i \tag{5.1}$$

和标准方差为 s

$$s = \sqrt{\frac{\sum_{i=1}^{n} (x_i - \bar{x})^2}{n-1}} \tag{5.2}$$

可通过样本进行计算。A 值和 B 值取决于样本容量 n、样本均值 $\bar{x}$、样本标准方差 s,单侧置信区间 $1-\alpha=0.95$ 和百分比 $1-\gamma=0.99,0.90$(占大于等于 A 值或 B 值的集合的百分比)。确定 A 值和 B 值可分别利用下列表达式:

- A 值:$x_A = \bar{x} - k_A s$
- B 值:$x_B = \bar{x} - k_B s$

一般情况下 $n \geqslant 10$。

权重因子 k_A、k_B 列举在表 5.1 中。

k_A 和 k_B 可以用下列公式近似表示[Stange 1970 和 A5-SG-1-X-10-ASAI-2003]:

$$k = \frac{2(n-1)}{2(n-1) - u_{1-\alpha}^2} \left[u_{1-\gamma} + \frac{u_{1-\alpha}}{\sqrt{2(n-1)}} \sqrt{\frac{2(n-1)}{n} + u_{1-\gamma}^2 - \frac{u_{1-\alpha}^2}{n}} \right]$$

$$\tag{5.3}$$

表 5.1   A 值和 B 值的权重因子

$1-\alpha = 0.95$	$1-\gamma = 0.90$	$1-\gamma = 0.99$
n	k_B	k_A
5	3.407	5.741
6	3.006	5.062
7	2.755	4.642
8	2.582	4.354
9	2.454	4.143
10	2.355	3.981
15	2.068	3.520
20	1.926	3.295
30	1.777	3.064
∞	1.282	2.326

标准正态分布的分位数 u_P 见表 5.2。

表 5.2   分数与分位数

$1-\alpha, 1-\gamma$	$P = 0.90$	$P = 0.95$	$P = 0.99$
u_P	1.2816	1.6449	2.3263

11. S 值

各研究机构指定的最小力学特性数值[Peery 1982]。

12. 鉴定级载荷

在鉴定级试验中采取的载荷就是鉴定级载荷。

13. 验收级载荷

航天器飞行模型在发射之前应该经过飞行验收级载荷的考核。

14. 安全裕度

安全裕度(MS 或 MoS,Margin of Safety)是指先用许用强度或应力(A 值、B 值或其他值)除以实际应力与安全系数乘积的比值,再用比值减去 1。也就是说安全裕度必须大于或等于 0,即。

$$MS = \frac{s_r}{FoS \times s_a} - 1 \geq 0 \qquad (5.4)$$

式中:s_r 为许用强度(应力);s_a 为设计载荷作用下的实际应力;FoS 为安全系数(屈服、断裂、屈曲等)。

15. 失效安全

结构设计应该保证在个别结构单元失效之后,整体结构仍可正常工作。

16. 寿命安全

结构设计还应当保证在动载荷作用下结构单元中不可探测的最大裂纹不会扩展。

5.3 航天器的安全系数

各种载荷与安全系数之间的关系如图 5.1 所示。这个示意图引自 [ECSS-E -30 Part 2A]。

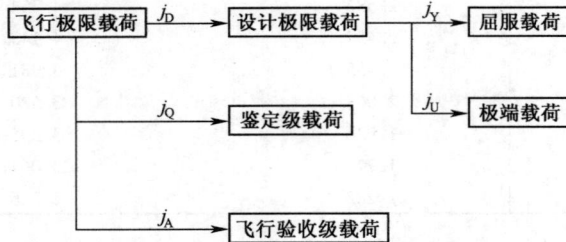

图 5.1 载荷与安全系数的关系

安全系数 j_D、j_Q 和 j_A 代表了在飞行极限载荷作用下的安全概率大小(可靠性)。安全系数 j_Y 可以确保设计飞行载荷作用下屈服风险在可接受的范围内,j_U 可确保在设计飞行载荷作用下的断裂失效风险在可接受范围内。

在 ESA 的项目中,常使用下列因子:
- j_D 取 1.4~1.5
- j_Q 对阿丽亚娜系列运载火箭中取 1.25
- j_A 对阿丽亚娜系列运载火箭中取 1.1
- j_Y 取 1.1~1.25
- j_U 取 1.25~1.5

NASA 航天飞行产品的结构设计因子和相关安全系数可参见 [NASA-STD-5001]。

5.4 练 习

5.4.1 安全系数应用调研

从相关文献中调研欧空局使用的安全系数,并把它们填在表 5.3 中。

表 5.3 安全系数应用清单

鉴定级	类型	运载火箭	在卫星研制工程中采用的安全因子 (相对于飞行限制载荷)			
			j_D	j_Y	j_U	$j_Q \cdot j_A$
结构模型						
飞行模型						

参 考 文 献

A5-SG-1-X-10-ASA1,2003,*Specification de Conception de Dimensionement et d' Essais des Structures*,Edition 5,Revision 12,April 8th,2003.

ECSS-E-30 Part 2A,April 25,2000,*Space Engineering*,*Mechanical-Part 2*:*Structural*.

Stange,K. ,1970,*Angewandte Statistik*,*Eindimensionale Probleme*,Erster Teil,Springer-Verlag,ISBN 3-540-05256-9.

NASA-STD-5001,June 21,1996,*Structural Design and test Factors of Safety for Space flight Hardware*.

Peery,D. J. ,Azar,J. J. ,1982,*Aircraft Structures*,ISBN 0-07-049196,McGraw-Hill Book Company.

第6章
航天器设计载荷

6.1 引 言

运载火箭和航天器的低频载荷源于发动机点火、发动机关机、阵风或切变风、准静态载荷。其他载荷环境如声载荷、随机振动、正弦振动和冲击。

这些环境出现在发射段，该段包含的事项见表 6.1。

表 6.1 运载发射环段的载荷源[Yunis 2005]

事项	声载荷	随机振动	正弦振动	冲击
起飞段	×	×		
气动/抖振	×	×		
分离(级间分离、整流罩分离、星箭分离)				×
发动机点火/燃烧/POGO		×	×	

在航天器整个生命周期的任意一个阶段，其最大载荷(飞行极限载荷)都是设计主结构、次结构或其他部分的依据。

在航天器的整个生命周期内，动态载荷包括：

- 装卸载荷。
- 运输载荷。
- 航天器结构考核试验的动态载荷：
  —— 正弦振动
  —— 随机振动
  —— 声压
- 发射段的动态载荷：
  —— 稳态加速度(惯性载荷)
  —— 正弦振动
  —— 随机振动

　　　　　　── 声载荷
　　　　　　── 冲击载荷
　　　　　　── 压力变化
- 再入载荷。
- (紧急)着陆的载荷(STS)。
- 发射之后的载荷:
　　　　　　── 变轨时的载荷
- 在轨航天器承受的载荷(服役期载荷):
　　　　　　── 折叠部件如太阳阵、天线等展开时的载荷
　　　　　　── 温度梯度产生的载荷
　　　　　　── 微重力载荷
　　　　　　── 微流星与碎片

　　通常情况下,发射段动态载荷是航天器主结构承受的最大载荷。后面章节将探讨其试验载荷条件。

　　折叠式结构在地球轨道上和发射段经历的载荷环境完全不同。

　　下面对发射载荷和微流星/碎片也进行了介绍,包括:
- 来自以下因素的稳态载荷:
　　　　　　── 发动机推进
　　　　　　── 横向风载荷
　　　　　　── 侧向拐弯
- 发动机不稳定燃烧、箭体紊流和喷气噪声(尤其是发射初期)产生的动态载荷。这些机械振动(基础激励)通过星箭界面传递,包括:
　　　　　　── 正弦振动
　　　　　　── 随机振动
　　　　　　── 冲击载荷
- 喷气噪声和箭体紊流产生的声学载荷(即声压)。
- 级间分离、星箭分离、发动机点火和关机产生的冲击载荷。航天器自身的分离也会产生较高的冲击载荷。
- 压力变化。发射过程中外部绝对压力是在下降的,如果没有安装适当的卸压系统,就有可能影响航天器。
- 微流星/碎片。安装在航天器外部的零件、单机盒和设备都暴露在微流星和人造碎片环境中。

6.2　运输载荷系数

　　典型的运输和装卸载荷系数见表6.2。

表 6.2　运输极限载荷因子［NASA-HDBK-7005］

运输环境	前进方向 载荷因子	横向载荷因子	纵向载荷因子
水运	±0.5	±2.5	±2.5
空运	±3.0	±1.5	±3.0
陆运			
• 卡车	±3.5	±2.0	±6.0
• 铁路(驼峰道岔冲击)	±6.0~±30.0	±2.0~±5.0	±4.0~±15.0
• 铁路(左右横滚)	±0.25~±3.0	±0.25~±0.75	±0.2~±3.0
• 慢速推车	±3.1	±0.75	±2.0

如果没有对航天器采取特别保护措施以确保其在运输过程中不受损伤,那么在航天器设计和分析时必须考虑运输载荷的影响。

6.3　稳态载荷

沿发射方向的最大稳态加速度出现在火箭每一级的燃烧末期。加速度增加的原因是运载质量递减,而推力是维持恒定的。图 6.1 给出了德尔塔 2 运载火箭加速度历程的示例。

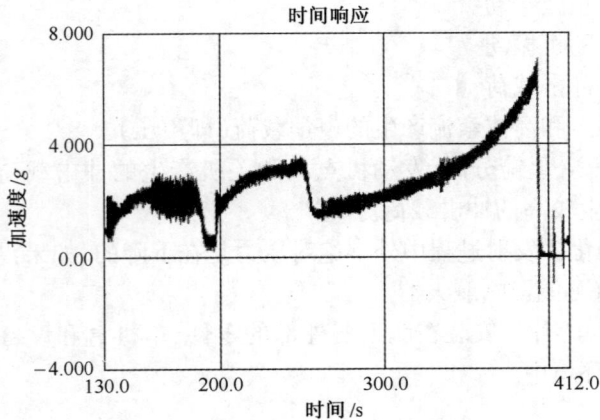

图 6.1　德尔塔 2 运载火箭加速度时间历程(感谢 FEMCI, NASA GSFC 提供)

不同运载火箭的最大稳态加速度见表 6.3。

表6.3　最大稳态加速度

运载火箭	最大稳态加速度	
	纵向/g	横向/g
Ariane 4	4.5	0.2
Ariane 5	4.25	0.2
Atlas	5.5	0.4
Delta 2	5.5~7[a]	0
Pegasus	7~10	0
Proton	4	0
Long March 2E	5.2	0.6
Long March 3	5.5	0.6
注:具体数据与航天器质量有关		

6.4　动　态　载　荷

发射过程中的动态载荷可以分成:

- 5~100Hz 区间的低频正弦振动
- 20~2000Hz 区间内的随机振动

低频加速度时程曲线如图6.2所示,高频加速度时程曲线如图6.3所示。

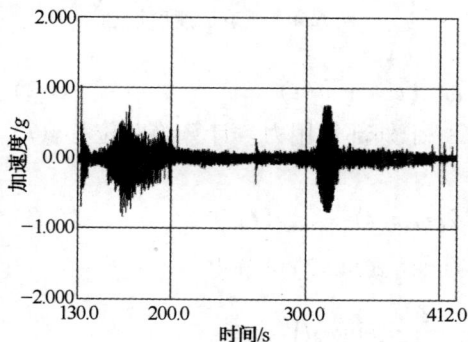

图6.2　低频加速度时程曲线
（感谢 FEMCI，NASA GSFC 提供）

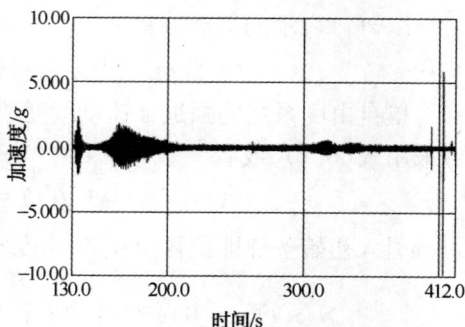

图6.3　高频加速度时程曲线
（感谢 FEMCI，NASA GSFC 提供）

6.4.1　正弦激励载荷

低频正弦振动是星箭耦合结构模态与载荷相互作用的结果[NASA Practice No. PT-TE-1406, Lalanne 2002a]。这些载荷发生在以下情况:

- 起飞时刻——发动机瞬间产生的推力相当于一个冲击载荷,可以激起低频响应。

- 发动机燃烧过程中——在发动机燃烧过程中的正弦振动既发生在飞行方向,也发生在与飞行方向靠近的方向。
- POGO(如同一根直杆底部依靠一根弹簧固定)——即便工程师们想尽办法降低 POGO 效应引起的振动,实际还是可以看到在每一级点火 POGO 仍有发生。

德尔塔 925 运载火箭历次飞行最大的正弦振动包络如表 6.4 所列。

表 6.4　正弦振动包络

方向	频率/Hz	加速度/g
发射方向(纵向)	5~6.2	12.7mm(2 倍的幅值)等幅
	6.2~100	1.0
横向	5~100	0.7

强迫加速度

如图 6.4 所示,给定一个单自由度系统,由质量单元 m,阻尼单元 c 和弹簧单元 k 组成。系统放置在一个运动的基础上。基础运动加速度为 $\ddot{u}(t)$。设质量单元位移为 $x(t)$。引入位移 $z(t)$ 表示质量单元相对于基础的位移,定义为

$$z(t) = x(t) - u(t) \qquad (6.1)$$

图 6.4　强迫加速度运动

以 $z(t)$ 表示的运动方程为

$$\ddot{z}(t) + 2\zeta\omega_n\dot{z}(t) + \omega_n^2 z(t) = -\ddot{u}(t) \qquad (6.2)$$

单自由度系统的强迫加速度就变成了一个外部作用力。计算绝对位移 $x(t)$ 可采用式(6.1),或者

$$\ddot{x}(t) = \ddot{z}(t) + \ddot{u}(t) = -2\zeta\omega_n\dot{z}(t) - \omega_n^2 z(t) \qquad (6.3)$$

引入初始条件即位移 $z(0)$ 和速度 $\dot{z}(0)$,由式(6.2)可解得

$$z(t) = z(0)e^{-\zeta\omega_n t}\left(\cos\omega_d t + \frac{\zeta}{\sqrt{1-\zeta^2}}\sin\omega_d t\right)$$

$$+ \dot{z}(0)e^{-\zeta\omega_n t}\frac{\sin\omega_d t}{\omega_d} - \int_0^t e^{-\zeta\omega_n \tau}\frac{\sin\omega_d \tau}{\omega_d}\ddot{u}(t-\tau)\mathrm{d}\tau \qquad (6.4)$$

式(6.4)的第一部分和第二部分取决于初始条件,因为阻尼作用将快速耗散,因此我们主要关注通解(稳态解)。

通常情况下,正弦振动可以用复数表达($j=\sqrt{-1}$),即

$$z(t) = Z(\omega)e^{j\omega t} \qquad (6.5)$$

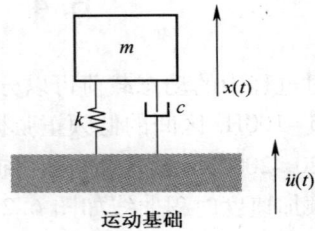

22

利用下列傅里叶变换与逆变换,即

$$Z(\omega) = \int_{-\infty}^{\infty} z(t) e^{-j\omega t} dt \qquad (6.6)$$

和

$$z(t) = \frac{1}{2\pi} \int_{-\infty}^{\infty} Z(\omega) e^{j\omega t} d\omega \qquad (6.7)$$

速度变为

$$\dot{z}(t) = j\omega Z(\omega) e^{j\omega t} = \dot{Z}(\omega) e^{j\omega t} \qquad (6.8)$$

加速度变为

$$\ddot{z}(t) = (j\omega)^2 Z(\omega) e^{j\omega t} = -\omega^2 Z(\omega) e^{j\omega t} = \ddot{Z}(\omega) e^{j\omega t} \qquad (6.9)$$

与 j 相乘意味着将向量(如 $Z(\omega)$)在复数坐标系内沿逆时针方向旋转 90°(Wessel's geometry,[Nahin 1998])。

复数 $j = \sqrt{-1}$ 称为旋转符。

式(6.2)变为

$$(-\omega^2 + 2j\zeta\omega\omega_n + \omega_n^2) Z(\omega) = -\ddot{U}(\omega) \qquad (6.10)$$

或

$$\ddot{Z}(\omega) = \frac{\omega^2 \ddot{U}(\omega)}{(-\omega^2 + 2j\zeta\omega\omega_n + \omega_n^2)} = H(\omega)(\ddot{U}(\omega)) \qquad (6.11)$$

和

$$\ddot{X}(\omega) = \ddot{Z}(\omega) + \ddot{U}(\omega) = \{H(\omega) + 1\}\ddot{U}(\omega) \qquad (6.12)$$

$$H_{\ddot{x}}(\omega) = H(\omega) + 1 = \frac{\omega^2}{\omega_n^2} \frac{1}{\left(\left(1 - \frac{\omega^2}{\omega_n^2}\right) + 2j\zeta\frac{\omega}{\omega_n}\right)} + 1 \qquad (6.13)$$

从这里可以得到三个响应控制区:

(1) $\frac{\omega}{\omega_n} < 1$,传递函数 $H_{\ddot{x}}\left(\frac{\omega}{\omega_n}\right) \approx 1$,此时对应刚度控制区。

(2) $\frac{\omega}{\omega_n} = 1$,传递函数 $H_{\ddot{x}}\left(\frac{\omega}{\omega_n}\right) \approx \frac{1}{2j\zeta} + 1 \approx \frac{1}{2j\zeta}$,此时对应阻尼控制区。

(3) $\frac{\omega}{\omega_n} > 1$,传递函数 $H_{\ddot{x}}\left(\frac{\omega}{\omega_n}\right) \approx 0$,此时对应质量控制区。

传递函数的模 $\left|H_{\ddot{x}}\left(\frac{\omega}{\omega_n}\right)\right|$ 如图 6.5 所示。

正弦位移 $x(t)$ 可以写为

$$x(t) = D e^{j\omega t} \qquad (6.14)$$

式中:D 为正弦位移的幅值;ω 为激励频率(Rad/s)。角频率 ω 可表达为单位秒内周期的个数 f(Hz)的关系式 $\omega = 2\pi f$。

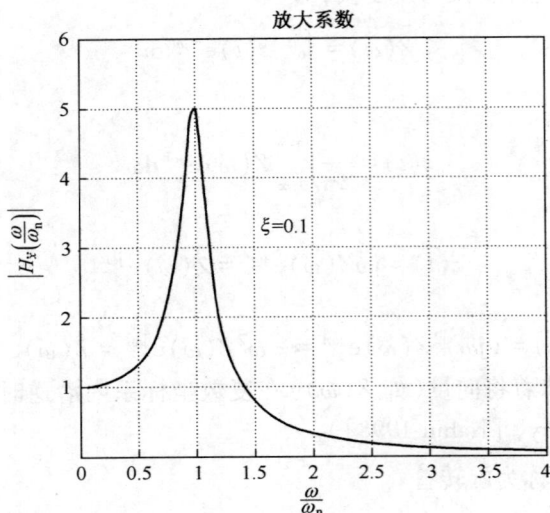

图 6.5　传递函数的模 $\left| H_{\ddot{x}}\left(\dfrac{\omega}{\omega_n}\right) \right|$

速度 $\dot{x}(t)$ 是位移对时间的导数，即

$$\dot{x}(t) = \mathrm{j}\omega D \mathrm{e}^{\mathrm{j}\omega t} \qquad (6.15)$$

可以看到，速度 $\dot{x}(t)$ 的相位超前位移 $x(t)$ $\dfrac{\pi}{2}$ 角。

加速度 $\ddot{x}(t)$ 是速度对时间导数，即

$$\ddot{x}(t) = -\omega^2 D \mathrm{e}^{\mathrm{j}\omega t} \qquad (6.16)$$

相似地，可看到加速度 $\ddot{x}(t)$ 相对于位移 $x(t)$ 有 $\pm\pi$ 角的相差。

在频率 $f = 6.2\mathrm{Hz}$ 处幅值 $D = \dfrac{0.0127}{2} = 0.00635\mathrm{m}$，正弦加速度幅值为 $\omega^2 D = (2\pi 6.2)^2 0.00635\mathrm{m/s}^2 = 9.64\mathrm{m/s}^2 \approx 1(g)$

固有频率的影响

一个两质量弹簧系统如图 6.6 所示。m_1 和 k_1 表示航天器或设备与单机，m_2 和 k_2 代表运载火箭或航天器。

只有星箭组合体固有频率、航天器与设备/单机盒组合体的固有频率彼此合理错开的前提下，才可以应用准静态载荷条件。按此前提，系统最高固有频率为

$$f_1 = \frac{1}{2\pi}\sqrt{\frac{k_1}{m_1}} \qquad (6.17)$$

将明显高于系统的最低固有频率。

系统最低固有频率可根据邓克莱（Dunkerly）公式进

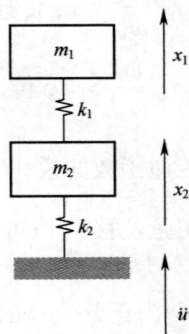

图 6.6　两质量弹簧系统

行估算:

$$\frac{1}{f_{\text{tot}}^2} = \frac{1}{f_1^2} + \frac{1}{f_2^2} \tag{6.18}$$

式中: $f_2 = \frac{1}{2\pi}\sqrt{\frac{k_2}{m_1 + m_2}}$ 是假定 m_1 和 k_1 接近刚体这种极端情况下的系统固有频率。如果 f_1 和 f_2 间隔较大,则系统最低的固有频率 $f_{\text{tot}} \approx f_2$。运动接近于单自由度系统(图 6.5)。

另一种估算最低固有频率的方法是采用瑞利(Rayleigh)定理:

$$\omega^2 \approx R(q) = \frac{\{q\}^{\text{T}}[K]\{q\}}{\{q\}^{\text{T}}[M]\{q\}} \tag{6.19}$$

式中: $[M]$ 和 $[K]$ 分别为质量阵和刚度矩阵,$\{q\}$ 为某个假定的模态振型。不妨采用重力场下的静变形,即

$$\begin{Bmatrix} q_1 \\ q_2 \end{Bmatrix} = g \begin{Bmatrix} \dfrac{m_1}{k_1} + \dfrac{m_1 + m_2}{k_2} \\ \dfrac{m_1 + m_2}{k_2} \end{Bmatrix} = \begin{Bmatrix} \dfrac{1}{f_1^2} + \dfrac{1}{f_2^2} \\ \dfrac{1}{f_2^2} \end{Bmatrix} = \begin{Bmatrix} \dfrac{f_2^2}{f_1^2} + 1 \\ 1 \end{Bmatrix} \tag{6.20}$$

如果 $\dfrac{f_2^2}{f_1^2} < 1$,那么 $\dfrac{q_1}{q_2} \approx 1$,$m_1$ 和 k_1 就如同刚体那样。如果 $\dfrac{f_2^2}{f_1^2} \approx 1$,那么 m_1 和 k_1 就如同质量弹簧阻尼系统[①],响应将会明显放大。

算例

某动力学系统 $m_1 = 10\text{kg}$,$m_2 = 150\text{kg}$,$f_2 = \dfrac{1}{2\pi}\sqrt{\dfrac{k_2}{m_1 + m_2}} = 15\text{Hz}$,$f_1 = \dfrac{1}{2\pi}\sqrt{\dfrac{k_1}{m_1}} = 40\text{Hz}$。

可以通过 $k_1 = (2\pi f_1)^2 m_1$ 和 $k_2 = (2\pi f_2)^2 (m_1 + m_2)$ 计算弹簧刚度。在整个频率范围内的基础激励为 $\ddot{u}(t) = 1\text{m/s}^2$,模态阻尼取 $\zeta = 0.02$,可以计算传递函数 $|H_1(\omega)|$ 和 $|H_2(\omega)|$。

从图 6.7 可看到,质量单元 m_1 与 m_2 最大幅值相同。

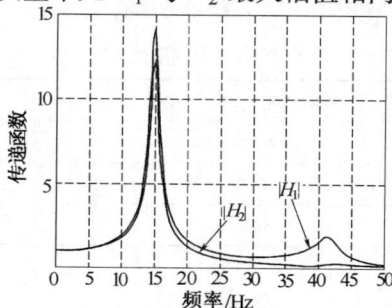

图 6.7 传递函数

---

① 即类似于调谐质量阻尼器。——译者

25

如果 $f_1 = f_2 = 15\mathrm{Hz}$，传递函数 $\mid H_1(\omega)\mid$ 和 $\mid H_2(\omega)\mid$ 可以再计算一次，如图 6.8 所示。

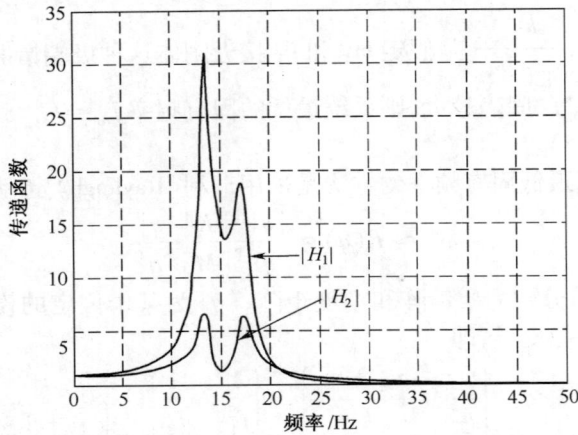

图 6.8　传递函数 $(f_1 = f_2 = 15\mathrm{Hz})$

从图 6.8 可知，质量 m_1 幅值远大于 m_2 幅值。m_1 和 k_1 就如同一个调谐质量弹簧系统，其吸振频率与 m_2 相同。质量 m_2 峰值被劈成了两个较小的峰值。

算例结束

6.4.2　随机载荷

声载荷和边界层紊流转变成为运载火箭的机械振动，作用于航天器底部。

在阿丽亚娜 5 的用户手册中并未规定随机振动条件，假定声载荷可以覆盖随机振动环境。有许多随机振动的教材，如［Lalanne 2002c，Newland 1975］。

通常，对设备和单机等要明确提出随机振动载荷条件。阿丽亚娜 4 运载火箭规定了随机振动环境（表 6.5），提供给航天器底部基础作为输入条件。

工程中假定随机加速度信号是平稳遍历的。

表 6.5　随机振动

频率范围/Hz	功率谱密度/(g^2/Hz)	均方根加速度/g
20～150	+6dB/oct	
150～700	0.04	7.3
700～2000	−3dB/oct	

功率谱密度

周期为 $T = \dfrac{1}{f}(\mathrm{s})$ 周期信号 $x(t)$ 的均方根（rms）定义为

$$x_{\mathrm{rms}} = \left[\frac{1}{T} \int_{t_0}^{t_0+T} \{x(t)\}^2 \mathrm{d}t \right]^{\frac{1}{2}} \tag{6.21}$$

式中:t_0 为任意起始时间。

随机信号 $x(t)$ 的均方根 x_{rms} 定义为

$$x_{\mathrm{rms}} = \left[\lim_{T \to \infty} \frac{1}{T} \int_{-\frac{T}{2}}^{\frac{T}{2}} x^2(t) \mathrm{d}t \right]^{\frac{1}{2}} \tag{6.22}$$

$x(t)$ 的自相关函数定义为

$$R_{xx}(\tau) = \lim_{T \to \infty} \frac{1}{T} \int_{-\frac{T}{2}}^{\frac{T}{2}} x(t) x(t+\tau) \mathrm{d}t \tag{6.23}$$

延后时间 τ 的定义如图 6.9 所示。

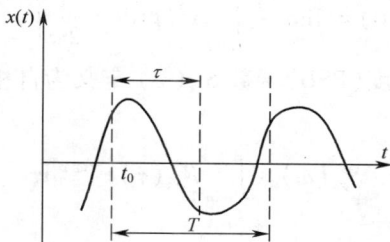

图 6.9 周期信号 $x(t)$

从式(6.21)和式(6.23)可以看到

$$R_{xx}(0) = \lim_{T \to \infty} \frac{1}{T} \int_{-\frac{T}{2}}^{\frac{T}{2}} x(t) x(t) \mathrm{d}t = \lim_{T \to \infty} \frac{1}{T} \int_{-\frac{T}{2}}^{\frac{T}{2}} x^2(t) \mathrm{d}t = x_{\mathrm{rms}}^2 \tag{6.24}$$

算例

正弦位移 $x(t) = D\sin(\omega t)$,周期为 $T = 2\pi |\omega|$(图 6.9),用式(6.21)可计算均方根 x_{rms}:

$$x_{\mathrm{rms}} = \left[\frac{D^2 \omega}{2\pi} \int_{t_0}^{t_0+\frac{2\pi}{\omega}} \{\sin(\omega t)\}^2 \mathrm{d}t \right]^{\frac{1}{2}} = \sqrt{\frac{D^2}{2\pi} \frac{\omega t}{2} \bigg|_{t_0}^{t_0+\frac{2\pi}{\omega}}} = \frac{1}{2} D\sqrt{2}$$

$x(t)$ 的自相关函数为

$$R_{xx}(\tau) = \frac{\omega D^2}{2\pi} \int_0^{\frac{2\pi}{\omega}} \sin\omega t \sin\omega(t+\tau) \mathrm{d}t = \frac{D^2}{2} \cos\omega\tau$$

和均方值 $R_{xx}(0) = x_{\mathrm{rms}}^2 = \dfrac{D^2}{2}$

算例结束

借助帕斯瓦尔(Parseval)定理,$x(t)$ 的平均功率在频域中可表示为[Papoulis 1962],即

$$\lim_{T\to\infty}\frac{1}{T}\int_{-\frac{T}{2}}^{\frac{T}{2}}x^2(t)\,\mathrm{d}t = \lim_{T\to\infty}\frac{1}{2\pi T}\int_{-\frac{T}{2}}^{\frac{T}{2}}X(\omega)X^*(\omega)\,\mathrm{d}\omega = \lim_{T\to\infty}\frac{1}{2\pi}\int_{-\frac{T}{2}}^{\frac{T}{2}}\frac{\mid X(\omega)\mid^2}{T}\,\mathrm{d}\omega$$

$$(6.25)$$

式中：$\mid X(\omega)\mid^2$ 即为功率谱，

$$\mid z\mid^2 = zz^* = (x+\mathrm{j}y)(x-\mathrm{j}y) = x^2 + y^2,\ X^*(\omega) = \int_{-\infty}^{\infty}x(t)\,\mathrm{e}^{\mathrm{j}\omega t}\,\mathrm{d}t,$$

$\lim\limits_{T\to\infty}\dfrac{\mid X(\omega)\mid^2}{T}$ 为功率谱密度（PSD）一般用 $S_{xx}(\omega) = \lim\limits_{T\to\infty}\dfrac{\mid X(\omega)\mid^2}{T} \geqslant 0$ 表示。

PSD 函数的量纲是 $\mathrm{unit}^2/\mathrm{rad}$。

式（6.25）可以改写为

$$x_{\mathrm{rms}}^2 = R_{xx}(0) = \lim_{T\to\infty}\frac{1}{T}\int_{-\frac{T}{2}}^{\frac{T}{2}}x^2(t)\,\mathrm{d}t = \frac{1}{2\pi}\int_{-\infty}^{\infty}S_{xx}(\omega)\,\mathrm{d}\omega \qquad (6.26)$$

因此，$x(t)$ 的功率谱密度（PSD）函数 $S_{xx}(\omega)$ 定义为自相关函数 $R_{xx}(\tau)$ 的傅里叶变换

$$S_{xx}(\omega) = \int_{-\infty}^{\infty}R_{xx}(\tau)\,\mathrm{e}^{-\mathrm{j}\omega\tau}\,\mathrm{d}\tau \qquad (6.27)$$

和均方值为

$$R_{xx}(\tau) = \frac{1}{2\pi}\int_{-\infty}^{\infty}S_{xx}(\omega)\,\mathrm{e}^{\mathrm{j}\omega\tau}\,\mathrm{d}\omega \qquad (6.28)$$

式（6.27）和式（6.28）构成了维纳 – 辛钦定理（Wiener – Kintchine）[Harris1974]。

PSD 函数关于 $\omega = 0$ 对称，即 $S(\omega) = S(-\omega)$，因此

$$R_{xx}(\tau) = \frac{1}{2\pi}\int_{0}^{\infty}2S_{xx}(\omega)\,\mathrm{e}^{\mathrm{j}\omega\tau}\,\mathrm{d}\omega = \frac{1}{2\pi}\int_{0}^{\infty}2S_{xx}(\omega)\cos\omega t\,\mathrm{d}\omega \qquad (6.29)$$

用每秒周数（Hzcps）定义功率谱密度更为实用，即

$$R_{xx}(\tau) = \int_{0}^{\infty}2S_{xx}(\omega)\cos(2\pi ft)\,\mathrm{d}f = \int_{0}^{\infty}W_{xx}(f)\cos(2\pi f\tau)\,\mathrm{d}f \qquad (6.30)$$

式中：$W_{xx}(f) = 2S_{xx}(\omega)$ 为频域内（Hz）的功率谱函数，$W_{xx}(f)$ 的量纲是 $\mathrm{unit}^2/\mathrm{Hz}$，例如 $\mathrm{Pa}^2/\mathrm{Hz}$，$g^2/\mathrm{Hz}$ 等。

由式（6.26）和式（6.30）可知 $x(t)$ 的均方根为

$$x_{\mathrm{rms}} = \sqrt{R_{xx}(0)} = \sqrt{\int_{0}^{\infty}W_{xx}(f)\,\mathrm{d}f} \qquad (6.31)$$

算例

限带白噪声的功率谱密度为 $W(f)$，在 $[f_1,\ f_2]$ 频带内为常数 W_0，如图 6.10 所示。

由式（6.30），自相关函数 $R(\tau)$ 定义为

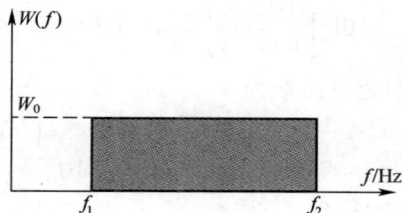

图 6.10 限带白噪声

$$R(\tau) = \int_0^\infty W(f)\cos(2\pi f\tau)\,\mathrm{d}f = W_0\int_{f_1}^{f_2}\cos(2\pi f\tau)\,\mathrm{d}f$$

$$R(\tau) = \frac{W_0}{2\pi\tau}\left[\sin(2\pi f_2\tau) - \sin(2\pi f_1\tau)\right]$$

利用众所周知的极限 $\lim\limits_{x\to\infty}\dfrac{\sin x}{x} = 1$，信号的均方根值为

$$\mathrm{rms} = \sqrt{R(0)} = \sqrt{W_0\left[f_2 - f_1\right]}$$

也可通过式(6.31)计算信号的均方根，即

$$\mathrm{rms} = \sqrt{\int_0^\infty W_{xx}(f)\,\mathrm{d}f} = \sqrt{W_0\left[f_2 - f_1\right]}$$

算例结束

每倍频程的分贝数定义为

$$10\lg\left[\frac{W(f_2 = 2f)}{W(f_1 = f)}\right] = r \quad (\mathrm{dB/oct}) \tag{6.32}$$

1 倍频程定义为

$$\frac{f_2}{f_1} = 2^1 \tag{6.33}$$

1 倍频程事实上就是频率翻倍。

如果频率比值并不正好等于 2，而是略大或略小，那么这个倍频程数可以通过下式计算：

$$\frac{f_y}{f_{\mathrm{ref}}} = 2^y \tag{6.34}$$

式中：f_y 为所关注的频率(Hz)；f_{ref} 为参考频率(Hz)；y 为倍频程值(oct)。于是 y 可由下式得到：

$$g = \frac{\lg\left(\dfrac{f_y}{f_{\mathrm{ref}}}\right)}{\lg 2} \approx 3.3221\lg\left(\frac{f_y}{f_{\mathrm{ref}}}\right) \tag{6.35}$$

如果已知倍频程数 y 和单位倍频程的分贝 r，那么可容易算出功率谱密度的增加或减少量(式(6.32))即

$$10\lg\left[\frac{W(f_y)}{W(f_{\text{ref}})}\right] = yr \quad (\text{dB}) \tag{6.36}$$

由此可以计算功率谱密度函数为

$$W(f_y) = W(f_{\text{ref}})10^{\frac{yr}{10}} = W(f_{\text{ref}})10^{\frac{r\lg\left(\frac{f_y}{f_{\text{ref}}}\right)}{10\lg 2}} \tag{6.37}$$

进一步推导式(6.37),得到

$$W(f_y) = W(f_{\text{ref}})\left(\frac{f_y}{f_{\text{ref}}}\right)^{\frac{r}{3}} \tag{6.38}$$

注意

$$\lg 2 \approx 0.30 \approx \frac{1}{3}$$

算例

当$f = 150$Hz 的功率谱密度函数为 $W_{xx}(f = 150) = 0.44g^2/\text{Hz}$,斜率为 $r = 6$dB/Oct 时,计算功率谱密度 $W_{xx}(f = 20)$,利用式(6.38),得

$$W(f = 20) = W(f = 150)\left(\frac{20}{150}\right)^{\frac{6}{3}} = 0.04\left(\frac{20}{150}\right)^2 = 0.0007(g^2/\text{Hz})$$

算例结束

均方根(rms)值是随机功率的一个表示。图 6.11 是一个功率谱示例。

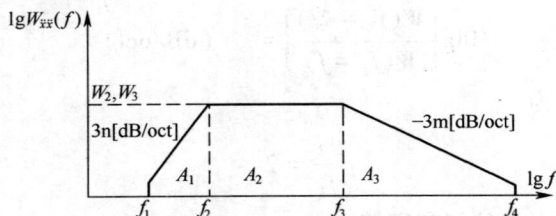

图 6.11 功率谱密度函数 $W_{\ddot{x}\ddot{x}}(f)$ 与频率 f(Hz)的关系(欧美常用)

均方根加速度 $\ddot{x}_{\text{rms}}$ 可由下式计算:

$$\ddot{x}_{\text{rms}} = \sqrt{A_1 + A_2 + A_3} \tag{6.39}$$

式中

$$\begin{cases} A_1 = \dfrac{W_2 f_2}{n + 1}\left[1 - \left(\dfrac{f_1}{f_2}\right)^{n+1}\right], n > 0 \\[3mm] A_2 = W_2(f_3 - f_2) \\[3mm] A_3 = \dfrac{W_3 f_3}{m + 1}\left[\left(\dfrac{f_4}{f_3}\right)^{m+1} - 1\right], m < 0, m \neq -1 \end{cases}$$

$$n = \frac{\lg \dfrac{W_2}{W_1}}{\lg \dfrac{f_2}{f_1}} = \frac{\lg \left(\dfrac{f_2}{f_1}\right)^{\frac{r_{12}}{3}}}{\lg \dfrac{f_2}{f_1}} = \frac{r_{12}}{3}, m = \frac{\lg \dfrac{W_4}{W_3}}{\lg \dfrac{f_4}{f_3}} = \frac{\lg \left(\dfrac{f_4}{f_3}\right)^{\frac{r_{34}}{3}}}{\lg \dfrac{f_4}{f_3}} = \frac{r_{12}}{3}$$

式中:W_2、W_3(g^2/Hz)分别表示频率f_2与f_3(Hz)处的功率谱密度;r_{12}(dB/oct)表示频率f_1和f_2(Hz)之间的斜率;r_{34}(dB/oct)表示频率f_3和f_4(Hz)之间的斜率。

对$m = -1$,利用 Hopital 法则,有

$$A_3 = W_3 f_3 \ln \left(\frac{f_4}{f_3}\right) = 2.303 W_3 f_3 \lg \left(\frac{f_4}{f_3}\right)$$

算例

阿丽亚娜 4 规定了航天器基础的随机加速度条件。表 6.6 中计算了加速度谱的均方根值。

表 6.6　rms 值的计算

频率范围/Hz	功率谱密度/(g^2/Hz)	斜率/(dB/oct)	功率谱/g^2
20~150	+6dB/oct	$n = 2$	$A_1 = 2.0$
150~700	0.04		$A_1 = 22.0$
700~2000	−3dB/oct	$m = -1$	$A_1 = 29.4$
	rms		$\sqrt{A_1 + A_2 + A_3} = 7.3$

算例结束

6.5　声　载　荷

运载火箭发动机的噪声、沿箭体气流的分离和气动噪声产生了 20 ~ 10000Hz 宽频范围内的声载荷。

声载荷也产生了高频随机振动。声载荷量级在起飞段和跨声速飞行段达到其峰值。

测试得到声压信号的一个例子如图 6.12 所示,规范给出的一个声载荷谱示例如图 6.13 所示。

声压级(SPL)单位是 dB,是频率的函数。各种基本概念在后面的章节中会有详细解释。

STS-78(0V-102)有效载荷底板声载

V08Y8039A:Port Vent #5(Bay 8)

发射/上升 (T-10.00～T+130.00 s)

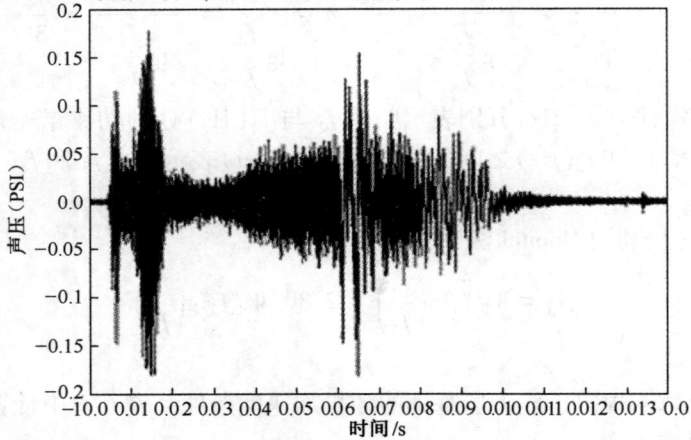

图 6.12　高频声压时域曲线(由 FEMCI, NASA GSFC 提供)

阿丽亚娜4声压级（SPL）

0 dB:2×10⁻⁵Pa

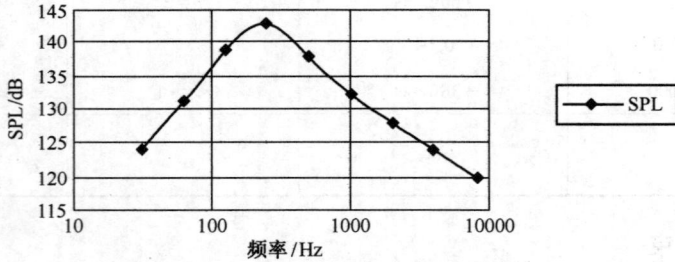

图 6.13　阿丽亚娜 4 的声载荷(鉴定级)

6.5.1　声压级

声压级单位是 dB,它给出了噪声源的强度,但是没有任何噪声方向的信息。

但事实上,声场是由声压级和方向定义的。在无限空间中,球声源将向各个方向辐射声能量,而在封闭空间中,声场将在四周发生反射。

如果声强在各个方向上相等,这个声场称为混响室。在混响室中,声场方向可以忽略,只有声强有意义。

室内声场包含直接来自声源的辐射、墙壁或室内物体反射/散射的声辐射。经过一次或几次反射后,声场就可以认为是混响声场[Pierce 1981]。

在起飞和飞行过程中运载火箭附近的相对声压级如图 6.14 所示。

表 6.7 是声压级的示例。

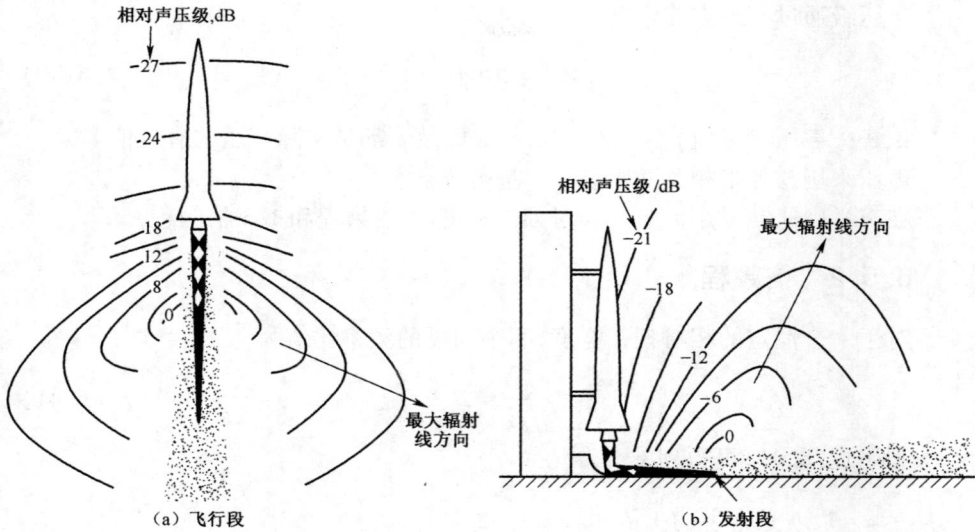

图 6.14　火箭飞行/发射状态下的尾流示意图和声压级等压面[NASA SP-8072]

表 6.7　声压级示例

SPL/dB $p_{ref}=2\times10^{-5}$ Pa	示　例	SPL/dB $p_{ref}=2\times10^{-5}$ Pa	示　例
140	喷气发动机(相隔 3m)	100	充气锤(相隔 2m)
130	疼痛的阈值	90	噪杂的工厂
120	摇滚音乐会	80	吸尘器
110	加速的摩托车(相隔 5m)	70	繁忙的公路

发动机的喷气噪声在运载整流罩内产生不可忽视的声载荷。最大声载荷发生在起飞时刻和跨声速飞行段。通常认为整流罩内为混响声场。声场强度用 dB 表示,并随频率变化。频带是倍频程或 1/3 倍频程。声载荷定义的示例可见表 6.8。

表 6.8　声压级

倍频程	声压级/dB 参考:0(dB)=2×10^{-5} Pa
31.5	124
63	130
125	135
250	139
500	134
1000	128
2000	124
4000	120
8000	116
总声压级(OASPL)	142

声压级通过下列方式定义：

$$SPL = 10\lg\left(\frac{p^2}{p_{ref}^2}\right) \tag{6.40}$$

该式中声压参考值 $p_{ref} = 2 \times 10^{-5}\text{Pa}$ 以及 p 都是实际声压的有效值。

声压采用与频带相关的中心频率进行描述。

在声学中通常采用恒定的相对频带宽度（1 倍频程和 1/3 倍频程）。

6.5.2　倍频程

对于一个恒定的相对频带宽度，两个间隔的频率比值为

$$\frac{f_x}{f_{ref}} = 2^x \tag{6.41}$$

利用式（6.41）可得到 x。

- $x = 1$，就是常说的 1 倍频程，$\dfrac{f_x}{f_{ref}} = 2^1$

- $x = \dfrac{1}{3}$，就是常说的 1/3 倍频程，$\dfrac{f_x}{f_{ref}} = 2^{\frac{1}{3}} = 1.260$

1 倍频程和 1/3 倍频程的中心频率见表 6.9。

表 6.9　1 倍频程和 1/3 倍频程的中心频率

1 倍频程/Hz	1/3 倍频程/Hz	1 倍频程/Hz	1/3 倍频程/Hz
31.5	25	1000	800
	31.5		1000
	40		1250
63	50	2000	1600
	63		2000
	80		2500
125	100	4000	3150
	125		4000
	160		5000
250	200	8000	6300
	250		8000
	315		10000
500	400		
	500		
	630		

6.5.3　中心频率

中心频率 f_{cent} 是相对频带下限 f_{min} 与上限 f_{max} 的比例中项，显然它是依赖于

倍频程的。中心频率为

$$f_{\text{cent}} = \sqrt{f_{\min} f_{\max}} \qquad (6.42)$$

6.5.4 相对频带宽度

频带宽度 Δf 就是频带上限 $f_{\max}$ 与下限 $f_{\min}$ 的差值,即

$$\Delta f = f_{\max} - f_{\min} \qquad (6.43)$$

频带上下限的比值 $\dfrac{f_x}{f_{\text{ref}}} = 2^x$。很容易根据中心频率求解频带宽度,即

$$\Delta f = \left(2^{\frac{x}{2}} - 2^{-\frac{x}{2}}\right) f_{\text{cent}} \qquad (6.44)$$

任何成比例的频带都可以通过中心频率和 x 来定义。一个中心频率为 1000Hz 的倍频程($x = 1$),可分别求解其频带下限为 $f_{\min}$,上限为 $f_{\max}$,频带宽度为 $\Delta f = 707\text{Hz}$。

1 倍频程和 1/3 倍频程的相对带宽见表 6.10。

表 6.10 相对带宽

x^{st} 倍频程	带宽/Hz
$x = 1$	$\Delta f = 0.7071 f_{\text{cent}}$
$x = \dfrac{1}{3}$	$\Delta f = 0.2316 f_{\text{cent}}$

6.5.5 功率谱密度

给定相对频宽 Δf 和中心频率 f_{cent},可计算有效声压的功率谱密度:

$$W_p(f_{\text{cent}}) = \frac{p^2}{\Delta f} \qquad (6.45)$$

式中:$W_p(f_{\text{cent}})$ 为声压的功率谱密度(Pa^2/Hz);p 为有效声压。

在一个频带宽度内声压级为恒值,因此在这个频带内声压也是恒值。这意味着声压的功率谱密度也是恒定的,如图 6.15 所示。

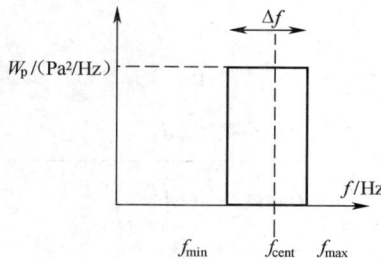

图 6.15 功率谱密度计算

利用式(6.31),计算整个频带内声强均方根:

$$p_{\text{rms}} = \sqrt{\int_{f_{\text{lower}}}^{f_{\text{upper}}} W_p(f)\,\mathrm{d}f} \tag{6.46}$$

式(6.46)可利用式(6.45)进行简化:

$$p_{\text{rms}} = \sqrt{\int_{f_{\text{lower}}}^{f_{\text{upper}}} W_p(f)\,\mathrm{d}f} = \sqrt{\sum_k \frac{p_k^2}{\Delta f_k}\Delta f_k} = \sqrt{\sum_k p_k^2} \tag{6.47}$$

有效声压 p 可用式(6.40)进行计算:

$$p_k^2 = p_{\text{ref}}^2 10^{\frac{\text{SPL}_k}{10}} \tag{6.48}$$

参考声压为 $p_{\text{ref}} = 2\times10^{-5}\,\text{Pa}$,因此 p_k 可以写为

$$p_k^2 = 10^{\frac{\text{SPL}_k - 94}{10}} \tag{6.49}$$

计算总声压级(OASPL)为

$$\text{OASPL} = 10\lg\left(\frac{p_{\text{rms}}^2}{p_{\text{ref}}^2}\right) \tag{6.50}$$

这和式(6.40)是一致的。

可以将式(6.50)改写为

$$\text{OASPL} = 10\lg p_{\text{rms}}^2 + 94 \tag{6.51}$$

表 6.11 是计算总声压级的示例。

表 6.11 总声压级计算

倍频程/Hz	声压级/dB 参考:0(dB) = 2×10⁻⁵Pa	声压 p_k^2/Pa²
31.5	124	1.005×10^3
63	130	4.000×10^3
125	135	1.265×10^4
250	139	3.177×10^4
500	134	1.005×10^4
1000	128	2.524×10^3
2000	124	1.005×10^3
4000	120	4.000×10^2
8000	116	1.592×10^2
	$p_{\text{rms}}^2 = \sum_k p_k^2$	6.356×10^4
总声压级(OASPL)	$\text{OASPL} = 10\lg\left(\dfrac{p_{\text{rms}}^2}{p_{\text{ref}}^2}\right)$ 142	

6.5.6 声压级的转换

将 1/3 倍频程转化为 1 倍频程可采用下列关系：

$$\mathrm{SPL}_{1-\mathrm{octave}} = 10\lg\left\{\sum_{k=1}^{3} 10^{\frac{\mathrm{SPL}_{\frac{1}{3}-\mathrm{octave}}}{10}}\right\} \tag{6.52}$$

1 倍频程包含 3 个 1/3 倍频程(表 6.9)，倍频程的平均声压平方就等于 1/3 倍频程声压平方之和(式(6.47))，即

$$p_{\mathrm{octave}}^2 = \sum_{k=1}^{3} p_{\frac{1}{3}-\mathrm{octave},k}^2 = \sum_{k=1}^{3} p_{\mathrm{ref}}^2 10^{\frac{\mathrm{SPL}_{\frac{1}{3}-\mathrm{octave},k}}{10}} \tag{6.53}$$

式(6.53)两边同除以 p_{ref}^2，得

$$\frac{p_{\mathrm{octave}}^2}{p_{\mathrm{ref}}^2} = \sum_{k=1}^{3} 10^{\frac{\mathrm{SPL}_{\frac{1}{3}-\mathrm{octave},k}}{10}} \tag{6.54}$$

两边取 10 为底的对数然后乘以 10，式(6.54)就变为

$$\mathrm{SPL}_{\mathrm{octave}} = 10\lg\left(\frac{p_{\mathrm{octave}}^2}{p_{\mathrm{ref}}^2}\right) = 10\lg\left(\sum_{k=1}^{3} 10^{\frac{\mathrm{SPL}_{\frac{1}{3}-\mathrm{octave},k}}{10}}\right) \tag{6.55}$$

下式就是从 1 倍频程声压级转换为 1/3 倍频程声压级的变换关系：

$$\mathrm{SPL}_{\frac{1}{3}-\mathrm{octave}} = \mathrm{SPL}_{1-\mathrm{octave}} + 10\lg\left\{\frac{\Delta f_{\frac{1}{3}-\mathrm{octave}}}{\Delta f_{1-\mathrm{octave}}}\right\} \tag{6.56}$$

算例

表 6.12 是 1 倍频程到 1/3 倍频程声压级转换的示例。另外一个从 1/3 倍频程到 1 倍频程声压级转换的示例见表 6.13。

表 6.12　1~1/3 倍频程声压级转换示例

1 倍频程 /Hz	$\mathrm{SPL}_{1-\mathrm{octave}}$ /dB	$\Delta f_{1-\mathrm{octave}}$ /Hz	1/3 倍频程 /Hz	$\Delta f_{\frac{1}{3}\mathrm{octave}}$ /Hz	$\mathrm{SPL}_{\frac{1}{3}-\mathrm{octave}}$ /dB
125	135	88.4	100	23.2	129.2
			125	28.9	130.1
			160	37.1	131.2

表 6.13　1/3~1 倍频程声压级转换示例($p_{\mathrm{ref}} = 2\times10^{-5}\mathrm{Pa}$)

1/3 倍频程/Hz	$\Delta f_{\frac{1}{3}-\mathrm{octave}}$/Hz	$\dfrac{\mathrm{SPL}_{\frac{1}{3}-\mathrm{octave}}}{10}$/dB	1 倍频程/Hz	$\mathrm{SPL}_{1-\mathrm{octave}}$/dB
100	129.2	12.92	125	135
125	130.1	13.01		
160	131.2	13.12		

算例结束

6.5.7 声学填充系数

制定运载火箭的声环境是基于未充满或空环境。必须评估有效载荷的存在对整流罩内部声压级的影响［Hughes 1994］。

填充系数 *FF* 通过下式给出［Hughes 1994］：

$$FF(f) = 10\lg\left[\frac{\left\{1 + \dfrac{c}{2fH}\right\}}{1 + \left\{\dfrac{c}{2fH}(1 - V_{\text{ratio}})\right\}}\right] (\text{dB}) \qquad (6.57)$$

式中：c 为声速（m/s²）；f 为 1/3 倍频程中心频率（Hz）；H 为有效载荷与整流罩内壁之间的间隙（m）；V_{ratio} 为有效载荷体积与整流罩内容积的比值，给定整流罩容纳有效载荷长度。

应该把填充效应叠加到为空整流罩指定的声压级上。如果声压级是通过倍频程定义的，为了叠加填充效应就必须转化为 1/3 倍频程。

算例

假设系数 $\dfrac{c}{fH}$，体积比是 $V_{\text{ratio}} = 0.70$，那么填充系数 $FF = 5\text{dB}$。内空状态下 $\text{SPL}(f) = 130\text{dB}$。考虑填充效应后，在中心频率为 $f(\text{Hz})$ 的 1/3 倍频程内声压级变成 135dB。

算例结束

6.6 冲 击 载 荷

6.6.1 引言

级间分离和星箭分离会在航天器结构内部产生持续时间很短的载荷，这些都是冲击载荷。相对于受作用的动力学系统（航天器结构）固有周期来说，冲击载荷持续时间通常很短。

冲击载荷的作用可以用冲击响应谱（SRS）代表。SRS 本质上就是通过曲线反映一系列单自由度（SDOF）系统在一个激励下的响应。

激励常常是加速度的时程曲线。这个过程的图示如图 6.16 所示。

通常情况下，整流罩解锁和星箭分离对航天器的冲击载荷是最为严重的。发动机的燃烧和关机引起的冲击较小。

运载火箭定义的冲击载荷就是冲击谱。例如，图 6.17 就是阿丽亚娜 4 的冲击谱。阻尼因子（或品质因子 *Q*）必须要指定。

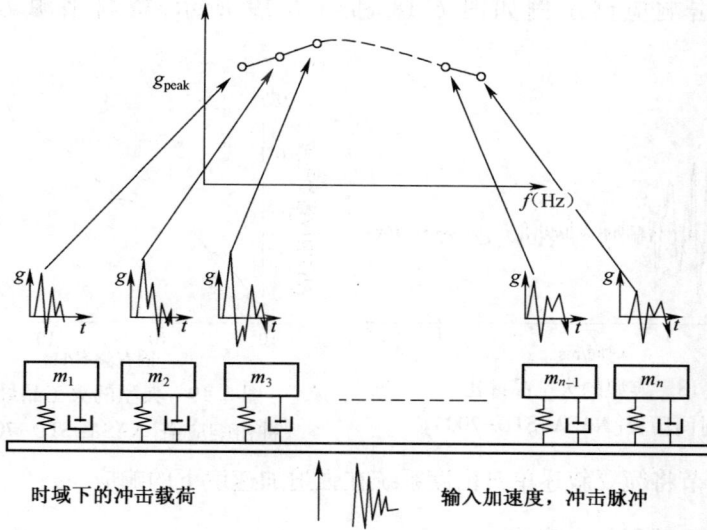

图 6.16 冲击响应谱概念(输入的瞬态加速度
经过一系列的数学处理以模拟力学过程)

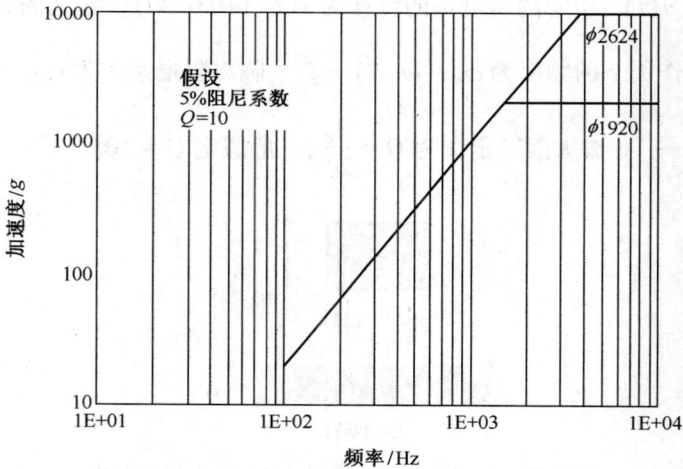

图 6.17 阿丽亚娜 4 的冲击响应谱(SRS)

　　一般通过计算单自由度系统在特定的瞬态基础激励下的最大响应生成冲击
响应谱。数量众多的单自由度系统固有频率设置在一个频率范围内,利用同一
个时间历程输入计算其响应。分析中必须设定阻尼值。通常采用 $\zeta =$
$0.05, Q = 10$。

　　最终得到的冲击响应谱看起来很像一张频域图。它表示的是给定单自由度
系统在分析时间内的最大响应。因此,冲击响应谱给出的是真实产品及其各种
元件在给定瞬态输入(冲击脉冲)的响应估计。典型的冲击加速度瞬态历程及

对应的冲击响应谱示例如图 6.18 和图 6.19 所示,资料来源为 NASA - STD-7003。

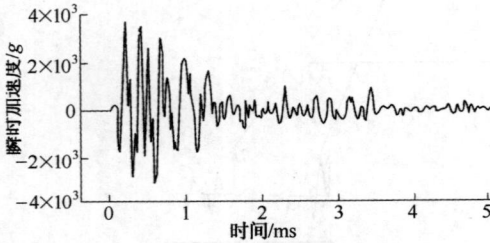

图 6.18 典型的火工品冲击
加速度时间历程[NASA-STD-7003]

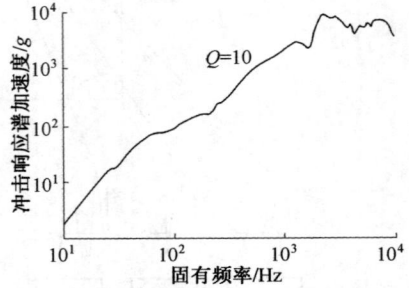

图 6.19 典型的火工品最大
冲击响应谱[NASA-STD-7003]

6.6.2 节将简要叙述单自由度系统在强迫加速度下的响应。

6.6.2 强迫加速度

单自由度系统的质量为 m,阻尼 c,弹簧 k,放置在运动的基础上。运动基础的加速度为 $\ddot{u}(t)$,引起的质量块的位移为 $x(t)$(图 6.20)。定义固有频率 $\omega_n = \sqrt{\dfrac{k}{m}}$,阻尼作用下的频率为 $\omega_d = \omega_n\sqrt{1-\zeta^2}$,临界阻尼系数为 $c_{crit} = 2\sqrt{km}$,阻尼比为 $\zeta = \dfrac{c}{c_{crit}}$。放大因子定义为 $Q = \dfrac{1}{2\zeta}$,一般假定 $Q = 10$。

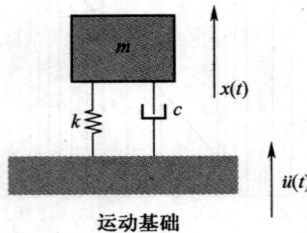

图 6.20 受强迫加速度作用的单自由度阻尼系统

引入质量块相对基础的位移 $z(t)$,即

$$z(t) = x(t) - u(t) \tag{6.58}$$

以相对位移 $z(t)$ 表达的运动方程为

$$\ddot{z}(t) + 2\zeta\omega_n\dot{z}(t) + \omega_n^2 z(t) = -\ddot{u}(t) \tag{6.59}$$

单自由度系统的强迫加速度就转换为外部力。可计算绝对位移,即

$$\ddot{x}(t) = \ddot{z}(t) + \ddot{u}(t) = -2\zeta\omega_n\dot{z}(t) - \omega_n^2 z(t) \tag{6.60}$$

考虑位移初始条件 $z(0)$ 和速度初始条件 $\dot{z}(0)$,式(6.59)的解应为

$$z(t) = z(0) e^{-\zeta \omega_n t} \left(\cos \omega_d t + \frac{\zeta}{\sqrt{1 - \zeta^2}} \sin \omega_d t \right) + \cdots$$

$$\cdots + \dot{z}(0) e^{-\zeta \omega_n t} \frac{\sin \omega_d t}{\omega_d} - \int_0^t e^{-\zeta \omega_n \tau} \frac{\sin \omega_d t}{\omega_d} \ddot{u}(t - \tau) \mathrm{d}\tau$$

$$(6.61)$$

计算冲击响应谱，$z(0) = \dot{z}(0) = 0$，因此

$$z(t) = -\int_0^t e^{-\zeta \omega_n \tau} \frac{\sin \omega_d \tau}{\omega_d} \ddot{u}(t - \tau) \mathrm{d}\tau = -\int_0^t e^{-\zeta \omega_n (t-\tau)} \frac{\sin \omega_d (t - \tau)}{\omega_d} \ddot{u}(\tau) \mathrm{d}\tau$$

$$(6.62)$$

对式(6.62)求时间导数，即得相对速度：

$$\dot{z}(t) = -\int_0^t e^{-\zeta \omega_n (t-\tau)} \cos(\omega_d (t - \tau)) \ddot{u}(\tau) \mathrm{d}\tau - \zeta \omega_n z(t) \qquad (6.63)$$

利用式(6.60)可计算绝对加速度：

$$\ddot{x}(t) = 2\zeta \omega_n \int_0^t e^{-\zeta \omega_n (t-\tau)} \cos(\omega_d (t - \tau)) \ddot{u}(\tau) \mathrm{d}\tau + \omega_n (2\zeta^2 - 1) z(t)$$

$$(6.64)$$

将单自由度系统固有频率 $\omega_n = 2\pi f_n$（rad/s）代入式(6.64)，可计算不同固有频率单自由度系统的加速度响应 $\ddot{x}(t)$。取其最大值，得到 $\ddot{x}(t)$ 最大值与单自由度系统固有频率 f_n（Hz）的曲线，这就是基础激励 $\ddot{u}(t)$ 的冲击响应谱（SRS）。

要计算冲击响应谱，下列参数较为重要：

（1）单自由度动力系统的阻尼比 ζ。

（2）用来计算最大响应的单自由度系统的数量。

（3）瞬态分析的最小时间长度 $T_{\min}$ [s]。最小时间长度应该大于单自由度系统周期极大值，即 $T_{\min} \geqslant \dfrac{1}{f_{\min}}$，而且还要大于两倍的冲击作用时间，即 $T_{\min} \geqslant t_{\mathrm{shock}}$。

（4）冲击响应分析的时间增量步 Δt 必须小于单自由度系统最大固有频率 $f_{\max}$ 倒数的 10%，即 $\Delta t \leqslant \dfrac{0.1}{f_{\max}}$。在时间历程 $T_{\min}$ 内的最少时间步数 $n = \dfrac{T_{\min}}{\Delta t} = 10 \dfrac{f_{\max}}{f_{\min}}$。

算例

为计算半正弦波（HSP）的冲击响应谱，将半正弦脉冲

$$\ddot{u}_{\mathrm{base}}(t) = \begin{cases} 200 \sin \dfrac{\pi t}{\tau}, 0 \leqslant t \leqslant \tau = 0.005 (\mathrm{s}) \\ 0, t < 0, t > \tau \end{cases}$$

施加到一系列单自由度系统的底部。分析时间历程 $t_{\text{end}} = 0.05\text{s}$，$\Delta t = 0.00001 \leqslant \dfrac{0.1}{f_{\text{max}}} = \dfrac{0.1}{3000} = 0.00003\text{s}$，阻尼比 $\zeta = 0.05$，$Q = 10$。

图 6.21 是计算得到的冲击响应谱（绝对加速度）。

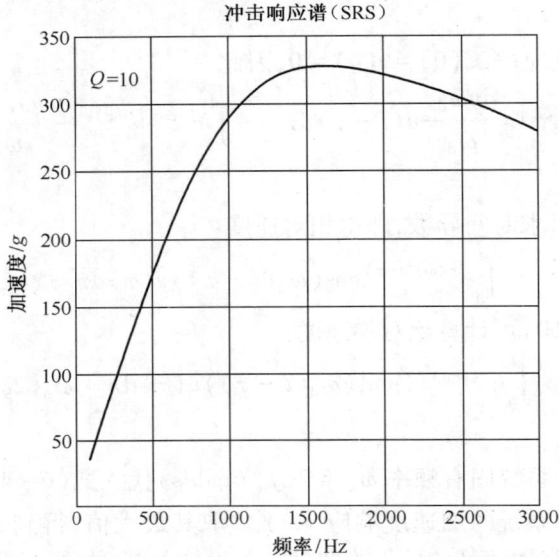

图 6.21　幅值 $200g$，持续时间 $\tau = 0.005\text{s}$ 半正弦波的冲击响应谱

算例结束

6.6.3　冲击衰减规律

NASA 和 ESA 经过很长时间的研究，提出了冲击衰减的经验公式。必须注意，这一规律仅适用于包带分离引起的冲击环境。

下面的衰减换算关系是 NASA 和 ESA 分别提出来的[Kryenko 2004]：

$$\text{att}_{\text{NASA}} = e^{\left[\left(-8 \times 10^{-4} f^{|2.4 f^{-0.105}|}\right) d\right]} \tag{6.65}$$

和

$$\text{att}_{\text{ESA}} = e^{\left[\left(-8 \times 10^{-4} f^{|2.515 f^{-0.115}|}\right)\left(0.0144 d^3 - 0.2 d^2 + 0.93 d + 0.024\right)\right]} \tag{6.66}$$

式中：d 为关注点与冲击源的距离（m）；f 为频率（Hz）。使用这些公式务必慎重。

6.6.4　冲击响应谱容差限制

冲击响应谱容差限制 Tol_{SRS} 单位是 dB，定义为

$$\text{Tol}_{\text{SRS}} = 20\lg\left\{\frac{\text{SRS}_{\text{Tol}}}{\text{SRS}_{\text{Nominal}}}\right\} \tag{6.67}$$

式中:SRS_{Tol}为冲击响应谱容差带的极值;$SRS_{Nominal}$为冲击响应谱的标称值。$Tol_{SRS} = \pm 3dB$是一个常用的容差限。

6.7　静压力波动

在发射段,整流罩内的压力是逐步降低的。内有空气的腔体必须设计排放功能,以防止压力差引起腔壁结构损坏。

图6.22是发射段静压力波动曲线。

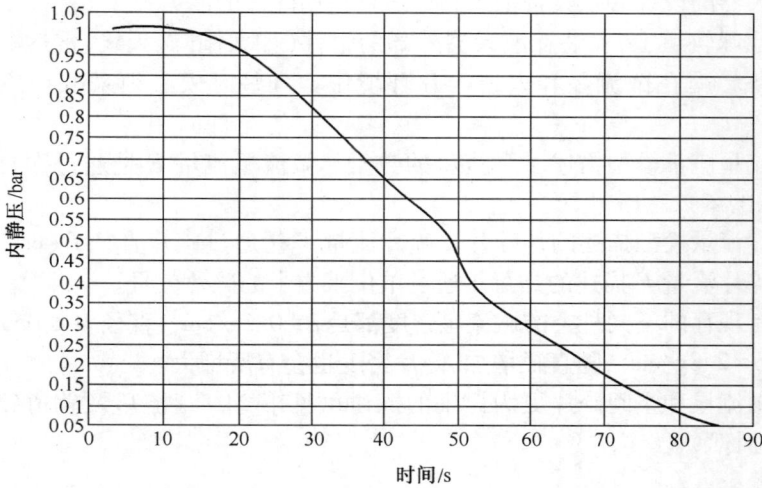

图6.22　整流罩内静压力波动曲线(阿丽亚娜5)

下面给出一个可简单处理的方法,要实现充分的排放功能必须保证(据 EN-VISAT-1 的经验)

$$\frac{A}{V} \geqslant 20 \times 10^{-4} 1/m \tag{6.68}$$

式中:A为排气孔的总面积(m^2);V为需要排放的总体积(m^3)。

6.8　微流星/空间碎片

6.8.1　概述

地球周围的空间环境充满了无数微流星和人造轨道碎片。在人类开发太空的30年里,产生了大量的轨道碎片。它们对地球轨道航天器带来了严重威胁。轨道碎片不仅包含大量的火箭和航天器级段,也包含很多其他碎片。这些碎块高速运动,即使尺寸极小,也可能给航天器带来严重损害。地球轨道碎片的飞行速度约 7.5km/s(27000km/h)。如果两部分迎面碰撞,撞击速度可达 15km/s。

微流星通常围绕太阳运行,速度超过 70km/s。不过它们很小,密度也低于轨道碎片。

轨道碎片仍在增长。每年都有越来越多的航天器发射进入太空,意味着会产生更多的轨道碎片。另外,失效航天器的爆炸或解体也会导致成千上万的轨道碎片。

通过雷达跟踪大尺寸的碎片,我们可以描绘轨道碎片的位置。但是小尺寸碎片是没有办法通过雷达观测到的,因此,对航天器极具威胁。

航天器的设计必须具备抵抗高速运行小型碎片的能力。

在地球轨道上,安装在航天器外部的组件(如太阳阵、天线、雷达等)、单机盒和设备暴露在微流星和人造碎片环境中。有些时候必须采取相应的保护措施。

微流星流量模型描述了微流星的数量。微流星流量 F 是通过颗粒质量 m(g)定义的函数。

碎片流量模型描述的是碎片。碎片流量 F 是通过碎片直径 D(cm)定义的函数。碎片流量 F 描述的是每年通过单位平方米的碎片数量。

所有现存的不同种类的微流星密度都是 $\rho = 0.5\text{g/cm}^3$,直径 $D \leqslant 1\text{cm}$ 碎片的密度是 $\rho = 2.8\text{g/cm}^3$,随直径增加,碎片密度也会有所增大。

对微流星和空间碎片更为详细的探讨可见第 24 章"流星及轨道碎片对航天器的损坏"。

6.8.2　简单的微流星流量模型

微流星流量模型只限于质量处于 $10^{-12}\text{g} \leqslant m \leqslant 1\text{g}$ 的颗粒。

对颗粒质量 $10^{-12}\text{g} \leqslant m \leqslant 10^{-6}\text{g}$,可用下面的微流星流量模型:

$$\lg F = -0.063(\lg m)^2 - 1.584\lg m - 14.339(\text{Particles/m}^2/\text{y}) \quad (6.69)$$

对颗粒质量 $10^{-6}\text{g} \leqslant m \leqslant 1\text{g}$,可用下面的微流星流量模型:

$$\lg F = -1.213\lg m - 14.37(\text{Particles/m}^2/\text{y}) \quad (6.70)$$

式中:F 表示每年(译者注:原著为"每秒",应为笔误)通过单位平方米并且质量大于 m 的颗粒的平均数量,颗粒质量 m 的单位是 g。

6.8.3　简单的碎片流模型

轨道碎片的定义就是任何在地球轨道上运行且不再具备有用功能的人造物体。

轨道越高,碎片在地球轨道上停留的时间就越长。低于 600km 的碎片正常情况下会在几年之内坠向地球。800km 高度的碎片轨道衰减时间常常是几十年。高于 1000km 的轨道碎片可围绕地球运行一个世纪或更长时间。

碎片流量模型只限于颗粒直径 $D \leqslant 2\mathrm{cm}$。

对颗粒直径 $D \leqslant 1\mathrm{cm}$，可采用下列碎片流量模型：

$$\lg F = -2.52 \lg D - 5.46 (\mathrm{Particles/m^2/y}) \tag{6.71}$$

对颗粒直径 $1\mathrm{cm} \leqslant D \leqslant 2\mathrm{cm}$，可采用下列碎片流量模型：

$$\lg F = -1.395 \lg D - 5.46 (\mathrm{Particles/m^2/y}) \tag{6.72}$$

式中：F 表示每年通过单位平方米并且直径大于 D 的颗粒的平均数量，颗粒直径 D 单位是 cm。

关于轨道碎片更多的知识可参见[NRC 1995]。

6.9　练　习

6.9.1　正弦振动

表 6.14 定义了正弦振动条件。回答下列问题：

- 为什么发射方向加速度为 4~7Hz 采用 mm 定义？
- 计算发射方向在 4Hz 的加速度(g)。
- 横向加速度条件定义合理吗？如果不合理，请改正。

表 6.14　正弦振动

方向	频率/Hz	加速度/g
发射方向(纵向)	4~7	10mm(2 倍的幅值)等幅
	7~100	1.0
横向	4~100	0.6

6.9.2　调谐阻尼器

在简支梁中部安装调谐阻尼器可以起到阻尼作用，系统模型如图 6.23 所示。

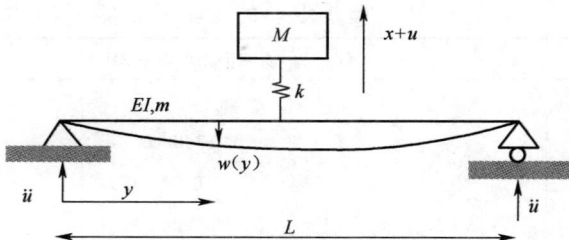

图 6.23　梁与调谐阻尼器

强迫的正弦加速度激励 $\ddot{u}(f)$ 作用在梁上。梁的弯曲刚度为 EI，单位长度

的质量为 $m=2\text{kg/m}$，总长度 $L=0.5\text{m}$。调谐阻尼器安装在梁的中部，质量为 $M=\gamma\dfrac{mL}{2}$，刚度为 k。

梁相对于基础的变形为 $w(y,t)$，给定 $w(y,t)=\eta(t)\sin\left(\dfrac{\pi y}{L}\right)$（假设的模态）。调谐阻尼器的质量 M 相对于梁的位移为 $x(t)$。

- 建立无阻尼的运动方程。
- 假定调谐阻尼器刚度为零，计算简支梁的固有频率。
- 假设简支梁的固有频率为 $f_{\text{n,beam}}=50\text{Hz}$，计算梁的弯曲刚度 EI。
- 取 $\gamma=0.01,0.1,1.0$，假设单自由度调谐阻尼器固有频率 $f_{\text{n,sdof}}=50\text{Hz}$，分别计算调谐阻尼器的弹簧刚度。
- 取 $\gamma=0.01,0.1,1.0$，计算系统固有频率 f_1 和 f_2（Hz）以及相关振型。
- 取 $\gamma=0.01,0.1,1.0$，计算频域响应 $\ddot{w}(y,f)=\ddot{\eta}(f)$ 和 $\ddot{x}(f)$，假定 $\ddot{u}(f)=1\text{m/s}^2$，采用模态叠加法，两个模态的阻尼均取 0.05。

答案：

- $$\begin{bmatrix} M & 0 \\ 0 & \dfrac{mL}{2} \end{bmatrix}\begin{Bmatrix} \ddot{x} \\ \ddot{\eta} \end{Bmatrix}+\begin{bmatrix} k & -k \\ -k & k+\left(\dfrac{\pi}{L}\right)^4\dfrac{EIL}{2} \end{bmatrix}\begin{Bmatrix} x \\ \eta \end{Bmatrix}=-\begin{Bmatrix} M \\ \dfrac{2mL}{\pi} \end{Bmatrix}\ddot{u}$$

- $f_{\text{n,beam}}=\dfrac{\pi}{2}\sqrt{\dfrac{EI}{mL^4}}$

6.9.3 计算加速度功率谱密度和均方根

表 6.15 是给定的某强迫加速度的功率谱密度。但是，有三个未知量，即 20Hz 和 2000Hz 频率上的功率谱密度值，以及总均方根加速度。

- 求 20Hz 的加速度功率谱密度。
- 求 2000Hz 的加速度功率谱密度。
- 求随机谱的总均方根加速度。

表 6.15　随机振动的功率谱密度

频率/Hz	功率谱密度/(g^2/Hz)
20	?
20~50	2.3dB/oct
50~800	0.02
800~2000	-2.3dB/oct
2000	?
总均方根	? G_{rms}

46

6.9.4　转换公式的证明

利用式(6.56)可以将一个倍频程上的声压级转化为 1/3 倍频程上的声压级,请证明式(6.56)。

6.9.5　计算总声压级和转化为 1/3 倍频程的声压级

表 6.16 描述的是一个给定的声压级条件,完成下列任务。
- 根据在一个倍频程上指定的声压级计算总声压级。
- 将一个倍频程上的声压级转化为 1/3 倍频程上的声压级,并再次计算总声压级。

表 6.16　给定的声压级

倍频程/Hz	声压级/dB 参考:0(dB)=2×10^{-5}Pa
31.5	125
63	132
125	136
250	140
500	134
1000	130
总声压级(OASPL)	?　(dB)

参 考 文 献

Harris, R. W. and Ledwidge, T. J. , 1974, *Introduction to Noise Analysis*, Pion Limited, ISBN 0 85086 041 5.

Kyryenko, S. , 2004, *Sloshsat Shock Mapping*, *Shock induced by Spacecraft Separation from Launcher*, Memorandum:TEC-MCS/2004/1026/In/SK.

Lalanne, C. , 2002a, *Mechanical Vibration & Shock Vohume 1*, *Sinusoidal Vibration*, HPS, ISBN 1 9039 9603 1.

Lalanne, C. , 2002b, *Mechanical Vibration & Shock Volume 2*, *Mechanical Shock*, HPS, ISBN 1 9039 9604 X.

Lalanne, C. , 2002c, *Mechanical Vibration & Shock Volume 3*, *Random Vibration*, HPS, ISBN 1 9039 9605 8.

Nahin, P. J. , 1998, *An Imaginary Tale*, *The Story of $\sqrt{-1}$* , Princeton University Press, ISBN 0-691-02795-1.

NASA SP-8072, 1971, *Acoustic Loads Generated by the Propulsion System*, NASA Space Vehicle Design Criteria.

Hughe, W. O. , McNelis, M , E. , Manning, J , E. , 1994, NASA TM – 106688, *NASA LeRC's Acoustic Fill Effect Test Program and Results*, Lewis Research center.

NASA Practice No. PD–EC–1102. *Meteoroids & Space debris*, Preferred Reliability Practices, JPL.

NASA Practice No. PD–ED–1211, *Combination Methods for Deriving Structural Design Loads Considering Vibro–Acoustic, Etc. , Responses*. Preferred Reliability Practices, JPL.

NASA Practice No. PT–ET–1406. *Sinusoidal Vibration*, Preferred Reliability Practices, JPL.

National Research Council(NRC) , 1995, *Orbital Debris, A Technical Assessment*, National Academic press, ISBN 0–309–0515–8.

Newland, D. E. , 1975, *An Introduction to Random Vibrations and Spectral Analysis*, Longman, ISBN 0582 46335–1.

http://see. msfc. nasa. gov/mod/modpub. html. Space Environments & Effects (SEE) Program. Meteoroids and Ortibital Debris, SEE related NASA Publications.

第 7 章
试验验证

7.1 引　言

结构试验的目的是验证航天器研制过程中的设计和分析,进而为航天器正样技术状态确定提供依据。本章主要阐述各种试验的类型和目的。

7.2　试验类型

通常进行以下类型的力学试验:

- 静力试验。通过在结构上施加静态载荷(分配梁)实现,或利用离心法(离心机)、准静态法(振动台)加载实现。静力试验用于验证刚度矩阵的正确性,更主要的是用来鉴定主要结构,以及航天器/运载界面、航天器/有效载荷界面等关键结构界面的强度。

- 模态试验。也称模态辨识,通过在结构上施加小幅激励(或使用振动台)来获取航天器的模态特性,如固有频率、振型和阻尼等。由于共振频率处施加的激振力只能由阻尼抵消,所以很小的激振力也能引起很大的响应。模态试验的结果可以确定航天器和运载火箭之间的动力学兼容性。在界面力预示中,模态试验可用于发射段星箭动力学耦合分析(CLDA)中数学模型(一般指有限元模型)的修正,进而准确预估振动试验量级。

- 正弦振动试验。正弦振动试验可验证受迫振动频响预测中使用的数学模型,也特别适用于确定运载火箭/航天器界面的激励传递至航天器各个部位的放大倍数(放大因子 Q = 输出/输入)。正弦振动试验的主要目的在于鉴定次结构受到动态激励时的裕度,同时通过鉴定级/或验收级振动试验后的功能性测试来验证航天器系统能否经受发射段的环境条件。

- 随机振动试验。随机振动试验用于对航天器在飞行过程中能否经受可能遇到的随机动态环境进行考核。这个飞行中的随机振动常常由噪声激励于结构表面所致。

- 冲击试验。冲击试验用于检验和鉴定航天器结构和仪器是否可以经受火工品解锁引起的冲击环境，如运载火箭与航天器界面包带的解锁，以及伸展臂、太阳阵和天线的释放等。
- 噪声试验。用于验证航天器在运载火箭整流罩下受到给定噪声载荷作用下的适应性。该试验在混响室进行。

很多载荷(喷气发动机,风荷载,湍流,跨声速,噪声……)往往同时发生。但是,目前没有任何试验设备可以同时对结构施加这些载荷。因此,试验时这些载荷是按照不同类型和坐标轴来施加的。

航天器的刚度、质量和质心位置也会影响动载荷,而试验方法不能既考虑这些参数的影响,又适用于各种不同的航天器。因此,试验条件往往比航天器实际受到的载荷更为严苛。

7.3 试 验 目 的

这些试验用于对航天器结构设计进行鉴定(鉴定试验),也用于对飞行件进行验收(验收试验)。鉴定试验通常施加"设计极限载荷",而验收试验通常施加"飞行极限载荷"。

鉴定级试验用来验证该结构能否承受鉴定级载荷。施加的载荷往往比预计的飞行极限载荷大很多(即设计载荷)。

验收级试验用于发现制造过程中未发现的偏差(工艺误差)。施加的载荷就是预示的飞行极限载荷。验收级试验也通常用来检验机械系统的匹配性。

结构模型(基本上是主结构)通常要进行静力试验,以检查其强度和刚度是否满足要求。

整个航天器鉴定产品应分别进行振动试验及混响室里的噪声试验,以分别检验其能否承受正弦和声载荷环境。

次结构通常要进行正弦和随机振动试验。噪声载荷可转换为等效的随机振动,但必须进行试验验证。

大面积轻质结构(如太阳阵、天线等)通常进行噪声试验。噪声试验载荷一般取随机载荷的包络。因此,噪声载荷是大面积轻质结构的设计载荷。

可展开结构应进行展开过程的冲击载荷测试。

尺寸较小的刚性结构如单机外壳等主要进行随机振动试验。噪声载荷可等效为随机振动载荷,但必须进行试验验证。

可展开结构还要进行分离试验,以检验释放和展开系统性能。

7.4 试验大纲

试验需按照试验大纲进行,其中试验步骤(鉴定级、验收级)必须提前策划。在试验大纲中必须明确试验目的和试验成功的判据。

通常,试验大纲应该包含测量方案(如加速度计、应变计等的布点位置)。

试验大纲中还应当对试验结果进行预估(包括测试夹具)。

试验大纲中还必须定义所需的输出(加速度、应变、位移等)。

在动力学试验前后需进行慢速率小量级的正弦扫频测试,以验证试验后是否出现故障。如果没有故障,小量级正弦振动的响应应该是相等的,并且共振峰应该在大致相同的位置[①](译者注:即复振曲线吻合)。

试验大纲应包含试验加载顺序。典型的试验加载顺序如表 7.1 所列。在试验大纲中,试验加载顺序可以写成每个激励方向及对应的载荷条件。

表 7.1   试验加载顺序

试验序号	试验描述	技术参数	备注
1	小量级正弦扫频	输入:0.15g,20~2000Hz,2oct/min	特征级测试
2	正弦振动	5~100Hz	鉴定级水平
3	小量级正弦扫频	输入:0.15g,20~2000Hz,2oct/min	120s
4	随机振动	输入:20~2000Hz	
5	小量级正弦扫频	输入:0.15g,20~2000Hz,2oct/min	
6	正弦脉冲	输入:±8.5g,24.5~25.5Hz	循环10次
7	小量级正弦扫频	输入:0.15g,20~2000Hz,2oct/min	特征级测试

7.5 试验细则

试验细则通常是试验大纲中的试验方案在实际试验场地的详细描述。

试验细则需简要规定试验过程中的试验项目、试验描述、职责、测试人员和 QA 管理。

针对潜在风险(如增压舱)相关的试验条件和安全措施必须经过评审。工程、质量保证计划和安全计划也必须保证到位。

测试工具、适配器、控制系统、仪表(测试传感器和辅助测试传感器及测点)、数据采集和处理系统以及系统的测试误差都必须加以说明。

另外,试验过程中的试验顺序、输入量级、振动控制和安全问题,以及数据处

---

① 即预复振曲线吻合,译者

理和分析都必须按步骤逐一罗列,并详细描述与每一步测试相关的所有操作。

7.6 试 验 模 型

随着时间推移,试验用模型的数量逐渐减少。过去,曾使用三种模型:

结构模型(译者注:类似国内方案阶段的动载荷星)(STM),用于进行静力和动力试验(鉴定级水平)。

鉴定模型(译者注:类似于国内初样阶段的结构星)(QM),用于进行鉴定载荷下的动力试验。由于分析结果置信水平不高,这个模型是必不可少的。

飞行模型(译者注:类似于国内的正样星)(FM),用于进行验收级载荷下的动力试验。

目前使用的几种试验模型如下:

结构模型(STM),用于进行鉴定载荷下的静力和动力试验。

飞行模型原型(PFM)/鉴定模型①用于实施鉴定载荷下的动态试验,但持续时间与验收载荷下的试验时间相同。然后,改装成飞行模型。

飞行模型(FM)用于进行验收载荷下的动态试验。

首个飞行模型就用来验证卫星设计。其不确定性较高,飞行模型的设计方案需改进概率也较高。这种模式需要对设计的仿真计算有充分信心。

新的模式下,取消了结构模型(STM)的试验,称为飞行模型原型法②。

飞行模型原型/鉴定模型(PFM/QM),对其进行鉴定载荷下的静力试验和动力试验。然后,改装成飞行模型。

飞行模型,对其进行验收级载荷试验。

卫星的考核直接在飞行模型原型上进行。这种模式增加了失败的风险。但为了降低成本,这种模式使用得越来越多。这需要基于更加准确的仿真结果。

这种试验模式对结构进行考核是合理的,这是因为以下原因:

(1)结构已经通过了前期完成的静力试验。这就是所谓的"平台化"研制方法,此时平台型谱已建立起来。

(2)结构的大型构件和关键部件已分别进行鉴定试验。

7.7 静 力 试 验

静力试验用来检验主结构强度,最重要相邻结构界面如航天器/运载器界面、卫星/有效载荷界面的强度。

---

① 类似于国内的正检星。——译者
② 类似于国内采用正检星进行准鉴定量级试验。——译者

此外,需测量主结构的刚度特性。测量出的刚度矩阵可用于修正有限元模型中的刚度矩阵。

静力试验可采用如下实施方案:

- 在离心机上进行
- 在试验台架内进行(采用分配梁进行力的施加)
- 采用"正弦脉冲方式"试验
- 采用"正弦定频方式"试验

表7.2给出了离心机方式试验和试验台架方式进行静力试验的优缺点比较。通常,静力试验主要针对固有频率低、尺寸非常大且重的结构进行。

单机盒等的惯性力由复杂的分配梁模拟。如果每个单机盒都要模拟,分配梁的构造将变得非常复杂。因此,通常仅对大质量件进行模拟而忽略小质量单机。

离心机通常对太阳阵、天线等附件进行加载。

表7.2　离心机/试验台架试验方法优缺点对比

试验类型	优　点	缺　点
离心机试验	• 可将所有实际产品(或为模拟件)安装在航天器结构上,直接转变成惯性力作用于结构; • 成本较低	• 航天器惯性载荷场不均匀; • 在试验过程中(失败时)不能进行目测; • 由于应变仪等的数量有限,获得的信息相对较少
试验台架静力试验 (分配梁加载)	• 由于没有应变仪等的数量限制,可以获得大量信息; • 在试验过程中可以目测	• 由于加载的限制,无法模拟所有质量块的加载。被模拟的质量都应该是集中质量

7.7.1　正弦脉冲试验

正弦脉冲试验方法由 GSFC(NASA)提出,其可便捷的施加准静态鉴定载荷,从而检验结构的强度。正弦脉冲的输入信号(加速度)是由频率 $\omega_{sb} = 2\pi f_{sb}$ 和幅值经梯度过滤器 $f(t)$ 过滤的 A_{sb} 组成的正弦信号 $A_{sb}\sin(2\pi f_{sb})$,从而有正弦脉冲信号 $g_{sb} = f(t)A_{sb}\sin(2\pi f_{sb})$。$f(t)$ 自初始值零起,按斜坡逐渐增大,经过很多次循环后,达到最大值。然后,振幅保持恒定,5~10 个循环之后,振幅逐渐下降,再经过多次循环后,振幅趋近于零。该输入信号保持 5~10 个循环恒定时的最大振幅等效于准静态载荷。正弦波信号 $\sin(2\pi f_{sb})$ 的频率 f_{sb} 必须满足 $f_{sb} \leqslant \dfrac{f_n}{3}$,其中 f_n 是与最低特征振型相关的最小固有频率。在这种情况下,有效质量将是航天器总质量的绝大部分。

由于大结构的固有频率通常较低,因此难以应用正弦脉冲试验。

7.7.2 正弦定频试验

开发正弦定频试验是为了方便地施加准静态鉴定载荷,从而检验结构的强度。正弦定频试验也被称为振动台上的准静态试验。"正弦定频"是指输入信号 g_{sd}(加速度)为一定时间内保持不变的频率为 $\omega_{sd} = 2\pi f_{sd}$,幅值为 A_{sd} 的正弦信号 $A_{sd}\sin(2\pi f_{sd})$。该输入信号的最大振幅等于最终的准静态载荷。正弦信号 $\sin(2\pi f_{sd})$ 的频率 f_{sd} 必须满足 $f_{sd} \leqslant \dfrac{f_n}{3}$,其中 f_n 是卫星基频。在这种情况下,有效质量必须占卫星总质量的绝大部分。正弦定频试验还可以一定的线性扫描速度 n(1Hz/min)进行频宽为 $[f_n - \delta, f_n + \delta]$ 的扫频来模拟,其中 $\delta = 0.5$Hz。周期的数目在很大程度上依赖于频率带宽和扫描速度。

由于大结构的固有频率通常较低,因此难以应用正弦定频试验。

7.8 振动/噪声试验

卫星振动试验的目的是检查机械振动试验后平台上所有的系统是否仍然能够正常工作。

鉴定试验在卫星原型[①]上实施,而正样验收试验则是在将要发射的卫星(正样星)上进行。在正样验收试验中,施加"真正的"动态载荷,而对于鉴定试验,所施加的载荷一般幅值更高且持续时间更长。

振动试验的结果可用来修正动力学数学模型,例如阻尼矩阵和质量矩阵。

通常需要进行的振动试验包括:

- 正弦振动试验
- 随机振动试验
- 冲击试验
- 噪声试验

上述振动试验在振动台上开展。尤其是对一些可能承受大量级冲击的设备(如冲击分离引起的冲击),要进行冲击试验。

7.8.1 正弦振动试验

正弦振动试验模拟低频正弦激励。正弦振动试验的主要目的是在正弦振动激励下暴露和测试次结构(随整星实施或单独实施)的薄弱环节,并确定正弦振动试验后系统是否仍然正常。

---

① 动载荷星。——译者

在振动台上进行试验时,卫星底部边界的输入条件与实际安装在运载火箭上的状态有所差异,这种差异往往是不利的。由于振动台机械阻抗较高,当在共振频率附近激励航天器结构时,振动台将对航天器结构施加过大的载荷。而用于连接航天器的运载火箭及适配器组合后的机械阻抗低于振动台。如果通过星箭耦合分析(CDLA)表明在振动台上试验时,航天器会严重过载,则必须设法避免过试验。

对输入条件下凹的另一个依据就是适配器的承载能力。振动台输出的力可能比适配器所能承受的力更大。此时,必须对输入条件作适应性调整。

需采用低量级正弦扫描试验预测试验的最大加速度时共振频率和放大因子,并且计算出界面(I/F)的输出力以确定下凹条件。

有时为了确保适当的加速度输入条件,需要先进行一次正弦振动试验。这个试验结果可用于对输入条件的调整(下凹)。

为保证航天器的动态响应值在一定范围内,必须减小规定的输入条件。这种减小输入条件的做法称为"下凹"。在工程实际中,仅在具有较高有效模态质量的共振频率处进行下凹。下凹通常还用于对大型附件(太阳阵、天线)的试验,这需得到主承包商[1]同意方可进行。阿丽亚娜5运载火箭的正弦振动试验的试验等级见表7.3。

表 7.3 正弦加速度

项　　目	频率/Hz	鉴定等级 (0~peak) /g	验收等级 (0~peak) /g
发射方向(纵向)	4~200	1.25	1.0
横向	2~18	1.0	0.8
	18~100	0.8	0.6
扫描速率		2oct/min	4oct/min

首先,对一些概念需要加以解释:

零至峰(0~peak)指的是正弦加速度的幅值。

扫描速率,在振动台上,正弦强迫加速度试验以一定的扫描速率施加于结构上,其单位是 oct/min。

扫描速率是指对频域进行扫描的速度。这个扫描速率由每分钟 n 个倍频程给出,这意味着时间 t 和频率 $f(t)$ 之间的关系(图7.1)是对数关系:

频率比的对数等于时间差的常数倍[Lalanne2002,卷1],即

$$f(t) = f_1 \mathrm{e}^{K(t-t_1)} = f_1 \mathrm{e}^{\frac{t}{T_1}} \tag{7.1}$$

由式(7.1),可得

---

① 运载方。——译者

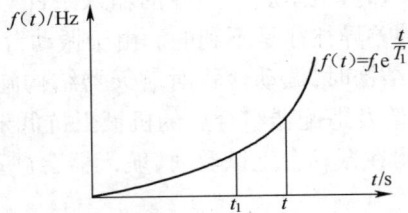

图 7.1　扫描速率

$$f(t)\mathrm{d}t = \frac{\mathrm{d}f}{K} = T_1\mathrm{d}f \tag{7.2}$$

扫描速率被定义为每分钟一定数量的倍频,如 n oct/min。若有 n oct/min,
式(7.1)可写成 $\ln(2^n) = K60 = \dfrac{60}{T_1}$。这样,可求得常数 K 和 T_1:

$$K = \frac{1}{T_1} = \frac{n\ln(2)}{60} = 0.0116n \tag{7.3}$$

一定时间内振动的周期数可用下式计算:

$$N(t) = \int_{t_{\mathrm{ref}}}^{t} f(t)\,\mathrm{d}t = \frac{1}{K}\int_{\mathrm{ref}}^{f}\mathrm{d}f = \frac{f - f_{\mathrm{ref}}}{K} = \frac{\Delta f}{K} = T_1\Delta f \tag{7.4}$$

在所有的频率范围内周期数是恒定的,并由下式给出:

$$N(\Delta f = 1) = \frac{1}{K} = T_1 = \frac{86.6}{n} \tag{7.5}$$

在固有频率 f_{o} 附近存在两个半功率点,半功率点之间的周期数 ΔN 及放大
因子 Q 有如下关系:

$$\Delta f = \frac{f_{\mathrm{o}}}{Q} = 2\zeta f_{\mathrm{o}} \tag{7.6}$$

式中:ζ 为阻尼比。

周期数的计算如下:

$$\Delta N = \frac{\Delta f}{K} = T_1\Delta f = \frac{T_1 f_{\mathrm{o}}}{Q} \tag{7.7}$$

以 $n = 2$ 的扫描速率从 4Hz 扫频至 100Hz 所需要的时间为

$$\Delta t = \frac{1}{K}\ln\left\{\frac{f_2}{f_1}\right\} = T_1\ln\left\{\frac{f_2}{f_1}\right\} = \frac{86.6}{n}\left\{\frac{f_2}{f_1}\right\} = \frac{86.6}{2}\ln\left\{\frac{100}{4}\right\} = 140\mathrm{s} \tag{7.8}$$

扫频正弦强迫加速度 $\ddot{u}(t)$（图 7.2）可定义为如下形式的函数[Lalanne
2002,Volume 1]

$$\ddot{u}(t) = U(f)\sin\left\{\frac{\mathrm{d}}{\mathrm{d}t}E(t) + \alpha\right\} \tag{7.9}$$

式中:$U(f)$ 为随频率变化的加速度幅值;$E(t)$ 为定义扫描模式的时间函数;α 为

56

相移量,其值一般为零。

圆频率 Ω 定义为

$$\Omega = 2\pi f = \frac{\mathrm{d}E(t)}{\mathrm{d}t} \tag{7.10}$$

因此

$$E(t) = 2\pi \int_0^t f_1 \mathrm{e}^{\frac{1}{T_1}} \mathrm{d}t = 2\pi f_1 T_1 (\mathrm{e}^{\frac{1}{T_1}} - 1) \tag{7.11}$$

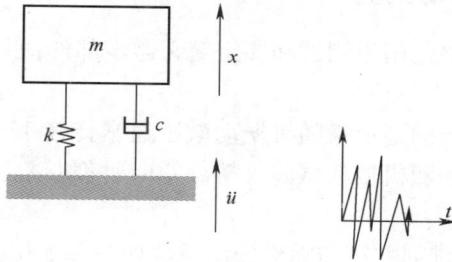

图 7.2 强迫加速度

与基础的相对位移为

$$z(t) = x(t) - u(t) \tag{7.12}$$

可给出关于相对位移的运动方程:

$$\ddot{z}(t) + 2\zeta\omega_o\dot{z}(t) + \omega_o^2 z(t) = -\ddot{u}(t) = -\ddot{U}(f)\sin\left\{\frac{d}{dt}E(t) + \alpha\right\} \tag{7.13}$$

式中:α 为相移量。

进而,可得加速度为

$$\ddot{x}(t) = -2\zeta\omega_o\dot{z}(t) - \omega_o^2 z(t) \tag{7.14}$$

以及

$$E(t) = 2\pi f_1 T_1 (\mathrm{e}^{\frac{t}{T_1}-1})$$

引入参数

$$\eta = \frac{Q^2}{f_o T_1} \tag{7.15}$$

与定频响应分析相比,频率增加时的幅值衰减由下式给出[Lalanne 2002, Volume 1]:

$$G_{\mathrm{up}}(\eta) = 1 - \mathrm{e}^{(-2.55\eta^{-0.39})} - 0.0025\eta^{0.79}, 0 \leqslant \eta \leqslant 100 \tag{7.16}$$

频率减小时的振幅衰减为

$$G_{\mathrm{down}}(\eta) = 1 - \mathrm{e}^{(-3.18\eta^{-0.38})}, 0 \leqslant \eta \leqslant 100 \tag{7.17}$$

算例

该算例的有关参数见表 7.4。

表 7.4　算例的有关参数

扫描速率 $n/(\text{oct}/\text{min})$	Q	f_0 /Hz	T_1	$\eta=\dfrac{Q^2}{f_0 T_1}$	$G_{\text{up}}(\eta)$	$G_{\text{down}}(\eta)$
2	25	25	43.281	0.578	0.956	0.980
4	25	25	21.64	1.15	0.907	0.951

算例结束

7.8.2　随机振动试验

随机振动试验主要是用于测试和鉴定航天器零部件:如单机外壳、推进剂贮箱等。

航天器或其分系统的鉴定级随机振动激励通常持续 120s,激励加载于鉴定模型。验收级试验中的随机振动试验仅持续 60s。随机试验的输入频率范围为 20~2000Hz。

ARTEMIS 飞船推进剂贮箱的随机振动条件如表 7.5 所列。

表 7.5　随机振动规格(ARTEMIS)

测试对象	轴	频率/Hz	PSD 加速度 /(g^2/Hz)	持续时间/s
燃料箱	x,y,z	20~110	+3dB/oct	120
		110~700	0.09	
		700+2000	−3dB/oct	

输入信号的功率谱密度(PSD)由一个或多个安装于"控制点"位置的加速度计测量。可以选择"参考点"功率谱密度的最大值、最小值或者平均值作为输入。试验容差可以通过"中断限制"定义:

$$10\lg\left(\frac{PSD_{\text{max,min}}}{PSD_{\text{nominal}}}\right) = \pm 3\text{dB} \tag{7.18}$$

所有信号由具有"中心频率" $f_1,f_2,\cdots$ 和相关频带 Δf_1 的过滤器进行解码。经过每个滤波器频带后的信号呈统计分布,并且 g_{rms} 值可以用电压表测试: $g_{\text{rms},f_1},g_{\text{rms},f_2}$ 等,或频带内加速度的平均值 $g_{\text{rms},f_1}^2,g_{\text{rms},f_2}^2$ 等。

$\dfrac{g_{\text{rms},f_i}^2}{\Delta f_i}$ 的值称为功率谱密度。整个频域内的加速度均方根值为

$$g_{\text{rms}}^2 = \sum_{i=1}^{n}\frac{g_{\text{rms},f_i}^2}{\Delta f_i}\Delta f_i = \sum_{i=1}^{n} g_{\text{rms},f_i}^2 \tag{7.19}$$

7.8.3　噪声试验

对于航天器的外部分系统如太阳阵、展开天线等,噪声试验非常重要。噪

声试验是模拟一定频宽内的声振激励。

该试验在混响室内进行。这意味着室内每点的声压在所有方向上的频谱都相同。混响室的墙壁被制成尽可能硬、反射性尽可能好。墙壁两两不平行。

对于随机试验，其 g_{rms} 值由加速度计测量，均方根声压波动 p_{rms} 由声压计测量。声压级是相对于基准压力 $p_{ref}=2\times10^{-5}Pa$ 测出的。声压量级单位为 dB。对于频带 i，有

$$SPL_i = 10\lg\left(\frac{P_{rms,i}}{P_{ref}}\right)^2 \tag{7.20}$$

由于在混响室里准确地设置声谱并不容易，因此需要定义每个频带的试验容差。试验输入的实例可见表 7.6。

输入值由多个声压计信号的平均值定义。这个平均值是基于声压计 k 的等效功率计算的。混响室中的分贝平均值由下式确定：

$$SPL_{av} = 10\lg\left[\frac{1}{n}\sum_{k=1}^{n}10^{\frac{SPL_k}{10}}\right] \tag{7.21}$$

表 7.6　SPL 规格表

倍频带/Hz	鉴定级/dB	验收级/dB	试验公差
31.5	118	114	−2，+4
63	124	120	−1，+3
125	135	131	−1，+3
250	140	136	−1，+3
500	143	139	−1，+3
1000	137	133	−1，+3
2000	132	128	−1，+3
4000	125	121	−4，+4
8000	124	120	−4，+4
总声压级	146	142	−1，+3
持续时间/s	120	60	

例如，MAQSATB2&SLOSHSAT 的鉴定级噪声试验中，6 个控制点声压计的一系列测量值如表 7.7 所列。

在空混响室里进行试验时，应该分别进行低量级和正式试验量级的试验。

一般情况下，测试顺序是，首先进行一个低量级声试验来校准频段内的声压级，然后进行实际的试验（鉴定级或者验收级），接着再进行一次低量级试验来查看是否有故障发生。预试验结果与复试验的结果要进行对比。

通常对每个通道进行如下形式的数据处理：

● 对声压计实测信号进行 1/3、1 倍频程及总声压级分析，分析内容包括容差、平均值和偏差。

● 针对响应通道（加速度计、应变仪）的信号按给定的频率宽度 Δf（如 5Hz）和 RMS 值，绘制试验频带内（如 10～2500Hz）的 PSD 曲线。

表 7.7　声压级测量值

倍频带/Hz	测点 1/dB	测点 2/dB	测点 3/dB	测点 4/dB	测点 5/dB	测点 6/dB	ASPL[a]/dB
31.5	124.6	125.0	126.0	122.2	123.1	124.1	124.3
63	128.9	126.1	128.3	128.1	128.0	129.5	128.3
125	129.2	129.5	128.4	129.7	128.9	130.0	129.3
250	127.6	127.2	127.6	128.9	127.8	128.1	127.8
500	127.3	127.9	127.6	127.6	127.5	127.2	127.5
1000	122.2	123.3	121.6	121.8	121.8	122.0	122.2
2000	113.1	114.8	112.7	112.9	112.9	113.5	113.4
总声压级	135.1	134.8	134.8	135.1	134.7	135.4	135.0

倍频带/Hz	SSPL[b]/dB	TSPL[c]/dB	ASPL/dB	DSPL[b]/dB			
31.5	125.0	+4/-2	124.3	-0.7			
63	128.0	+3/-1	128.3	0.3			
125	129.0	+3/-1	129.3	0.3			
250	127.0	+3/-1	127.8	0.6			
500	127.0	+3/-1	127.5	0.8			
1000	121.0	+3/-1	122.2	0.5			
2000	114.0	+3/-1	113.4	1.2			
总声压级	134.6	+1/-1	135.0	0.4			

a. 平均声压级；b. 要求的声压级；c. 允许容差；d. 实际偏差（ASPL-SSPL）

7.8.4　冲击试验

冲击试验用来验证航天器的零部件(如仪器、单机外壳等)能否承受由航天器与火箭分离、火箭级段燃尽、太阳阵的展开等引起的冲击载荷。

对于航天器的零部件,可采用等效的半正弦脉冲(HSP)来代替冲击响应谱(SRS),例如持续时间为 0.5ms、幅值为 $200g$ 的半正弦脉冲信号。如有必要,对于小零件(如 30kg 以下)可在冲击台上施加冲击载荷。下面介绍几种冲击加载方式:

- 利用附有重量的摆锤对安装在砧座上的试验样件进行冲击。通过调整摆锤的重量和跌落的高度可以调整冲击响应谱。
- 将试验样件安装在基板上进行测试。由跌落质量施加激励,冲击响应谱可以通过改变跌落质量的初始位置进行调整。

7.8.5　模态测试/模态分析试验

航天器结构模态特性的测量需要有完整的结构实物产品,然而,结构实物往往要在项目末期才能齐套。

通过模态测试可以得到结构的动态特性：

- 共振频率
- 振动模态或振型
- 广义质量
- 模态有效质量
- 模态阻尼比

如有必要，模态试验获得的数据可用来修正航天器的有限元模型。修正后的有限元模型可用于航天器/运载火箭之间的耦合动力学分析。

在工程实际中，测试动态系统的频率响应函数是为了对其进行模态测试。

通过测量激励点和响应点的响应(加速度)来获取频率响应函数。

在响应测点上粘贴加速度计，使用力锤敲击设定的激励点，动态力由力传感器测量。在目前试验方法中，可用多个小激振器对多个测点同时进行激励。激励信号可以是一定频宽的力，如正弦激励力、脉冲激励力或是白噪声激励力。通过快速傅里叶变换，将激励和所测响应信号转换到频域，然后求出频率响应函数。

模态测试主要分为以下三阶段：

- 测试准备阶段
- 频响函数的测量阶段
- 模态特性(固有频率、振型等)分析阶段

在测试准备阶段，需要确定测试结构的状态、加速度传感器和力激励器的位置，以及激励力的幅值。

对于航天器系统，必须验证计算模态振型和测试模态振型之间的正交性在可以接受的范围内。因此，进行正交模态测试时，必须首先明确与测量布置方案对应有限元模型的缩聚矩阵。

7.9 下　凹

下凹的主要目的是减小正弦或随机振动试验的激励量级，从而使其不超过设定界面处的载荷。这就是主动下凹。

为避免结构内部安装元件的过试验导致元件损坏，有时适当被动下凹也是必要的。如果主动下凹不够充分并且分系统有充分的证据证明单机将受到损害，分系统可以向总体要求进行被动下凹。

7.9.1 部件级下凹

在本章中，我们将对部件级的正弦振动和随机振动试验给予一些建议。

在试验过程中,所施加的载荷不能超过设计载荷。振动台的机械阻抗必然大于实际航天器结构的机械阻抗,因此振动台系统能够输出比实际支撑结构更大的动载荷。为防止过试验,必须减小输入量级。某设备的试验量级〔Mansholt 1985〕如表 7.8 和表 7.9 所列。

表 7.8　正弦输入量级

频率范围/Hz	鉴定级(0~peak) 扫描速率 2oct/min (持续 1 扫描周期)
5~19	10.3mm
19~22	10.3mm
22~100	20g

表 7.9　随机测试量级

频率范围 /Hz	鉴定级(每轴持续时间 120s) PSD(g^2/ Hz)
20~60	6dB/oct
60~700	0.2
700~2000	-3 dB /oct
G_{rms}	16.6

主动下凹的限幅条件见表 7.10。

表 7.10　正弦试验限制

部件级试验	鉴定级输出
正弦试验最大加速度输出	24g
随机试验最大加速度输出	$8g_{rms}$

为获得试验件包含固有频率和放大系数的动力学特性,应该先进行低量级的正弦扫频试验。例如,可以进行如下的低量级正弦扫频试验,见表 7.11。

表 7.11　低量级正弦扫频试验

低量级正弦输入	0.2g
频率范围	5~2000Hz
扫描速率	2oct/min

正弦振动试验下凹

在基础加速度 $\ddot{U}(f)$ 激励下,被试件某位置的正弦响应加速度 $\ddot{X}_i(f)$ 可以写为

$$\ddot{X}_i(f) = H_i(f)\,\ddot{U}(f) \tag{7.22}$$

式中: $H_i(f)$ 为频响函数,如图 7.3 所示。

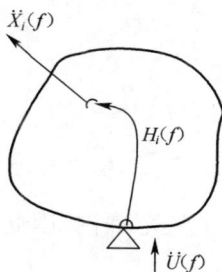

图 7.3　受基础加速度激励的设备

对于线性系统,当激励减小到 $\alpha\ddot{U}_i(f)$ 时,响应也随之减小到 $\alpha\ddot{X}_i(f)$ 。这意味着下凹曲线是输出曲线的镜像,如图 7.4 所示。这对于力激励也同样适用。共振频率 f_r 和放大系数由低量级正弦扫频得到。

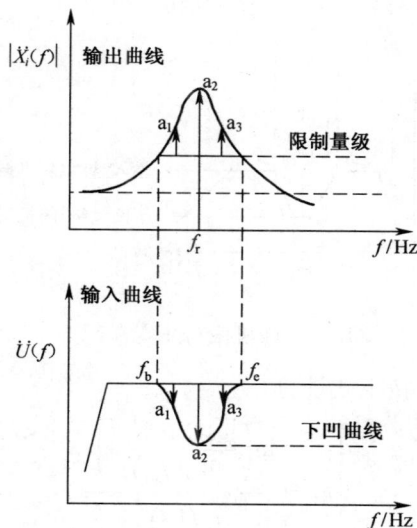

图 7.4　正弦振动试验的下凹定义

随机振动试验下凹

随机振动试验的下凹剖面必须基于低量级正弦扫频试验结果(共振频率 f_r (Hz),放大因子 Q)。针对随机振动试验下凹步骤的讨论可参考文献[Mansholt 1985]。

随机振动试验的下凹量级由输入量级除以放大因子的平方定义：

$$W_{\ddot{u},\text{notch}}(f_r) = \frac{W_{\ddot{u}(f_r)}}{Q^2} \qquad (7.23)$$

频带宽为

$$\Delta f = \frac{f_r}{Q} = 2\zeta f_r \qquad (7.24)$$

式中：ζ 为阻尼比。

下凹的下界和上界定义如下：

$$f_{lo} = f_r - \frac{\Delta f}{2}, f_{hi} = f_r + \frac{\Delta f}{2} \qquad (7.25)$$

f_b 和 f_e 之间的频段必须在上述范围内，因此低量级正弦扫频的放大因子 $Q \geqslant 2$。如图 7.5 所示。

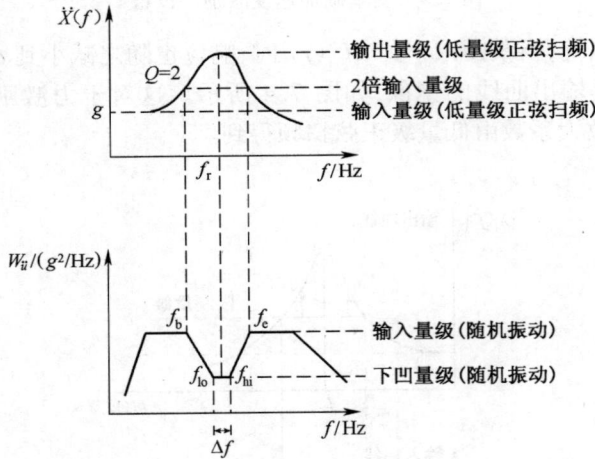

图 7.5　随机振动试验的下凹

下凹斜坡的斜率可按下式计算：

$$\begin{cases} k_1 = \dfrac{\ln\left(\dfrac{W_{\ddot{u},\text{notch}}(f_r)}{W_{\ddot{u}}(f_{lo})}\right)}{\ln\left(\dfrac{f_{lo}}{f_b}\right)} \\[4ex] k_2 = \dfrac{\ln\left(\dfrac{W_{\ddot{u}}(f_e)}{W_{\ddot{u},\text{notch}}(f_r)}\right)}{\ln\left(\dfrac{f_e}{f_{hi}}\right)} \end{cases} \qquad (7.26)$$

随机振动试验输入曲线下的面积可按下式计算：

$$A_i = \begin{cases} \dfrac{W_1 f_1}{\dfrac{k_i}{3}+1}\left[\left(\dfrac{f_2}{f_1}\right)^{\frac{k_i}{3}+1} - 1\right]g^2, k_i \neq -3 \\[4mm] W_1 f_1 \ln\left(\dfrac{f_2}{f_1}\right)g^2, k_i = -3 \end{cases} \qquad (7.27)$$

对于恒定功率谱密度随机加速度 $k=0$。

随机输入的均方根值为

$$\ddot{u}_{\text{rms}} = \sqrt{\sum_{i=1}^{n} A_i\, g_{\text{rms}}} \qquad (7.28)$$

这样就得到了用 $\ddot{u}_{\text{rms,notch}}$ 表示的下凹随机输入的均方根值。

算例

以某设备单方向的鉴定级随机振动试验为例。

以 2oct/min 速率在 5~2000Hz 内、加速度量级为 0.2g 的低量级正弦扫描试验结果如表 7.12 所列。

表 7.12 共振频率和放大因子

共振频率阶次	共振频率 f_r/Hz	放大因子 Q	f_b/Hz	f_e/Hz
1	325	25.5	240	400
2	584	8.5	530	650
3	1407	3.7	—	—

因为第三阶共振峰放大因子较小且超出了转折频率 700Hz,可以将其忽略。下凹的计算结果列在表 7.13 和表 7.14 中。

表 7.13 下凹的输入量级计算

下凹	共振频率 f_r/Hz	放大因子 Q	PSD $W_{\ddot{u}}(f_r)\Big/\left(\dfrac{g^2}{\text{Hz}}\right)$	PSD $\dfrac{W_{\ddot{u}}(f_r)}{Q^2}\Big/\left(\dfrac{g^2}{\text{Hz}}\right)$	$\Delta f = \dfrac{f_r}{Q}$/Hz
1	325	25.5	0.2	0.00031	12.7
2	584	8.5	0.2	0.0027	68.7

表 7.14 下凹的频带计算

下凹	$\Delta f = \dfrac{f_r}{Q}$ /Hz	$f_{lo} = f_r - \dfrac{\Delta f}{2}$ /Hz	$f_{hi} = f_r + \dfrac{\Delta f}{2}$ /Hz
1	12.7	319	331
2	68.7	550	618

现以低量级随机试验为例进行说明,其输入量级比前述下凹量级要低得多(图 7.6)。假设试验量级因子 $ZL = -10\text{dB}$。其相关低量级输入的均方根加速度

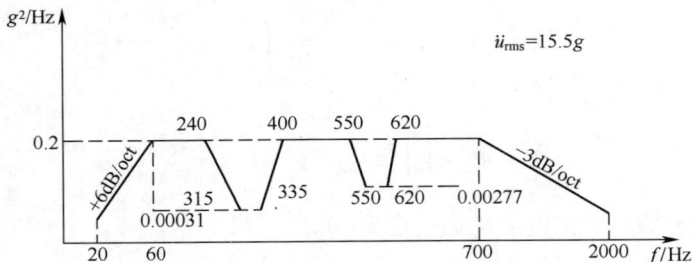

图 7.6　下凹随机加速度输入

g_{rms} 变为

$$\ddot{u}_{\mathrm{rms},ZL} = \ddot{u}_{\mathrm{rms,notch}} 10^{\frac{ZL}{20}} = 15.5 \times 10^{\frac{10}{20}} = 4.9g$$

某测点的响应均方根加速度 $\ddot{x}_{\mathrm{rms},ZL}$ 由测试设备给出：

$$\ddot{x}_{\mathrm{rms},ZL} = 5.6g$$

试验设备的随机鉴定级试验中,输出功率量级必须在 8 至 $1.1 \times 8G_{\mathrm{rms}}$ 之间。借助低量级随机试验的结果,可以计算并确定用于随机试验的输入和功率量级的期望值 $\ddot{x}_{\mathrm{rms},Z}$。

计算的输入如下：

- $\ddot{u}_{\mathrm{rms,notch}} = 15.5g$,下凹后的试验输入；
- $\ddot{x}_{\mathrm{rms},ZL} = 5.69$,$ZL=-10\mathrm{dB}$ 时的低量级随机试验的输出。

控制值如下：

- $W_{\ddot{u},\max} = 0.2g^2/\mathrm{Hz}$,输入曲线的最大功率谱密度；
- $\ddot{x}_{\mathrm{rms},Z} = 8.0g$,随机试验的最大功率输出。

计算过程如下：

(1) 用于低量级随机试验的均方根值为

$$\ddot{u}_{\mathrm{rms},ZL} = \ddot{u}_{\mathrm{rms,notch}} 10^{\frac{ZL}{20}} = 15.5 \times 10^{\frac{10}{20}} = 4.9g$$

(2) 试验的均方根输出的期望值(有下凹)为

$$\ddot{x}_{\mathrm{rms,notch}} = \frac{\ddot{x}_{\mathrm{rms},ZL}}{10^{\frac{ZL}{20}}} = \frac{5.6}{10^{\frac{-10}{20}}} = 17.7g$$

(3) 最大允许均方根量级 $\ddot{x}_{\mathrm{rms},Z} = 8.0g$ 下测试量级因子 Z 为

$$Z = 10\lg\left(\frac{\ddot{x}_{\mathrm{rms},Z}}{\ddot{x}_{\mathrm{rms,notch}}}\right)^2 = 10\lg\left(\frac{8}{17.7}\right)^2 = -6.89\mathrm{dB}$$

(4) 对于 Z 因子为 $-6.89\mathrm{dB}$ 的试验,期望的输出均方根量级为

$$\ddot{x}_{\mathrm{rms},Z} = \ddot{x}_{\mathrm{rms,notch}} \times 10^{\frac{Z}{20}} = 17.7 \times 10^{\frac{6.89}{20}} = 8.0g$$

(5) 对于 Z 因子为 $-6.89\mathrm{dB}$ 的试验,期望的输入均方根量级为

$$\ddot{U}_{\mathrm{rms},z} = \ddot{U}_{\mathrm{rms,notch}} \times 10^{\frac{z}{20}} = 15.5 \times 10^{\frac{6.89}{20}} = 7.0g$$

（6）对于 Z 因子为 $-6.89\mathrm{dB}$ 的试验，期望的输入功率谱密度量级为

$$W_{\ddot{u},\max,z} = W_{\ddot{u},\max}\left(\frac{\ddot{u}_{\mathrm{rms},z}}{\ddot{u}_{\mathrm{rms,notch}}}\right)^2 = 0.2\left(\frac{7.0}{15.5}\right)^2 = 0.04g^2/\mathrm{Hz}$$

（7）必须以因子 χ 减小规定的 PSD 输入：

$$\chi = \frac{W_{\ddot{u},\max}}{W_{\ddot{u},\max,Z}} = \frac{0.2}{0.04} = 5$$

算例结束

7.9.2 基于准静态荷载的主共振峰下凹

为了使总界面载荷的 3σ 值不大于鉴定级准静态载荷，大型设备随机输入频谱可以在大型设备主共振峰处进行下凹。

对于小型设备，随机输入频谱可基于准静态载荷下凹，然而，在整个频率范围内需要设定最小输入量级。这意味着，随机试验可以是某些设备的设计载荷。

图 7.7 中单机承受功率谱密度为 $W_{\ddot{u}(f)}$（g^2/Hz）的随机强迫加速度作用，它将产生功率谱密度为 $W_F(f)$（N^2/Hz）的随机反作用力。沿强迫加速度方向的准静态载荷因子为 $\gamma(g)$。单机的质量为 $M(\mathrm{kg})$。

与准静态载荷因子相关的下凹准则定义为：

$$\sqrt[3]{\int_{f_{\min}}^{f_{\max}} W_F(f)\,\mathrm{d}f} < M\gamma \qquad (7.29)$$

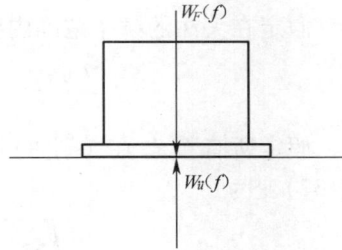

图 7.7 承受随机强迫加速度的单机

这意味着 $3\sigma = 3x_{\mathrm{rms}}$ 反作用力的值必须小于准静态载荷引起的反作用力。式（7.29）可以写为

$$\sqrt[3]{\int_{f_{\min}}^{f_{\max}} M^2 \mid H(f)\mid^2 W_{\ddot{u}}^*(f)\,\mathrm{d}f} < M\gamma \qquad (7.30)$$

式中：$H(f)$ 为从基座到单机质心处的频率响应函数；$W_{\ddot{u}}^*(f)$ 为调整后的输入功率谱密度。使用 Miles 公式（SDOF），可将式（7.30）改写为

$$3M\sqrt{\frac{\pi}{2}f_{\mathrm{n}}QW_{\ddot{u}}^*(f_{\mathrm{n}})} < M\gamma \qquad (7.31)$$

对多共振结构，下凹标准必须考虑到下式：

$$\sqrt[3]{\sum_{i=1}^{n} m_{\mathrm{eff},i}^2 \frac{\pi}{2}f_i Q_i W_{\ddot{u}}^*(f_i) + M_{\mathrm{res}}^2 \int_{f_{\min}}^{f_{\max}} W_{\ddot{u}}^*(f)\,\mathrm{d}f} < M\gamma \qquad (7.32)$$

式中：$m_{\text{eff},i}$ 为模态固有频率 f_i 对应的模态有效质量；M_{res} 为剩余质量。

总质量 M 可写为

$$M = \sum_{i=1}^{n} m_{\text{eff},i} + M_{\text{res}} \tag{7.33}$$

式中，$\sum_{i=1}^{n} m_{\text{eff},i}$ 为在所关注的频率范围内参与的有效模态质量之和。

假定每阶模态 i 的模态功率谱贡献量与其固有频率 f_i 处的功率谱密度 $W_{\ddot{u}}(f_i)$ 有关。这个功率定义为力 $m_{\text{eff},i} a_{\text{rms},i}$ 和速度 $v_{\text{rms},i}$ 的乘积。模态功率贡献量由下式给出：

$$m_{\text{eff},i} a_{\text{rms},i} v_{\text{rms},i} = CW_{\ddot{u}}(f_i) \tag{7.34}$$

或

$$m_{\text{eff},i} \frac{a_{\text{rms},i}^2}{2\pi f_i} = CW_{\ddot{u}}(f_i) \tag{7.35}$$

最后可得

$$m_{\text{eff},i} \frac{\frac{\pi}{2} f_i Q_i W_{\ddot{u}}^*(f_i)}{2\pi f_i} = \frac{m_{\text{eff},i}}{4} Q_i W_{\ddot{u}}^*(f_i) = CW_{\ddot{u}}(f_i) \tag{7.36}$$

假定在关注的频率范围内所有模态的常数 C 相同，于是有

$$\frac{m_{\text{eff},i} Q_i W_{\ddot{u}}^*(f_i)}{W_{\ddot{u}}(f_i)} = 4C = \text{constant} = \overline{C} \tag{7.37}$$

假定所有模态在关注的频率范围内。这意味着剩余质量 $M_{\text{res}} = 0$，式（7.32）变为

$$\sqrt[3]{\sum_{i=1}^{n} m_{\text{eff},i}^2 \frac{\pi}{2} f_i Q_i W_{\ddot{u}}^*(f_i)} < M\gamma \tag{7.38}$$

将式（7.37）代入式（7.38）中，可得

$$\sqrt[3]{\frac{\pi}{2} \overline{C}} \sqrt{\sum_{i=1}^{n} m_{\text{eff},i} f_i W_{\ddot{u}}(f_i)} < M\gamma \tag{7.39}$$

常数 $\overline{C}$ 可以由下式计算：

$$\overline{C} = \frac{(M\gamma)^2}{\frac{9\pi}{2}\left(\sum_{i=1}^{n} m_{\text{eff},i} f_i W_{\ddot{u}}(f_i)\right)} \tag{7.40}$$

如果剩余质量不可忽略（比如>20%），必须利用（7.32）式计算强迫加速度的减缩功率谱密度 $W_{\ddot{u}}^*(f_n)$。这是一个迭代的过程。

共振频率附近的下凹带宽取决于放大因子 Q，即

$$\Delta f_i = \frac{3f_n}{Q_i} \tag{7.41}$$

加速度函数功率谱密度的斜率近似为

$$k_i = \pm Q_i \, (\mathrm{dB/oct}) \quad (7.42)$$

共振频率和对应的放大因子可从小量级正弦扫描试验获取。

下凹的带宽和斜率如图 7.8 所示。

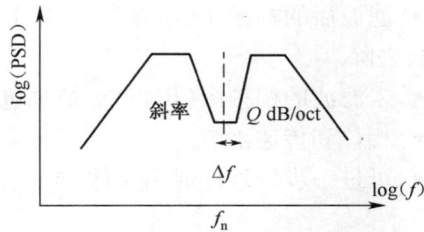

图 7.8　下凹频宽和斜率示意图

7.9.3　力限振动试验

飞行设备暴露于随机振动环境,从而要求它需通过振动试验的考核。飞行中,设备和支撑结构的机械阻抗(力/速度)是相匹配的,从而产生的界面力和响应是适中的。振动试验中,振动台的机械阻抗非常高,可以提供几乎无限大的驱动力。为了降低响应,加速度输入必须通过指定飞行中预示的力限来进行下凹。

设备界面的载荷与界面加速度的关系为

$$W_{\mathrm{FF}}(f) = |\,M_{\mathrm{d}}(f)\,|^2 W_{\mathrm{aa}}(f) \quad (7.43)$$

式中:$W_{\mathrm{FF}}(f)$ 和 $W_{\mathrm{aa}}(f)$ 分别是界面力和强迫加速度的功率谱密度;$M_{\mathrm{d}}(f)$ 为动质量(也称为视在质量)[Cote 2004]。

对于质量为 m、固有频率为 f_0、阻尼比为 ζ 的单自由度系统,其动质量 m_{d} 为 [Wijker 2004]

$$m_{\mathrm{d}} = m \left[1 + \left(\frac{f}{f_0}\right)^2 \frac{1}{1 - \left(\frac{f}{f_0}\right)^2 + 2\mathrm{j}\zeta\left(\frac{f}{f_0}\right)} \right] \quad (7.44)$$

在主共振频率(最大响应)处进行力的包络,并使用刚体质量$\left(\frac{f}{f_0} \to \infty\right)$替换动质量,半经验的力限载荷规定如下[Chang 2002, Scharton 1997]:

$$W_{\mathrm{FF}}(f) = C^2 M^2 W_{\mathrm{aa}}(f) , \; f < f_0$$

$$W_{\mathrm{FF}}(f) = C^2 M^2 W_{\mathrm{aa}}(f) \left(\frac{f_0}{f}\right)^2 , \; f \geqslant f_0 \quad (7.45)$$

式中:f_0 为振动台上试件主共振频率(最大有效模态质量对应的频率);C^2 为力限规定的保守性系数。对于直接安装的小量级载荷,建议 $C^2 = 5$;对于通过大型工装安装的试件,建议 $C^2 = 2$。

进行随机振动试验,需在试验件和振动台之间安装力传感器。

半经验力限规范由喷气推进试验室开发,并已成功应用。

7.10　图　　解

来自应变仪、加速度计等的响应信号等由以下形式表示:

- 滤波后的幅频图(主频)。激励频率附近"窄带"范围以外的其他所有频率都被去除。
- 未滤波的幅频图(RMS)。结果包括所有频率成分。
- 相位和传递函数。
- 可进一步处理的通用文件(ASCI)。

7.11 西欧的试验设施

西欧诸多国家都建设有小型或大型试验设备,可开展多种力学试验,但具备开展航天力学试验能力的专业机构或公司仅有四个。
- 荷兰诺德维克的 ESA/ ESTEC
- 德国巴伐利亚州 Ottobrun(慕尼黑附近)的 INDUSTRIEANLAGEN-Betriebsgesellschaft mbH(IABG)公司
- 法国图卢兹的空间环境试验中心(Interspace)
- 比利时列日大学的空间试验中心(CSL)

ESA/ ESTEC 隶属于 ESA 的研究机构,其试验装置均用于航天项目。另三个研究所和公司比较商业化,其中 Interspace 和法国航天机构国家空间研究中心(CNES)在一起。

上述机构和公司提供以下试验设备:
- 混响室
- 振动台
- 模态测试设施
- 质量特性测量设备
- 热真空试验/空间模拟设备
- EMC 测试设备
- 磁性测试设备
- 放气测试设备
- ……

静态载荷可以在离心机上施加。CEA-CESTA 拥有欧洲最大的离心机(SILAT 265)。该离心机长 10m,重 40t。可为 2000kg 试件加载到 200g,为 4600kg 试件加载到 42g。

参 考 文 献

Chang,K. Y. ,2002,*Structural Loads Prediction in Force-Limited Vibration Testing*,JPL,California Institute of Technolgy,Paper presented at Spacecraft & Launch vehicle Dynamic Environ-ments

Workshop The Aerospace Corporation, June 25–27.

ESA PSS–01–802, Draft 1, September 1993, *Test Requirements Specifications for Space Equip ment*, chapter 4. 2. 7.

Cote, A. et al 2004, *Force–Limited Vibration Complex Two–Degree–of Freedom System System Method*, AIAA Journal, Vol 42, No. 6, pages 1208–1218

NASA–TM – 86538, *Design and Verification Guidelines for Vibroacoustic and Transient Environ – ments*, March 1986.

GEVS–STRUCTURAL ElEMENT, 1990, *General Environmental Verification Specification for STS & ELV Payloads, Subsystems and Components*, NASA Goddard Space Flight Center.

Lalanne, C. , 2002, *Mechanical Vibration & Shock, Sinusoidal Vibration, Volume 1*, ISBN 1 9039 96031, HPS.

Lefevre, Y. M. , Boueilh, D. , 1994, *Notching Guidelines for Mechanical Tests*, MSG–NNT–SE–TN– 0742, Matra Marconi Space.

Mansholt, U. , 1985, *Guideline for the performance of vibration tests at equipment level.* Matra report MAT–HIP–19233.

Rice, C. . E. , Buehrle, R. D. , 2003, *Validation of Force Limited Vibration Testing at NASA Langley Research Center*, NASA/TM–2003–212404.

Scharton, T. D. , 1997, *Force Limited Vibration Testing Monograph*, NASA RP–1403.

Schweikert, G. , The Dornier Shocktable – *A New Facility for Shocktesting of Components.* SP 408, 1997, Environmental Testing for Space Programmes, ESTEC, Noordwijk.

Tustin Institute of Technology, 1971, *Vibration and Shock Test Fixture Design, Design, Fabrication and Evaluation.*

NASA*"Guidelines for Loads Analyses and Dynamic Model Verification of Shuttle Cargo Elements"*, MSFC–HDBK–1974, October 15, 1991.

Friswell, M. I. , Mottershead, J. E. , 1995, *Finite Element Updating in Structural Dynamics*, Kluwer, ISBN 0792334310.

Wijker, J. J. , 2004, *Mechanical Vibrations in Spacecraft Design*, Springer, ISBN 3–5 40–40530–5.

第8章
航天器结构设计

8.1 引　言

图 8.1 中给出了航天器结构的设计流程[Agrawal 1986, chapter 4]。

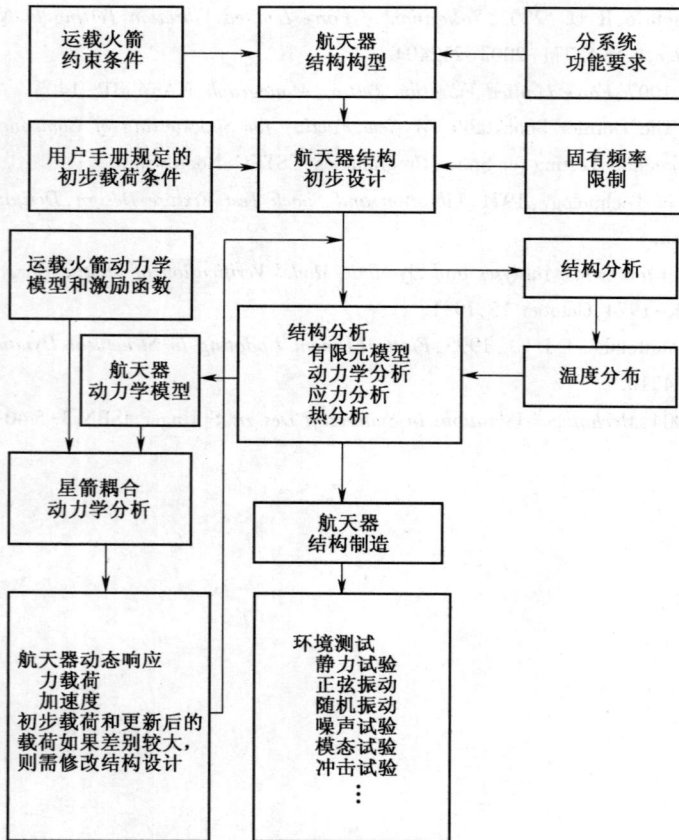

图 8.1　航天器结构设计及验证流程图[Agrawal 1986]

航天器的结构设计可分为五个阶段：

（1）航天器结构构型确定

（2）航天器结构初步设计

（3）详细分析

（4）航天器结构投产

（5）试验

本章主要讨论以上内容。

8.2　确定航天器配置

确定航天器构型需要进行以下工作：

- 运载火箭边界条件：
    - ——发射重量
    - ——可用包络
    - ——适配器
    - ——星箭分离系统
    - ——发射成本
- 功能要求。
- 寿命（持续时间）。

8.2.1　运载火箭边界状态

用户手册中全面介绍了运载火箭的要求和约束。这些要求和约束包括：

- 发射重量
- 整流罩可用包络
- 运载火箭适配器
- 振动量级
- 噪声载荷
- 安全系数

振动载荷、噪声载荷以及安全系数的讨论见前面章节。

8.2.2　发射重量

能够发射的重量（航天器和适配器）取决于发射任务的类型。以阿丽亚娜 5 运载火箭为例，其常见的发射任务如下：

- 地球同步转移轨道（GTO）发射
- 太阳同步轨道（SSO）发射
- 近地轨道（LEO）发射

- 椭圆轨道发射
- 逃逸地球引力发射(逃逸任务)

阿丽亚娜 5 运载火箭相对于不同的发射任务的标准发射重量见表 8.1。

表 8.1　阿丽亚娜 5 发射能力

地球同步转移轨道(GTO)	近地轨道(LEO)	太阳同步轨道(SSO)
6800kg	18000kg	10000kg

8.2.3　可用发射包络

运载火箭可容纳的航天器空间大小取决于适配器的直径和整流罩的尺寸。显然,只发射一个航天器时,可用空间最大。如果同时发射多个航天器,则单个航天器只能占用部分空间。运载火箭的可用发射空间详见用户手册。

金牛座运载火箭的整流罩内空间如图 8.2 所示。

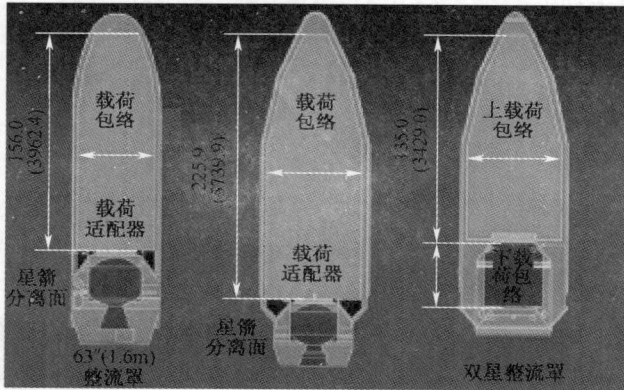

图 8.2　金牛座运载火箭整流罩内空间(金牛座运载系统)

8.2.4　运载火箭适配器(LVA)

通常航天器可选用的火箭适配器或过渡结构有很多种。适配器和过渡结构的尺寸在运载火箭用户手册中有详细介绍。

8.2.5　有效载荷分离系统

有效载荷分离系统包含以下两类:

- 爆炸螺栓解锁分离装置。
- 包带式解锁分离装置。包带由两个半圆钢带使用解锁螺栓连接而成。钢带的拉应力使夹块产生压力,从而将适配器和航天器紧固定在一起。火工品将解锁螺栓切断从而完成包带的释放。分离弹簧可使航天器和适配器安全分

74

离。包带拉簧装置拉住两片包带从而避免包带附着于航天器。

两个系统都会对航天器产生大量级的冲击载荷。

8.2.6 航天器功能要求

航天器的功能要求受任务影响巨大,同时也主要取决于航天器任务类型。主要任务类型包括:

- 太阳观测
- 行星任务
  - ——飞越探测
  - ——环绕探测
  - ——着陆探测
- 地球同步
  - ——通信卫星
  - ——电视卫星
  - ——气象卫星
  - ——地球观测
  - ——导航卫星
- 近地飞行
  - ——通信卫星
  - ——气象卫星
  - ——地球观测
  - ——导航卫星
  - ——微重力研究
- 天文卫星
  - ——空间观测
- 场和粒子
- 其他

8.3 航天器结构初样设计

对于航天器结构的方案设计,需要考虑以下几个方面:

- 发射重量
- 安全系数
- 刚度需求
- 材料属性
- 构型尺寸

结构部件的初步设计流程如图 8.3 所示。

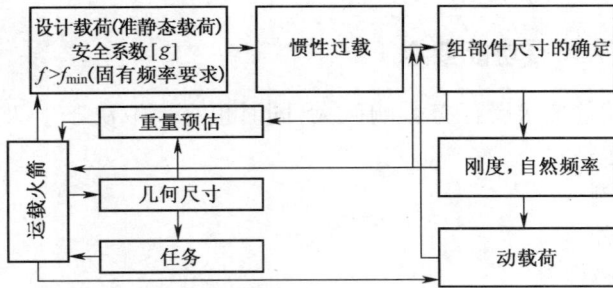

图 8.3　结构部件初步设计

由任务要求和功能要求可初步确定几何结构以及相应的重量分配。而运载火箭的选择则决定了发射重量、刚度、几何尺寸约束等。在满足最小固有频率要求的前提下,才能对航天器施加准静态过载。质量分配和施加的准静态载荷系数决定了结构的内部载荷分配。这个载荷分配是初步区分航天器主结构和次结构的依据。随后,必须对主结构的刚度进行校核,以确保满足运载火箭对航天器刚度的要求。如果航天器横向和纵向固有频率满足运载要求,就可以对航天器施加动载荷进行校核。

8.3.1　设计载荷

对不同的承载结构,各种类型载荷的重要程度不尽相同,这主要取决于承载结构的类型是主结构还是次结构(如太阳阵、天线、设备、电单机等)。地面、发射以及在轨运行阶段航天器载荷的要求也不相同,这些载荷包括[Sach 1988]:

- 固有频率
- 稳态(准静态)加速度
- 正弦激励载荷
- 随机载荷
- 噪声载荷
- 瞬态载荷
- 冲击载荷
- 温度载荷

1. 固有频率

固有频率是航天器所有部件设计的基本要求。这个要求主要用于防止航天器和运载火箭的动态耦合。

2. 准静态和低频正弦载荷

主结构的设计主要取决于准静态和低频正弦载荷(最高约 50Hz)。

3. 正弦和随机载荷

正弦和随机载荷则主要决定了次结构(太阳阵、天线、电单机等)的设计。

4. 噪声载荷

相对于正弦和随机激励,大面积、小重量的结构(如太阳阵和航天器天线)对于噪声载荷更为敏感。

5. 冲击载荷

展开结构要经受大量级冲击载荷,例如某些机构在铰链运动到最终位置进行锁定时就会产生冲击载荷,在有着较高展开速度要求时,冲击更为显著。

6. 温度载荷

温度变化通常会引起结构较高的热应力。一般来讲,膨胀系数取决于结构材料。针对存在相对位置要求的结构,设计中应充分考虑热变形的影响。

7. 随机载荷

设备和电单机的设计要充分考虑随机激励的影响。

8.3.2　刚度要求(固有频率要求)

航天器固有频率(无阻尼时)必须在所有方向上都大于运载火箭对于航天器的最高激励频率。因固有频率不同,故航天器和运载火箭无动态耦合,在低频范围内,航天器会表现出较好的刚性。

对于不同的运载火箭,横向和发射方向的最小固有频率要求见表8.2。通常情况下,这些固有频率只有在航天器固定在星箭分离面时才是有效的。

表8.2　刚度要求实例

运载火箭 运载系统	所需最低固有频率/Hz	
方向	发射方向(译者注:纵向)	横向
STS	13	13
DELTA 6925/7925	35	15
阿丽亚娜 5		9~10[a]
>4500kg	31	
≤4500kg	31	
a. 取决于运载火箭和航天器接口类型		

8.3.3　准静态载荷

航天器结构应该能够承载包含安全系数的最大准静态载荷(QSL)。准静态载荷是稳态静载荷和低频正弦载荷的组合。一旦发射方向和横向模态的最低频率满足要求,准静态载荷即可用于航天器结构的设计。

在阿丽亚娜5运载火箭的用户手册中,对重量小于5000kg的航天器,其载荷系数的选取如表8.3所示。

表8.3　准静态载荷系数

过载类型	过载系数,加速度/g			
	发射方向(纵向)		横向	
	静态	动态	静态	动态
起飞段	-1.7	±1.5	0.0	±1.5
最大动态压力	-2.7	±0.5	0.0	±2.0
P230 燃尽	-4.25	±0.25	±0.25	±0.25
H155 燃尽	-3.6	±1.0	±0.1	0.0
H155 发动机关机	-0.7	±1.4	0.0	0.0

- 负号表示压力方向为发射方向。
- 准静态载荷施加于航天器质心。
- 考虑了重力的影响。
- 航天器必须满足刚度要求。
- 质心必须位于指定区域以避免航天器适配器的过载。很显然,该区域的大小取决于所选用的适配器。

8.3.4　质量—加速度曲线(MAC)[①]

对于部件和设备,用于结构分析的设计载荷如图8.4所示,这个载荷取决于有效质量的大小。有效质量小的部件所经受的加速度较高,这个结论对于瞬态和随机载荷都是适用的。质量—加速度曲线(MAC)主要是从以前的型号数据

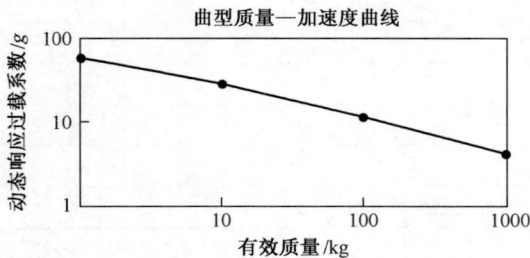

图8.4　典型质量—加速度曲线[NASA PD-ED-1211]

---

① 质量—加速度曲线常用于NASA编写的许多"航天器载荷"文件中。MAC同时也是"模态置信准则(Modal Assurance Criteria)"的缩写。

中总结得到的。大多数情况下,针对给定运载火箭得到的质量—加速度曲线可以用于大多数的部件和设备。质量—加速度曲线是给定质量的所有部件的加速度值上限,与位置、方向以及频率无关。通常,假设部件或设备最低固有频率为 $f_n \geqslant 100\text{Hz}$。

算例

假设有质量为 10kg,最低自然频率大于 100Hz 的部件,则用于设计此部件的"静态"过载系数可从图 8.4 中得到,约为 $40g$。

算例结束

8.3.5 随机载荷

运载火箭和航天器的类型决定了随机载荷的大小。

在"STS&ELV 通用环境验证规范,有效载荷、分系统和部件"[Baumann 1996]中,针对以下对象的规定有所不同:

- 航天器
- 设备(分系统)(≤68kg,150lbs)
- 部件(≤22kg,50lbs)

表 8.4、表 8.5 和表 8.6 中对随机振动量级有详细规定。必须注意到,部件的质量越大,随机振动量级越小。

表 8.4 航天器随机振动量级

频谱/Hz	PSD 加速度/(g^2/Hz)
20~800	0.008
800~1000	7.6dB/oct
1000~1300	0.014
1300~2000	−13.6dB/oct
2000	0.002
G_{rms}	$4.1g$

表 8.5 设备随机振动量级

频谱/Hz	加速度功率谱密度/(g^2/Hz)
20	0.01
20~50	5.5dB/oct
50~800	0.053
800~2000	−5.5dB/oct
2000	0.01
G_{rms}	$8.26g$

表 8.6 部件随机振动量级

频谱/Hz	加速度功率谱密度/(g^2/Hz)
20	0.026
20~50	6dB/oct
50~800	0.16
800~2000	−6dB/oct
2000	0.026
G_{rms}	$14.1g$

8.3.6 安全系数

安全系数可用来弥补分析不全面带来的不确定性。

鉴定级载荷经常用作设计载荷,然后乘以"屈服"和"极限"的安全系数得到"屈服"载荷和"极限"载荷。

ENVISAT 卫星使用的安全系数如图 8.5 所示。

飞行极限载荷(许用载荷)→设计(鉴定)载荷→验证载荷→屈服载荷→极限载荷

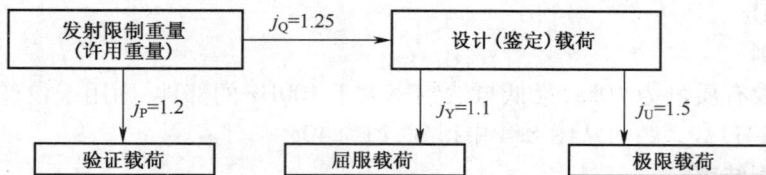

图 8.5　ENVISAT 卫星使用的安全系数

8.4　承载结构基本设计

航天器结构用来承载服务系统、有效载荷以及设备,是航天器的基本骨架。此外,航天器结构需要保证设备安装精度,有些特定的结构表面还需要满足热控系统的要求。

8.4.1　设计准则

结构部件的设计准则是:
- 重量(最小)
- 可靠性
- 设计成本(如工时)
- 生产成本(包括模具和模板)
- 检验可行性(如无损检测)
- 批量制造工艺性
- 可维修性
- 后期硬件可更改性

以上准则排序不分先后。例如,重量准则很重要,但是,有时成本更重要。每种产品对这些准则都有不同的排序。

8.4.2　航天器结构中常用的结构元件

航天器结构通常由以下常用元件组成:
- 梁
- 拉压件(杆)
- 环形框
- 板
  ——矩形

——圆形

　　——环形

- 圆柱和锥形薄壳

　　——无加强梁硬壳

　　——带环形加强筋

　　——波纹式

　　——复合材料

- 夹层和复合材料结构
- 压力容器
- 贮箱
- ……

结构元件的设计包含三个方面[Ashly 2003]：

- 功能需求
- 几何构型
- 材料属性

结构元件的性能 p 可由下式描述：

$$p = f[(\text{功能需求 } F),(\text{几何参数 } G),(\text{材料属性 } M)] \tag{8.1}$$

式(8.1)是可拆分的,因此

$$p = f_1(F)f_2(G)f_3(M) \tag{8.2}$$

式中：$f_1(F)f_2(G)$ 为结构指数，$f_3(M)$ 为效能系数或材料指数。

　　使用简单易行的方法(包括查阅手册、EXCEL、MATHCAD、Maple、MATLAB等)计算上述参数,就可以快速而高效地确定空间结构的初步尺寸。

　　确定空间结构尺寸的重要方面包括：

- 设计载荷

　　——起吊载荷

　　——发射载荷

　　——在轨载荷

- 试验载荷
- 内部压力(如贮箱)
- 固有频率的下限
- 热变形
- ……

最重要的失效模式包括：

- 超出材料屈服应力
- 超出极限强度
- 稳定性(抗屈曲),局部或整体

- 裂纹(压力容器,载人飞船)
- 疲劳
- ⋯⋯

安全裕度(MS 或 MOS)和安全系数有着不同的涵义。对于给定的安全系数,可以确定失效的可能性(或称结构的可靠性)。有了安全裕度的概念,可以确定结构的性能。安全裕度定义为

$$MS = \frac{\sigma_{allowable}}{j\sigma_{actual}} - 1 \tag{8.3}$$

式中:MS 为安全裕度;$\sigma_{allowable}$ 为许用应力,许用应力是失效前最大允许应力;σ_{actual} 为给定载荷下的应力;j 是安全系数。

失效时,施加的应力大于许用应力。安全裕度值为负。可以看出,安全裕度的值必须大于零。

在表 8.7 中,将安全裕度大小的意义进行了说明。

表 8.7　安全裕度大小的含义

安全裕度	含义	安全裕度	含义
MS<0	失效	0.5<MS<1.5	良好设计
0<MS<0.5	最佳设计	MS>1.5	设计需要优化

多种载荷工况同时作用时,安全裕度值见表 8.8。

表 8.8　载荷组合工况

安全裕度	载荷组合工况
$MS = \dfrac{1}{j}\left(\dfrac{\sigma_{compr}}{\sigma_{compr}^*} + \dfrac{\sigma_{bend}}{\sigma_{bend}^*}\right)^{-1} - 1$	压缩和弯曲载荷组合
$MS = \dfrac{1}{j}\left(\dfrac{\sigma_{compr}}{\sigma_{compr}^*} + \dfrac{\sigma_{tors}}{\sigma_{tors}^*}\right)^{-1} - 1$	压缩和扭转载荷组合
$MS = \dfrac{1}{j}\left(\dfrac{\sigma_{compr}}{\sigma_{compr}^*} + \dfrac{\sigma_{bend}}{\sigma_{bend}^*} + \left\{\dfrac{\sigma_{tors}}{\sigma_{tors}^*}\right\}^2\right)^{-1} - 1$	压缩、弯曲和扭转组合
σ 为相应的应力,σ^* 为许用应力,j 为安全系数	

8.4.3　材料选择

材料的选择是航天器结构设计过程中一个非常重要的步骤。它对质量、制造成本有着直接而重要的影响。航天器的运行环境、外形稳定性以及结构可靠

性都是选择材料时需要考虑到的参数。最重要的材料属性包括：

- 强度和刚度
- 比重①
- 极限强度
- 疲劳强度
- 技术约束(弹性、焊接性能、应力集中等)
- 环境对材料性能的影响
- 导热性
- 导电性或绝缘性
- 供货条件
- 成本

对于承受拉应力的结构元件,有如下关系表达式:

$$M = AL\rho = j\frac{N}{\sigma_u}L\rho \qquad (8.4)$$

式中:M 为结构元件质量;A 为结构元件截面积;L 为结构元件长度;N 为轴向拉力;σ_u 为所选材料的极限应力;ρ 为所选材料的密度;j 为安全系数。

从上式可以看出,结构元件的质量随着比强度$\dfrac{\sigma_u}{\rho}$的增大而减小。

对于承受轴向压力载荷的薄壁结构元件(硬壳结构、夹层结构、带加筋梁的薄壁结构),不同屈曲状态所对应的质量为

$$M = 2\pi R\sqrt{\frac{jN}{2\pi\Psi E}} \qquad (8.5)$$

式中:R 为硬壳结构半径;Ψ 为依赖于边界条件的常数。

薄壁结构元件的质量随着比刚度$\dfrac{\sqrt{E}}{\rho}$的增大而减小。

对于其他的载荷和结构元件也有类似的表达式。

Ashly[Ashly 2003]定义了结构效率(SE)或称材料指数:

结构效率=结构承载能力/结构质量,即

$$\mathrm{SE} = f\left(\frac{E^i}{\rho}\right), i = 1, \frac{1}{2}, \frac{1}{3} \qquad (8.6)$$

表 8.9 中给出了结构效率的实例。

对结构元件进行材料选择时,必须考虑温度对材料特性的影响。因此,航天器结构通常使用轻质金属合金和复合材料制造。

---

① 密度。——译者

表 8.9 结构效率或材料指数

结构元件	载荷	结构效率	备注
梁、板和壳	拉和纯压	$f\left(\dfrac{E}{\rho}\right)$	$L<L_{\text{crit}}$
夹层板和壳	拉和纯压	$f\left(\dfrac{E}{\rho}\right)$	$L<L_{\text{crit}}$
	弯曲	$f\left(\dfrac{E}{2\rho_f}\right)$	强度
		$f\left(\dfrac{E}{3\rho_f}\right)$	刚度
梁	屈曲和弯曲	$f\left(\dfrac{E^{\frac{1}{2}}}{3\rho_f}\right)$	
板和梁	屈曲和弯曲	$f\left(\dfrac{E^{\frac{1}{2}}}{3\rho_f}\right)$	

8.5 详 细 分 析

通常使用有限元方法进行结构分析。市场上有许多兼容前、后处理模块的商用有限元软件,例如:

- MSC. Nastran
- MSC. Marc
- ABAQUS
- ……

前、后处理软件,例如:

- MSC. Patran
- FEMAP
- ABAQUS/CAE
- ……

分析的目的决定了有限元模型的细节,包括节点和单元数量,进而决定了自由度数量。有限元模型的细节还取决于结构的几何信息、材料属性、质量分配以及载荷工况。

8.5.1 有限元模型

利用前、后处理器,给定几何结构和所选材料及对应的材料属性,就可建立相应的有限元或数学模型。这个有限元模型通常包括:

- 节点
- 有限元单元,0D,1D,2D 和 3D
- 材料属性(弹性模量、泊松比、剪切模量、密度、热膨胀系数(CTE)、结构阻尼……)
- 质量分布(材料密度、非结构质量、离散质量)
- 边界条件(固支、简支、铰支等)
- 相关关联自由度的约束方程
- 外加载荷
- 阻尼
- ……

有限元模型的质量将在随后的专用有限元模型检查模块中通过测试(静态、动态以及模型检查)检验。

8.5.2 有限元模型检验

应该从以下方面检验有限元模型:

- 检验有限元模型的刚体应变能判断隐藏的约束。理论上讲刚体应变能必须为零。
- 通过自由—自由边界模态分析来判断有限元模型中的多余机构。正确的有限元模型中存在 6 个自然频率为零的刚体模态,三个平动和三个转动方向。
- 通过无应力热膨胀来判断有限元模型中的不良单元。例如,不良长宽比单元或翘曲板单元的应力不为零。
- 在压力载荷作用下,承受压力的所有面单元法线方向相同,否则压力所产生的力有可能被抵消了。
- ……

8.5.3 有限元分析

通常,将使用有限元模型进行以下类型的分析:

- 强度/刚度分析
- 热弹性分析
- 动力学分析(如动态响应)
- 星箭耦合分析
- 声振分析
- ……

1. 强度分析

航天器结构(结构单元)的强度特性应通过有限元分析以及进一步的详细分析进行校核。必须对结构单元中的应力/载荷分布进行校核,并和许用应力/

载荷(结合失效模式)对比来保证安全裕度大于零。屈曲分析可以给出许用屈曲应力/载荷。施加的典型载荷为准静态惯性载荷和它们的组合。只要动态载荷条件是已知的,则必须校核动态载荷引起的应力/载荷是否在许用应力/载荷(通常为静态条件下)范围内。对于随机载荷,必须计算应力的 3σ 值后和许用应力(屈服应力、极限应力)相比较。

2. 热弹性分析

必须计算因温度梯度而引起的结构热变形和应力,以检验指向要求。通常,航天器中的热应力并不重要。重要的是得出用于结构分析的节点温度分布,温度分布大多是基于集总参数法的热分析得到的。

3. 动力学分析

通过动力学分析来检验固有频率和动响应是否满足要求。为检验最小固有频率的要求,需要进行模态分析。分析的结果主要是:固有频率及对应的模态振型,广义质量和广义刚度以及模态有效质量。因为航天器结构中的阻尼非常小(2%~10%阻尼比),在特征值提取的过程中经常忽略阻尼的影响。实模态和虚模态间的偏离也很小。

航天工业标准采用的模态阻尼比为 $\zeta = 0.015$ 或结构阻尼为 $g = 0.03$ [Foist 2004]。响应的放大倍数为 $Q \approx \dfrac{1}{2\zeta} = \dfrac{1}{g} = 33.33$。

在后续的研制过程中,将通过模态测试分析或者振动台低量级慢扫频激励来验证模态特性。

在完成航天器的模态分析后,要进行确定载荷和随机载荷下的响应特性计算。通常此计算在频域内完成。在一定的频率范围内,必须对有限元模型进行检验。

在有限元方法不适用的频率范围,可以使用统计能量法(SEA)[Wijker 2004]。

4. 星箭耦合分析

发射段的星箭耦合分析是用来分析航天器发射段动态载荷的。这个分析用来对运载火箭用户手册中的初步设计载荷进行检验(用户手册中的设计载荷偏于保守)。

完整或减缩模型需和载荷转换矩阵一起提交至运载火箭研制方。耦合分析结果可为振动测试提供参考。

5. 声振分析

安装于航天器外部的轻质、大面积结构如太阳阵和天线反射器对于声载荷(声压力)非常敏感。需要结合有限元法和边界元法来进行流固耦合分析(FSI)。有限元法用来计算结构行为(模态属性:自然频率、模态振型、应力模态……),而流体影响(附加质量、辐射阻尼)和噪声载荷则使用边界元法计算。

8.6 航天器结构制造

航天器结构产品可由责任单位研制,或将合同分包至其他单位进行研制。分包生产的结构件可基于"按图生产"原则,也可基于风险分担原则(风险分担原则是指结构件的设计和生产都由分包单位负责)。

结构装配大多由负责航天器结构的单位完成。航天器的总装由总体单位完成。

必须研制地面机械支持设备(MGSE)以进行航天器整个结构的装配以及地面转运。

8.7 试　验

通过试验来验证航天器设计指标的符合性。常用的试验以及对应的要求如表 8.10 所列。

表 8.10　试验验证

试验类型	试验目的
静力试验和 离心试验	• 检验主结构和关键接口的结构强度; • 检验(部分的)刚度矩阵
模态试验	• 识别固有频率 ω_i、振动模态 $\{\phi_i\}$ 以及模态阻尼比 ζ_i,以用于校核载荷谱分析和星箭耦合分析所使用的数学模型
正弦振动试验	• 用于对航天器数学模型的检验(从运载火箭—航天器接口输入到不同航天器部件的放大); • 次结构校核; • 鉴定级振动试验后通过功能测试完成航天器系统考核; • 验收级振动试验后通过功能测试完成航天器系统验收级考核
噪声试验	• 检验并验证航天器系统在飞行时可能经受的噪声环境下的可靠性; • 鉴定级噪声试验后采用功能测试试验来考核航天器系统。如果采用模拟单机,则要测量模拟单机界面上的随机输入量级。随后将其用作考核单机分系统级试验或单机级试验的输入; • 验收级噪声试验后进行功能测试试验以实现对航天器系统的验收级考核
随机振动试验	• 以飞行环境下的随机振动(噪声引发)考核电单机及类似产品
冲击试验	• 在不同类型冲击载荷(火工冲击和机构作动引发的冲击)下验证和考核航天器

8.8 练 习

8.8.1 使用阿丽亚娜5运载火箭用户说明书

假设两个航天器使用一个运载火箭同时发射。一个航天器总质量为3500kg,另一个为4500kg。质量为3500kg的航天器放置在另一个的上面。根据阿丽亚娜的用户手册写出两个航天器的设计要求。不考虑空间包络限制(访问www. arianespace. com 获取"阿丽亚娜"5运载火箭用户手册)。

参 考 文 献

Agrawal,B. N. ,1986,*Design of Geosynchronous Spacecraft*,ISBN 0-13-200114-4,Prentice-Hall.

Ashby, M. F. , 2003, *Materials Selection in Mechanical Design*, second edition, Buterworth Heinemann,ISBN 0 7506 4357 9.

Baumann,R. C. ,1996,*General Enivonmental Verification Specification for STS & ELV Payloads, Subsystems,and Components*,GEVS-SE,Rev A,June.

Foist,B. L. ,Grau,E. L. ,Nejad,B. I. ,2004,*Launch Loads Development Using Sine Vibration Methodology*,AIAA 2004—1800.

NASA PD-ED-1211,*Combination Methods for Deriving Structural Design Loads considering Vibro-Acousti,etc. ,Responses*,Center of contact Jet Propulsion Laboratory(JPL)

Sach,E. D. ,1988,*Environmental testing-an approach to more efficiency*,EAS SP-289,pages 15 -19.

Wijker,j. J. ,2004,*Mechanical Vibrations in Spacecraft Design*,ISBN 3-540-40530-5,Springer.

第9章
结构单元的强度和刚度

9.1 引 言

在对航天器强度和刚度进行详细分析之前,必须完成航天器所有结构部组件的初步设计。航天器结构单元的初步设计过程如图 9.1 所示。

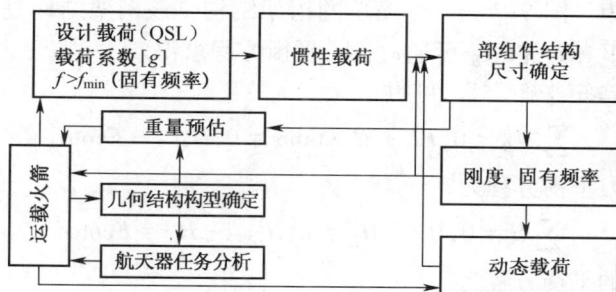

图 9.1 初步确定航天器结构单元尺寸的过程示意

用户手册中有关于所选运载火箭的准静态载荷系数(加速度)定义。如果最低或较低固有频率满足高于规定值 $f_{\min}$ 的要求,即可使用准静态载荷系数。针对航天器的初步设计,首先使用准静态载荷系数来考核静强度,然后再验证刚度(固有频率)是否满足运载要求。

预估重量分布乘以准静态载荷系数可得出航天器结构的惯性载荷分布。依据这些惯性载荷可以初步确定航天器结构单元的尺寸。

本章首先给出结构单元强度和刚度的表达式,直接计算出航天器结构单元初步尺寸。然后,使用更多先进方法(如有限元法)验证刚度设计和最小固有频率要求以防止航天器和运载火箭的动态耦合。项目的后期,进行结构动响应分析以验证航天器结构单元是否可以承受动载荷。动载荷不在本章讨论范围内。

对以下的基本结构单元进行讨论:
- 杆件和桁架结构
- 弯曲梁(弯曲、欧拉梁横向屈曲、扭转、管件的局部屈曲)

- 环形结构
- 板结构
- 剪力板
- 旋转面壳;圆柱和圆锥(强度,刚度)
- 搭接结构

夹层结构将在后续专门的章节中讨论。

关于材料强度的参考书有很多,本章也引用了其中一些,如[Benham 1987, Budynas 1999, Den Hartog 1967, Den Hartog 1987, Gere 1994, Klein 2001, Prescott 1961, Rivello 1969, Sechler 1963, Sechler 1968, Shanley 1967, Simitses 1976, Wang 2004]。

9.2 杆件和桁架结构

基于杆件构建的结构称为桁架结构。杆件只能承受拉伸和压缩载荷,不能承受弯矩和扭矩。图 9.2 为一个简单的桁架结构。该桁架结构是静定的,这意味着反作用力 V_A、H_A 和 H_B 可通过三个平衡方程求得。

对点 B 列弯矩平衡方程,可得

$$\sum M_B = 0, FL + H_A L\tan\alpha = 0, H_A = -F\cot\alpha \tag{9.1}$$

水平方向力平衡方程为

$$\sum H = 0, H_A + H_B = 0, H_B = -H_A = F\cot\alpha \tag{9.2}$$

垂直方向的平衡方程为

$$\sum V = 0, V_A - F = 0, V_A = F \tag{9.3}$$

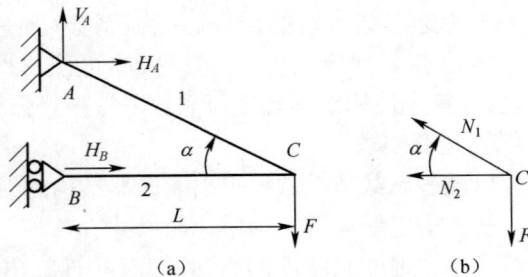

图 9.2　桁架结构

使用点 C 的平衡方程计算杆 1 和杆 2 间的(轴向)力:

$$\sum V = 0, N_1\sin\alpha - F = 0, N_1 = \frac{F}{\sin\alpha} \tag{9.4}$$

通过点 C 的水平方向平衡方程计算 N_2:

$$\sum H = 0, N_1\cos\alpha + N_2 = 0, N_2 = -N_1\cos\alpha = -F\cot\alpha \tag{9.5}$$

杆件在轴向力 N 作用下的伸长量为

$$\delta = \frac{NL}{EA} \tag{9.6}$$

式中:L 为杆长;A 为杆件的截面积,E 为杆件材料的弹性模量。截面的平均正应力为

$$\sigma = \frac{N}{A} \tag{9.7}$$

应变为

$$\varepsilon = \frac{\sigma}{E} \tag{9.8}$$

单个杆件中的应变能为

$$U = \frac{1}{2} \int_V \sigma \varepsilon \mathrm{d}V = \frac{1}{2} \frac{N^2 L}{EA} \tag{9.9}$$

根据卡氏第一定律[Castgliano 1966]可以得到在力 F 方向的位移 δ(如图 9.2 所示)。假设两个杆件的截面积 A 和弹性模量 E 相同。位移 δ 的表达式为

$$\delta = \frac{\partial U}{\partial F} = \sum \left(\frac{N \frac{\partial N}{\partial F} L}{EA} \right)_i = \frac{FL}{EA} \left[\frac{1}{(\sin\alpha)^2 \cos\alpha} + (\cot\alpha)^2 \right] \tag{9.10}$$

点 C 在 δ 和 F 方向上的刚度 k 定义为

$$k = \frac{F}{\delta} \tag{9.11}$$

在如图 9.3 所示的超静定结构上应用卡氏第一定律来计算杆件 1 和 2 的拉应力。将杆件 1 和 2 切开,假设杆件 2 截面的拉力 N_2,则由平衡条件可知杆件 1 截面的拉力为 $F-N_2$。

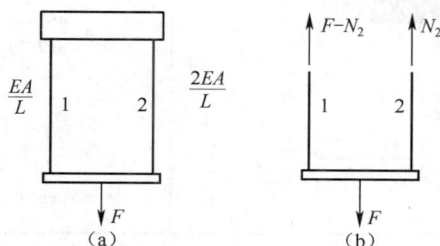

图 9.3 超静定结构静力计算

结构中的总应变能为

$$U = \frac{1}{2} \sum_{k=1}^{2} \frac{N_k^2 L}{EA} = \frac{1}{2} \frac{L}{EA} \left[\frac{N_2^2}{2} + (F - N_2)^2 \right] \tag{9.12}$$

杆件截断面上位移为零,即

$$\frac{\partial U}{\partial N_2} = 0 \tag{9.13}$$

进而可以得到

$$\frac{N_2}{2} - (F - N_2) = 0, N_2 = \frac{2}{3}F \text{ and } N_1 = \frac{1}{3}F \tag{9.14}$$

因此,刚性大的结构件承受的力更大。

9.3　梁的弯曲,Myosotis 方程

9.3.1　横向力和弯矩作用下梁的弯曲

受弯梁是非常重要的结构元件。悬臂梁在基本载荷作用下自由端挠度和转角的 6 个公式可参见 Myosotis 方程[Den Hartog 1967]。Myosotis 方程如表 9.1 所列。大多数梁的弯曲问题可以通过 Myosotis 方程求解。载荷施加在截面的剪切中心,因此不引入多余的扭转效应。

表 9.1　Myosotis 方程

载荷类型	δ	φ
	$\delta = \dfrac{ML^2}{2EI}$	$\varphi = \dfrac{ML}{EI}$
	$\delta = \dfrac{FL^3}{3EI}$	$\varphi = \dfrac{FL^2}{2EI}$
	$\delta = \dfrac{qL^4}{8EI}$	$\varphi = \dfrac{qL^3}{6EI}$
	$\delta_1 = \dfrac{FL^3}{3EI}$ $\delta_2 = \delta_1 + \varphi_1 L$	$\varphi_1 = \dfrac{FL^2}{2EI}$ $\varphi_2 = \varphi_1$

算例

质量 $M = 20 \text{kg}$ 的设备通过悬臂梁安装在航天器上,悬臂梁截面为环形,其材料为铝合金,弹性模量 $E = 70 \text{GPa}$,密度 $\rho = 2700 \text{kg/m}^3$,悬臂梁长度 $L = 600 \text{mm}$。选择梁的截面尺寸使其第一阶固有频率 $f \geqslant 50 \text{Hz}$。实例参见[Genta 1995]。

忽略梁的质量并使用单自由度模型,为了获得固有频率大于 50Hz 的目标,梁的刚度必须满足 $k \geqslant M(2\pi f)^2 = 20 \times (2\pi 50)^2 = 1.974 \times 10^6 \text{N/m}$。

使用悬臂梁模型进行建模,悬臂梁自由端受设备产生的惯性力作用。由

Myosotis 方程可以求得此时刚度为 $k = \dfrac{3EI}{L^3}$，其中 L 和 I 分别为梁的长度和梁截面的惯性矩。

截面惯性矩 I 的最小值可以通过 $I = \dfrac{kL^3}{3E} = 2.03 \times 10^{-6} \mathrm{m}^4$ 求得。管件的截面惯性矩公式为 $I = \pi R^3 t$。假设 $R/t = 20$，这样管件的半径 R 以及厚度 t 便可以求得。通过计算得 $R = 60\mathrm{mm}, t = 3\mathrm{mm}$。

梁的质量 $m = \pi R^2 t L \rho = 0.322 \mathrm{kg}$。

算例结束

9.3.2 压杆屈曲

对于任意边界条件，Euler 梁的临界梁的临界载荷计算公式为[Simitses 1976]

$$F_{\mathrm{Euler}} = C \frac{\pi^2 EI}{L^2} \tag{9.15}$$

式中：E 为弹性模量；I 为最小截面惯性矩（又称惯性矩）；L 为杆件长度；C 为端部约束系数，见表 9.2。

表 9.2　端部约束系数[Simitses 1976]

边界条件	C
两端简支（铰支-铰支）	1
一端固定，一端自由	0.25
两端固定	4
一端固定，一端简支	$(4.493/\pi)^2$

临界应力为

$$\sigma_{\mathrm{Euler}} = \frac{F_{\mathrm{Euler}}}{A} = C \frac{\pi^2 EI}{AL^2} = C \frac{\pi^2 E}{\left(\dfrac{L}{\rho}\right)^2} \tag{9.16}$$

式中：$\rho = \sqrt{\dfrac{I}{A}}$（m）为回转半径。

1. Rankine 公式[Prescott 1961]

多种方法计算的欧拉屈曲载荷是压杆发生失稳时的载荷，杆件失稳前假设其没有发生其他形式的破坏。然而短的压杆在屈曲前就会发生应力破坏。假设 σ_{yield} 为材料不产生永久变形的最大许用压应力，A 为截面面积，短杆在下述载荷下将会遭到破坏：

$$F_{\mathrm{sc}} = A \sigma_{\mathrm{yield}} \tag{9.17}$$

铰接长杆的失稳载荷为 $F_{\mathrm{Euler}} = \dfrac{\pi^2 EI}{L^2}$。Rankine 经验许用压缩载荷 F 为

[Prescott 1961]

$$\frac{1}{F} = \frac{1}{F_{sc}} + \frac{1}{F_{Euler}} \tag{9.18}$$

2. Johnson 抛物线公式[Sechler 1963]

Johnson 杆件公式拟合了介于短杆和欧拉长杆间的中性层切线模量曲线。Johnson 方程给出了短杆临界应力:

$$\sigma_{Jc} = \sigma_Y - \frac{\sigma_Y^2 \left(\dfrac{L}{\rho}\right)^2}{4C\pi^2 E} \tag{9.19}$$

当 $\left(\dfrac{L}{\rho}\right)$ 满足下述条件时,欧拉屈曲应力 σ_{Euler} 等于 Johnson 应力 σ_{Jc}:

$$\left.\frac{L}{\rho}\right|_{crit} = \pi\sqrt{\frac{2CE}{\sigma_Y}} \tag{9.20}$$

压缩载荷 F_{cr} 的临界 Johnson 方程为

$$F_{cr} = \begin{cases} A\sigma_{Jc} & \left(\dfrac{L}{\rho}\right) \leqslant \pi\sqrt{\dfrac{2CE}{\sigma_Y}} \\ F_{Euler} & \left(\dfrac{L}{\rho}\right) > \pi\sqrt{\dfrac{2CE}{\sigma_Y}} \end{cases} \tag{9.21}$$

算例

使用有限元程序计算桁架结构中杆件的力。选择其中最长的压杆进行欧拉屈曲分析。杆件的长度为 $L = 1100\text{mm}$,截面面积为 $A = 44\text{mm}^2$,最小截面惯性矩为 $I = 3092\text{mm}^4$,弹性模量 $E = 73200\text{N/mm}^2$。所用材料的许用屈曲应力 $\sigma_y = 276\text{N/mm}^2$,许用极限应力 $\sigma_u = 441\text{N/mm}^2$。通过计算可以得到最大压缩力 $F = 1250\text{N}$。

杆件的应力为

$$\sigma = \frac{F}{A} = \frac{1250}{44} = 28.41\text{N/mm}^2$$

杆件两端铰接,故欧拉屈曲载荷可以通过下述方程计算:

$$F_{Euler} = \frac{\pi^2 EI}{L^2} = \frac{\pi^2 73200 \times 3092}{1100^2} = 1861\text{N}$$

杆件屈曲的安全裕度为

$$MS = \frac{F_{Euler}}{F} - 1 = \frac{1861}{1250} - 1 = 0.48$$

3. 压杆 Rankine 经验公式[Prescot 1961]

屈服载荷为

$$F_y = \sigma_y A = 276 \times 44 = 12144\text{N}$$

等效 Rankine 许用载荷为

$$\frac{1}{F_{\text{Rankine}}} = \frac{1}{F_y} + \frac{1}{F_{\text{Euler}}} = \frac{1}{12144} + \frac{1}{1861}, F_{\text{Rankine}} = 1613\text{N}.$$

Rankine 许用载荷的安全系数为

$$MS = \frac{F_{\text{Rankine}}}{F} - 1 = \frac{1613}{1250} - 1 = 0.29$$

4. Johnson 抛物线方程

$\left.\dfrac{L}{\rho}\right|_{\text{crit}}$ 临界值为

$$\left.\frac{L}{\rho}\right|_{\text{crit}} = \pi\sqrt{\frac{2E}{\sigma_Y}} = 71$$

回转半径 $\rho = \sqrt{\dfrac{I}{A}} = \sqrt{\dfrac{3092}{44}} = 8.38\text{mm}$，因此可以算得 $\dfrac{L}{\rho} = \dfrac{1100}{8.38} = 131 > 72$。

临界载荷必须为基于欧拉压缩载荷算得到。

算例结束

5. 锥形杆

在航天器结构中经常使用锥形杆。若 I_1 为锥形杆末端截面惯性矩，I_o 为锥形杆中间截面惯性矩，则有

$$\frac{I_1}{I_o} = \left(\frac{b}{a}\right)^m = \alpha \tag{9.22}$$

如图 9.4 所示的两端简支的锥形压杆的欧拉屈曲载荷为[Abbassi 1958]

$$F_{\text{Euler}} = \left[\frac{\left(1 - \dfrac{m}{2}\right)\left(1 - \alpha^{\frac{1}{m}}\right)}{1 - \alpha^{\frac{1}{m} - \frac{1}{2}}}\right]^2 \frac{\pi^2 E I_o}{L^2} \tag{9.23}$$

若 $m = 1$，可得

$$F_{\text{Euler}} = \frac{1}{4}(1 + \sqrt{\alpha})^2 \frac{\pi^2 E I_o}{L^2} \tag{9.24}$$

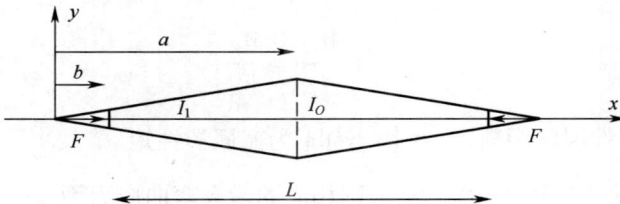

图 9.4　可变截面杆

若 $\alpha = 1$，上式变为两端简支杆的经典欧拉屈曲载荷公式：

$$F_{\text{Euler}} = \frac{\pi^2 E I_o}{L^2} \tag{9.25}$$

Sechler[Sechler 1958]提出了计算具有变截面惯性矩 $I(x)$、变模量 $E(x)$ 压杆的屈曲载荷的公式，其形式与瑞利（Rayleigh）商很相似。杆件的挠度为 $w(x)$，则屈曲临界载荷为

$$F_{\text{critical}} = \frac{\int_0^L E(x) I(x) \left(\frac{\mathrm{d}^2 w}{\mathrm{d}x^2}\right)^2 \mathrm{d}x}{\int_0^L \left(\frac{\mathrm{d}^2 w}{\mathrm{d}x^2}\right)^2 \mathrm{d}x}, \text{with} \left(w \frac{\mathrm{d}w}{\mathrm{d}x}\right)_0^L = 0 \tag{9.26}$$

使用 Reyleigh 法进行稳定性分析的实例有很多[Den Hartog 1987]。

如果梁截面尺寸的宽度 b 远小于高度 h，并且这两者都远小于长度 L，在图 9.5 所示的弯曲和剪切载荷下梁具有横向不稳定性。

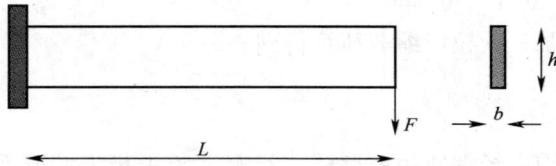

图 9.5　弯曲细长梁截面示意图

对于图 9.5 所示的情况，临界载荷的计算公式为[Sechler 1968]

$$F_{\text{crit}} = 0.415 \frac{hb^3 E}{L^2} \sqrt{\left(1 - 0.630 \frac{b}{h}\right)} \tag{9.27}$$

式中，E 为材料的弹性模量。

此时梁的欧拉屈曲临界载荷为 $F_{\text{critical}} = 0.206 \dfrac{hb^3 E}{L^2}$。

9.3.3　梁的弯曲应力

梁在纯弯力矩 M_z 作用下，横截面上产生的正应力可由弯曲应力公式得到[Budynas 1999]

$$\sigma_x = \frac{M_z y}{I_z} = \frac{M_z}{W} \tag{9.28}$$

式中：y 为到中性层的距离；$I_z = \int_{y_{\min}}^{y_{\max}} y^2 \mathrm{d}A$ 为截面惯性矩。

若距离中性层最大距离记为 e，则相应的最大弯曲应力为

$$\sigma_{\max} = \frac{M_z e}{I_z} = \frac{M_z}{W} \tag{9.29}$$

式中，$W = \dfrac{I_z}{e}$ 为截面模量。上述参数如图 9.6 所示。

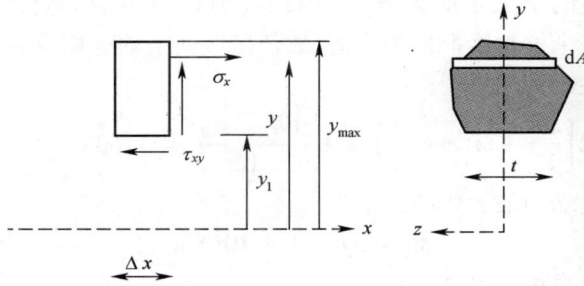

图 9.6　弯曲和横向剪切应力

9.3.4　梁的剪切应力

梁横截面上剪切应力公式为

$$\tau_{xy} = \frac{D_y S}{I_z t} \tag{9.30}$$

式中：D_y 和 I_z 分别为剪力和截面惯性矩（面积二阶矩）；t 为 $y = y_1$ 处的宽度；$S = \displaystyle\int_{y_1}^{y_{max}} y \mathrm{d}A$ 为截面静矩。S 总是在中性轴 $y_1 = 0$ 处取得最大值。上述参数参如图 9.6 所示。

对于承受横向载荷的长梁，剪切应力相比于弯曲应力通常为小量。对于宽度较窄的短梁，中性轴处的剪切应力可能非常大[Budynas 1999]。

对于大多数截面，S/t 在弯曲中性轴处取得最大值。对于矩形截面，剪切应力最大值为 $\tau_{xy,max} = \dfrac{3}{2} \dfrac{D_x}{A} = \dfrac{3}{2} \tau_{xy,average}$。对于圆截面最大剪切应力 $\tau_{xy,max} = \dfrac{4}{3} \tau_{xy,average}$。

算例

求解图 9.7 所示梁的最大正应力以及截面剪切应力分布。

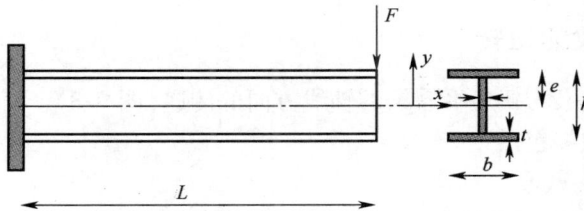

图 9.7　梁模型

97

悬臂梁的长度 $L = 500\text{mm}$，边缘截面宽度 $b = 75\text{mm}$，截面高度 $h = 150\text{mm}$，边缘与中性层距离 $e = 75\text{mm}$，边缘的厚度 $t = 25\text{mm}$。端部施加的力 $F = 2 \times 10^5 \text{N}$。

因弯曲产生的最大正应力 σ_{xx} 将出现在剪切力矩最大处，即梁的固定端。因为剪切力在整个梁长度上均为恒值，故任何截面上的剪切应力分布是相同的。

截面的惯性矩为

$$I_z = 2\left[\frac{bt^3}{12} + bt\left(e - \frac{t}{2}\right)^2\right] + \frac{t(h - 2t)^3}{12} = 1.693 \times 10^{-5} \text{m}^2$$

悬臂梁固定端的最大弯曲力矩为

$$M_z = FL = 1 \times 10^5 \text{Nm}$$

最大弯曲应力可求得

$$\sigma_{xx} = \frac{M_z e}{I_z} = 4.431 \times 10^8 \text{Pa}$$

在 $y = e - t$ 处，即梁上翼板的下表面，截面静矩为

$$S(e - t) = \int_{e-t}^{e} y \text{d}A = b\int_{e-t}^{e} y \text{d}y = ebt - \frac{bt^2}{2} = 1.172 \times 10^{-4} \text{m}^3$$

在 $y = e - t$ 处的剪切应力由下式给出：

$$\tau_{yx}(e - t) = \frac{D_y S(e - t)}{I_z t} = \frac{FS(e - t)}{I_z t} = 5.538 \times 10^4 \text{Pa}$$

中性层 $(y = 0)$ 的截面静矩为

$$S(0) = b\int_0^e (y + e - t) \text{d}y + t\int_0^{e-t} y \text{d}y = \frac{b}{2}(2et - t^2) + \frac{t}{2}(e^2 - 2et + t^2),$$

$$S(0) = 1.484 \times 10^{-4} \text{m}^3$$

$y = 0$ 处的剪切应力为

$$\tau_{yx}(0) = \frac{D_y S(0)}{I_z t} = \frac{FS(0)}{I_z t} = 7.012 \times 10^4 \text{Pa}$$

由于截面的对称性，截面下部的剪切应力分布和截面上部的剪切应力分布类似。

本实例详见［Peery 1982］，本书中尺寸更改为了国际单位制。

算例结束

9.3.5 梁的扭转

扭转可以定义为扭矩沿着梁的轴线方向的传递（图 9.8）。

梁的截面种类包括：

- 实心圆形截面
- 任意形状的薄壁截面
- 非圆形厚壁截面

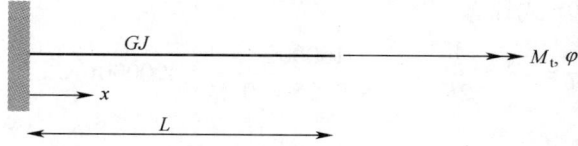

图 9.8　梁的扭转

1. 实心圆形截面

对于实心圆形截面,最大剪切应力为[Shanley 1967]

$$\tau_{\max} = \frac{M_t R}{I_p},$$　　　　　(9.31)

式中:M_t 为扭矩;R 为圆截面半径;I_p 为截面极惯性矩。

极惯性矩的计算公式为

$$I_p = \frac{\pi R^4}{2}$$　　　　　(9.32)

表达扭转角度 φ 和扭矩 M_t 关系的梁刚度 k_φ 可通过下式计算:

$$k_\varphi = \frac{GI_p}{L}$$　　　　　(9.33)

式中:L 为梁的长度;G 为剪切模量。对于各向同性材料,剪切模量 G 和弹性模量 E 以及泊松比 ν 的关系为

$$G = \frac{E}{2(1 + \nu)}$$　　　　　(9.34)

2. 薄壁封闭截面的扭转

管件的截面是封闭的,然而,其厚度沿圆周方向是可变的。其厚度相对于管件外径是小量。

剪切应力沿着厚度均匀分布,剪流沿着截面的圆周恒定,作用于中心线。管件端部的位移是自由的。

恒定的剪流 q 可由下式计算:

$$q = \frac{M_t}{2\bar{A}}$$　　　　　(9.35)

式中,$\bar{A}$ 为管壁中心线包围的面积。剪切应力取决于管壁厚度为

$$\tau = \frac{q}{t}$$　　　　　(9.36)

算例

抗扭盒由厚度 $t = 3\text{mm}$ 的铝合金板制成,其矩形截面 $b = 250\text{mm}$,$h = 500\text{mm}$(中心线尺寸)。施加大小为 $M_t = 100000\text{N} \cdot \text{m}$ 的扭矩。求铝合金板的剪切应力。

剪流可通过下式计算:

$$q = \frac{M_t}{2\bar{A}} = \frac{M_t}{2bh} = \frac{100000}{2 \times 0.25 \times 0.5} = 400000(\text{N/m})$$

则剪切应力为

$$\tau = \frac{q}{t} = \frac{400000}{0.003} = 133.33 \times 10^6 (\text{Pa})$$

算例结束

扭转刚度 k_φ 表达了扭转角度 φ 和扭转力矩 M_t 的关系,可通过下式计算:

$$k_\varphi = \frac{GJ}{L} \tag{9.37}$$

其中扭转常数为

$$J = \frac{4\bar{A}^2}{\oint_S \frac{\mathrm{d}s}{t}} \tag{9.38}$$

下面以 S 表示中心线周长,当厚度 t 沿中心线圆周保持恒定,则扭转常数变为

$$J = \frac{4\bar{A}^2 t}{S} \tag{9.39}$$

算例

求解长度 $L = 4\text{m}$、直径 $D = 100\text{mm}$、壁厚为 3mm 的铝合金管的剪切应力以及扭转常数。施加的扭矩 $M_t = 3 \times 10^4 \text{N} \cdot \text{m}$。剪切模量 $G = 27\text{GPa}$。

剪切应力为

$$\tau = \frac{M_t}{2\bar{A}t} = \frac{3 \times 10^4}{2 \times \pi \times 0.5^2 \times 0.003} = 6.28 \times 10^7 \text{Pa}$$

扭转常数为

$$J = \frac{4\bar{A}^2}{\oint_S \frac{\mathrm{d}s}{t}} = \frac{4\bar{A}^2 t}{S} = \frac{4(\pi R^2)t}{2\pi R} = 2Rt = 3 \times 10^{-4} \text{m}^2$$

可得扭转刚度为

$$k_\varphi = \frac{GJ}{L} = \frac{27 \times 10^9 \times 3 \times 10^{-4}}{4} = 2.025 \times 10^6 \text{N/m}$$

算例结束

开口截面元件的扭转

首先考虑宽度 b 远大于厚度 t 即 $t/b \ll 1$ 的矩形截面。

其最大应力由下式给出[Peery 1982]:

$$\tau = \frac{3M_t}{bt^2} \tag{9.40}$$

扭转常数 J 为

$$J \approx \frac{bt^3}{3} \tag{9.41}$$

若截面由多个薄壁元件组成，其扭转常数变为

$$J \approx \sum_k \frac{b_k t_k^3}{3} \tag{9.42}$$

第 k 个元件的剪切应力为

$$\tau = \frac{3M_t t_k}{\sum_k b_k t_k^3} \tag{9.43}$$

对于 $\frac{t}{b} \approx 1$ 的矩形截面，剪切应力为

$$\tau = \frac{M_t}{\alpha b t^2} \tag{9.44}$$

扭转常数为

$$J \approx \beta b t^3 \tag{9.45}$$

α 和 β 的值由 [Peery 1982] 给出，详见表 9.3。

表 9.3　常数取值

$\dfrac{b}{t}$	1.00	1.50	1.75	2.00	2.5	3.00	4	6	8	10	∞
α	0.208	0.231	0.239	0.246	0.258	0.267	0.282	0.299	0.307	0.313	0.333
β	0.141	0.196	0.214	0.229	0.249	0.263	0.281	0.299	0.307	0.313	0.333

对于由若干个矩形元素构成的截面，其扭转常数的计算公式为

$$J \approx \sum_k \beta_k b_k t_k^3 \tag{9.46}$$

9.3.6　薄壁管件的局部失稳

直径厚度比为 $\dfrac{D}{t}$ 的金属圆管局部失稳计算公式为

$$\sigma_{lb} = \frac{K_c E}{\dfrac{D}{t}} \tag{9.47}$$

式中：E 为弹性模量；K_c 的理论值为 1.2，然而，受管件局部缺陷的影响，K_c 的取值也可能为 0.4~0.8 [Shanley 1967]。考虑塑性变形，将弹性模量和剪切模量的

几何平均值作为有效模量计算,可以获得保守结果。式(9.47)变为

$$\sigma_{\text{lb}} = \frac{K_c \sqrt{E E_t}}{\dfrac{D}{t}} \tag{9.48}$$

式中:E_t 为应力 σ_{lb} 处的切线模量。

算例

中径 $D = 72\text{mm}$、厚度 $t = 0.5\text{mm}$、长度 $L = 2\text{m}$ 的两端铰接薄壁圆管,其欧拉应力的计算公式为

$$\sigma_{\text{Euler}} = \frac{\pi^2 E I}{A L^2} = \frac{\pi^2 E}{\left(\dfrac{L}{\rho}\right)^2} \tag{9.49}$$

式中:$\rho = \sqrt{\dfrac{I}{A}}$ 为截面回转半径,截面惯性矩为 $I = \pi R^3 t$;半径 $R = \dfrac{D}{2}$;截面面积为 $A = 2\pi R t$。可以求得回转半径为 $\rho = \sqrt{\dfrac{I}{A}} = 0.7071 R = 0.0255\text{m}$。圆管的细长比 $\lambda = \dfrac{L}{\rho} = \dfrac{2.0}{0.0255} = 78.4$。管件材料为铝合金,弹性模量为 $E = 70\text{GPa}$。因此,欧拉应力为 $\sigma_{\text{Euler}} = \dfrac{\pi^2 E}{\left(\dfrac{L}{\rho}\right)^2} = 112.4\text{MPa}$。

对于局部失稳,设 $K_c = 0.6$,可以求得 $\sigma_{\text{lb}} = \dfrac{K_c E}{\dfrac{D}{t}} = 291.7\text{MPa}$,其中 $\left(\dfrac{D}{t} = 144\right)$。

可见,受压管将发生整体的欧拉失稳,而不是局部失稳。

算例结束

9.3.7 环形筋(rings)

环形筋用来提高旋转壳体的整体稳定性并提供各种回转壳体如圆柱、圆锥以及平台之间的连接。远地点发动机也是通过环形筋连接到筒体上的。环形筋或环形框可以减少旋转壳体的失稳长度。环形件必须满足相应的刚度准则。这个准则为[Shanley 1949]

$$(EI)_{\text{ringframe}} = \frac{NR^3}{8000L} \tag{9.50}$$

式中:L 为环形筋间的距离;E 为环形筋所用材料的弹性模量;I 为环形筋的截面

惯性矩;R 为圆柱半径;N 为单位长度上的载荷。

Besseling[Besseling 1975]讨论了两个反向力作用下(图 9.9)环形筋的强度和刚度问题,并推导出以下方程:

$$M_\alpha = FR\left(\frac{1}{\pi} - \frac{1}{2}\cos\alpha\right) \tag{9.51}$$

这样,环形筋中的最大弯曲力矩为

$$M_{max} = \frac{1}{\pi}FR \tag{9.52}$$

相应的最大弯曲应力为

$$\sigma_{max} = \frac{FRe}{\pi I} \tag{9.53}$$

式中:e 为最外缘距离;I 为截面惯性矩。

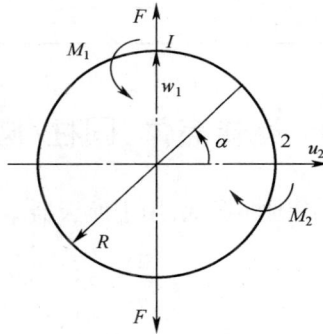

图 9.9　受相反集中力作用的环形筋

变形可由下式求得:

$$u_2 = -\frac{FR^3}{EI}\left(\frac{4-\pi}{\pi}\right), w_1 = \frac{FR^3}{EI}\left(\frac{\pi^2-8}{8\pi}\right) \tag{9.54}$$

其中,E 为环形筋材料的弹性模量。

9.4　平　　台

设备、仪器、工装等需要安装在平台上。平台通常为夹层板结构形式。平台的尺寸主要取决于刚度(固有频率)的要求。设备、仪器和工装等的重量附着在平台(板)上,可以使用相关的手册获取系统的固有频率[Leissa 1969]。

9.5　结　构　板

方形平板的线弹性屈曲应力可以写成统一公式,并可应用于各种类型板的

屈曲:

$$\sigma_{cr} = K_c E \left(\frac{t}{b} \right)^2 \qquad (9.55)$$

式中:K_c 为取决于边界约束条件的常数;t 是板厚度;b 和 L 分别为板宽度和长度。平板的屈曲系数如表 9.4 所列[Shanley 1967]。

表 9.4　平板的屈曲系数

载荷(沿宽度 b)	约束条件	$K_c(\nu=0.3)$
压缩	所有边界均简支	3.62
压缩	无载荷作用边界固定,其他边简支	6.3
压缩	一个无载荷边界固定,其他自由	1.10
压缩	一个边界自由,其他边简支($L \gg b$)	0.375
纯剪切	所有边界简支($L \gg b$)	4.8
纯剪切	所有边界固定($L \gg b$)	8.1
纯弯曲	所有边界简支	21.5

9.6　旋转壳体:圆柱/圆锥

旋转壳体,通常为圆锥或圆柱形状,用于航天器结构的主承力部分。旋转壳体的成型方法有多种:

- 整体成型
  - ——铝合金
  - ——碳纤维或玻璃纤维缠绕而成
- 夹层结构成型
  - ——铝合金蜂窝芯子和铝合金蒙皮
  - ——铝合金蜂窝芯子和面板。后者可由碳纤维复合材料单向板沿不同方向叠合而成,也可以由纤维缠绕而成。
- 一体钢化壳
- 加筋板
  - ——纵向加强
- 正交各向异性板[①]

9.6.1　圆柱壳的稳定性

轴向压缩载荷作用下,简支、圆截面、各向同性壳体的轴对称屈曲压力表达式为[NASA SP-8007,Vinson 1989]

---

① 目前国内不多见。——译者

$$N_{x,\mathrm{cr}} = \frac{Et^2}{R\sqrt{3(1-\nu^2)}} \qquad (9.56)$$

壳体长度 L 应满足

$$L \geqslant \pi\left[\frac{R^2t^2}{12(1-\nu^2)}\right]^{\frac{1}{4}} \approx 1.72\sqrt{Rt} \qquad (9.57)$$

式中:E 为弹性模量;R 为圆柱壳的半径;t 为壳厚度;ν 为泊松比。

为了使理论值和试验结果保持一致,需要在所有方程中引入经验系数。据[NASA SP-8007]式(9.56)可改为

$$\sigma_{x,\mathrm{cr}} = \frac{\gamma Et}{R\sqrt{3(1-\nu^2)}} \qquad (9.58)$$

式中的压缩载荷(均匀分布载荷)作用下,有

$$\gamma = 1 - 0.901(1 - e^{-\phi}),\phi = \frac{1}{16}\sqrt{\frac{R}{t}} \qquad (9.59)$$

经验系数 γ 取值如图 9.10 所示。

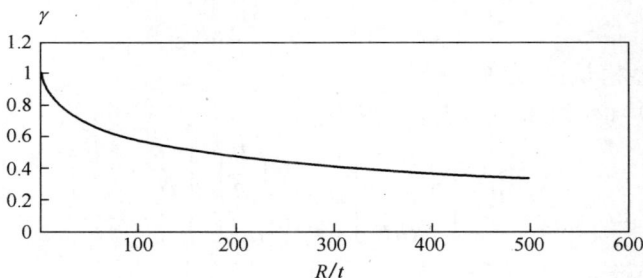

图 9.10 经验系数 γ 取值

从几何角度来看,圆形壳屈曲时截面通常变为菱形,但变形量远小于壳体的周长。

算例

考虑一个导弹系统的圆柱形级间结构,其长度为 $L \geqslant 1.72\sqrt{Rt}$ 且 $\dfrac{L}{R} \leqslant 5$,材料为铝合金($E = 70\mathrm{GPa}$,$\nu = 0.3$,$\sigma_{\mathrm{yield}} = 250\mathrm{MPa}$)。若壳体的半径 $R = 750\mathrm{mm}$,厚度 $t = 2.5\mathrm{mm}$,承受轴向压缩载荷,求其临界应力。

半径厚度比 $\dfrac{R}{t} = 300$,$\phi = \dfrac{1}{16}\sqrt{\dfrac{R}{t}} = 1.083$,经验系数 $\gamma = 1 - 0.901(1 - e^{-\phi}) = 0.4042$。则临界应力为 $\sigma_{x,\mathrm{cr}} = \dfrac{\gamma Et}{R\sqrt{3(1-\nu^2)}} = 0.6052\dfrac{\gamma Et}{R} = 57.08 \times 10^7 \mathrm{Pa}$。这个值小于铝合金的屈服应力。

算例结束

9.6.2　圆柱壳的刚度

如图 9.11 所示,圆柱壳的底部固定。底部固定圆柱壳的横向和弯曲柔度由式(9.60)和式(9.61)给出[Girard 1999]。

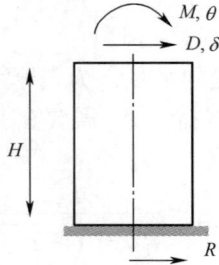

图 9.11　圆柱壳示意图

在剪力 D 和弯矩 M 作用下,圆柱壳顶部的横向挠度 δ 由下式给出:

$$\delta = \left[\frac{\left(\dfrac{H}{R}\right)^3}{3\pi Et} + \frac{\dfrac{H}{R}}{\pi Gt}\right] D + \left[\frac{\left(\dfrac{H}{R}\right)^2}{2\pi REt}\right] M \tag{9.60}$$

式中:E 为弹性模量;G 为剪切模量。

剪切力 D 和弯矩 M 所引起的转角 θ 为

$$\theta = \left[\frac{\left(\dfrac{H}{R}\right)^2}{2\pi REt}\right] D + \left[\frac{\dfrac{H}{R}}{\pi R^2 Et}\right] M \tag{9.61}$$

用矩阵表示为

$$\begin{Bmatrix} \delta \\ \theta \end{Bmatrix} = \begin{bmatrix} G_{\delta\delta} & G_{\delta\theta} \\ G_{\theta\delta} & G_{\theta\theta} \end{bmatrix} \begin{Bmatrix} D \\ M \end{Bmatrix} \tag{9.62}$$

设质量为 $M_{\text{spacecraft}}$、转动惯量为 $I_{\text{spacecraft}}$ 的航天器固定于圆柱壳体上端,航天器质心到圆柱壳体上端的偏距为 d,航天器的动力学方程可以写为

$$\begin{bmatrix} M_{\text{spacecraft}} & 0 \\ 0 & I_{\text{spacecraft}} + d^2 M_{\text{spacecraft}} \end{bmatrix} \begin{Bmatrix} \ddot{\delta} \\ \ddot{\theta} \end{Bmatrix} + \begin{bmatrix} G_{\delta\delta} & G_{\delta\theta} \\ G_{\theta\delta} & G_{\theta\theta} \end{bmatrix}^{-1} \begin{Bmatrix} \delta \\ \theta \end{Bmatrix} = \begin{Bmatrix} 0 \\ 0 \end{Bmatrix} \tag{9.63}$$

纵向振型(沿发射方向)的固有频率为

$$f_{\text{ld}} = \frac{1}{2\pi} \sqrt{\frac{2\pi REt}{HM_{\text{spacecraft}}}} \tag{9.64}$$

9.6.3　分布载荷

法向力 N、弯矩 M 和剪力 D 作用于圆柱壳的截面,均为沿着半径为 R、厚度

为 t 圆柱壳圆周的分布载荷。假设 $\dfrac{t}{R} \ll 1$。

法向力(垂直于横截面)对应的分布载荷 q_N 为

$$q_N = \frac{N}{A} = \frac{N}{2\pi R} \qquad (9.65)$$

弯矩 M 对应的法向分布载荷为

$$q_M(\theta) = \frac{Mty}{I} = \frac{MtR\sin\theta}{\pi R^3 t} = \frac{M\sin\theta}{\pi R^2} \qquad (9.66)$$

弯矩 M 产生的最大分布载荷集度为 $q_{M,\max} = \dfrac{M\sin\dfrac{\pi}{2}}{\pi R^2} = \dfrac{M}{\pi R^2}$。

这样,由法向力 N 和力矩 M 产生的最大分布载荷集度为

$$q_{\max} = \frac{N}{2\pi R} + \frac{M}{\pi R^2} \qquad (9.67)$$

分布剪力(式(9.30))为

$$q_D = \frac{DS}{I} = \frac{2DR^2 t\cos\theta}{2\pi R^3 t} = \frac{D\cos\theta}{\pi R} \qquad (9.68)$$

分布载荷 q_D 在 $\theta = 0$ 处取最大,为

$$q_D = \frac{D}{\pi R} \qquad (9.69)$$

由扭矩 M_T 引起的恒定剪流为[Rivello 1969]

$$q_T = \frac{M_T}{2A_{\text{enclosed}}} = \frac{M_T}{2\pi R^2} \qquad (9.70)$$

上面所讨论的圆柱壳分布载荷计算公式也同样适用于圆锥壳。

9.6.4 圆锥壳的刚度

一端固定的圆锥壳的横向和弯曲柔度可以使用式(9.71)和式(9.72)计算。各参数的意义如图9.12所示。

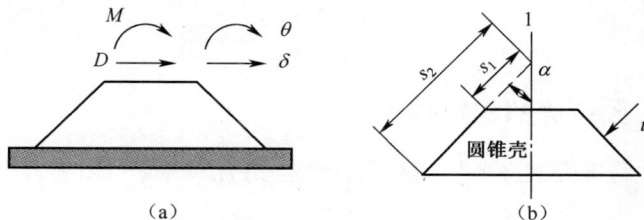

图9.12 圆锥壳几何参数

外力 D 和弯矩 M 所引起的横向位移 δ 可由下式计算[Seide 1972]:

$$\delta = \frac{1 - \dfrac{s_1}{s_2}}{\pi Et(\sin\alpha)^3}\left\{\frac{\ln\dfrac{s_2}{s_1}}{1 - \dfrac{s_1}{s_2}} - 2 + \left(1 + \frac{s_1}{s_2}\right)\left[\frac{1}{2} + (1 + \nu)(\sin\alpha)^2\right]\right\}D$$

$$+ \frac{1 - \dfrac{s_1}{s_2}}{\pi Et(\sin\alpha)^3}\left\{1 - \left(1 + \frac{s_1}{s_2}\right)\left[\frac{1}{2} + (1 + \nu)(\sin\alpha)^2\right]\right\}\frac{M}{s_1\cos\alpha} \quad (9.71)$$

式中:E 为弹性模量;ν 为泊松比。

转角 θ 的计算公式为[Seide 1972]

$$\theta = \frac{1 - \dfrac{s_1}{s_2}}{\pi Ets_1(\sin\alpha)^3\cos\alpha}\left\{1 - \left(1 + \frac{s_1}{s_2}\right)\left[\frac{1}{2} + (1 + \nu)(\sin\alpha)^2\right]\right\}D$$

$$+ \frac{1 - \dfrac{s_1}{s_2}}{\pi Ets_1(\sin\alpha)^3\cos\alpha}\left\{\left(1 + \frac{s_1}{s_2}\right)\left[\frac{1}{2} + (1 + \nu)(\sin\alpha)^2\right]\right\}\frac{M}{s_1\cos\alpha}$$

$$(9.72)$$

用矩阵表示为

$$\left\{\begin{matrix}\delta \\ \theta\end{matrix}\right\} = \begin{bmatrix}G_{\delta\delta} & G_{\delta\theta} \\ G_{\theta\delta} & G_{\theta\theta}\end{bmatrix}\left\{\begin{matrix}D \\ M\end{matrix}\right\} \quad (9.73)$$

设质量为 $M_{\text{spacecraft}}$、转动惯量为 $I_{\text{spacecraft}}$ 的航天器固定于圆锥壳体上端,航天器质心到圆锥壳体上端的偏距为 d,航天器的动力学方程可以写为

$$\begin{bmatrix}M_{\text{spacecraft}} & 0 \\ 0 & I_{\text{spacecraft}} + d^2 M_{\text{spacecraft}}\end{bmatrix}\left\{\begin{matrix}\ddot{\delta} \\ \ddot{\theta}\end{matrix}\right\} + \begin{bmatrix}G_{\delta\delta} & G_{\delta\theta} \\ G_{\theta\delta} & G_{\theta\theta}\end{bmatrix}^{-1}\left\{\begin{matrix}\delta \\ \theta\end{matrix}\right\} = \left\{\begin{matrix}0 \\ 0\end{matrix}\right\}$$

$$(9.74)$$

纵向振型(沿发射方向)的固有频率为

$$f_{\text{ld}} = \frac{1}{2\pi}\sqrt{\frac{2\pi\sin\alpha(\cos\alpha)^2 Et}{\ln\left(\dfrac{s_2}{s_1}\right)M_{\text{spacecraft}}}} \quad (9.75)$$

9.6.5 圆锥壳的稳定性

各向同性圆锥壳的经典屈曲载荷计算公式为

$$P_{\text{cr}} = \gamma\frac{2\pi Et^2(\cos\alpha)^2}{\sqrt{3(1 - \nu^2)}} \quad (9.76)$$

定义 $\rho_1 = \dfrac{R_1}{\cos\alpha}$（其中 R_1 为圆锥壳小端半径，α 为锥角），可以用下式求得未加强圆锥壳的失稳因子 γ [Spagnoli 1999]：

$$\begin{cases} \gamma = \dfrac{0.83}{\sqrt{1 + 0.01\dfrac{\rho_1}{t}}}, & \dfrac{\rho_1}{t} \leqslant 212 \\[4mm] \gamma = \dfrac{0.70}{\sqrt{0.1 + 0.01\dfrac{\rho_1}{t}}}, & \dfrac{\rho_1}{t} > 212 \end{cases} \tag{9.77}$$

失稳因子 γ 取值如图 9.13 所示。

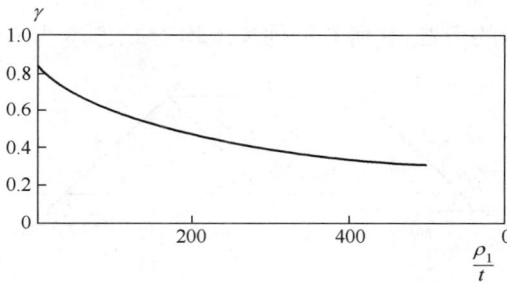

图 9.13　失稳因子 γ [Spagnoli 1999]

在 [NASA SP-8019] 中，推荐使用失稳因子值 $\gamma = 0.33$。这个经验系数在 $10^0 < \alpha < 75^0$ 下适用。

9.7　搭接接头应力

双搭接接头连接如图 9.14 所示。厚度 t_1 和厚度 $2t_2$ 中的应力分别为 σ_1 和 σ_2，且应力均匀。搭接带的弹性模量分别为 E_1 和 E_2。胶黏剂承受剪切应力，其剪切模量为 G。

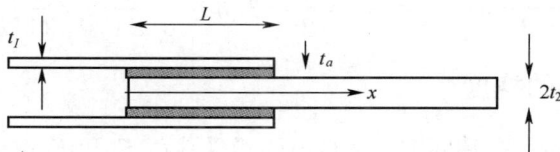

图 9.14　双搭接接头

使用参数：

$$\lambda^2 = \frac{G}{t_a}\left(\frac{1}{E_1 t_1} + \frac{1}{E_2 t_2} \right) \tag{9.78}$$

给定边界条件为 $\sigma_1(0)=\sigma_{10}$，$\sigma_1(L)=0$，$\sigma_2(0)=0$ 和 $\sigma_1(L)=\sigma_{20}$，剪切应力 $\tau(x)$ 计算公式为 [Abrate 1998]

$$\tau(x)=\frac{G}{t_a\lambda}\left\{\left(\frac{\sigma_{10}}{E_1\tanh(\lambda L)}+\frac{\sigma_{20}}{E_2\tanh(\lambda L)}\right)\cosh(\lambda x)-\frac{\sigma_{10}}{E_1}\sinh(\lambda x)\right\}$$

$$(9.79)$$

式(9.79)表明胶黏剂中的剪切应力分布并不均匀。

9.8 练　习

9.8.1 桁架挠度

如图 9.15 所示的桁架，其所有杆件长度均为 L，刚度为 EA。

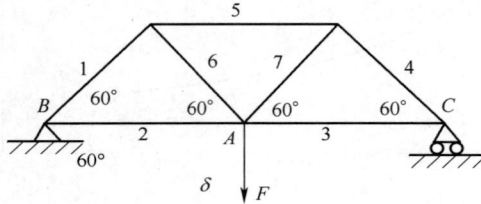

图 9.15　受集中力作用桁架示意图

请分析：
- 点 B 和点 C 的反作用力
- 杆件 1,2,3,4,5,6 和 7 的内力
- 点 A 的挠度 δ
- 点 A 的刚度 k

参考答案：

$$V_B=V_C=\frac{F}{2},N_1=N_4=-\frac{1}{3}F\sqrt{3},N_2=N_3=\frac{1}{6}F\sqrt{3}$$

$$N_5=-\frac{1}{3}F\sqrt{3},N_6=N_7=\frac{1}{3}F\sqrt{3},\delta=\frac{11}{6}\frac{FL}{EA},k=\frac{6}{11}\frac{EA}{L}。$$

9.8.2 梁的挠度

如图 9.16 所示，一端固定一端自由的梁受载荷 F_1 和 F_2 作用。梁的弯曲刚度为 EI，总长度为 L，计算梁端部的挠度 δ。

参考答案：

$$\delta=\left[\frac{(F_1+F_2)a^3}{3EI}+\frac{(F_2b)a^2}{2EI}\right]+\left[\frac{(F_1+F_2)a^2}{2EI}+\frac{(F_2b)a}{EI}\right]b+\frac{F_2b^3}{3EI}$$

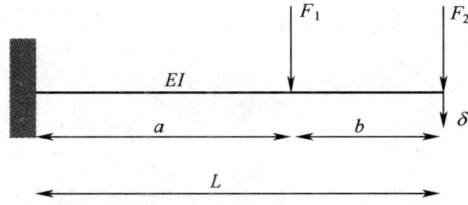

图 9.16　两个集中力作用下梁的弯曲示意图

[Den Hartog 1967]

9.8.3　两端固支梁的挠度和弯矩

两端固支梁如图 9.17 所示。

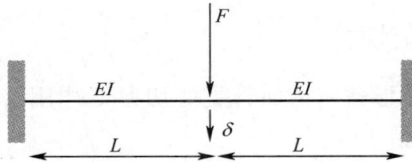

图 9.17　两端固支梁

- 使用 Myosotis 方程求解挠度的表达式 $\delta = \dfrac{FL^3}{24EI}$。

- 画出剪切应力分布图。

- 画出弯矩分布图。

- 找出最大弯矩位置。

9.8.4　变截面梁的屈曲

变截面梁如图 9.18 所示。

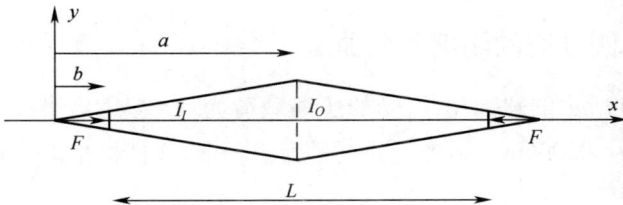

图 9.18　变截面示意图

截面惯性矩可以表示为

$$I(x) = I_1 + \frac{x}{a}(I_o - I_1), b \leqslant x \leqslant a \ \text{和} \ I(x) = I_o + \frac{x}{a}(I_1 - I_o), a \leqslant x \leqslant b + L。$$

设梁的挠度为

$$w(x) = w_0 \sin \frac{\pi(x-b)}{L}, b \leqslant x \leqslant a \text{ 和 } w(x) = w_0 \sin \frac{\pi(x-b)}{L}, b + \frac{L}{2} \leqslant x \leqslant b + L_0$$

利用式(9.26)计算屈曲载荷 F_{cr}。

参考答案:

$$F_{cr} = \frac{\pi^2 E I_0}{L^2} \left[\frac{1}{2} + \frac{L}{a} \left(\frac{1}{\pi^2} - \frac{1}{4} \right) \right] \quad [\text{Sechler 1968}]$$

9.8.5　方形管的屈曲

厚度 $t = 2\text{mm}$ 的方形管件,外缘宽度 $b = 100\text{mm}$。铝合金的弹性模量 $E = 70\text{GPa}$。求解方形管屈曲时的轴向负载大小。

参考答案:$F_{cr} = 82743\text{N}$。

9.8.6　扭转和剪切力

如图 9.19 所示的方形薄壁截面管受剪切力 V 作用。求使得作用在 A 点的剪切力为零的距离 d 值。

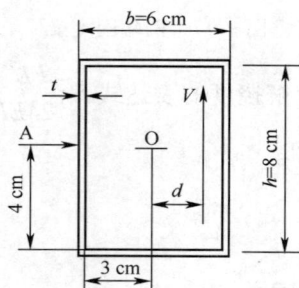

图 9.19　方形薄壁管截面示意图

参考答案:$d = 6.923\text{cm}$。

9.8.7　圆锥壳的刚度和屈曲

如图 9.20 所示的圆锥壳,所受的压缩载荷为 $N = 4\text{MN}$。半径 $R_1 = 1\text{m}$,$R_2 = 1.5\text{m}$,壁厚为 $t = 0.006\text{m}$。圆锥壳的材料为铝合金,弹性模量 $E = 70\text{GPa}$,泊松比为 $\nu = 0.3$。

求解:

- 式(9.73)中的弹性矩阵
- 按步骤求解许用屈曲载荷
    - ——使用式(9.77)定义经验系数
    - ——计算许用屈曲载荷
- 计算安全系数

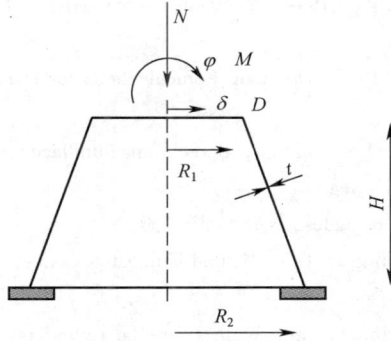

图 9.20　圆锥壳示意图

参考答案：

$$[G] = 10^{-9} \begin{bmatrix} 3.345 & 0.676 \\ 0.676 & 0.2933 \end{bmatrix}, \gamma = 0.517, P_{cr} = 5.529 \times 10^6 \text{N}$$

$$MS = 0.382$$

参 考 文 献

Abbassi, M. M. , 1958, Buckling of Struts of Variable Bending Rigidity, Journal of Applied Mechanics, December 1958, pages 537-540.

Abrate, S. , 1998, Impact on Composite Structures , Cambridge University Press, ISBN 0 52147389 6.

Benham, P. P. , Crawford, R. J. , Armstrong, C. G. , 1987, Mechanics of Engineering Materials, Sec-ond Edition, ISBN 0-582-25164-8, Longman.

Besseling, J. F. , 1975, Stiffness and Strength 2, Applications(in Dutch), ISBN 90 313 0040 3, Schelkema & Holkema.

Budynas, R. G. , 1999, Advanced Strength and Applied Stress Analysis, second ediion, McGraw-Hill International editions.

Besseling, J. F. , 1975, Stiffness and Strength 2, Applications(in Dutch), ISBN 90 313 0040 3, Schelkema & Holkema.

Castigliano, C. A. P. , 1966, The Theory of Equilibrium of El astic Systems and its Applications, Dover Publications.

Den Hartog, J. P. , 1967, Sterkteleer (Strength of Materials) , Prisma-Technica. The book is written in the dutch language.

Den Hartog, J. P. , 1987, Advanced Strength of Materials, ISBN 0-486-65407-9, Dover Publication.

Genta, G. , 1995, Vibration of Structures and Machines, Practical Aspects, second edition, Springer-Verlag, ISBN 0-387-94403-6.

Gere, J. M. , Timoshenko, S. P. , 1994, Mechanics of materials, Third SI edition, ISBN 0 412 368803, Chapman.

Girard, A. , Pawlowski, M. , 1999, Optimum Conical Shells for Dynamic Behaviour, Interspace, Toulouse, France.

Klein, B. , 2001, Leichtbau – Konstruktion, Berechnunggrundlagen unf Gestaltung, 5. Auflage, ISBN 3-528-44115-1, Vieweg.

Leissa, W. , 1969, Vibration of plates, NASA SP-160.

NASA SP-8019, 1968, Buckling of Thin-Walled Truncated Cones, NASA Space Vehicle Design Criteria (Structures).

NASA SP-8007, 1968, Buckling of Thin-Walled Circular Cylinders, NASA Space Vehicle Design Criteria (Structures).

Prescott, J. , 1961, Applied Elasticity, Dover Publications, Inc.

Rivello, R. M. , 1969, Theory and Analysis of Flight Structures, McGraw-Hill

Sechler, E. ,E. , Dunn, L. G. 1963, Airplane Structural Analysis and Design, Dover Publication.

Sechler, E. ,E. , 1968, Elasticity in Engineering, Dover Publication.

Seide, P. , 1972, Influence Coefficients for End-Loaded Conical Fustrum , AIAA Journal, Vol. 10, No. 12

Shanley, F. R. , 1949, Simplified Analysis of general Instab ility of Stiffened Shells in Pure Bending ,Journal of the Aeronautical Sciences, Oytober, pages 590-592.

Shanley, F. R. , 1967, Mechanics of Materials, McGraw-Hill.

Simitses, G. J. , 1976, An Introduction to the Stability of Structures , Prentice-Hall, ISBN 0-13-481200-X

Spagnoli, A. and Chryssanthopoulos, K. , 1999, Buckling design of Stringer – Stiffened Conical Shells in Compression, Journal of Structural Engineering, Vol 125, No. 1, January 1999, pages 40-48.

Vinson, J. R. , 1989, The Behavior of Thin Walled St ructures, Beams, Plates, and Shells, ISBN 90-247-3663-3, Kluwer Academic Publishers.

Wang, C. M. , Wang, C. Y. , Reddy, J. N. , 2004, Exact Solutions for Buckling of Structural Members, CRC, ISBN 0-8493-2222-7.

第10章
夹层结构

10.1 引　　言

夹层板是由上、下蒙皮和中间芯子胶接而成的层合结构。蒙皮为较薄的表面材料,芯子为具有一定厚度的低密度材料。蒙皮主要承受面内的拉伸、压缩及弯曲载荷。夹层板的构型、刚度、强度及稳定性取决于蒙皮和芯子。在[Allen 1969,Plantema 1966,TSB 124,Vinson 1999,Zenkert 1997]文献中,阐述了夹层梁、夹层板及夹层壳等夹层结构的设计及分析方法。典型的夹层结构如图10.1、图10.2和图10.3所示。

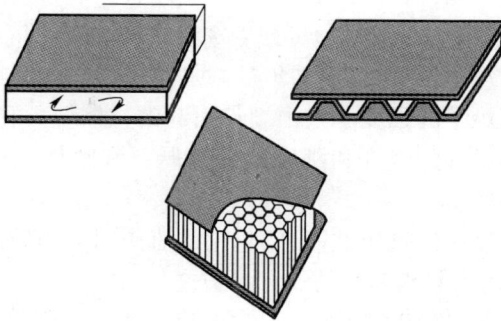

图 10.1　夹层结构

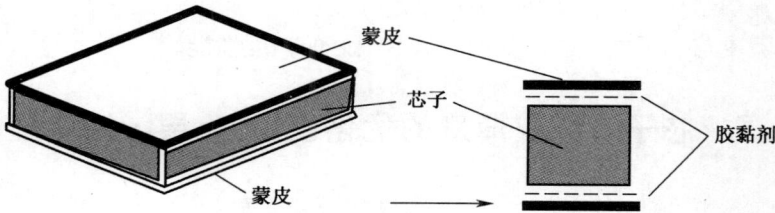

图 10.2　夹层结构的组成

夹层结构之所以得到广泛的应用,主要由于以下特性:

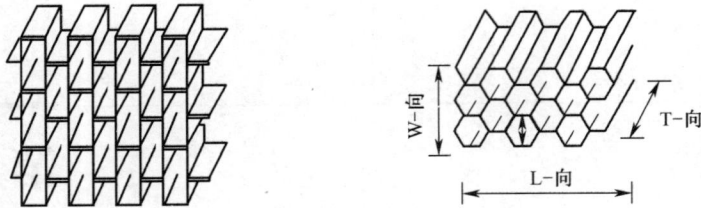

图 10.3　蜂窝芯子

- 相对于传统结构其重量明显减轻。
- 具有较高比刚度(弯曲刚度比重量)。
- 良好的抗疲劳性能。
- 具有声阻尼特性。
- 良好的隔热、隔声性能。

夹层板结构类似于"Ⅰ"型截面,上、下蒙皮犹如翼缘承受拉力和压力,夹层板芯子犹如腹板承受剪力。以铝合金作为蜂窝芯子的夹层板常用于航天器和运载火箭的结构中。更多有关蜂窝芯子力学性能的资料参见[Gibson 1997]。

10.1.1　设计要点

夹层结构的主要设计要点如下:

- 无论是面内/外载荷、弯矩或是扭矩,应注意它们是通过边界还是离散点传递至夹层结构。载荷可以通过边界或者离散点施加至夹层结构。
- 上、下蒙皮应具有一定厚度来承受施加于夹层结构的拉力、压力和剪力。
- 芯子应具有足够的强度承载由埋件引起的整体剪力和局部剪力。
- 芯子应具有足够的强度和刚度以抵抗局部和整体失稳,如起皱屈曲、剪切皱损和整体失稳等。
- 芯子应具有良好的抗压性能,以防止载荷作用下的压溃破坏。压溃性能是判断蒙皮是否会发生起皱屈曲的设计参数之一。
- 选择适当的芯格(如蜂窝芯子)尺寸,以防止蒙皮因没有芯格支撑而产生凹陷。
- 夹层结构应具有良好的整体刚度性能。
- 蒙皮与芯子之间的胶黏剂应具有很好的强度性能。

10.2　芯子及蒙皮厚度的优化设计:夹层结构质量小

芯子高度 $h_c(\mathrm{m})$,蒙皮厚度 $t_f(\mathrm{m})$,其最优比值 $\dfrac{h_c}{t_f}$ 可以根据夹层结构单位面积的最小质量 $m_{sc}(\mathrm{kg/m^2})$ 确定。m_{sc} 由单位面积的芯子质量 $\rho_c h_c(\mathrm{kg/m^2})$、上下

蒙皮质量 $2\rho_f t_f$ 及单位面积上两层胶黏剂的质量 $2\rho_a t_a$ 构成,则夹层结构单位面积最小总质量为

$$m_{sc} = \rho_c h_c + 2\rho_f t_f + 2\rho_a t_a \qquad (10.1)$$

优化过程中忽略胶黏剂层的质量。

夹层板单位面积的最小质量的优化约束条件包括:夹层板抗弯刚度、强度及表面凹陷。

表 10.1 给出了在满足优化约束条件下的夹层板单位面积最小质量计算参数公式[Allen 1969]。

表 10.1　尺寸优化

项目	最优比率 $\dfrac{h_c}{t_f}$,最小单位面积质量	
弯曲刚度	$D = \dfrac{1}{2}E_f h_c^2 t_f$	$\dfrac{\rho_c h_c}{2\rho_f t_f} = 2$
整体失稳	[Bladel 1995]	$\dfrac{h_c}{t_f} = \dfrac{4\rho_f - 3\rho_c}{\rho_c}$
强度	$M = \sigma_{cr} t_f h_c$	$\dfrac{\rho_c h_c}{2\rho_f t_f} = 1$
表面凹陷	$\sigma_{cr} = C t_f^2$ $M = C t_f^3 h_c$	$\dfrac{\rho_c h_c}{2\rho_f t_f} = \dfrac{1}{3}$

其中:σ_{cr} 为临界应力(Pa);E_f 为蒙皮材料的弹性模量(Pa);ρ_f 为蒙皮材料密度(kg/m³);ρ_c 为芯子材料密度(kg/m³);M 为单位长度弯矩;t_f 为蒙皮厚度(m);C 为常数。

10.3　应　　力

蒙皮及芯子都会产生应力,蒙皮应力由弯矩及面内载荷产生,不均匀的面内载荷会产生剪切应力。由于蒙皮一般情况下都很薄,当 $\dfrac{h_c}{t_f} \gg 1$ 时可以认为蒙皮中应力沿厚度均匀分布。芯子则承受横向剪力。

10.3.1　蒙皮应力

1. 弯曲应力

夹层结构蒙皮的弯曲应力 σ_{fb} 由单位长度上的弯矩(Nm/m)引起,如图 10.4 所示。

弯曲应力的计算公式为

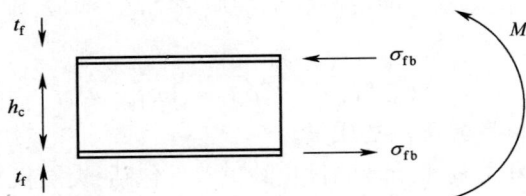

图 10.4 弯曲应力

$$\sigma_{fb} = \frac{Me}{I} \approx \frac{M \frac{1}{2} h_c}{\frac{1}{2} h_c^2 t_f} = \frac{M}{h_c t_f} \qquad (10.2)$$

式中:e 为距中性轴最远距离;I 为截面惯性矩。

一般来说,芯子不承受面内的拉伸载荷。

2. 拉伸、压缩应力

面内应力 σ_{fn} 由单位长度上的面内载荷 $N(N/m)$ 引起,如图 10.5 所示。面内载荷由两块蒙皮承受,而芯子不承受面内载荷。面内拉压应力的计算公式为

$$\sigma_{fn} = \frac{N}{2t_f} \qquad (10.3)$$

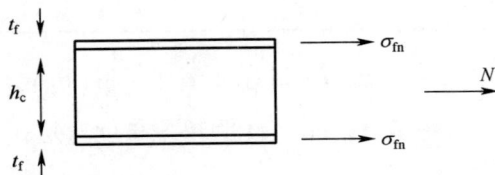

图 10.5 面内应力

3. 蒙皮总应力

蒙皮总应力 σ_f 由弯曲应力 σ_{fb} 及面内应力 σ_{fn} 叠加而成,其表达式为

$$\sigma_f = \sigma_{fb} + \sigma_{fn} = \frac{M}{h_c t_f} + \frac{N}{2t_f} \qquad (10.4)$$

10.3.2 剪切应力

由单位长度上的剪力 D 引起的最大剪应力 τ 可以通过 Jourawki 方法计算得到

$$\tau = \frac{DS_f}{I} \approx \frac{D t_f \frac{1}{2} h_c}{\frac{1}{2} h_c^2 t_f} = \frac{D}{h_c} \qquad (10.5)$$

式中,S_f 和 I 分别为单位长度蒙皮相对中性轴的静矩和惯性矩。

剪切应力 τ 如图 10.6 所示。

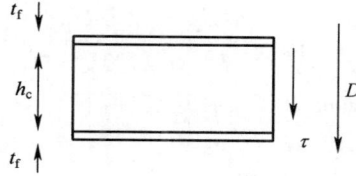

图 10.6　剪切应力

10.3.3　失效模式

基于强度的典型失效模式有如下三种,并见表 10.2。

- 蒙皮失效:最早发生的失效是由于整个夹层板厚度不足、蒙皮厚度不足或蒙皮强度不够而导致的蒙皮在受拉或受压时失效。
- 横向剪切失效:由于芯子强度不足或蒙皮厚度不足导致的失效。
- 局部芯子压溃:由于芯子压缩强度太低导致的失效。

表 10.2　基于强度的失效模式

夹层结构失效模式	
失效模式	设计值
蒙皮失效	$\sigma_f = \dfrac{M}{h_c t_f} + \dfrac{N}{2 t_f}$
横向剪切失效	$\tau_c = \dfrac{D}{h_c}$
芯子局部压溃	$\sigma_c = \dfrac{F}{A}$
注:A 为载荷施加面积(m^2);F 为局部载荷(N)	

10.4　夹层柱的失稳

如图 10.7 所示夹层柱,L 为长度,F 为轴向压力,h_c 为芯子厚度,G_c 为芯子剪切模量,t_f、b 及 E_f 分别为蒙皮厚度、宽度及轴向弹性模量。

夹层柱最小弯曲刚度 $E_f I$ 可以近似表达为

$$E_f I = 2E_f b t_f \left(\frac{h_c + t_f}{2} \right)^2 + \frac{1}{6} E_f b t_f^3 \approx \frac{E_f b t_f h_c^2}{2}, \ t_f \ll h_c$$

（10.6）

夹层柱的剪切刚度为

$$G_c A = G_c b h_c \qquad （10.7）$$

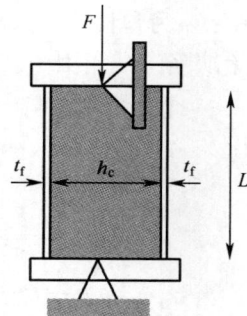

图 10.7　夹层柱

119

两端铰接时欧拉失稳载荷为

$$F_{\text{Euler}} = \frac{\pi^2 E_{\text{f}} I}{L^2} = \frac{\pi^2 E_{\text{f}} b t_{\text{f}} h_{\text{c}}^2}{2L^2} \tag{10.8}$$

在 Bazant 的论文[Bazant 2003]中,给出两种计算夹层柱临界压力的计算公式

$$F_{\text{cr}} = \frac{F_{\text{Euler}}}{1 + \dfrac{F_{\text{Euler}}}{G_{\text{c}} b h_{\text{c}}}}, \text{Engesser 型} \tag{10.9}$$

和

$$F_{\text{cr}} = \frac{G_{\text{c}} b h_{\text{c}}}{2} \left[\sqrt{1 + \frac{4 F_{\text{Euler}}}{G_{\text{c}} b h_{\text{c}}}} - 1 \right], \text{Haringx 型} \tag{10.10}$$

Engesser 于 1889 年发表了式(10.9),且 Allen 在其书中有提及[Allen 1969];Haringx 于 1942 年发表了式(10.10)。

10.5　圆柱的整体失稳

夹层圆柱蒙皮承受轴向压力为

$$F = 2\pi R N_x \tag{10.11}$$

式中:N_x 为恒定施加的载荷(N/m);R 为圆柱的平均半径。

等壁厚 t_{f} 蒙皮的压应力为

$$\sigma_{x,\text{f}} = \frac{N_x}{2 t_{\text{f}}} \tag{10.12}$$

简支边界条件下,长圆柱单位周长可以承受的活动极限载荷为[Vinson 1999]

$$N_{x,\text{cr}} = \gamma \frac{2 E_{\text{f}}}{\sqrt{(1 - \nu_{\text{f}}^2)}} \frac{h_{\text{c}} t_{\text{f}}}{R} \left\{ 1 - \frac{E_{\text{f}}}{2\sqrt{(1 - \nu_{\text{f}}^2)}} \frac{t_{\text{f}}}{R G_{\text{c}}} \right\} \tag{10.13}$$

式中:E_{f} 为弹性模量;ν_{f} 为蒙皮材料的泊松比;G_{c} 为芯子的剪切模量;γ 为考虑初始缺陷的减缩因子。其表达式由[NASA SP-8007]给出:

$$\gamma = 1 - 0.901(1 - e^{-\phi}) \tag{10.14}$$

其中

$$\phi = \frac{\sqrt{2}}{29.8} \sqrt{\frac{R}{h_{\text{c}}}} \tag{10.15}$$

当 $\sigma_{x,\text{cr}} = \dfrac{N_{x,\text{cr}}}{2 t_{\text{f}}}$ 大于屈服应力,弹性模量 E_{f} 应通过塑性因子 η 进行修正。[NASA SP-8007]中推荐修正后弹性模量的表达式为 ηE_{f},其中

$$\eta = \frac{\sqrt{E_{sec} E_{tan}}}{E_f}$$

(10.16)

式中：E_{sec} 和 E_{tan} 分别为割线与正切弹性模量，见图 10.8。其值可从材料手册中查找。

算例

夹层结构由铝合金蒙皮和铝合金蜂窝芯子 1/4 - 5056 - .0015p（表 10.5）构成。其材料参数如下：

- $t_f = 0.2, h_c = 20, d_c = 6.4mm$
- $E_f = 70GPa$
- $E_c = 2.17MPa$
- $G_L = 345, G_T = 152, G_c = \sqrt{G_L G_T} = 229MPa$

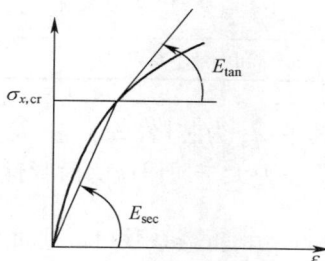

图 10.8　应力—应变曲线

算例结束

10.6　局部失稳

因为局部失稳，夹层结构的承载能力或强度特性会受到极大影响甚至严重削弱。局部失稳处的实际应力已经超过夹层结构的承载能力，比如蒙皮或者芯子局部屈曲时的应力。当下述情况发生时即被定义为局部失稳(失效模式)：

- 蒙皮褶皱：蒙皮向内或向外褶皱取决于芯子在面内的压缩强度和蒙皮与芯子的胶接拉伸强度[Ley 1999]。较强的胶接强度可能导致芯子的拉伸失效。蒙皮的平面度会对褶皱载荷产生影响。

- 蒙皮凹陷：对于蜂窝型芯子或波状型芯子，蒙皮可能会屈曲或凹陷于芯子壁间的空间。凹陷可能会是永久性的，且这种凹陷发展下去会导致产生蒙皮的褶皱失稳。

- 剪切皱损：从外表看是局部失稳，但实际上是整体的失稳形式。通常会在褶皱处突然发生芯子失效，或者蒙皮和芯子间的胶黏剂发生剪切失效。

局部屈曲失效的设计值详见表 10.3。

表 10.3　夹层结构的局部屈曲

夹层结构的局部屈曲	
失效模式	设计值
蒙皮褶皱[a][Ley 1999]	$\sigma_{cr,w} = 0.5 \sqrt[3]{\eta E_f E_c G_c}$
蒙皮凹陷(芯子内部屈曲)	$\sigma_{cr,d} = 2.0 \frac{E_f}{1-\nu_f^2}\left(\frac{t_f}{d_c}\right)$

夹层结构的局部屈曲	
失效模式	设计值
剪切皱损	$\sigma_{\mathrm{cr,s}} = 0.5\left(\dfrac{h_{\mathrm{c}}}{t_{\mathrm{f}}}\right) G_{\mathrm{c}}$

a. 常用的最小系数

其中:d_{c} 为芯格(蜂窝芯子)直径(m);σ_{cr}为屈曲应力(Pa);η 为折减系数,当屈曲应力大于屈服应力时弹性模量应被进行折减修正,若屈曲应力小于屈服应力则 $\eta = 1$,折减系数可以通过公式 $\eta = 2\dfrac{E_{\mathrm{tan}}}{E_{\mathrm{tan}} + E_{\mathrm{f}}}$ 计算得出,E_{tan} 为在屈曲应力下的切向弹性模量;G_{c} 为芯子的剪切模量,通常按照 $G_{\mathrm{c}} = \sqrt{G_L G_T}$(Pa)计算得出。

算例

夹层结构由铝合金蒙皮和铝合金蜂窝芯子 $1/4 - 5056 - .0015\mathrm{p}$(表 10.5)构成。其材料参数如下:

- $t_{\mathrm{f}} = 0.2, h_{\mathrm{c}} = 20, d_{\mathrm{c}} = 6.4\mathrm{mm}$
- $E_{\mathrm{f}} = 70\mathrm{GPa}$
- $E_{\mathrm{c}} = 2.17\mathrm{MPa}$
- $G_L = 345, G_T = 152, G_{\mathrm{e}} = \sqrt{G_L G_T} = 229\mathrm{MPa}$

计算出的临界应力如下:

- 褶皱屈曲应力 $\sigma_{\mathrm{cr,w}} = 0.5\sqrt[3]{\eta E_{\mathrm{f}} E_{\mathrm{c}} G_{\mathrm{c}}} = 163\mathrm{MPa}$
- 凹陷屈曲应力 $\sigma_{\mathrm{cr,d}} = 2.0\dfrac{E_{\mathrm{f}}}{1 - \nu_{\mathrm{f}}^2}\left(\dfrac{t_{\mathrm{f}}}{d_{\mathrm{c}}}\right) = 4.8\mathrm{GPa}$,凹陷应力应通过折减系数 η 进行修正
- 剪切皱损屈曲应力为 $\sigma_{\mathrm{cr,s}} = 0.5\left(\dfrac{h_{\mathrm{c}}}{t_{\mathrm{f}}}\right) G_{\mathrm{c}} = 11\mathrm{GPa}$

算例结束

10.6.1 组合载荷

当两个主应力均为压应力时,通过下式计算夹层板褶皱的安全裕度[Ley 1999]:

$$MS = \frac{1}{\left(\dfrac{\sigma_1}{\sigma_{\mathrm{cr,w1}}}\right)^3 + \left(\dfrac{\sigma_2}{\sigma_{\mathrm{cr,w2}}}\right)} - 1 \geqslant 0 \qquad (10.17)$$

10.7 埋 件

埋件胶接于夹层结构的芯子内,用于将外部载荷与夹层结构连接起来。埋件嵌于胶黏剂之间,通常为圆柱形。胶黏剂具备将载荷从埋件传递到芯子的能力。埋件形状与载荷如图 10.9 所示。埋件用于把夹层板与其他结构件连接起来,如用螺栓将单机与夹层板连接起来。

惯性载荷通过夹层板中埋件产生的载荷如图 10.9 所示,D 为剪力(N),F 为拉伸或压缩载荷(N),M 为弯矩(Nm),T 为扭矩(Nm)。

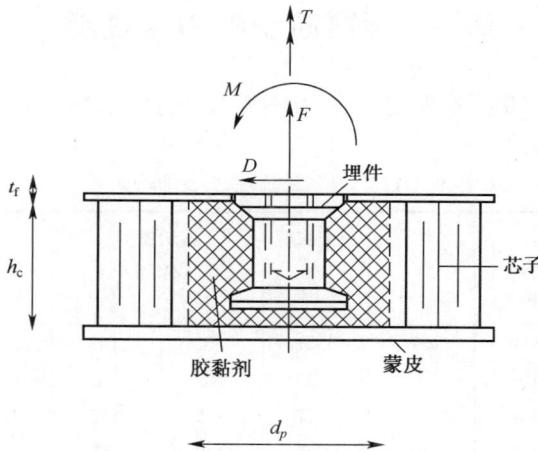

图 10.9 埋件形状与载荷

典型夹层结构各部分对埋件承载能力的贡献量见表 10.4[Insert Design Handbook, ESA/PSS-03-1202]。

表 10.4 夹层板各部分对埋件承载能力的贡献量

载荷类型	夹层板各部分对埋件承载能力的贡献量		
	芯子	蒙皮	芯子与蒙皮间的胶粘剂
拉力 F	主要	一般	极少
压力 F	主要	一般	少
剪力 D	少	主要	极少
弯矩 M	主要	一般	极少
扭矩 T	主要	少	极少

由于对螺钉施加扭矩而产生的预应力被螺纹抵消,并不会传递到夹层板中。

单机承受的准静态载荷要小于由随机振动产生的随机载荷。

由随机振动产生的 3σ 加速度 $\ddot{x}_{3\sigma}$ 可以通过 Miles 方程计算得到:

$$\ddot{x}_{3\sigma} = 3\sqrt{\frac{\pi}{2}f_n QW(f_n)} \qquad (10.18)$$

式中:f_n 为机械系统(如航天器)主要有效质量下的固有频率;Q 为放大因子(通常假设为 $Q=\frac{1}{2\zeta}=10$);$W(f_n)$ 为在固有频率 f_n 下加速度功率谱密度$\left(\frac{g^2}{Hz}\right)$。

3σ 随机惯性载荷 $F_{3\sigma}$ 可以通过下式得到:

$$F_{3\sigma} = M\ddot{x}_{3\sigma} \qquad (10.19)$$

式中,M 为单机质量(kg)。

10.8　蜂窝芯子的力学性能

常用的铝合金 5056 蜂窝芯子的力学性能见表 10.5。这些材料特性引自 [TSB120,TSB 124]。

表 10.5　蜂窝芯子力学性能

蜂窝芯子类别	d_c /mm	ρ_c /(kg/m³)	压缩强度 E_c /MPa	剪切模量 /MPa		剪切强度 /MPa	
				G_L	G_T	τ_L	τ_T
1/4-5056-.002p	6.4	69	3.21	462	186	2.24	1.31
3/8-5056-.0007p	9.6	16	0.24	103	62	0.31	0.17
1/4-5056-.0015p	6.4	54	2.17	345	152	1.59	0.90
1/4-5056-.0007p	6.4	26	0.55	138	83	0.54	0.26
3/16-5056.-002p	4.8	91	5.07	648	248	3.31	1.93

10.9　典型连接形式

常用的夹层板连接形式如图 10.10 所示。

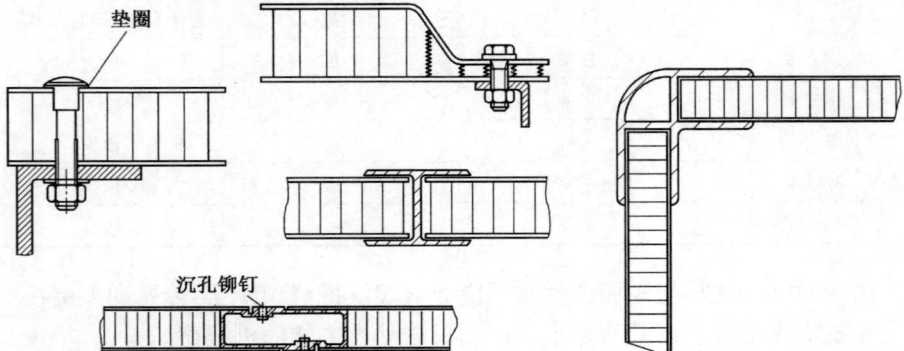

垫圈

沉孔铆钉

图 10.10　典型的夹层板连接

10.10 练 习

10.10.1 刚性夹层梁

两端简支夹层梁如图 10.11 所示。

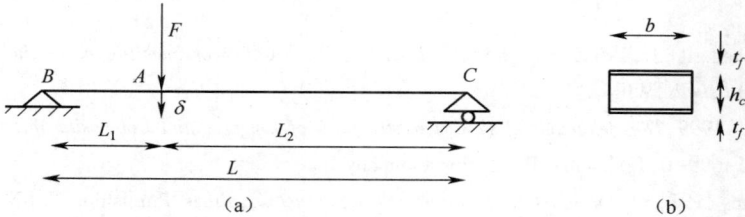

图 10.11 简支夹层梁

夹层梁蒙皮为铝合金材料,弹性模量为 E_f。蜂窝芯子的剪切模量为 G_c。计算下列量值:

- 计算梁的弯曲刚度 D,忽略 t_f 的高阶项。
- 计算梁的剪切刚度 V,忽略蒙皮剪切刚度。
- 计算由纯弯曲引起的位移 δ_b。
- 计算由纯剪切引起的位移 δ_s。
- 计算在点 A 处的刚度值 k。
- 设计边界点 B 和 C 的埋件。

答案:

$$D = \frac{1}{2}E_f h_c^2 t_f, \quad V = G_c b h_c, \quad \delta_b = \frac{FL_1^2 L_2^2}{3DL}, \quad \delta_s = \frac{FL_1 L_2}{VL}, \quad k = \frac{F}{\delta_b + \delta_s}$$

参 考 文 献

Allen. Howard, G., 1969, *Analysis and Design of Structural Sandwich Panels*, Pergamon press.

Bazant, Z, P., 2003, *Shear Buckling of Sandwich Fiber Composite and Lattice Columns. Bearings, and Helical Springs: Paradox Resolved*, Journal of Applied Mechanics, Vol.70, pages 70-83

Bladel van, P.G., 1995, *Design of Fibre Reinforced Composite Panels for Aerospace Applications*. ISBN 90-900838-X, PhD work, Delft University of Technology, Faculty of Aerospace Engineering, The Netherlands.

Gibson, L.J., Ashby, M.F., 1997, *Cellular Solids: Structure & properties*, Cambridge University press, ISBN 0521 4991199(paperback).

Hexcel company, TSB 120, 1992, *Mechanical Properties of Hexcel Honeycom Materials*.

Hexcel company, TSB 124, 1991, *Bonded Honeycom Sandwich Construction*.

Klein, B., 2001, *Leichtbau-Konstruktion, Berechnunggrundlagen unf Gestaltung*, 5. Auflage, ISBN 3-528-44115-1, Vieweg.

Ley, R.P., Lin, W. and Mbanefo. U., 1999, *Facesheets Wrinking in Sandwich Structures*, NASA/CR-1999-208994.

NASA SP-8007. *August* 1968, *Buckling of Thin-Walled Circular Cylinders*, NASA Space Vehicle Design Criteria(Structures).

Peters, S.T. (editor), 1998, *Handbook of composites*, second edition, ISBN 0 412 54020 7, Chapman & Hall.

Plantema, Frederik, J., 1966, *Sandwich Construction, The bending of buckling of sandwich beams, plates, and shells*, Willey.

Vinson, J.R., 1999, *The Behaviour of sandwich Structures of Isotropic and Composite Materials*, ISBN 1-56676-699-0, Technomic Publishing Company Inc.

Zenkert, Dan, 1997, *An Introduction to Sandwich Construction*, Emas Publishing, ISBN 0 947817 77 8.

第 11 章
有限元分析

11.1 引　　言

　　航天器结构的初步尺寸确定之后,通常可采用有限元方法计算强度和刚度特性。航天器结构复杂,采用单纯的解析方法是不可能求解强度问题的。市场上提供了很多商用有限元软件。

　　采用有限元模型进行静力和动力分析,有些重要因素需要考虑:

- 理论方法
- 节点数量
- 自由度数量
- 单元类型选择
- 边界条件
- 阻尼
- 接头与连接
- 施加载荷
- 质量分布
- 材料特性

11.2　理　论　方　法

　　本节针对静力和动力分析,简要总结有限元的理论方法。静力分析时利用最小势能原理推导出平衡方程,动力分析时利用拉格朗日原理推导出运动方程。

　　关于有限元方法还建议读者查阅相关文献[NAFEMS 1992, Cook 1989, Crisfield 1986]。11.2.1 节中对有限元方法仅作简单介绍。

11.2.1　静力分析

　　有限元方法的理论分析中常常要用到能量方法即最小势能原理。从满足运

动学要求的位移函数 u 中选择一个 u 使得总势能取驻值。在数学上为

$$\delta V(u) = 0 \qquad (11.1)$$

做静力分析时,势能表达式为

$$V(u) = U(u) - W(u) \qquad (11.2)$$

式中:U 为应变能,$U = \dfrac{1}{2}\int_V \{\varepsilon\}^{\mathrm{T}}[C]\{\varepsilon\}\mathrm{d}V$;$W$ 为外部载荷向量 $\{F\}$ 做功,即 $W = \int_V \{F\}^{\mathrm{T}}\{u\}\mathrm{d}V$。$\{\varepsilon\}$ 为应变向量(6×1);$[C]$ 为本构矩阵,即 $\{\sigma\} = [C]\{\varepsilon\}$;$V$ 为体积;$\{\sigma\}$ 为应力向量(6×1)。

将弹性结构分解为单个的有限元,即

$$U = \sum_n U_e \qquad (11.3)$$

和

$$W = \sum_n W_e \qquad (11.4)$$

式中:n 为单元个数;U_e 为有限元的应变能,$U_e = \dfrac{1}{2}\int_{V_e} \{\varepsilon_e\}^{\mathrm{T}}[C_e]\{\varepsilon_e\}\mathrm{d}V_e$;$W_e$ 为对有限元做的功,$W_e = \int_{V_e} \{F_e\}^{\mathrm{T}}\{u_e\}\mathrm{d}V_e$。

在单元中,假定一个位移形函数 $\lfloor H \rfloor$,即

$$u_e = \lfloor H \rfloor \{\delta_e\} \qquad (11.5)$$

向量 $\{\delta_e\}$ 表示单元节点的线位移和角转动。应变向量可通过位移函数求导得到,即

$$\{\varepsilon_e\} = \delta u_e = \delta(\lfloor H \rfloor \{\delta_e\}) = \delta\lfloor H \rfloor \{\delta_e\} = [B]\{\delta_e\} \qquad (11.6)$$

式中:δ 为求导操作符;矩阵 $[B]$ 为应变位移矩阵。

算例

一个简单的桁架有限单元(仅受拉压)有两个节点、两个自由度。单元模型可如图 11.1 所示。

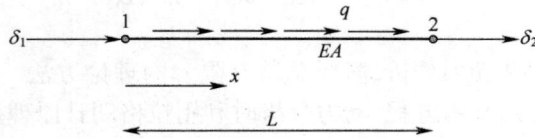

图 11.1 桁架的有限单元

位移函数 $u(x)$ 定义为

$$u_e(x) = \lfloor H \rfloor \{\delta_e\} = \begin{bmatrix} 1 - \dfrac{x}{L} & \dfrac{x}{L} \end{bmatrix} \begin{Bmatrix} \delta_1 \\ \delta_2 \end{Bmatrix}$$

128

应变 $\varepsilon_e(x)$ 定义为

$$\varepsilon_e(x) = \frac{\mathrm{d}u_e(x)}{\mathrm{d}x} = \begin{bmatrix} -\dfrac{1}{L} & \dfrac{1}{L} \end{bmatrix} \begin{Bmatrix} \delta_1 \\ \delta_2 \end{Bmatrix} = \lfloor B \rfloor \begin{Bmatrix} \delta_1 \\ \delta_2 \end{Bmatrix} = \frac{\delta_2 - \delta_1}{L}$$

应变沿着桁架长度方向是恒定不变的。

算例结束

将式(11.6)代入单元应变能,得到单元应变能为

$$U_e = \frac{1}{2} \int_{V_e} \{\varepsilon_e\}^{\mathrm{T}} [C_e] \{\varepsilon_e\} \mathrm{d}V_e = \frac{1}{2} \{\delta_e\}^{\mathrm{T}} \int_{V_e} \{B\}^{\mathrm{T}} [C_e] \{B\} \mathrm{d}V_e \{\delta_e\} \quad (11.7)$$

定义单元的刚度矩阵为

$$[K_e] = \int_{V_e} \{B\}^{\mathrm{T}} [C_e] \{B\} \mathrm{d}V_e \quad (11.8)$$

利用式(11.5)可计算外力做的功 W_e,即

$$W_e = \int_{V_e} \{F_e\}^{\mathrm{T}} \{u_e\} \mathrm{d}V_e = \int_{V_e} \{u_e\}^{\mathrm{T}} \{F_e\} \mathrm{d}V_e = \int_{V_e} \{H\}^{\mathrm{T}} \{F_e\} \mathrm{d}V_e \{\delta_e\} \quad (11.9)$$

节点上作用的外力的向量 $\{F_{\delta_e}\}$ 定义为

$$\{F_{\delta_e}\} = \int_{V_e} \{H\}^{\mathrm{T}} \{F_e\} \mathrm{d}V_e \quad (11.10)$$

算例继续

在一维情况下矩阵 $[C]$ 就是弹性模量 E,因为一维的应力-应变关系很简单:

$$\sigma = E\varepsilon = C\varepsilon$$

刚度矩阵 $[K_e]$ 变为

$$[K_e] = \int_{V_e} \{B\}^{\mathrm{T}} [C_e] \{B\} \mathrm{d}V_e = A \int_0^L \begin{Bmatrix} -\dfrac{1}{L} \\ \dfrac{1}{L} \end{Bmatrix} E \left\{ -\dfrac{1}{L}, \dfrac{1}{L} \right\} \mathrm{d}x$$

因此

$$[K_e] = EA \int_0^L \begin{Bmatrix} \left(\dfrac{1}{L}\right)^2 & -\left(\dfrac{1}{L}\right)^2 \\ -\left(\dfrac{1}{L}\right)^2 & \left(\dfrac{1}{L}\right)^2 \end{Bmatrix} \mathrm{d}x = \frac{EA}{L} \begin{bmatrix} 1 & -1 \\ -1 & 1 \end{bmatrix} \quad (11.11)$$

沿桁架长度方向施加均布载荷 $q(\mathrm{N/m})$。节点力向量变为

$$\{F_{\delta_e}\} = \int_{V_e} \{H\}^{\mathrm{T}} \{F_e\} \mathrm{d}V_e = \int_0^L \begin{Bmatrix} 1 - \dfrac{x}{L} \\ \dfrac{x}{L} \end{Bmatrix} q(x) \mathrm{d}x$$

更进一步地,有

$$\{F_{\delta_e}\} = q\int_0^L \begin{Bmatrix} 1 - \dfrac{x}{L} \\[2mm] \dfrac{x}{L} \end{Bmatrix} \mathrm{d}x = q\begin{Bmatrix} \dfrac{L}{2} \\[2mm] \dfrac{L}{2} \end{Bmatrix} \tag{11.12}$$

二自由度桁架的刚体模态为

$$\{\phi_r\} = \begin{Bmatrix} 1 \\ 1 \end{Bmatrix}$$

刚体模态$\{\phi_r\}$对应的应变能定义为

$$U_{rb} = \frac{1}{2}\{\phi_r\}^T[K_e]\{\phi_r\} = \frac{EA}{2L}[1 \quad 1]\begin{bmatrix} 1 & -1 \\ -1 & 1 \end{bmatrix}\begin{Bmatrix} 1 \\ 1 \end{Bmatrix} = 0$$

结果显而易见,桁架做刚体运动时没有应变产生。

算例结束

单元位移向量$\{\delta_e\}$与全部结构位移向量$\{\delta\}$是相关的,即

$$\{\delta_e\} = [T_e]\{\delta\}, \tag{11.13}$$

式中:$[T_e]$为变换矩阵。

势能可以写成

$$V(\delta) = \frac{1}{2}\sum_n \{\delta_e\}^T[K_e]\{\delta_e\} - \sum_n \{\delta_e\}^T\{F_e\} \tag{11.14}$$

将式(11.13)代入式(11.14),得到全部结构的势能为

$$V(\delta) = \frac{1}{2}\sum_n \{\delta\}^T[T_e]^T[K_e][T_e]\{\delta\} - \sum_n ([T_e]^T\{F_e\})\{\delta\} \tag{11.15}$$

因此

$$V(\delta) = \frac{1}{2}\{\delta\}^T\left(\sum_n [T_e]^T[K_e][T_e]\right)\{\delta\} - \left(\sum_n [T_e]^T\{F_e\}\right)\{\delta\} \tag{11.16}$$

和

$$V(\delta) = \frac{1}{2}\{\delta\}^T[K]\{\delta\} - \{F\}\{\delta\}. \tag{11.17}$$

势能驻值为

$$\partial V(\delta) = [K]\{\delta\} - \{F\} = 0 \tag{11.18}$$

可由此得到有限元方法的平衡方程

$$[K]\{\delta\} = \{F\} \tag{11.19}$$

算例

图 11.2 是两个简单的桁架单元连在一起,包含三个节点,即节点 1、节点 2、

节点 3。模型有三个自由度：δ_1，δ_2 和 δ_3。单元刚度矩阵见式（11.11）。单元上施加的是均布载荷 q。相关的载荷向量见式（11.12）。

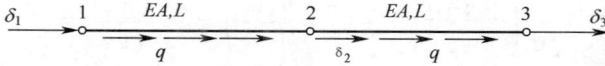

图 11.2　两单元的有限元模型

两个单元的变换矩阵为

$$[T_{e,1}]^T = \begin{bmatrix} 1 & 0 \\ 0 & 1 \\ 0 & 0 \end{bmatrix}, [T_{e,2}]^T = \begin{bmatrix} 0 & 0 \\ 1 & 0 \\ 0 & 1 \end{bmatrix}$$

总刚度矩阵为

$$[K] = [T_{e,1}]^T [K_{e,1}][T_{e,1}] + [T_{e,2}]^T [K_{e,2}][T_{e,2}]$$

因此

$$[K] = \frac{AE}{L}\begin{bmatrix} 1 & -1 & 0 \\ -1 & 1 & 0 \\ 0 & 0 & 0 \end{bmatrix} + \frac{AE}{L}\begin{bmatrix} 0 & 0 & 0 \\ 0 & 1 & -1 \\ 0 & -1 & 1 \end{bmatrix} = \frac{AE}{L}\begin{bmatrix} 1 & -1 & 0 \\ -1 & 2 & -1 \\ 0 & -1 & 1 \end{bmatrix}$$

总的载荷向量为

$$\{F\} = [T_{e,1}]^T [F_{e,1}] + [T_{e,2}]^T [F_{e,2}]$$

因此

$$\{F\} = qL\begin{bmatrix} \frac{1}{2} \\ \frac{1}{2} \\ 0 \end{bmatrix} + qL\begin{bmatrix} 0 \\ \frac{1}{2} \\ \frac{1}{2} \end{bmatrix} = qL\begin{bmatrix} \frac{1}{2} \\ 1 \\ \frac{1}{2} \end{bmatrix}$$

算例结束

11.2.2　动力分析

进行结构动态分析，除了势能 $V(u)$ 之外，动能 $T(\dot{u})$、阻尼耗能 $D(u,\dot{u},\cdots)$ 以及外力做的功 $W(F,u)$ 都要考虑。动能包含质量参数和速度项，阻尼耗能是从动力系统总能量中提取出来的。首先，不妨假定动力系统是无阻尼的。

取位移函数 u，则拉格朗日函数（总能）$L(u,\dot{u})$ 定义为

$$L(u,\dot{u}) = T(\dot{u}) - V(u) \tag{11.20}$$

外力做的功为 $W(u)$。

算例

单自由度弹簧质量系统，刚度为 k，质量为 m，运动位移为 x，拉格朗日方程为

$$L(x,\dot{x}) = \frac{1}{2}m\ddot{x}^2 - \frac{1}{2}kx^2$$

131

算例结束

无阻尼耗能的情况下,拉格朗日方程为

$$\frac{\mathrm{d}}{\mathrm{d}t}\left(\frac{\partial L(u,\dot{u})}{\partial \dot{u}}\right) - \left(\frac{\partial L(u,\dot{u})}{\partial u}\right) = \frac{\delta W(F,u)}{\delta u} \tag{11.21}$$

式中: $\delta W(F,u) = \sum_l F_l \delta u_l$ 为外力做的虚功。

单自由度系统位移为 x,外力为 F,则外力做的虚功为

$$\delta W = F\delta x$$

算例结束

体积为 V 的实体具有的动能为

$$T(\dot{u}) = \frac{1}{2}\int_V m(x,y,z)\dot{u}^2(x,y,z)\mathrm{d}V \tag{11.22}$$

将弹性系统分成若干有限元,则

$$T_{\text{system}}(\dot{u}) = \sum_e T_e(\dot{u}_e) \tag{11.23}$$

其中

$$T_e(\dot{u}) = \frac{1}{2}\int_{V_e} m(x,y,z)\dot{u}_e^2(x,y,z)\mathrm{d}V_e \tag{11.24}$$

假设单元的位移形函数为 $\lfloor H \rfloor$,因此

$$u_e = \lfloor H \rfloor \{\delta_e\}$$

式中:向量 $\{\delta_e\}$ 为单元节点的线位移和角位移。

单元动能为

$$T_e(\dot{u}) = \frac{1}{2}\int_{V_e} m(x,y,z)\dot{u}_e^2(x,y,z)\mathrm{d}V_e = \frac{1}{2}\int_{V_e}\{\dot{\delta}_e\}^{\mathrm{T}}\{H\}m(x,y,z)\lfloor H\rfloor\{\dot{\delta}_e\}\mathrm{d}V_e$$

$$\tag{11.25}$$

或

$$T_e(\dot{u}) = \frac{1}{2}\int_{V_e}\{\dot{\delta}_e\}^{\mathrm{T}}\{H\}m(x,y,z)\lfloor H\rfloor\{\dot{\delta}_e\}\mathrm{d}V_e = \frac{1}{2}\{\dot{\delta}_e\}^{\mathrm{T}}[M_e]\{\dot{\delta}_e\} \tag{11.26}$$

单元质量矩阵为

$$[M_e] = \int_{V_e}\{H\}m(x,y,z)\lfloor H\rfloor\mathrm{d}V_e \tag{11.27}$$

算例

简单的桁架单元(仅承受拉压)有两个节点、两个自由度(图11.3)。单位长度的质量为 $m(\text{kg/m})$。

位移函数 $u(x)$ 定义为

$$u_e(x) = \lfloor H \rfloor \{\delta_e\} = \left[1 - \frac{x}{L} \quad \frac{x}{L}\right] \begin{Bmatrix} \delta_1 \\ \delta_2 \end{Bmatrix}$$

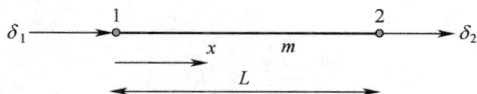

图 11.3 桁架有限单元

质量矩阵 $[M_e]$ 可写成

$$[M_e] = \int_{V_e} \{H\}^T m \lfloor H \rfloor dV_e = \int_0^L \begin{Bmatrix} 1 - \dfrac{x}{L} \\[2mm] \dfrac{x}{L} \end{Bmatrix} m \left\{ 1 - \dfrac{x}{L}, \dfrac{x}{L} \right\} dx$$

最后质量矩阵 $[M_e]$ 变为

$$[M_e] = m \int_0^L \begin{Bmatrix} \left(1 - \dfrac{x}{L}\right)^2 & \dfrac{x}{L}\left(1 - \dfrac{x}{L}\right) \\[3mm] \dfrac{x}{L}\left(1 - \dfrac{x}{L}\right) & \left(\dfrac{x}{L}\right)^2 \end{Bmatrix} dx = \frac{mL}{6} \begin{bmatrix} 2 & 1 \\ 1 & 2 \end{bmatrix} \quad ①$$

两自由度桁架的刚体模态为

$$\{\phi_r\} = \begin{Bmatrix} 1 \\ 1 \end{Bmatrix}$$

利用刚体模态 $\{\phi_r\}$ 可以计算桁架单元的总质量,即

$$M_{tot} = \{\phi_r\}^T [M_e] \{\phi_r\} = \frac{mL}{6} \lfloor 1 \quad 1 \rfloor \begin{bmatrix} 2 & 1 \\ 1 & 2 \end{bmatrix} \begin{Bmatrix} 1 \\ 1 \end{Bmatrix} = mL$$

这个结果显而易见。

算例结束

整个动力系统的拉格朗日函数为

$$L(u,\dot{u}) = \frac{1}{2} \{\dot{\delta}\}^T \left[\sum_n [T_e]^T [M_e][T_e] \right] \{\dot{\delta}\} - \frac{1}{2} \{\delta\}^T \left[\sum_n [T_e]^T [M_e][T_e] \right] \{\delta\}$$

$$(11.28)$$

或者

$$L(u,\dot{u}) = \frac{1}{2} \{\dot{\delta}\}^T [M] \{\dot{\delta}\} - \frac{1}{2} \{\delta\}^T [K] \{\delta\} \tag{11.29}$$

外力做的虚功为

$$\delta W = \{F\}^T \delta\{\delta\} \tag{11.30}$$

根据式(11.21)拉格朗日方程,可计算

$$\frac{d}{dt}\left(\frac{\partial L(u,\dot{u})}{\partial \dot{u}} \right) = [M] \{\ddot{\delta}\}$$

---

① 原公式有误。——译者

133

和

$$-\frac{\partial L(u)}{\partial u} = [K]\{\delta\}$$

力向量可从虚功表达式中直接提取。

动力系统的无阻尼运动方程变为

$$[M]\{\ddot{\delta}\} + [K]\{\delta\} = \{F\} \qquad (11.31)$$

下面我们继续有限单元法建模技术的讨论。

11.3 数学模型

为了分析航天器或者其他分系统(如天线、太阳阵电池阵)的结构在各项试验中的可靠性,必须首先建立数学模型或有限元模型。这个数学模型相当于有限元程序的输入。它划分成了由很多节点组成的网格。节点之间就是描述结构几何特性、刚度特性的有限元。不过,即便可以采用一些高级技术(如结合前处理、有限元程序、后处理),航天器的数学模型对现实状态的近似也只能是基本符合。位移方法是常用手段,力方法已经过时了。结构建模时必须慎重考虑单元类型选择、自由度规模、载荷和质量分布、连接方式和阻尼(黏性或迟滞阻尼)设定值。

图 11.4 是罗塞塔探测器的有限元模型(适于 MSC. Nastran®)。罗塞塔的任务是在星际航行,主要目标是在 2012 年 8 月与 46 P/Wirtanen 彗星交会并进行现场测绘[1]。探测器搭载有罗塞塔着陆器(表面科学包,Surface Science Package)。着陆器由德国主导的欧洲联合研究机构研制。

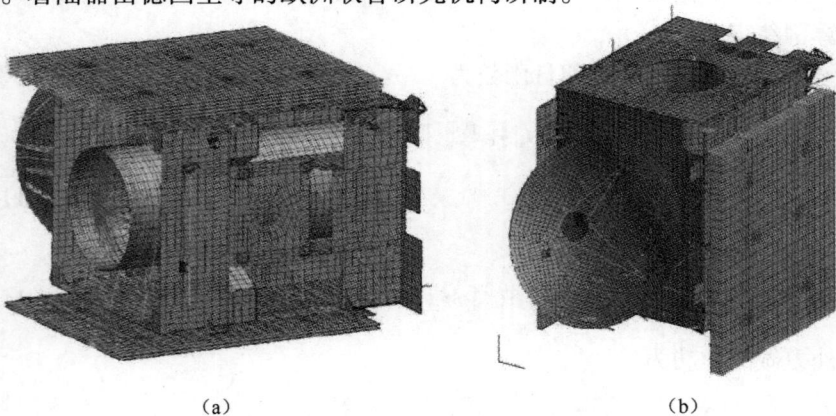

(a)   (b)

图 11.4   Rosetta[2] 探测器有限元模型

---

[1]   2014 年 8 月 6 日,罗塞塔搭载着 Philae 着陆器与 67P/Churyumov-Gerasimenko 彗星实现交会。Philae 着陆器于 2014 年 11 月 12 日在彗核上成功着陆。——译者

[2]   译者注:罗塞塔

11.4　单　元　类　型

单元类型的选择(一维、二维或三维)与结构构成方式密切相关。对于极薄的板结构可选择壳单元,夹层结构可选择夹层单元,刚度加强杆件和环结构可选择抗弯梁单元。

如果采用了复合材料,就要选择可充分代表材料特性的单元类型。

对模型进行网格划分的时候,可能存在应力集中的区域单元应该加密,而应力均匀的区域可以划分较粗的网格。单元中使用的位移函数也可以决定单元的数量。近些年有限元法的理论研究已经能够在后期对有限元分析的精度进行评估。

边界元在大型结构的分析中较为常见。这种单元类型的优点是仅对结构边界表面划分单元。使用边界元有利于控制自由度规模,但是系统矩阵不是稀疏矩阵,也没有矩阵的带状结构。

11.5　自由度数量

自由度(DOF)数量或卫星结构数学模型平衡方程的个数或多或少决定了分析精度和成本。单个节点的自由度通常是6个:3个平动和3个转动。计算卫星结构动力学特性的时候自由度数量是影响计算效率的重要因素。

与静力分析相比,特征值分析需要花费更多的计算时间。为了降低相对高昂的特征值分析成本,通常要对动力学模型自由度进行限制,将总的自由度数量进行缩减或缩聚,控制到一个有限数量内。

11.6　连　　接

一般对整星结构建模时,部件之间的连接处理很粗糙,有些时候甚至完全不予考虑。如果希望对结构连接进行精细建模,就会导致庞大的节点数量。连接有时是结构中的薄弱环节,因此忽略连接环节将导致对结构刚度的计算值偏高。

11.7　阻　　尼

动载荷作用下的结构响应很大程度上取决于阻尼特性。因此,了解结构的阻尼极为重要。卫星结构的阻尼机理很难描述。产生阻尼的最重要因素有:材料阻尼、连接部位的阻尼、空气阻尼效应。为了建立适当的阻尼数学模型,研究者们付出了大量的努力,提出了黏性阻尼、结构阻尼、黏弹性阻尼、库仑阻尼或更一般的非线性阻尼。

对空间结构来说,阻尼模型中一般规定阻尼正比于速度,即

$$F_{\text{damping}} = c\dot{x}(t) \tag{11.32}$$

式中,c 为阻尼常数(Ns/m)。

阻尼正比于速度,可表达为临界阻尼的函数,即

$$c = \zeta c_{\text{critical}} = 2\zeta\sqrt{km} \tag{11.33}$$

式中:k 为弹簧常数(N/m);m 为离散质量(kg);ζ 为阻尼比。阻尼弹簧质量系统的运动方程变为

$$\ddot{x}(t) + 2\zeta\omega_{\text{o}}\dot{x}(t) + \omega_{\text{o}}^2 x(t) = \frac{F(t)}{m} \tag{11.34}$$

式中:ω_{o} 为固有频率(rad/s),$\omega_{\text{o}} = \sqrt{\dfrac{k}{m}}$;$F(t)$ 为外部力(N);$x(t)$ 为位移(m);$\dot{x}(t)$ 为速度(m/s);$\ddot{x}(t)$ 为加速度(m/s²)。

或者阻尼力正比于弹性力 $kX(\omega)$,且相位滞后于位移 $X(\omega)$90°角,即

$$F_{\text{damping}}(\omega) = jgkX(\omega) \tag{11.35}$$

式中:$X(\omega)$ 为频域内的位移,$x(t) = X(\omega)e^{j\omega t}$;$j = \sqrt{-1}$ 为虚数单位;g 为结构阻尼比(为无量纲参数)。

采用迟滞阻尼的弹簧质量系统运动方程变为

$$\ddot{X}(\omega) + \omega_{\text{o}}^2(1 + jg)X\omega = \frac{F(\omega)}{m} \tag{11.36}$$

式中,$F(\omega)$ 为外力的频域变换,$F(t) = F(\omega)e^{j\omega t}$。

上述两种阻尼的数学模型简单,所以成为阻尼建模的主要应用方法。但它们其实是与实际情况偏差很大的。仅进行谐振分析时才会采用阻尼模型。

虽然阻尼对于结构响应分析极为重要,但我们对于阻尼特性的先验知识掌握甚少。即便硬件条件不成问题,我们也很难获得阻尼的准确值,原因在于阻尼很大程度上取决于施加的载荷。通过模态测试得到的模态阻尼值常常是明显偏低的,因为此时激励力很小。通过振动试验获得的阻尼相对可靠一些,但误差也可能会超过100%。

阻尼(模态阻尼比 ζ)的平均值见表 11.1(Dornier 研究:"Study on damping representation related to spacecraft structural design")。

表 11.1　典型的阻尼比

阻尼类型	模态黏性阻尼比 ζ/%
材料阻尼	0.1~1
空气辐射阻尼	0.1~20
连接阻尼	2~5
设备阻尼	2~8
阻尼材料	1~50

Kabe 在其论文 AIAA-98-1718[Kabe 1998]给出了卫星和火箭结构模态黏性阻尼的建议。

11.7.1 航天器

在航天器工程研制的初始阶段,阻尼缺乏测试数据,建议使用 $\zeta = 1\%$。对于包含铰链等运动部件的模态建议取 $\zeta = 2\% \sim 3\%$。

轻质量的附件刚性固定在主结构上,建议对附件取 $\zeta = 0.2\% \sim 0.3\%$。

11.7.2 运载火箭

通常火箭振动模态的阻尼比取 $\zeta = 1\% \sim 2\%$。

11.8 改　　动

卫星结构的改动自然是不希望发生的,因为数学模型也要改动。将模型分成若干子结构可以带来很多便利。对一些子结构模型的改动比整体结构模型的改动更为简单。子结构技术就提供了这样的便利。

11.9 有限元模型的交付

如有必要,每个分系统都要提供一个有限元模型(数学模型),这些模型在整星模型中集成,然后进行整星的静力或动力学分析。总体单位完成整星级的分析。建立一个合格的有限元模型必须满足一些要求,有限元分析技术要求中通常会规定:
- 有限元分析(FEA)的目的
- 坐标系
- 节点编号的规划
- 材料特性
- 载荷
- 边界条件
- 对有限元模型的各种测试
- 对有限元模型的描述
- 简化模型的精度
- 电子版文件的载体和文件结构

上述内容将在 11.9.1 节中详细论述。

11.9.1 坐标系

总体单位建立整星基本坐标系,规定每一个节点的坐标。对局部坐标系,必须给出与总体坐标系的联系。

11.9.2 单位

采用国际单位制(米-千克-秒)是很好的方法。

长度　米　　　　　(m)

质量　千克　　　　(kg)

时间　秒　　　　　(s)

力　　牛顿　　　　(N)

弹性模量　　　　　(Pa,N/m^2)

密度　　　　　　　(kg/m^3)

建议尽可能统一采用(m,kg,N,s)单位。

如果有人就喜欢使用毫米(mm)而不是米(m),那么建议使用下列单位:

长度　毫米　　　　(mm)

质量　吨　　　　　(t,1000kg)

时间　秒　　　　　(s)

力　　牛顿　　　　(N)

弹性模量　　　　　(N/mm^2)

密度　　　　　　　(t/mm^3)

11.9.3 编号规则

一般情况下,有限元程序(如 MSC. Nastran ®)中对节点、材料、单元等的编号是唯一的。为了实现这一点,总体应该设定分系统编号的区间。例如,编号16000~18500 只能用于太阳阵节点的编号。

11.9.4 单位惯性力作用下的支反力

对有限元模型施加静定约束。如果在每个方向分别施加单位惯性力(可沿惯性力的反方向施加单位惯性加速度),约束反力应该和惯性力方向相反,大小与模型质量相等,结果就像刚体质量矩阵一样。反作用力矩也会等于静力矩。

$-S_{xy}$是沿 x 方向惯性力的反作用力矩,它是绕 y 轴的。

11.9.5 刚体的弹性能

计算刚体运动引起的弹性能是测试有限元模型质量的一种方法。做刚体运动的有限元模型弹性应变能 U 一定等于零($U=0$)。计算机的二进制表示位数是有限的,如 32~64bit。进行矩阵运算时会发生圆整误差。因此,即便做刚体运动,有限元模型的弹性能也不是恰好等于零,可以设定下面的要求:

$$U = \delta \leqslant \varepsilon \tag{11.37}$$

例如,可赋 $\varepsilon = 10 \times 10^{-3}$ 作为要求。考核简化模型时,可适当增大赋值,因为模型质量和刚度矩阵在简化后会产生更大的的圆整误差。

特征值问题研究的是质量阵 $[M]$、刚度阵 $[K]$、特征值 ω_k^2 和对应模态振型 $\{\phi_k\}$,定义

$$(-\omega_k^2 [M] - [K])\{\phi_k\} = \{0\} \tag{11.38}$$

对于刚体运动模态,对应的模态频率均为零,$\omega_{\mathrm{R},k}^2 = 0 (k = 1,2,\cdots,6)$。对应的模态振型为 $\{\phi_{\mathrm{R},k}\}$。一个有限元模型通常会有 6 个等于零的特征值(对应着刚体在空间中的 6 个自由度)。如果零特征值多于 6 个,说明有限元模型包含其他隐含的机构,一般说来,这是不允许的。如果自由度数量少于 6 个,应该是在某些点上施加了隐含的边界条件。

因此,对于刚体模态,应该有

$$[K]\{\phi_{\mathrm{R},k}\} = \{0\} \tag{11.39}$$

上述矩阵乘法的结果是一个向量。上式再左乘 $\frac{1}{2}\{\phi_{\mathrm{R},k}\}^{\mathrm{T}}$ 即得有限元模型在刚体运动模态 $\{\phi_{\mathrm{R},k}\}$ 下的弹性能 U:

$$\frac{1}{2}\{\phi_{\mathrm{R},k}\}^{\mathrm{T}}[K]\{\phi_{\mathrm{R},k}\} = \delta \leqslant \varepsilon \tag{11.40}$$

刚体位移矩阵可以通过三种方法确定。

(1)利用从有限元模型的几何信息中获取节点坐标。对节点 n,其坐标为 x_n, y_n 和 z_n,则有下式成立:

$$[\Phi_{\mathrm{R}}]_n = \begin{bmatrix} 1 & 0 & 0 & 0 & z_n & -y_n \\ 0 & 1 & 0 & -z_n & 0 & x_n \\ 0 & 0 & 1 & y_n & -x_n & 0 \\ 0 & 0 & 0 & 1 & 0 & 0 \\ 0 & 0 & 0 & 0 & 1 & 0 \\ 0 & 0 & 0 & 0 & 0 & 1 \end{bmatrix} \tag{11.41}$$

式(11.41)对全体节点都要重复进行。

(2)第二个选择是利用刚度阵确定 $\{\Phi_{\mathrm{R}}\}$。可定义静定自由度集合 R 集(R-set = 6),其他剩余自由度定义为 E 集。因为对刚体运动有

$$\begin{bmatrix} K_{EE} & K_{ER} \\ K_{RE} & K_{RR} \end{bmatrix} \begin{Bmatrix} \Phi_{EE} \\ \Phi_{RR} \end{Bmatrix} = \begin{Bmatrix} 0 \\ 0 \end{Bmatrix} \tag{11.42}$$

假定

$$[\Phi_{RR}] = \begin{bmatrix} 1 & 0 & 0 & 0 & 0 & 0 \\ 0 & 1 & 0 & 0 & 0 & 0 \\ 0 & 0 & 1 & 0 & 0 & 0 \\ 0 & 0 & 0 & 1 & 0 & 0 \\ 0 & 0 & 0 & 0 & 1 & 0 \\ 0 & 0 & 0 & 0 & 0 & 1 \end{bmatrix} = [I] \tag{11.43}$$

利用式(11.42)的第一个方程

$$[K_{EE}][\Phi_{EE}] + [K_{ER}][\Phi_{RR}] = [0] \tag{11.44}$$

得到$[\Phi_{EE}]$:

$$[\Phi_{EE}] = -[K_{EE}]^{-1}[K_{ER}][\Phi_{RR}] = -[K_{EE}]^{-1}[K_{ER}] = [D] \tag{11.45}$$

刚体运动向量$[\Phi_R]$可表达为

$$[\Phi_R] = \begin{bmatrix} \Phi_{EE} \\ \Phi_{RR} \end{bmatrix} = \begin{bmatrix} D \\ I \end{bmatrix} [\Phi_{RR}] = \begin{bmatrix} D \\ \Phi_{RR} \end{bmatrix} \tag{11.46}$$

由式(11.42)第二个方程,有下式成立:

$$[K_{RE}][D] + [K_{RR}][\Phi_{RR}] = [0] \tag{11.47}$$

将式(11.45)代入式(11.47),有

$$([K_{RR}] - [K_{RE}][K_{EE}]^{-1}[E_{ER}])[\Phi_{RR}] = 0 \tag{11.48}$$

因为$[\Phi_R] = [I] \neq [0]$,所以下式必然成立:

$$([K_{RR}] - [K_{RE}][K_{EE}]^{-1}[K_{ER}]) = 0 \tag{11.49}$$

(3)求解式(11.38)的特征值问题$(-\omega_k^2[M] + [K])\{\phi_k\} = \{0\}$以获得$[\Phi_R]$。

11.9.6 有限元模型的简化

随着分系统有限元模型逐个添加到整星的有限元模型中,整星模型将变得越来越大。所以,总体单位或负责整星有限元模型的单位需要相关方提供简化的分系统模型。总体单位应该规定这些模型的自由度规模。

简化模型的固有频率、振型等指标要能在一定精度范围内接近分系统完整的参考模型,例如:

固有频率差别小于3%;

有效质量差别小于10%。

进行"十字正交"测试的时候,矩阵对角元素应该小于0.95,非对角元素应该小于0.05,模态置信水平的准则必须保证MAC≤0.95。

有些情况下还会对简化模型与完整参考模型放大倍数的误差提出要求。

总体单位常常对分系统模型的自由度规模提出要求。要实现这一要求,可以采用静态缩聚方法(Guyan减缩),利用该方法可将自由度控制到想要的范围内。

在第 17 章将会做详细的讨论。

11.9.7　有限元模型报告

总体单位需要分系统设计方提供对分系统参考有限元模型和简化有限元模型的详细说明。对有限元模型的描述中,至少应包括以下内容:

- 坐标系的描述和参考编号
- 节点清单和相关的坐标
- 采用的边界条件
- 材料特性和材料应用的有限元单元
- 质量分布和相对于质心的刚体质量矩阵(完整模型和简化模型都要提供),还要提供惯性主轴的方位
- 描述分系统与其他分系统的界面
- 在刚体运动模式下有限元模型的弹性能
- 完整模型和简化模型的模态特性,分析自由度的 R 集和 E 集。
- 包含提供给有限元程序作为输入的清单(对 MSC. Nastran ® 来说就是 Bulk 数据段),最好还可以提供一些解释性的文本。

11.9.8　电子文件载体

完整的和简化的有限元模型可存储在 CD 上,大多都是 ASCI 格式。当然,二进制信息要取决于执行运算的计算机。

FTP 和电子邮件是通过网络传递数学模型的好方法。

11.10　练　　习

11.10.1　拉格朗日方程的应用

两个质量均为 m 的质量块通过刚度为 k 的弹簧进行连接,同时每个质量块还通过刚度为 k 的弹簧与固定墙面连接。这个二自由度模型的动能 T 和(应变)势能为

$$T = \frac{m}{2}(\dot{x}_1^2 + \dot{x}_2^2)$$

$$U = \frac{k}{2}\{x_1^2 + x_2^2 + (x_1 - x_2)^2\}$$

请推导无阻尼运动方程,计算固有频率 $\{\omega_n\}$ 以及质量归一化的振型矩阵 $[\Phi]$。

假设质量块与墙面连接的还有阻尼器,阻尼系数为 c。那么阻尼(耗能)为

$$D = \frac{c}{2}\{\dot{x}_1^2 + \dot{x}_2^2\}$$

推导阻尼运动的状态空间方程。计算包含阻尼效应的固有频率 $\{\omega_n\}$ 和模态阻尼比 $\{\zeta_n\}$。假定 $k=m=c=1$。

参考答案：

$$\{\omega_n\} = \sqrt{\frac{k}{m}}\begin{Bmatrix} 1.0000 \\ 1.7321 \end{Bmatrix}, \quad [\Phi] = \frac{1}{\sqrt{m}}\begin{pmatrix} 0.7071 & -0.7071 \\ 0.7071 & 0.7071 \end{pmatrix}.$$

$$\{\omega_d\} = \begin{Bmatrix} 0.8660 \\ 1.6583 \end{Bmatrix}\{\omega_n\} = \begin{Bmatrix} 1.0000 \\ 1.7321 \end{Bmatrix}, \{\zeta_n\} = \begin{Bmatrix} 0.2887 \\ 0.5000 \end{Bmatrix}.$$

11.10.2 展开状态固有频率

展开太阳阵的简化分析模型如图 11.5 所示。太阳阵可以旋转,但要受到刚度为 $k = 50000\mathrm{Nm/rad}$ 旋转弹簧的约束。弹性梁长度 $L = 7\mathrm{m}$,弯曲刚度 $EI = 2.73\times10^5\mathrm{N\cdot m^2}$,质量 $M_1 = 14\mathrm{kg}$。梁端部质量为 $M_2 = 50\mathrm{kg}$。将这根梁简化为一个梁单元,计算其最低固有频率。

用邓克莱公式进行检验。

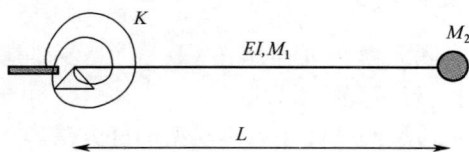

图 11.5 展开太阳阵的简化分析模型

弯曲梁的有限元模型有 4 个自由度。左端点有一个平动自由度 u_1 和一个转动自由度 φ_1。右端点同样也有两个自由度,即平动 u_2 和转动 φ_2。单元的刚度阵和质量阵如下[Cook 1989]:

$$[K] = \begin{bmatrix} \dfrac{12EI}{L^3} & \dfrac{6EI}{L^2} & \dfrac{-12EI}{L^3} & \dfrac{6EI}{L^2} \\ \dfrac{6EI}{L^2} & \dfrac{4EI}{L} & \dfrac{-6EI}{L^2} & \dfrac{2EI}{L} \\ \dfrac{-12EI}{L^3} & \dfrac{-6EI}{L^2} & \dfrac{12EI}{L^3} & \dfrac{-6EI}{L^2} \\ \dfrac{6EI}{L^2} & \dfrac{2EI}{L} & \dfrac{-6EI}{L^2} & \dfrac{4EI}{L} \end{bmatrix}, [m] = \frac{M_1}{420}\begin{bmatrix} 156 & 22L & 54 & -13L \\ 22L & 4L^2 & 13L & -3L^2 \\ 54 & 13L & 156 & -22L \\ -13L & -3L^2 & -22L & 4L^2 \end{bmatrix}$$

答案:有限元法得到的最小固有频率为 $f = 0.5780\mathrm{Hz}$,邓克莱方法得到的最小固有频率 $f = 0.5776\mathrm{Hz}$。

11.10.3 悬臂梁的固有频率

图 11.6 是悬臂梁的模型。梁长度 $L = 1.00\text{m}$，横截面宽度 $b = 0.01\text{m}$, $h = 0.01\text{m}$。材料密度 $\rho = 2700\text{kg/m}^3$，弹性模量 $E = 70\text{GPa}$。

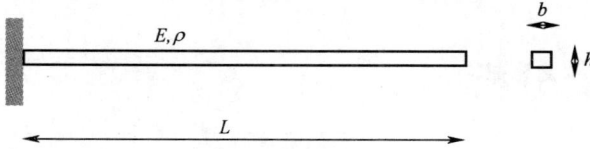

图 11.6 悬臂梁模型

确定最小固有频率：

运动方程的理论解为 $EI\dfrac{\partial^4 w}{\partial x^4} + \rho A \dfrac{\partial^2 w}{\partial t^2} = 0$。

Reyleigh 商 $R(\omega) \approx \omega_o^2 = \dfrac{EI\displaystyle\int_0^L \left(\dfrac{\mathrm{d}^2 u}{\mathrm{d}x^2}\right)^2 \mathrm{d}x}{\rho A \displaystyle\int_0^L u^2 \mathrm{d}x}$，式中形函数为 $u(x) = 2\left(\dfrac{x}{L}\right)^2 - \dfrac{4}{3}\left(\dfrac{x}{L}\right)^3 + \dfrac{1}{3}\left(\dfrac{x}{L}\right)^4$。

采用图 11.7 中的两个梁单元的有限元模型和第 11.11.2 节给出的单元质量阵、刚度阵。注意在质量阵中，取 $M_1 = A\rho L$。

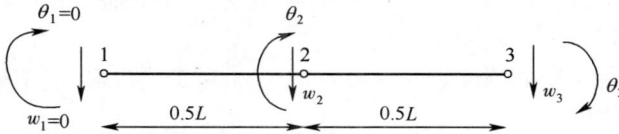

图 11.7 悬臂梁的有限元模型

检查计算出来的模态是否关于质量阵、刚度阵正交。

参 考 文 献

Crisfield, M. A., Finite Elements and Slution Procedures for Structural Analysis, Vol. 1 Linear Analysis, Pineridge Press, ISBN 0-906674-53-0, 1986

NAFEMS, Guidelines to Finite Element Practice, 1992

NAFEMS, A Finite Element Primer, 1992

NAFEMS, A Finite Element Dynamics Primer, 1992

Cook, R. D., Malkus, D. S., Plesha, M. E., Concepts and Applications of Finite Element Analysis, third edition, ISBN0-471-84788-7, John Wiley &Sons, 1989

第12章
刚度/柔度分析

12.1 引　言

总体针对给定节点和自由度规定了最小刚度(矩阵)或柔度(矩阵)。刚度或柔度必须要在某种边界条件下才能进行计算,例如:

$$[K]\{x\} = \{F\} \tag{12.1}$$

施加足够的边界条件限制刚体运动,则刚度矩阵$[K]$是正则矩阵:

$$\{x\} = [K]^{-1}\{F\} = [G]\{F\} \tag{12.2}$$

式中:$\{x\}$为位移向量;$\{F\}$为力向量;$\{G\}$为柔度矩阵。

可以用有限元模型来确定刚度特性,可以有如下方法:

(1) 在给定方向(自由度)施加单位力,求解平衡方程。这些自由度上位移或转角的倒数就是需要的刚度参数。

(2) 有限元模型的刚度矩阵向要求解的自由度上缩聚,这个缩聚的刚度矩阵就是要求的刚度。

(3) 施加单位位移,通过求解平衡方程计算在关心的自由度上引起的反作用力。

假如最小刚度已知,而方向未知,那么可以通过最小特征值得到近似刚度。

12.2 算　例

12.2.1 ATV 载货舱

ATV(自动转移飞行器,可为国际空间站提供货物补给)的任务书(意大利阿莱尼亚宇航公司)中对载货舱外部结构的整体刚度提出了要求。外部结构为圆柱状,包含 10 个推进剂贮箱。

这个刚度指标是在圆柱体底面固定条件下对圆柱顶面中心刚度的要求(图 12.1)。指标体现在柔度矩阵$[G]$中:

$$\{x\} = \begin{Bmatrix} \eta \\ \delta \\ \phi \end{Bmatrix} = [\,G\,][\,F\,] = [\,G\,]\begin{Bmatrix} N \\ T \\ M \end{Bmatrix}$$

要求

$$[\,G\,] = \begin{bmatrix} 0.2371 \times 10^{-9} & 0 & 0 \\ 0 & 0.1235 \times 10^{-8} & -0.3514 \times 10^{-10} \\ 0 & -0.3514 \times 10^{-10} & 0.1065 \times 10^{-9} \end{bmatrix}$$

式中：N 和 η 为轴向力和位移；T 和 δ 为横向力和位移；M 和 ϕ 为弯矩和转角。

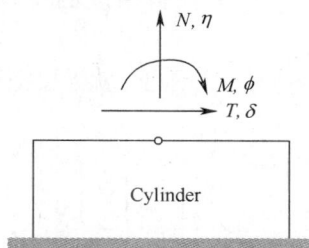

图 12.1　刚度/柔度指标要求的示意图

12.2.2　阿丽亚娜 5 的发动机支架

阿丽亚娜 5 发动机中心万向节的柔度也有指标要求（图 12.2）。

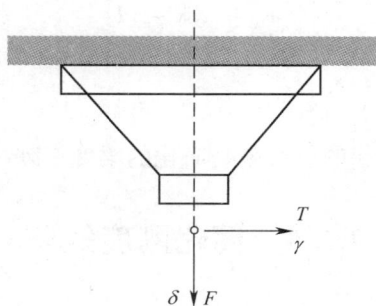

图 12.2　发动机支架的柔度

沿轴向的刚度/柔度要求为

$$\frac{\delta}{F} \leqslant 37.0 \times 10^{-9}\mathrm{m/N}\ ^{①}$$

沿横向的刚度或柔度要求为

---

① 原著中对轴向和横向的刚度/柔度要求颠倒，这里更改过来了。——译者

$$\frac{\gamma}{T} \leqslant 5.5 \times 10^{-9} \mathrm{m/N}$$

12.3　单位力方法

静态问题的平衡方程,可见(12.1)式

$$[K]\{x\} = \{F\}$$

式中:$[K]$为通过有限元法建立的刚度矩阵,施加约束使得刚度阵的逆矩阵即柔度矩阵$[K]^{-1} = [G]$存在;$\{x\}$为未知自由度的位移向量;$\{F\}$为施加的载荷向量。

如果需要计算自由度$\{x_i\}$对应的刚度,就需要把单位力$\{F_i\} = \{I\}$放置在载荷向量的对应位置上。

$$\begin{bmatrix} K_{ii} & K_{ij} \\ K_{ji} & K_{jj} \end{bmatrix} \begin{Bmatrix} x_i \\ x_j \end{Bmatrix} = \begin{Bmatrix} F_i \\ 0 \end{Bmatrix} \tag{12.3}$$

从式(12.3)的第二部分得到

$$\{x_j\} = -[K_{jj}]^{-1}[K_{ji}]\{x_i\} \tag{12.4}$$

将式(12.4)代入式(12.3)的第一部分,得到

$$([K_{ii}] - [K_{ij}][K_{jj}]^{-1}[K_{ji}])\{x_i\} = \{F_i\} = \{I\} \tag{12.5}$$

或记为

$$[\overline{K_{ii}}]\{x_i\} = \{I\} \tag{12.6}$$

因此

$$\{x_i\} = [\overline{K_{ii}}]^{-1} = [\overline{G_{ii}}] \tag{12.7}$$

单位力$\{F_i\} = \{I\}$引起的位移就是简化的柔度矩阵$\{x_i\} = [\overline{G_{ii}}]$。

12.4　简化刚度矩阵

简化刚度矩阵$[\overline{K_{ii}}]$(式(12.6))就是要求的刚度矩阵。

12.5　单 位 位 移

给定位移向量$\{x_i\} = \{I\}$,即

$$\begin{bmatrix} K_{ii} & K_{ij} \\ K_{ji} & K_{jj} \end{bmatrix} \begin{Bmatrix} x_i = I \\ x_j \end{Bmatrix} = \begin{Bmatrix} R_i \\ 0 \end{Bmatrix} \tag{12.8}$$

单位位移向量$\{x_i\} = \{I\}$引起的反作用力$[R_i]$就代表刚度,(式(12.5)),即

$$([K_{ii}] - [K_{ij}][K_{jj}]^{-1}[K_{ji}]) = [R_i] \tag{12.9}$$

这个缩减的刚度矩阵就是 $[\overline{K_{ii}}]$。

12.6 主 方 向

刚度矩阵的主方向就是特征向量和相应的刚度(就等于刚度矩阵的特征值):

$$([\overline{K_{ii}}] - \lambda_i[I])\{\hat{x}_i\} = \{0\} \tag{12.10}$$

或

$$\left(\frac{1}{\lambda_i}[I] - [\overline{K_{ii}}]^{-1}\right)\{\hat{x}_i\} = \{0\} \tag{12.11}$$

也可以利用柔度矩阵 $[\overline{G_{ii}}]$,得到

$$(\gamma_i[I] - [\overline{G_{ii}}])\{\hat{x}_i\} = \{0\} \tag{12.12}$$

式中:λ_i 为主刚度;γ_i 为主柔度;$\{\hat{x}_i\}$ 为对应的方向(特征向量)。

特征向量都是彼此正交的[Strang 1988]。

算例

下面看一个 4 节点、5 根拉压杆组成的桁架结构。节点 3、4 铰支,整体结构只有 4 个自由度。其中节点 1 有自由度 1 和自由度 2,节点 2 有自由度 3 和自由度 4。整体结构如图 12.3 所示。

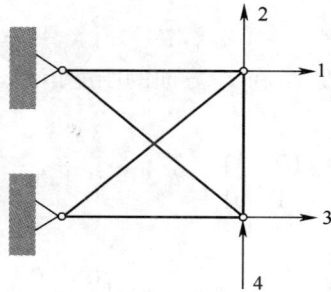

图 12.3 桁架结构(4 自由度)

舍弃已经约束的自由度之后,桁架结构的刚度矩阵为

$$[K] = 0.125 \times 10^6 \begin{bmatrix} 5 & 1 & 0 & 0 \\ 1 & 5 & 0 & -4 \\ 0 & 0 & 5 & -1 \\ 0 & -4 & -1 & 5 \end{bmatrix} \quad (\text{N/m})$$

计算第一个自由度 x_1 对应的刚度特性。

单位力

单位力施加在自由度 x_1 上,因此力的向量为

$$\{F\} = \begin{Bmatrix} 1 \\ 0 \\ 0 \\ 0 \end{Bmatrix} \text{N}$$

利用 $\{x\} = [K]^{-1}\{F\}$，位移向量 $\{x\}$ 变成

$$\{x\} = 10^{-5} \begin{Bmatrix} 0.1818 \\ -0.1091 \\ -0.0182 \\ -0.0909 \end{Bmatrix} \text{m}$$

在自由度 x_1 方向上的柔度为 $g_{11} = x_1 \text{m/N}, k_{11} = \dfrac{1}{x_1} = 55000 \text{N/m}$。

单位位移

取单位位移 $x_1 = 1\text{m}$，反作用力向量 R_1 就等于这个方向的刚度，即

$$K_{ii} = 5 \times 0.125 \times 10^6, [K_{jj}] = 0.125 \times 10^6 \begin{bmatrix} 5 & 0 & -4 \\ 0 & 5 & -1 \\ -4 & -1 & 5 \end{bmatrix}$$

$$\text{和} [K_{jj}] = 0.125 \times 10^6 \begin{Bmatrix} 1 \\ 0 \\ 0 \end{Bmatrix}$$

缩聚刚度矩阵 $\overline{K}_{ii}$ 变成

$$\overline{K}_{ii} = R_i = ([K_{ii}] - [K_{ij}][K_{jj}]^{-1}[K_{ji}]) = 55000 \text{ N/m}$$

这样就计算出了自由度 x_1 和 x_2 方向的刚度矩阵。要实现这个目标需要计算缩聚刚度矩阵，即

$$[K_{ii}] = 0.125 \times 10^6 \begin{bmatrix} 5 & 1 \\ 1 & 5 \end{bmatrix}, [K_{jj}] = 0.125 \times 10^6 \begin{bmatrix} 5 & -1 \\ -1 & 5 \end{bmatrix}$$

和

$$[K_{ij}] = 0.125 \times 10^6 \begin{bmatrix} 0 & 0 \\ 0 & -4 \end{bmatrix}$$

缩聚刚度矩阵成为

$$[\overline{K}_{ii}] = ([K_{ii}] - [K_{ij}][K_{jj}]^{-1}[K_{ji}]) = 1 \times 10^5 \begin{bmatrix} 6.2500 & 1.2500 \\ 1.2500 & 2.0833 \end{bmatrix}$$

求解特征值问题式(12.10)可以得到刚度矩阵的主方向，即

$$([\overline{K}_{ii}] - \lambda_i[I])\{\hat{x}_i\} = \{0\}$$

特征值与对应的特征向量为

$$\{\lambda\} = \{\gamma\}^{-1} = 1 \times 10^5 \begin{bmatrix} 1.7371 & 0 \\ 0 & 6.5902 \end{bmatrix}, \{\hat{x}\} = \begin{bmatrix} 0.2669 & -0.9637 \\ -0.9637 & -0.2669 \end{bmatrix}$$

第一个特征值$\{\hat{x}_1\}$中沿x_2自由度位移最大,则意味着沿x_1方向的刚度大于x_2方向。

12.7 练 习

12.7.1 铰接结构的刚度

如图 12.4 所示,计算铰接结构点 C 沿力 F 方向的刚度[Megson 1999]。单元刚度为$\dfrac{EA}{L}=20(\text{N/m})$。

完成下列工作:

(1) 计算框架结构内力。

(2) 以 F 表达框架结构总应变能。

(3) 利用卡式定理求解沿力 F 方向的位移。

(4) 计算沿力 F 方向的刚度。

(5) 建立有限元模型,计算在 C 点的缩聚刚度矩阵(沿竖直方向和水平方向)。

(6) 计算在 C 点的最小和最大刚度。

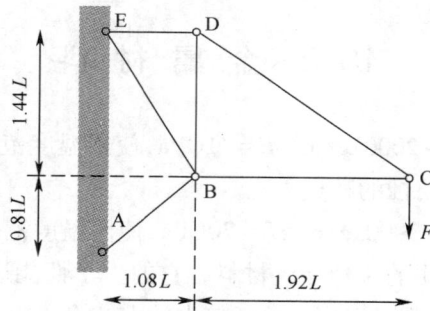

图 12.4 铰接框架

参 考 文 献

Megson, T. H. G., 1999, Aircraft Structures for Engineering Students, third edition, Butterworth & Heinemann, ISBN 0 340 70588 4.

Przemieniecki, J. S., 1985, Theory of Matrix Structural Analysis, Dover, ISBN 0-486-64948-2.

Strang, G., 1988, Linear Algebra and its Applications, third edition, Harcourt Brace Jovanovich, ISBN 0-15-551005-3.

第13章
材料选择

13.1 引　言

航天器结构设计过程中一个很重要的工作是材料的选择,这对航天器的重量、成本等有着重要的影响。材料选择需要考虑的因素包括航天器的运行环境、结构的形状保持能力和可靠性等。本章将分别介绍金属材料、金属基和非金属基复合材料、铝合金蜂窝芯子及材料选择依据。

更多机械设计中材料选择方法可参考文献[Ashbey 2003, Derby 1992]。

13.2　金　属　材　料

镁合金($\rho = 1760 \sim 2000 \text{kg/m}^3$, $E = 41 \text{GPa}$,使用温度范围 $T \leqslant 125℃$)具有比强度高、易焊接、易被腐蚀的特点。

铝合金($\rho = 2700 \sim 2900 \text{kg/m}^3$, $E = 70 \text{GPa}$,使用温度范围 $T \leqslant 250 \sim 300℃$)是航天器结构中广泛应用的一种金属材料。它的力学性能适用范围很广,从低温到相对高温的条件下,都可以用于承载较大的力。

钛合金($\rho = 4500 \sim 4800 \text{kg/m}^3$, $E = 115 \sim 120 \text{GPa}$,使用温度范围 $T \leqslant 500℃$)具有很高的强度,在温度达到 $450 \sim 500℃$ 时依然具有良好的抗腐蚀性。钛合金虽然具有良好的力学性能,但材料塑性差,并且在焊接时容易断裂。

铍合金($\rho = 1850 \sim 2300 \text{kg/m}^3$, $E = 190 \text{GPa}$,使用温度范围 $T \leqslant 600℃$)具有独特的热性能,良好的抗腐蚀性。但其毒性大,因而极大限制了它的应用。此外,铍合金对应力集中比较敏感,且具有脆性。

钢($\rho = 7800 \sim 8000 \text{kg/m}^3$, $E = 185 \sim 200 \text{GPa}$)是一种传统的结构材料,可在各种环境中用于承载较大的力(如贮存化学特性活跃的气体和流体)。

表13.1列出了室温下金属材料的力学性能。金属材料的力学性能通常与温度密切相关。

表 13.1 典型材料参数

材料	密度 ρ/(g/cm³)[①]	σ_v/MPa	σ_ψ/MPa	E/GPa
铝合金				
2014-T6	2.80	441	386	72
2024-T36	2.77	482	413	72
6061-T6	2.71	289	241	67
7075-T6	2.80	523	448	71
镁合金				
AZ31B	1.77	221	110	44
AZ31B-H24	1.77	269	199	44
钛合金				
Ti6Al-4V	4.43	1103	999	110
钢				
RH1050	7.60	1310	1170	200
D6AC	7.80	1600	1200	200
AMS-6434	7.88	2100	1400	200
铍合金				
洛克合金	2.10	426	310	203

13.3 复 合 材 料

复合材料是由两种或多种不同性能的材料合成的一种新材料。复合材料由增强材料和基体材料组成,增强材料具有低密度、高强度、高弹性模量的特点,嵌入在均匀的基体材料中。航天器结构中常用的增强材料是纤维或金属丝。纤维长度范围从微米到米,直径范围从微米到毫米。基体材料通常是环氧树脂、陶瓷、金属及其合金。与传统金属材料相比,复合材料结构是一次成型的,大量的机械加工过程可以省略。复合材料通常是各向异性的。

13.3.1 增强材料的物理和力学性能

人工合成的基体材料中通常采用的增强材料有玻璃纤维、碳纤维、有机纤维和硼纤维。金属基体中常用的增强材料有钢、钛合金、硼、铌和钨。

玻璃纤维是复合材料中最常用的纤维。具有较低的比重量(密度为 2400~2600kg/m³),高强度,低热传导率和耐高温,抗化学和生物腐蚀等性能。

有机纤维是通过拉伸具有流动晶体结构的聚酰胺聚合物制成的。有机纤维

---

① 原文为 kg/m³。——译者

具有高强度、高弹性模量和低蠕变的特性。芳香尼龙纤维具有较低的比重量（密度1300~1400kg/m³）和较高的比强度 σ_u/ρ。

碳纤维具有很好的力学和物理性能：热稳定性较好，膨胀系数较小，较强的抵抗环境因素的能力，高强度和高弹性模量。根据碳含量的不同，碳纤维可分为碳化碳纤维（80%~90%碳含量）和石墨碳纤维（碳含量99%）两类。碳纤维是由聚丙烯腈（PAN）经过一系列复杂的热加工过程制成的。

硼纤维是直径为5~200μm的连续各向异性纤维。在高温环境下，通过将硼蒸气在 BCI_2+H_2 混合气体沉积在一丝直径为12μm的钨上形成硼纤维。硼纤维复合材料可以在600K或更高的温度中使用，并可以通过常规方式进行加工处理。

碳化硅纤维是一种金属基复合材料，适用于温度较高的环境。

金属丝是一种非常昂贵但是非常有效的纤维，通常由耐腐蚀的钢、钨、铍、铌等组成。

非金属纤维的力学性能见表13.2。

表13.2 非金属纤维的典型材料参数

材料	弹性模量 E/GPa	抗拉极限强度 σ/MPa	密度 $\rho/$ (kg/m^3)
E玻璃纤维	72.3	3170	2550
S玻璃纤维	82.7	4130	2500
E玻璃纤维/环氧树脂	51.7	1380	1940
S玻璃纤维/环氧树脂	51.7	2070	1940
芳纶纤维	137.8	3445	1690
芳纶纤维/环氧树脂	82.7	1930	1400
高模量碳纤维	379	2070	1900
高强度碳纤维	241	2410	1770
AS或T300	207	2760	1850
高模量碳纤维/环氧树脂	207	930	1610
高强度碳纤维/环氧树脂	152	1410	1500
AS或T300/环氧树脂	117	1580	1550
硼纤维	143	2760	2630
硼纤维/环氧树脂	214	1520	2080

13.3.2 非金属基体材料性能

基体材料的功能是保证载荷作用时纤维能同时承载。基体材料的弹性模量应尽可能高，相对应变与纤维应尽可能接近。目前，常用的基体材料有环氧树脂、苯酚树脂、聚酰亚胺树脂、双马来酰亚胺等热固性材料和聚醚醚酮（Polyetherether Ketone，PEEK）、聚醚酰亚胺（Polyether Imide，PEI）、聚醚砜（Polyethersulfone,PES)等热塑性材料。环氧树脂的主要优点:良好的胶接性能、低压力成型、成型时气泡少。复合材料具有明显的各向异性特性,纵向与横向性能差异明显。实际使用时,单向增强复合材料经常交叉使用。当外力方向与纤维方向相同时,材料的承载能力最好。

碳碳复合材料的基体为高温石墨,增强材料为碳纤维,密度约 1890 ~ 1900kg/m³,可在 2500~3000℃的温度下使用。

13.3.3　金属基体材料性能

铝、镁、钛通常作为基体材料,硼、碳、铍通常作为纤维材料。综合比较而言,碳-铝具有优秀的力学性能。表 13.3 列出了一些金属基复合材料的特性。

表 13.3　金属基复合材料特性

材料	弹性模量 E/GPa	抗拉极限强度 σ/GPa	密度 ρ/(kg/m³)
硼-铝合金	235	1.25	2650
硼-镁合金	220	1.2	2150
碳-铝合金	230	0.9	2250
钢-铝合金	117	1.55	4470
硼-钛合金	270	1.4	3500

13.4　蜂窝芯子

表 13.4 列出了经常使用的铝合金 5056 蜂窝芯子的材料特性。

表 13.4　蜂窝芯子材料特性

蜂窝芯子类型	芯格边长 /mm d_c	密度/ (kg/m³) ρ	压缩模量 /MPa E_C	剪切模量 /MPa		剪切强度 /MPa	
				G_L	G_T	τ_L	τ_T
1/4-5056.002p	6.4	69	3.21	462	186	2.24	1.31
3/8-5056.0007p	9.6	16	0.24	103	62	0.31	0.17
1/4-5056.0015p	6.4	54	2.17	345	152	1.59	0.90
1/4-5056.0007p	6.4	26	0.55	138	83	0.54	0.26
3/16-5056.002p	4.8	91	5.07	648	248	3.31	1.93

13.5　材料选择的原则

航天器常见的结构形式有:航天器或仪器设备需要的密封压力舱,贮箱,高承载的薄壁壳体结构,桁架结构,安装仪器设备的板、杆、管、环等。

压力容器承受内压,所以必须密封,采用钛合金或镁合金。

航天器的主结构由高承载的薄壁圆柱或圆锥壳体组成。它们主要承受轴向压力载荷和弯曲载荷,主要失效模式是薄壁壳的屈曲。采用高弹性模量的材料可以得到轻量化高刚度的结构,例如,铍-碳复合材料、硼-碳复合材料。圆柱和圆锥薄壁结构通常采用加筋结构或蜂窝夹层结构来增强纵向刚度。

杆、桁架和管结构通常用于承受屈曲载荷。可选择的材料有碳纤维/环氧树脂、硼纤维/环氧树脂、铍合金、玻璃纤维和凯夫拉纤维。杆件接头会使得问题复杂化,并会削弱杆件轻量化带来的优势。

安装仪器设备的板,其固有频率应尽可能高。板结构的典型设计是铝面板或镁面板的蜂窝夹层结构。

贮箱通常采用高强的铝合金或钛合金。

表 13.5 列出了金属材料的典型应用和主要限制因素。

表 13.5 材料应用

材料	应 用	主要限制条件
钢	• 压力稳定低温贮箱 • 固体火箭推力器壳 • 燃料管路 • 承载的夹层板蒙皮 • 受热较大的结构	• 密度大
铝	• 低温下使用的结构 • 贮箱 • 主结构($T<200℃$) • 支杆 • 夹层结构蒙皮和芯子	• 易受潮
钛	• 复杂形状的均匀轻质结构 • 桁架及桁架接头 • 受压杆 • 压力容器 • 低温中使用(贮箱) • 燃料管路 • 受热较大的结构($T<500℃$) • 螺栓	
铍	• 受压刚硬轻质结构($T<530℃$) • 承载热冲击的结构 • 固有频率较高的结构 • 需采用低热膨胀系数的结构	• 易脆性 • 毒性 • 价格贵
镁	• 轻质结构 • 桁架 • 低承载结构件	• 刚度低 • 易腐蚀

参 考 文 献

Ashby, M.F., 2003, *Materials Selection in Mechanical design*, second edition, Buterworth Heinemann, ISBN 0 7506 4357 9.

Matthews, F. L., Davies, G. A. O., Hitchings, D., Soutis, C., 2000, *Finite Element modeling of composite materials and structures*, Woodhouse Publishing Limited, ISBN 0-8493-08461.

Derby, B.Hills, D., Ruiz, C., 1992, *Materials for Engineering*, *A Fundamental Design Approach*, Longman, ISBN 0-582-03185.

第14章
航天器质量

14.1 引　言

航天器设计时其质量①预算是一个很重要的约束条件,下列质量特性起着重要作用:

- 发射质量
- 质心位置
- 质量惯性矩（转动惯量,MOI）

质量特性通常是很重要的,其他特性的重要程度是由发射任务决定的。

本章将详细介绍质量特性的计算。

质心位置在航天器发射时起着非常重要的作用,因此这一质量特性参数非常关键。航天器的横向加速度会产生作用在载荷适配器上的弯矩,弯矩的大小由航天器的质量和质心确定。运载火箭发射方指定可接受的弯矩指标,航天器的质心可依此弯矩计算。运载火箭发射方同时也指定质心相对于轴线的偏移指标 d,如 $d \leqslant 3mm$。质心位置对于姿态控制（姿轨控分系统）也很重要。

转动惯量对于姿态控制（姿轨控分系统）同样重要。

转动惯量的相互关系对于自旋稳定卫星非常重要。

卫星可根据其质量大小进行分类（由萨里卫星技术有限公司定义（SSTL）,萨里大学,吉尔福德,英国）:

- 大卫星:质量>1000kg
- 中型卫星:质量 500~1000kg
- 小卫星:质量 100~500kg
- 微小卫星:质量 10~100kg
- 纳卫星:质量 1~10kg
- 皮卫星:质量<1kg

---

① 本章描述的质量是指航天器的重量。——译者

质量在 500~1000kg 之间的航天器常称为"小航天器"或"小卫星",同时它们制造迅速、成本低("更快、更好、更小、更便宜")。

"美国高级研究计划署"认为"小卫星"是轻型卫星,而"美国海军司令部"认为"小卫星"是"单目标低成本卫星"(SPINSat's)。

质量预估的方法是簿记法:每个分系统根据其质量指标进行设计,这样航天器的总质量就是可控的。因此,航天器各部件的质量需要列出详细的清单。在项目研制的前期,清单上的质量是通过计算得到的,其中一些质量乘以了不确定性系数。质量分析时,在方案阶段需要考虑 35% 的不确定性,在初步设计评审阶段(PDR)需要考虑 15% 的不确定性,在关键设计评审阶段(PDR)需要考虑 5% 的不确定性。航天器设计过程中,不确定性逐步降低,当产品制造完成后,就可以得到实测质量。

根据大量航天器的数据进行统计,得到了如表 14.1 所列的不同分系统的质量百分比。表中的航天器质量指干重,包含了约 1% 的配重。如果考虑地球静止轨道(GEO)卫星的燃料(用于航天器定点、在轨姿态控制和轨道保持)质量,航天器的总质量约是其干重的 2 倍。

表 14.1　质量分配表

分系统	质量(干重%)	
	三轴稳定卫星	自旋稳定卫星
结构	18	21
推进	12	11
姿轨控	7	5
电源	23	24
测控	4	5
热控	4	5
有效载荷(含天线)	28	25
总体电路	4	4
合计	100	100

14.2　结　构　质　量

航天器结构质量约是为干重的 20%~21% [Saleh 2002]。Williamson [Williamson 1990]提出了对于三轴稳定卫星和自旋稳定卫星其结构质量占整星质量的百分比与卫星干重的关系:

三轴稳定卫星结构质量比与卫星干重的关系为

$$p = -16\lg(G) + 60 \qquad (14.1)$$

式中:G 为卫星干重;p 为卫星结构质量占整星质量的百分比。

自旋稳定卫星结构质量比与卫星干重的关系为

$$p = 16\lg(G) - 60 \qquad (14.2)$$

当质量 $G \leqslant 500\text{kg}$ 时,三轴稳定卫星结构重量大于自旋稳定卫星,当质量 $G >$ 500kg 时,三轴稳定卫星结构重量小于自旋稳定卫星。

Agrawal 的书中也给出了结构重量相对于整星重量(干重+燃料重量)的估计值,自旋稳定卫星是 8.7%,三轴稳定卫星是 9.7%。

14.3 整星质量计算

航天器的总质量非常重要,因此必须准确计算。下列质量特性参数对于航天器结构设计很重要:

- 将航天器结构视为刚体,其有 6×6 质量阵
- 质心:静矩为 0(kgm)
- 主惯性矩与对应的主惯性轴:二阶交叉惯性矩是 0(kgm)

14.3.1 质量阵

刚体的质量阵 $[M_{\text{BR}}]$ 是 6×6 对角阵,其元素是基于质心及惯性主轴方向(局部坐标系下)计算得到。对角质量阵为

$$[M_{\text{BR}}] = \begin{bmatrix} m & 0 & 0 & 0 & 0 & 0 \\ 0 & m & 0 & 0 & 0 & 0 \\ 0 & 0 & m & 0 & 0 & 0 \\ 0 & 0 & 0 & I_{\bar{x}} & 0 & 0 \\ 0 & 0 & 0 & 0 & I_{\bar{y}} & 0 \\ 0 & 0 & 0 & 0 & 0 & I_{\bar{z}} \end{bmatrix} \qquad (14.3)$$

质量阵 $[M_{\text{BR}}]$ 可以转换到参考坐标系 (x, y, z) 下。刚体的局部坐标系 $(\bar{x}, \bar{y}, \bar{z})$ 在参考坐标系下可以表示为

$$\begin{Bmatrix} \bar{x} \\ \bar{y} \\ \bar{z} \end{Bmatrix} = [T] \begin{Bmatrix} x \\ y \\ z \end{Bmatrix} \qquad (14.4)$$

转换矩阵 $[T]$ 是列相互正交的正交阵,也是左逆矩阵,即 $[T]^{\text{T}}[T] = [I]$, $[T]^{\text{T}} = [T]^{-1}$ [Strang 1988]。参考坐标系在刚体局部坐标系下可以表示为

$$\begin{Bmatrix} x \\ y \\ z \end{Bmatrix} = [T]^{-1} \begin{Bmatrix} \bar{x} \\ \bar{y} \\ \bar{z} \end{Bmatrix} = [T]^{\text{T}} \begin{Bmatrix} \bar{x} \\ \bar{y} \\ \bar{z} \end{Bmatrix} \qquad (14.5)$$

点 $P(x, y, z)$ 可以用向量表示。从原点到点 P 的向量为

$$\{P\} = x\boldsymbol{e}_1 + y\boldsymbol{e}_2 + z\boldsymbol{e}_3 = x\begin{Bmatrix}1\\0\\0\end{Bmatrix} + y\begin{Bmatrix}0\\1\\0\end{Bmatrix} + z\begin{Bmatrix}0\\0\\1\end{Bmatrix} = \begin{Bmatrix}x\\y\\z\end{Bmatrix} \tag{14.6}$$

式中:$\boldsymbol{e}_j, j = 1, 2, 3$ 是参考坐标系的单位正交向量。

点 P 也可以在局部坐标系下表示,两个坐标系的原点相同:

$$\{P\} = \bar{x}\,\bar{\boldsymbol{e}}_1 + \bar{y}\,\bar{\boldsymbol{e}}_2 + \bar{z}\,\bar{\boldsymbol{e}}_3 \tag{14.7}$$

单位向量 $\bar{\boldsymbol{e}}_i, (i = 1, 2, 3)$ 可以在参考坐标系下表示:

$$\bar{\boldsymbol{e}}_1 = \begin{Bmatrix}x_1\\y_1\\z_1\end{Bmatrix}, \bar{\boldsymbol{e}}_2 = \begin{Bmatrix}x_2\\y_2\\z_2\end{Bmatrix}, \bar{\boldsymbol{e}}_3 = \begin{Bmatrix}x_3\\y_3\\z_3\end{Bmatrix} \tag{14.8}$$

单位向量的长度 $|\bar{\boldsymbol{e}}_1| = |\bar{\boldsymbol{e}}_2| = |\bar{\boldsymbol{e}}_3| = 1$,向量内积 $\bar{\boldsymbol{e}}_i \cdot \bar{\boldsymbol{e}}_j = \delta_{ij}$,向量叉积 $\bar{\boldsymbol{e}}_1 \times \bar{\boldsymbol{e}}_2 = \bar{\boldsymbol{e}}_3, \bar{\boldsymbol{e}}_2 \times \bar{\boldsymbol{e}}_3 = \bar{\boldsymbol{e}}_1, \bar{\boldsymbol{e}}_3 \times \bar{\boldsymbol{e}}_1 = \bar{\boldsymbol{e}}_2$。

点 P 的坐标可以表示为(式 14.7)

$$\begin{Bmatrix}x\\y\\z\end{Bmatrix} = \begin{bmatrix}x_1 & y_1 & z_1\\x_2 & y_2 & z_2\\x_3 & y_3 & z_3\end{bmatrix}\begin{Bmatrix}\bar{x}\\\bar{y}\\\bar{z}\end{Bmatrix} = [T]^{\mathrm{T}}\begin{Bmatrix}\bar{x}\\\bar{y}\\\bar{z}\end{Bmatrix} \tag{14.9}$$

其中

$$x_i = \bar{\boldsymbol{e}}_i\,\boldsymbol{e}_1, y_i = \bar{\boldsymbol{e}}_i\,\boldsymbol{e}_2, z_i = \bar{\boldsymbol{e}}_i\,\boldsymbol{e}_3 \tag{14.10}$$

两个向量的内积 $x_i = \bar{\boldsymbol{e}}_i\,\boldsymbol{e}_1$ 可以定义为

$$x_i = \bar{\boldsymbol{e}}_i\,\boldsymbol{e}_1 = \begin{bmatrix}x_i & y_i & z_i\end{bmatrix}\begin{bmatrix}1\\0\\0\end{bmatrix} \tag{14.11}$$

刚体质心处的平动速度和转动速度在局部坐标系下可以定义为 $\dot{\bar{x}} = [\,\dot{\bar{u}} \quad \dot{\bar{v}}$ $\dot{\bar{w}} \quad \dot{\bar{\varphi}}_x \quad \dot{\bar{\varphi}}_y \quad \dot{\bar{\varphi}}_z]$,在参考坐标系下可以定义为 $\dot{x} = [\dot{u} \quad \dot{v} \quad \dot{w} \quad \dot{\varphi}_x \quad \dot{\varphi}_y \quad \dot{\varphi}_z]$。

速度在局部坐标系和参考坐标系下的关系为

$$\{\dot{\bar{x}}\} = \begin{bmatrix}T & 0\\0 & T\end{bmatrix}\{\dot{x}\} = [T_{\mathrm{LR}}]\{\dot{x}\}, \{\dot{x}\} = [T_{\mathrm{LR}}]^{\mathrm{T}}\{\dot{\bar{x}}\} \tag{14.12}$$

动能是标量,可以表示为

$$T = \frac{1}{2}\{\dot{\bar{x}}\}^{\mathrm{T}}[M_{\mathrm{RB}}]\{\dot{\bar{x}}\} = \frac{1}{2}\{\dot{x}\}^{\mathrm{T}}[M_{\mathrm{RB,ref}}]\{\dot{x}\} \tag{14.13}$$

从局部坐标系变换到参考坐标系之后,刚体质量阵 $[M_{\mathrm{BR,ref}}]$ 变为

$$[M_{\mathrm{RB,ref}}] = [T_{\mathrm{LR}}][M_{\mathrm{RB}}][T_{\mathrm{LR}}]^{\mathrm{T}} \tag{14.14}$$

算例

局部坐标系相对于参考坐标系绕 x 轴旋转 45°的变换矩阵为(图 14.1)

$$[T] = \begin{bmatrix} 1 & 0 & 0 \\ 0 & \dfrac{1}{2}\sqrt{2} & -\dfrac{1}{2}\sqrt{2} \\ 0 & \dfrac{1}{2}\sqrt{2} & \dfrac{1}{2}\sqrt{2} \end{bmatrix}$$

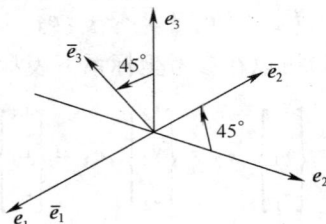

图 14.1　坐标变换

局部坐标系下刚体质量阵为

$$[M_{RB}] = \begin{bmatrix} 10 & 0 & 0 & 0 & 0 & 0 \\ 0 & 10 & 0 & 0 & 0 & 0 \\ 0 & 0 & 10 & 0 & 0 & 0 \\ 0 & 0 & 0 & 1 & 0 & 0 \\ 0 & 0 & 0 & 0 & 2 & 0 \\ 0 & 0 & 0 & 0 & 0 & 3 \end{bmatrix}$$

参考坐标系下的质量阵可以根据式(14.14)计算,即

$$[M_{RB,ref}] = [T_{LR}][M_{RB}][T_{LR}]^T = \begin{bmatrix} 10 & 0 & 0 & 0 & 0 & 0 \\ 0 & 10 & 0 & 0 & 0 & 0 \\ 0 & 0 & 10 & 0 & 0 & 0 \\ 0 & 0 & 0 & 1 & 0 & 0 \\ 0 & 0 & 0 & 0 & 2.5 & -0.5 \\ 0 & 0 & 0 & 0 & -0.5 & 2.5 \end{bmatrix}$$

算例结束

相对于任意点和任意坐标系(如参考坐标系及其原点)的刚体质量阵可表示为

$$[M_{ref}] = \begin{bmatrix} m_{xx} & 0 & 0 & 0 & S_{xy} & S_{xz} \\ 0 & m_{yy} & 0 & S_{yx} & 0 & S_{yz} \\ 0 & 0 & m_{zz} & S_{zx} & S_{zy} & 0 \\ 0 & S_{yx} & S_{zx} & I_{xx} & I_{xy} & I_{xz} \\ S_{xy} & 0 & S_{zy} & I_{yx} & I_{yy} & I_{yz} \\ S_{xz} & S_{yz} & 0 & I_{zx} & I_{zy} & I_{zz} \end{bmatrix} \tag{14.15}$$

式中: m_{ii} 为刚体在 i 方向的质量; S_{ij} 为在 i 方向绕 j 轴的静矩; I_{ij} 为在 i 方向绕 j

轴的惯性矩。通常 $m_{xx}=m_{yy}=m_{zz}=m$。

参考坐标系下点 P 的位移向量 $\boldsymbol{x}_p=\begin{bmatrix} u & v & w & \varphi_x & \varphi_y & \varphi_z \end{bmatrix}$ 可以用位移向量 $[x_o]$ 表示(图 14.2),即

$$
\left\{\begin{array}{c} u_P \\ v_P \\ w_P \\ \varphi_{x,P} \\ \varphi_{y,P} \\ \varphi_{z,P} \end{array}\right\} = \begin{bmatrix} 1 & 0 & 0 & 0 & z_p & -y_p \\ 0 & 1 & 0 & -z_p & 0 & x_p \\ 0 & 0 & 1 & y_p & -x_p & 0 \\ 0 & 0 & 0 & 1 & 0 & 0 \\ 0 & 0 & 0 & 0 & 1 & 0 \\ 0 & 0 & 0 & 0 & 0 & 1 \end{bmatrix} \left\{\begin{array}{c} u_O \\ v_O \\ w_O \\ \varphi_{x,O} \\ \varphi_{y,O} \\ \varphi_{z,O} \end{array}\right\} = \boldsymbol{T}_P \left\{\begin{array}{c} u_O \\ v_O \\ w_O \\ \varphi_{x,O} \\ \varphi_{y,O} \\ \varphi_{z,O} \end{array}\right\} \quad (14.16)
$$

式中:矩阵 $[T_P]$ 称为几何阵。

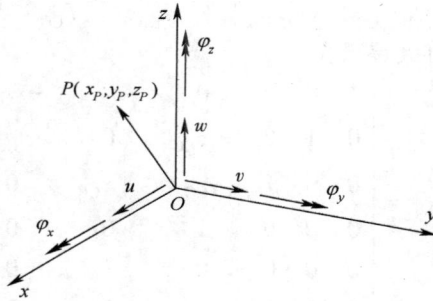

图 14.2　位移向量的变换

对几何阵 $[T_P]$ 进行逆变换,可得

$$
\left\{\begin{array}{c} u_O \\ v_O \\ w_O \\ \varphi_{x,O} \\ \varphi_{y,O} \\ \varphi_{z,O} \end{array}\right\} = \boldsymbol{T}_P^{-1} \left\{\begin{array}{c} u_P \\ v_P \\ w_P \\ \varphi_{x,P} \\ \varphi_{y,P} \\ \varphi_{z,P} \end{array}\right\} = \begin{bmatrix} 1 & 0 & 0 & 0 & -z_p & y_p \\ 0 & 1 & 0 & z_p & 0 & -x_p \\ 0 & 0 & 1 & -y_p & x_p & 0 \\ 0 & 0 & 0 & 1 & 0 & 0 \\ 0 & 0 & 0 & 0 & 1 & 0 \\ 0 & 0 & 0 & 0 & 0 & 1 \end{bmatrix} \left\{\begin{array}{c} u_P \\ v_P \\ w_P \\ \varphi_{x,P} \\ \varphi_{y,P} \\ \varphi_{z,P} \end{array}\right\} \quad (14.17)
$$

刚体在点 P 的动能为

$$
T = \frac{1}{2}\{\dot{x}_P\}^{\mathrm{T}}[M_{\mathrm{RB},P}]\{\dot{x}_P\} = \frac{1}{2}\{\dot{x}_O\}^{\mathrm{T}}[T_P]^{\mathrm{T}}[M_{\mathrm{RB},P}][T_P]^1\{\dot{x}_O\}
$$

$$
(14.18)
$$

或者

$$
T = \frac{1}{2}\{\dot{x}_O\}^{\mathrm{T}}[T_P]^{\mathrm{T}}[M_{\mathrm{RB},P}][T_P]^{-1}\{\dot{x}_O\} = \frac{1}{2}\{\dot{x}_O\}^{\mathrm{T}}[M_{\mathrm{RB},O,P}]\{\dot{x}_O\}
$$

$$
(14.19)
$$

因此,相对于参考坐标系原点下的质量阵可表示为

$$[M_{\text{RB},O,P}] = [T_P]^{\text{T}}[M_{\text{RB},P}][T_P]^1 \qquad (14.20)$$

它的逆变换为

$$[M_{\text{RB},P}] = [T_P]^{\text{T}}[M_{\text{RB},O,P}][T_P] \qquad (14.21)$$

所有质量系统 N_P 与此相同,因此

$$[M_{\text{RB},O}] = \sum_{P=1}^{N_P}[M_{\text{RB},O,P}] \qquad (14.22)$$

14.3.2 质心处的质量阵

航天器质量矩阵是相对于航天器质心位置并与参考坐标系的坐标轴平行的坐标系下计算得到的,其表达式为

$$[M_{\text{RB},\text{CG}}] = [T_{\text{CG}}]^{-\text{T}}[M_{\text{RB},O}][T_{\text{CG}}]^{-1} \qquad (14.23)$$

变换矩阵 $[T_{\text{CG}}]$ 可以表示为

$$[T_{\text{CG}}] = \begin{bmatrix} 1 & 0 & 0 & 0 & z_{\text{CG}} & -y_{\text{CG}} \\ 0 & 1 & 0 & -z_{\text{CG}} & 0 & x_{\text{CG}} \\ 0 & 0 & 1 & y_{\text{CG}} & -x_{\text{CG}} & 0 \\ 0 & 0 & 0 & 1 & 0 & 0 \\ 0 & 0 & 0 & 0 & 1 & 0 \\ 0 & 0 & 0 & 0 & 0 & 1 \end{bmatrix} \qquad (14.24)$$

这与式(14.16)一致,$[T_{\text{CG}}]$ 的逆矩阵与式(14.17)一致。

14.3.3 质心

若质量阵是相对于坐标系原点方向及质心的,则其质量静矩 $S_{ij}(i=1,2,3$ 且 $j=1,2,3)$ 为零。

若式(14.23)中右上角的位置由质量静矩代替,便可以得到

$$[M_{\text{RB},\text{CG}}] = \begin{bmatrix} \cdots & 0 & mz_{\text{CG}}+S_{xy} & -my_{\text{CG}}+S_{xz} \\ \cdots & -mz_{\text{CG}}+S_{yx} & 0 & mx_{\text{CG}}+S_{yz} \\ \cdots & my_{\text{CG}}+S_{zx} & -mx_{\text{CG}}+S_{zy} & 0 \\ \cdots & \cdot & \cdot & \cdot \\ \cdots & \cdot & \cdot & \cdot \\ \cdots & \cdot & \cdot & \cdot \end{bmatrix}$$

$$(14.25)$$

在质心处的质量静矩必须为零。相对于参考坐标系的质心坐标为

$$x_{\text{CG}} = \frac{-S_{yz}}{m_{yy}} = \frac{S_{zy}}{m_{zz}} \qquad (14.26)$$

162

$$y_{CG} = \frac{-S_{zx}}{m_{zz}} = \frac{S_{xz}}{m_{xx}} \qquad (14.27)$$

$$z_{CG} = \frac{-S_{xy}}{m_{xx}} = \frac{S_{yx}}{m_{yy}} \qquad (14.28)$$

14.3.4 质量惯性矩

航天器质心处且与参考坐标系坐标轴平行的对称质量惯性矩为

$$[I_{CG}] = \begin{bmatrix} \bar{I}_{xx} & \bar{I}_{xy} & \bar{I}_{xz} \\ \bar{I}_{zx} & \bar{I}_{yy} & \bar{I}_{yz} \\ \bar{I}_{zx} & \bar{I}_{zy} & \bar{I}_{zz} \end{bmatrix} \qquad (14.29)$$

质心处质量主惯性矩 $[I_{\text{principal}}]$ 与主惯性轴 $[Q]$ 分别为

$$[I_{\text{principal}}] = \begin{bmatrix} I_{11} & 0 & 0 \\ 0 & I_{22} & 0 \\ 0 & 0 & I_{33} \end{bmatrix}, [Q] = \begin{bmatrix} q_{11} & q_{12} & q_{31} \\ q_{12} & q_{22} & q_{32} \\ q_{11} & q_{23} & q_{33} \end{bmatrix} \qquad (14.30)$$

下面将对上述理论进行举例说明。

算例

三个相同的质量点 $N_P = 3$，质量阵如下：

$$[M_{\text{RB},P}] = \begin{bmatrix} 10 & 0 & 0 & 0 & 0 & 0 \\ 0 & 10 & 0 & 0 & 0 & 0 \\ 0 & 0 & 10 & 0 & 0 & 0 \\ 0 & 0 & 0 & 2 & 0 & 0 \\ 0 & 0 & 0 & 0 & 2 & 0 \\ 0 & 0 & 0 & 0 & 0 & 2 \end{bmatrix}$$

相对于总体坐标系原点的质量点坐标为

- $P_1[x,y,z] = [0.5,0,0]$
- $P_2[x,y,z] = [0,0.5,0]$
- $P_3[x,y,z] = [0,0,0.5]$

原点处总质量阵为

$$[M_{\text{RB},O}] = \begin{bmatrix} 30 & 0 & 0 & 0 & 0 & -5 \\ 0 & 30 & 0 & 5 & 0 & -5 \\ 0 & 0 & 30 & -5 & 5 & 0 \\ 0 & 5 & -5 & 8 & 0 & 0 \\ -5 & 0 & 5 & 0 & 8 & 0 \\ 5 & -5 & 0 & 0 & 0 & 8 \end{bmatrix}$$

质心位置为 $P_{\mathrm{CG}}[x,y,z]_{\mathrm{CG}} = [0.1667, 0.1667, 0.1667]$。

质心处的质量阵为

$$[M_{\mathrm{RB,CG}}] = \begin{bmatrix} 30 & 0 & 0 & 0 & 0 & 0 \\ 0 & 30 & 0 & 0 & 0 & 0 \\ 0 & 0 & 30 & 0 & 0 & 0 \\ 0 & 0 & 0 & 6.3333 & 0.8333 & 0.8333 \\ 0 & 0 & 0 & 0.8333 & 6.3333 & 0.8333 \\ 0 & 0 & 0 & 0.8333 & 0.8333 & 6.3333 \end{bmatrix}$$

质量惯性矩则为

$$[I_{\mathrm{principle}}] = \begin{bmatrix} 5.5 & 0 & 0 \\ 0 & 5.5 & 0 \\ 0 & 0 & 8.0 \end{bmatrix}$$

相应的特征向量为

$$[Q] = \begin{bmatrix} 0.7071 & 0.4082 & 0.5774 \\ -0.7071 & 0.4082 & 0.5774 \\ 0 & -0.8165 & 0.5774 \end{bmatrix}$$

算例结束

14.3.5 有限元模型质量阵

通常来说,有限元质量阵是在局部坐标系下计算的,单元质量阵会转换到总体坐标系下然后加到总体质量阵 $[M]$ 中。可以利用相对总体坐标系原点的刚体模态将总体质量阵转化为 $6×6$ 刚体质量阵。刚度阵 $[K]$ 和几何矩阵可以用于计算刚体模态。

然后,可以通过式(14.25)和式(14.29)计算得到质心及质量主惯性矩。

刚体模态的计算可参考下述方法。

刚体模态

线性动力系统如果没有受到约束作用即可像刚体一样运动,这就意味着在进行刚体运动的过程中,动力系统中不会产生弹性力,则刚度阵 $[K]$ 为奇异阵(半正定)。通常,有六种可能的刚体位移:3 个平动和 3 个转动。用刚度阵 $[K]$ 可以很容易计算出 6 个刚体模态。将 n 自由度的无约束系统的一个节点(如总体坐标系原点)进行约束,约束其 6 个自由度。被约束的自由度称为 R 系列,其他弹性自由度称为 E 系列,所以 $n=R+E$。约束自由度 R 系列已确定,于是在弹性系统中没有应变产生。R 系列自由度包含 6 个单位平动和转动位移,这些位移会被强加于系统中。刚体运动可由下式求得:

$$\begin{bmatrix} K_{EE} & K_{ER} \\ K_{RE} & K_{RR} \end{bmatrix} \begin{Bmatrix} \Phi_{R,E} \\ I \end{Bmatrix} = \begin{Bmatrix} 0 \\ 0 \end{Bmatrix} \tag{14.31}$$

式中:$[I]$为单位矩阵;$[\varPhi_{R,E}]$为E系列的刚体模态。

从式(14.31)中第一式可以求得E系列的刚体模态:

$$[\varPhi_{R,E}] = -[K_{EE}]^{-1}[K_{ER}] \qquad (14.32)$$

6个刚体模态的完整矩阵为

$$[\varPhi_R] = \begin{bmatrix} -[K_{EE}]^{-1} & [K_{ER}] \\ I \end{bmatrix} \qquad (14.33)$$

可以从特征值问题中提取出刚体模态或者由E系列和R系列的分割刚度子矩阵计算得到。利用坐标系(x,y,z)下节点的几何信息,也可以计算出刚体模态。

几何矩阵

节点的几何矩阵可以通过沿$x-,y-,z-$轴平移和绕$x-,y-,z-$轴转动得到。事实上,几何矩阵中点P相对于原点O的运动可由矩阵$[T_P]$得到(见式(14.16))。

刚体模态可以通过相对于总体坐标系原点的所有节点的几何矩阵来建立。共有6个刚体模态。相对于原点的刚体模态是节点几何矩阵的列向量集合:

$$[\varPhi_R] = \begin{bmatrix} T_1 \\ \vdots \\ T_N \end{bmatrix} \qquad (14.34)$$

式中:N为节点数。

相对于总体坐标系原点的6×6刚体质量阵可以通过下式得到:

$$[M_{\mathrm{RB},O}] = [\varPhi_R]^{\mathrm{T}}[M][\varPhi_R] \qquad (14.35)$$

随后,质心和质量主惯性矩可以通过式(14.25)~式(14.29)得到。

14.4 练 习

14.4.1 质量计算程序

建立一个EXCEL®,通过一系列与原点有偏置的单机及其相应的坐标系计算其总体质量阵。单机的坐标系称为全局坐标系。已知单机的质量及质量主惯性矩,然后,计算质心及质心处的质量阵。计算质量主惯性矩及其相应的特征值。重新计算最后的算例。

参 考 文 献

Agrawal,B.N.,1986,*Design of Geosynchronous Spacecraft*,Prentic-Hall.

Saleh J.H.,Hastings,D.E.and Newman,D.J.,2002,*Spacecraft Design Lifetime*,Joumal of Spacecraft and Rockets, Vol.39, No.2, March–April 2002.

Strang, G., 1988, *Linear Algebra and its Applications*, third edition, Harcourt Brace Jovanovich publishers, ISBN 0-15-551005-3.

Williamson, M., 1990, *The Communication Satellite*, Adam Hilger, chapter A2.

第15章
固有频率估计

15.1 引　言

通常来说,有限元法是计算复杂动力线性系统固有频率较为常用的方法。然而,通过近似方法对系统固有频率进行预估在工程中具有重要意义。在使用近似方法进行固有频率预估时,系统应尽可能简化。本章中,将介绍如何通过下述方法快速得到系统的固有频率:

- 静态位移法
- Rayleigh 商[1][Temple 1956]
- Dunkerley 方程[Anderson 1967]

这些方法将通过算例来进一步阐述。

15.2　静态位移法

单自由度系统如图 15.1 所示,其固有频率为

$$f_n = \frac{1}{2\pi}\sqrt{\frac{k}{m}} \tag{15.1}$$

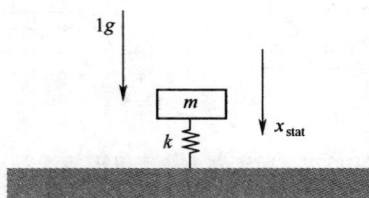

图 15.1　无阻尼单自由度系统

---

[1]　Lord Rayleigh,他的名字为 John William Strutt (1842-1919)。

当 $1g$ 的加速度作用于质量 m（kg）时，惯性力 mg（N）将压缩刚度为 k（N/m）的弹簧，使其产生的静态位移为

$$x_{\mathrm{stat}} = \frac{mg}{k} \qquad (15.2)$$

则式（15.1）可以写为

$$f_{\mathrm{n}} = \frac{1}{2\pi}\sqrt{\frac{k}{m}} = \frac{1}{2\pi}\sqrt{\frac{g}{x_{\mathrm{stat}}}} \qquad (15.3)$$

静态位移法只适用于具有集中（离散）质量的动力系统。

若 $1\mathrm{m/s^2}$ 的加速度产生的静态位移为 Δ，则固有频率的近似值为

$$f_{\mathrm{n}} = \frac{1}{2\pi}\sqrt{\frac{k}{m}} = \frac{1}{2\pi}\sqrt{\frac{1}{\Delta}} \qquad (15.4)$$

置于有效载荷适配器之上的航天器系统就是这样的具有集中（离散）质量的动力系统。有效载荷适配器的质量远小于航天器质心处的集中质量。由单位加速度惯性载荷引起的质心处静态位移可以用于计算航天器固有频率。

已知某航天器总质量 $M_{\mathrm{tot}} = 2500\mathrm{kg}$。航天器质心高度从与锥形有效载荷适配器连接界面算起 $h = 1.5\mathrm{m}$。有效载荷适配器锥形顶部的直径 $d = 1.2\mathrm{m}$。航天器构型如图 15.2 所示。锥形底部的直径 $D = 3\mathrm{m}$。锥形高 $H = 1.5\mathrm{m}$。锥形适配器的材料为碳纤维复合材料，其等效各向同性的弹性模量 $E = 120\mathrm{GPa}$，泊松比 $\nu = 0.3$，厚度 $t = 5\mathrm{mm}$。

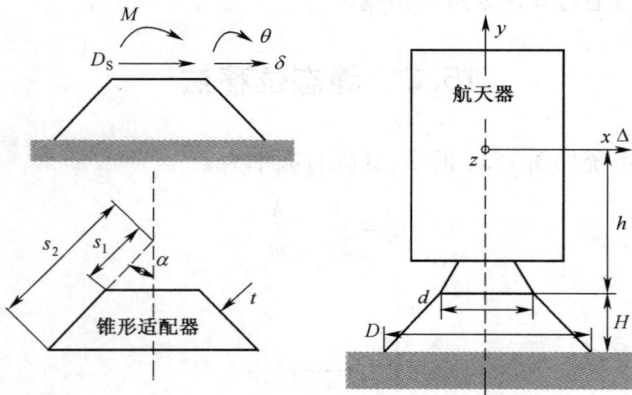

图 15.2　航天器放置于锥形适配器

当航天器置于底部固定的锥形有效载荷适配器上，计算与 x-y 平面内一阶弯曲模态对应的固有频率。航天器与适配器连接良好，不存在连接不连续状态。

在［Seide 1972］中提到了如下影响系数的计算：

$$\delta = \frac{1 - \dfrac{s_1}{s_2}}{\pi Et (\sin\alpha)^3} \left\{ \frac{\ln\dfrac{s_2}{s_1}}{1 - \dfrac{s_1}{s_2}} - 2 + \left(1 + \frac{s_1}{s_2} \right) \left[\frac{1}{2} + (1 + \nu)(\sin\alpha)^2 \right] \right\} D_s$$

$$+ \frac{1 - \dfrac{s_1}{s_2}}{\pi Et (\sin\alpha)^3} \left\{ 1 - \left(1 + \frac{s_1}{s_2} \right) \left[\frac{1}{2} + (1 + \nu)(\sin\alpha)^2 \right] \right\} \frac{M}{s_1 \cos\alpha} \quad (15.5)$$

及

$$\theta = \frac{1 - \dfrac{s_1}{s_2}}{\pi Ets_1 (\sin\alpha)^3 \cos\alpha} \left\{ 1 - \left(1 + \frac{s_1}{s_2} \right) \left[\frac{1}{2} + (1 + \nu)(\sin\alpha)^2 \right] \right\} D_s$$

$$+ \frac{1 - \dfrac{s_1}{s_2}}{\pi Ets_1 (\sin\alpha)^3 \cos\alpha} \left\{ \left(1 + \frac{s_1}{s_2} \right) \left[\frac{1}{2} + (1 + \nu)(\sin\alpha)^2 \right] \right\} \frac{M}{s_1 \cos\alpha}$$

$$(15.6)$$

剪力 $D_s = M_{\text{tot}}(\text{N})$，弯矩 $M = M_{\text{tot}}h(\text{Nm})$。由 x 方向的加速度 1m/s^2 引起质心处的总静态位移为

$$\Delta = \delta + h\theta$$

与 x 向弯曲模态振型相应的固有频率为

$$f_n = \frac{1}{2\pi} \sqrt{\frac{1}{\Delta}} = \frac{1}{2\pi} \sqrt{\frac{1}{1.8086 \times 10^{-5}}} = 37.42\text{Hz}$$

计算中忽略了有效载荷适配器的质量,位于适配器上面的航天器被视为刚性的。对于置于柔性有效载荷适配器上的柔性航天器的影响可以通过 Dunkerley 方法得到。

15.3　Rayleigh 商

[Temple 1956] 中定义 Rayleigh 商为

$$R(u) = \frac{\{u\}^{\text{T}}[K]\{u\}}{\{u\}^{\text{T}}[M]\{u\}} \quad (15.7)$$

式中:$\{u\}$ 为满足边界条件的任意向量(假设为模态振型);$[M]$ 为正定的质量阵;$\{u\}^{\text{T}}[M]\{u\} > 0$;$[K]$ 为刚度阵。

Rayleigh 商 $R(u)$ 的最小稳态值可以通过下式求得:

$$\delta R(u) = 0 \quad (15.8)$$

因此

$$\delta R(u) = \delta \{u\}^{\mathrm{T}} 2 \left\{ \frac{[K]\{u\}}{\{u\}^{\mathrm{T}}[M]\{u\}} - \frac{\{u\}^{\mathrm{T}}[K]\{u\}[M]\{u\}}{(\{u\}^{\mathrm{T}}[M]\{u\})^2} \right\} = 0 \quad (15.9)$$

一般来说，广义质量的动能 $\{u\}^{\mathrm{T}}[M]\{u\} = mg$（且不为零），从而式（15.9）可以写为

$$[K]\{u\} - R(u)[M]\{u\} = 0 \quad (15.10)$$

Rayleigh 商类似于特征值问题

$$([K] - \lambda[M])\{\phi\} = 0 \quad (15.11)$$

当 $\{u\} = \{\phi\}$，Rayleigh 商 $R(u)$ 等于特征根 λ。归一化模态振型 $[\Phi]$ 得到

$$[\Phi]^{\mathrm{T}}[M][\Phi] = [I], [\Phi]^{\mathrm{T}}[K][\Phi] = \langle \lambda \rangle$$

向量 $\{u\}$ 可以表达为

$$\{u\} = [\Phi]\{\eta\}. \quad (15.12)$$

式（15.7）可以表达为

$$R(u) = \frac{\{u\}^{\mathrm{T}}[K]\{u\}}{\{u\}^{\mathrm{T}}[M]\{u\}} = \frac{\sum\limits_{j} \eta_j^2 \lambda_j}{\sum\limits_{j} \eta_j^2} \quad (15.13)$$

假设模态振型 $\{\phi_i\}$ 为各阶主振型，$\varepsilon_j \ll 1$ 时 $\eta_j = \varepsilon_j \eta_j$。当 $\{\phi_j\} = \{\phi_1\}$ 且 $(\lambda_j - \lambda_1) \geqslant 0$ 时，式（15.13）又可以表达为［Meirovitch 1975］

$$R(u) = \frac{\sum\limits_{j} \eta_j^2 \lambda_j}{\sum\limits_{j} \eta_j^2} = \frac{\eta_1^2 \lambda_1 + \eta_1^2 \sum\limits_{j;j \neq i} \varepsilon_j^2 \lambda_j}{\eta_1^2 + \eta_1^2 \sum\limits_{j;j \neq i} \varepsilon_j^2} \approx \lambda_1 + \sum\limits_{j;j \neq i} \varepsilon_j^2 (\lambda_j - \lambda_1) \geqslant \lambda_1$$

$$(15.14)$$

Rayleigh 商 $R(u)$ 可以计算出相应于假设模态振型 $\{u\}$ 的特征值 λ_i 的上限值。Rayleigh 商不会小于 λ_1，也不会大于 λ_n，n 为自由度个数，［Sprang 1988］。

$1g$ 的重力场作用于如图 15.3 所示的系统质量上。静态位移向量 $\{x\}$ 为

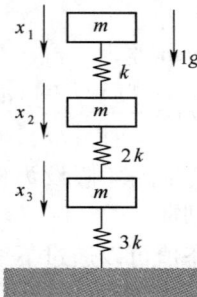

图 15.3　3 自由度线性系统

$$\{x\} = \frac{mg}{k}\left\{\begin{bmatrix} 1 & -1 & 0 \\ -1 & 3 & -2 \\ 0 & -2 & 5 \end{bmatrix}\right\}^{-1}\begin{Bmatrix} 1 \\ 1 \\ 1 \end{Bmatrix} = \frac{mg}{k}\begin{Bmatrix} 1.8533 \\ 0.8533 \\ 0.3333 \end{Bmatrix}$$

取向量 $\{u\}$ 为

$$\{u\} = \begin{Bmatrix} 1.8533 \\ 0.8533 \\ 0.3333 \end{Bmatrix}$$

Rayleigh 商可以写为

$$R(u) = \frac{\{u\}^{\mathrm{T}}[K]\{u\}}{\{u\}^{\mathrm{T}}[M]\{u\}} = 0.4400\frac{k}{m}$$

特征根的最小理论值 $\lambda_1 = 0.41587\dfrac{k}{m}$。

弯曲梁的 Rayleigh 商定义为

$$R(u) = \frac{\int_0^L EI(u'')^2 \mathrm{d}x}{\int_0^L mu^2 \mathrm{d}x} \tag{15.15}$$

式中: EI 为梁的弯曲刚度($\mathrm{N \cdot m^2}$);m 为单位长度的质量($\mathrm{kg/m}$);$u(x)$ 为假设的模态;$L(\mathrm{m})$ 为梁的长度。

两端简支的梁,假设其模态为

$$u(x) = \frac{x}{L}\left(1 - \frac{x}{L}\right)$$

Rayleigh 商可以写为

$$R(u) = 120\frac{EI}{mL^4}$$

特征根的理论值 $\lambda_1 = \pi^4\dfrac{EI}{mL^4}$。

15.4 Dunkerley 法

Dunkerley 于 1894 年发表了 Dunkerley 方程[Brock 1976]。

Dunkerley 方程用于估算由多个子结构组成的动力系统的基频,每个子结构的基频和低阶频率均已知。Dunkerley 方程中不考虑阻尼影响,当基频与下一阶固有频率相距较远,则可以精确预测结构的基频。

无阻尼系统的特征值问题可以描述为

$$(-\omega^2[M] + [K])\{\phi\} = \{0\} \tag{15.16}$$

式中: $[M]$ 为质量阵; $[K]$ 为正定的刚度阵。刚度阵存在逆矩阵,即柔度矩阵 $[G] = [K]^{-1}$,模态振型 $\{\phi\}$ 对应的固有频率 $\omega > 0$。

式(15.16)可以改写为

$$\left(\frac{1}{\omega^2}[I] - [G][M] \right) \{\phi\} = \{0\} \qquad (15.17)$$

自由度为 n 时,式(15.17)的行列式的解可以表示为

$$\left(\frac{1}{\omega^2} - \frac{1}{\omega_1^2} \right) \left(\frac{1}{\omega^2} - \frac{1}{\omega_2^2} \right) \cdots \left(\frac{1}{\omega^2} - \frac{1}{\omega_n^2} \right) = 0 \qquad (15.18)$$

式中, $\frac{1}{\omega_1^2}, \frac{1}{\omega_2^2}, \cdots, \frac{1}{\omega_n^2}$ 为解如下特征方程的根:

$$\left| \left(\frac{1}{\omega^2}[I] - [G][M] \right) \right| = 0 \qquad (15.19)$$

式(15.9)中 n 个特征值的和等于矩阵 $[G][M]$ 中 n 个对角项的和[Strang 1988],可以通过矩阵 $[G][M]$ 的迹得到,因此

$$\text{tr}([G][M]) = \sum_{k=1}^{n} g_{kk} m_{kk} = \sum_{k=1}^{n} \left(\frac{1}{\omega_k^2} \right) \qquad (15.20)$$

为估计结构基频 ω_1,忽略高阶固有频率 $\omega_k (k=2,3,\cdots,n)$ 的影响。如果 $\omega_1 \ll \omega_k (k=2,3,\cdots,n)$,这种近似会使得结果越来越精确,即可得到 Dunkerley 方程,即

$$\frac{1}{\omega_1^2} \leqslant \sum_{k=1}^{n} g_{kk} m_{kk} \qquad (15.21)$$

式中: $g_{kk} m_{kk}$ 项可以视为由离散质量点 m_{kk} 及刚度为 g_{kk}^{-1} 弹簧组成的单自由度系统,如图 15.4 所示。等效单自由度系统的固有频率为

$$\frac{1}{\omega_{kk}^2} = g_{kk} m_{kk} = \frac{m_{kk}}{g_{kk}^{-1}} \qquad (15.22)$$

Dunkerley 方程式(15.21)表达为

$$\frac{1}{\omega_1^2} \leqslant \sum_{k=1}^{n} \frac{1}{\omega_{kk}^2} \qquad (15.23)$$

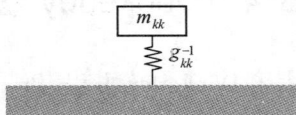

图 15.4 Dunkerley 方程中的等效单自由度系统

每次只考虑一个离散质量,忽略其他质量。柔度项 g_{kk} 可以通过对离散质量施加单位载荷计算得到。事实上,得到的位移即为柔度项 g_{kk}。下面将举例说明。

考虑图 15.3 所示的动力系统。

式(15.21)将用来计算整个系统的基频。将动力系统分解为三个系统:系统 1,系统 2 及系统 3,如图 15.5 所示。

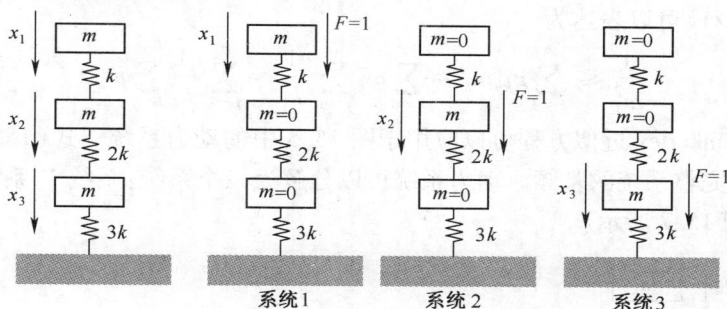

图 15.5 动力系统分解为三个系统

计算分析流程见表 15.1。

表 15.1 Dunkerley 方程算例

系统	g_{kk}	m_{kk}
1	$\dfrac{1}{k} + \dfrac{1}{2k} + \dfrac{1}{3k} = \dfrac{11}{6k}$	m
2	$\dfrac{1}{2k} + \dfrac{1}{3k} = \dfrac{5}{6k}$	m
3	$\dfrac{1}{3k} = \dfrac{2}{6k}$	m
$\displaystyle\sum_{k=1}^{3} g_{kk} m_{kk}$	$\dfrac{3m}{k}$	$\omega_1^2 = 0.3333\,\dfrac{k}{m}$

假设动力系统由 n 个单自由度系统组成,如图 15.6 所示。可以推导出 Dunkerley 近似方程。

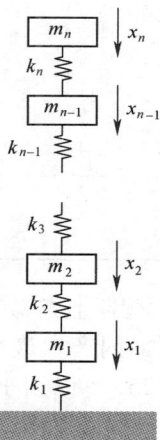

图 15.6 n 个单自由度动力系统

173

柔度矩阵$[G]=[K]^{-1}$($[K]$为正定矩阵)的对角项为

$$g_{kk} = \sum_{j=1}^{k} \frac{1}{k_j}, k = 1,2,\cdots,n \tag{15.24}$$

则式(15.21)可以表达为

$$\frac{1}{\omega_1^2} \leqslant \sum_{k=1}^{n} g_{kk} m_k = \sum_{k=1}^{n} m_k \sum_{j=1}^{k} \frac{1}{k_j} = \sum_{j=1}^{n} \frac{1}{k_j} \sum_{k=j}^{n} m_k \tag{15.25}$$

此 Dunkerley 近似方程可以应用于图 15.5 中的动力系统。式(15.25)可以用于求解完整系统的基频。动力系统可以分解为三个系统:系统 1,系统 2 及系统 3,如图 15.7 所示。

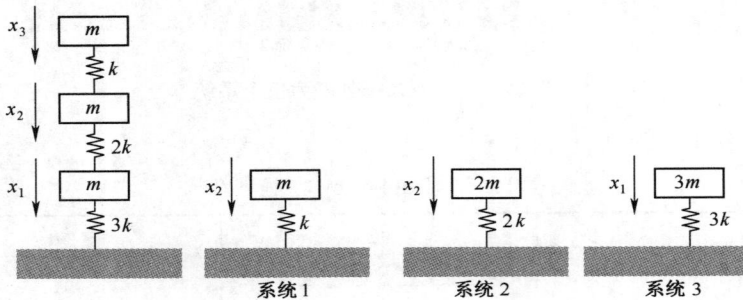

图 15.7 动力系统分解为三个系统(另一种方法)

利用 Dunkerley 近似方程求解基频的流程见表 15.2。

表 15.2 Dunkerley 近似方程算例

系统	$n=3,j$	$\dfrac{1}{k_j}$	$\displaystyle\sum_{k=j}^{n} m_k$
1	3	$\dfrac{1}{k}$	m
2	2	$\dfrac{1}{2k}$	$2m$
3	1	$\dfrac{1}{3k}$	$3m$
$\displaystyle\sum_{j=1}^{n} \frac{1}{k_j} \sum_{k=j}^{n} m_k$		$\dfrac{3m}{k}$	$\omega_1^2 = 0.3333 \dfrac{k}{m}$

航天器置于锥形有效载荷适配器上方,如图 15.2 所示。航天器与适配器固连,$f_{sc} = 20\text{Hz}$ 时航天器在 $x\text{-}y$ 平面内产生最小的弯曲模态。计算整个系统(航天器及适配器)的基频。式(15.25)可以用于计算整个动力系统的基频。动力系统由两个系统组成:系统 1 与系统 2,如图 15.8 所示。利用 Dunkerley 近似方程求解基频的流程见表 15.3。

174

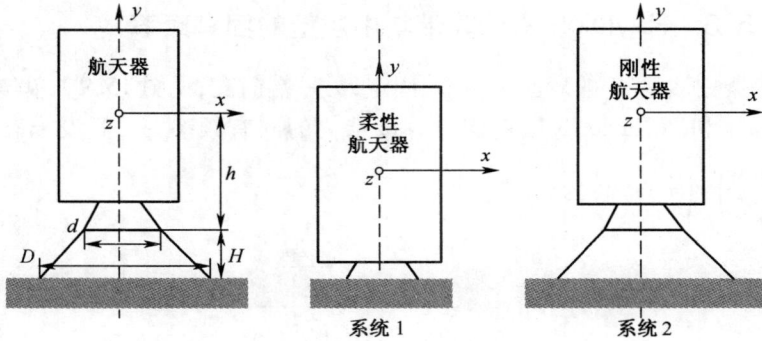

图 15.8　动力系统分解为两个系统（Dunkerley 近似方程）

表 15.3　航天器/有效载荷适配器固有频率计算

系统	$n=2,j$	$\dfrac{(2\pi)^2}{\omega_j^2}=\dfrac{1}{k_j}\displaystyle\sum_{k=j}^{n}m_k$	$\displaystyle\sum_{k=j}^{n}m_k/\text{kg}$
夹紧的柔性航天器	2	$\left(\dfrac{1}{f_{sc}}\right)^2=\left(\dfrac{1}{20}\right)^2$	2500
刚性航天器置于适配器上	1	$\left(\dfrac{1}{37.42}\right)^2$	2500
		上面算例的结果 $(2\pi)^2\displaystyle\sum_{j=1}^{n}\dfrac{1}{k_j}\sum_{k=j}^{n}m_k$	忽略适配器的质量 $f=17.64\text{Hz}$

15.5　练　习

15.5.1　飞机的固有频率

当飞机停靠时,会使其起落装置中的弹簧被压缩 150mm。飞机以加速度 $g=9.81\text{m/s}^2$ 进行垂直运动时的固有频率是多少[Moretti 2000]?

答案:$f_n=1.29\text{Hz}$。

15.5.2　Rayleigh 法计算悬臂梁的固有频率

利用 Rayleigh 法计算均匀悬臂梁的固有频率 ω_n(rad/s)。悬臂梁长为 L(m),单位长度质量为 m(kg/m),弯曲刚度为 EI。假设其挠度形状为 $w=\dfrac{x^3}{L}w_{tip}$。

15.5.3 Rayleigh 法计算带集中质量的固有频率

支撑集中质量 M 的弯曲梁,一端固定,另一端简支,见图 15.9。单位长度的质量为 m。利用 Rayleigh 法近似计算该结构的固有频率 ω_o,假设模态振型为 $\phi(x) = \left(\dfrac{x}{L}\right)^2 \left(\dfrac{x}{L} - 1\right)$ 。

答案:
$$R(\phi) \approx \omega_o^2 = \dfrac{\dfrac{2EI}{L^3}}{\dfrac{mL}{210} + \dfrac{1}{2}M\left[\dfrac{L_1^2}{L^2}\left(\dfrac{L_1}{L} - 1\right)\right]^2}$$

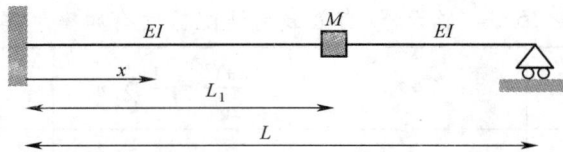

图 15.9 带有集中质量的悬臂梁结构

15.5.4 运动方程和固有频率

三自由度动力系统如图 15.10 所示,三个自由度分别为 w,φ 和 δ。位移 δ 是关于线 $A-B$ 的位移。自由度 w 和 φ 为 $A-B$ 中点处的位移。A 和 B 之间为刚性结构,单位长度的质量为 $m(\mathrm{kg/m})$。集中质量 $M(\mathrm{kg})$ 连接于弯曲刚度为 EI 且不计质量的弹性梁。弹性梁固结于点 B。整个动力系统由两个刚度为 $k(\mathrm{N/m})$ 的弹簧支撑。其他属性为:$M = 0.15\mathrm{kg}$,$L_1 = 0.2\mathrm{m}$,$L_2 = 0.25\mathrm{m}$,$m = 0.075\mathrm{kg/m}$,$\dfrac{3EI}{L_2^3} = (2\pi100)^2 M$,$k = 10000\mathrm{N/m}$。刚性梁 $A-B$ 的质量惯性矩为 $I = \dfrac{1}{12}mL_1^3$ $(\mathrm{kgm^2})$ 。

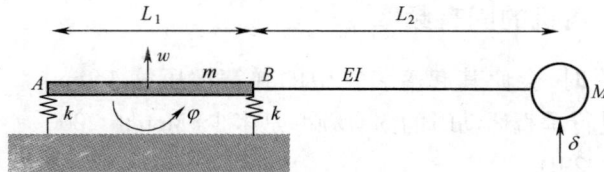

图 15.10 三自由度动力系统

(1) 假设 $M\ mL_1$,用静态位移法计算动力系统的基频。

(2) 分别用 Dunkerley 方程和 Dunkerley 近似方程计算动力系统的基频。

(3) 用 Rayleigh 商计算动力系统的基频。提示:利用问题 1 中计算出的挠度振型。

（4）建立运动方程（如利用拉格朗日方程），计算其特征值并对这些近似结果进行比较。

齐次运动方程为

$$
\begin{bmatrix}
mL_1+M & M\left(\dfrac{1}{2}L_1+L_2\right) & M \\
M\left(\dfrac{1}{2}L_1+L_2\right) & I+M\left(\dfrac{1}{2}L_1+L_2\right)^2 & M\left(\dfrac{1}{2}L_1+L_2\right) \\
M & M\left(\dfrac{1}{2}L_1+L_2\right) & M
\end{bmatrix}
\begin{Bmatrix} \ddot{w} \\ \ddot{\varphi} \\ \ddot{\delta} \end{Bmatrix}
+
\begin{bmatrix}
2k & 0 & 0 \\
0 & kL_1 & 0 \\
0 & 0 & \dfrac{3EI}{L_2^3}
\end{bmatrix}
\begin{Bmatrix} w \\ \varphi \\ \delta \end{Bmatrix}
=
\begin{Bmatrix} 0 \\ 0 \\ 0 \end{Bmatrix}
$$

计算的固有频率为

$$
f=\begin{Bmatrix} 36.0 \\ 233.1 \\ 1577.5 \end{Bmatrix}(\mathrm{Hz})
$$

15.5.5　计算固有频率

两质量系统如图 15.11 所示［Ceasar 1983］。分别用以下方法计算两质量系统的固有频率（Hz）。

（1）Dunkerley 法
（2）Rayleigh 法（利用 $1g$ 的加速度场得到位移场）
（3）精确方法（四自由度）

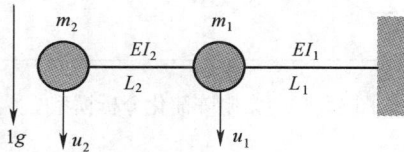

图 15.11　两质量系统

数值计算时采用以下数据：

- $E_1 = E_2 = 70\mathrm{GPa}$
- $I_1 = 7.5 \times 10^{-6}\mathrm{m}^4, I_2 = 5.9 \times 10^{-6}\mathrm{m}^4$
- $L_1 = L_2 = 0.5\mathrm{m}$

答案：14.02Hz，14.62Hz，14.50Hz。

15.5.6　运动方程与固有频率

多自由度系统如图 15.12 所示，包含 5 个自由度。
用以下方法推导运动方程：
（1）平衡方程（牛顿定律）

（2）拉格朗日方程

各参数的值分别为：质量（kg），$m_1 = 3$，$m_2 = 2$，$m_3 = 4$，$m_4 = 1$，$m_5 = 4$；弹簧刚度（N/m），$k_1 = 3 \times 10^3$，$k_2 = 2 \times 10^3$，$k_3 = 5 \times 10^3$，$k_4 = 4 \times 10^3$，$k_5 = 6 \times 10^3$，$k_6 = 6 \times 10^3$，$k_7 = 1 \times 10^3$。

首先，计算固有频率及相应的模态振型；其次，用 Rayleigh 法计算基频 $\omega_{n,1}$ 的近似值。假设在 $1g$ 加速度场作用下的静态变形向量为 $\{\varphi_1\}$。

答案：精确解 $\omega_{n,1} = 123.4 \text{rad/s}$。

15.5.7 展开结构固有频率

展开太阳阵的简化分析模型如图 15.13 所示。太阳阵可以旋转，其转动弹簧的刚度 $K = 50000 \text{Nm/rad}$。弹性梁长 $L = 7\text{m}$，弯曲刚度 $EI = 2.73 \times 10^5 \text{Nm}^2$，总质量 $M_1 = 14\text{kg}$，顶端质量 $M_2 = 50\text{kg}$。

用 Dunkerley 方法计算基频。（提示：将系统拆分为三个动力系统）

答案：$f = 0.5776\text{Hz}$。

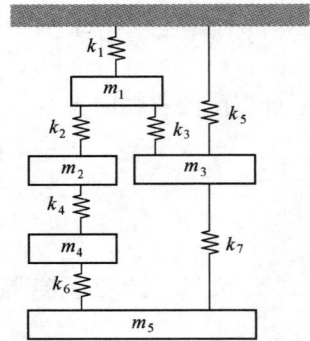

图 15.12　多自由度动力系统

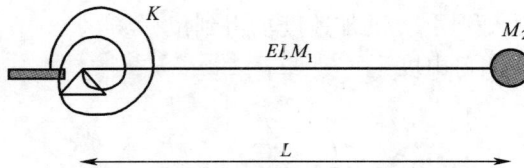

图 15.13　太阳阵简化分析模型

参 考 文 献

Anderson, R. A., 1967, *Fundamentals of Vibrations*, The Macmillan Company.

Meirovitch, L., 1975, *Elements of Vibration Analysis*, McGraw-Hill, ISBN 0-07-0413401-1.

Seide P., 1972, *Influence Coefficients for End-Loaded Conical Shells*, AIAA Journal, Vol.10, No.12, pages 1717-1718.

Strang, G., 1988, *Linear Algebra and its Applications*, Third edition, Harcourt Brace Javanovich Inc., ISBN 0-15551005-3.

Temple, G., Bickley, W. G., 1956, *Rayleighs principle*, *And Its Applications to Engineering*, Dover Publications.

第16章
有效模态质量

16.1 引 言

模态有效质量是与模态特性(固有频率、模态振型、广义质量、参与因子)相关的结构动力学特性。当结构受到基础加速度激励(强迫加速度)时,模态有效质量是衡量各模态振型重要性的一个有效手段。有效质量越大,基础反力越大。模态有效质量较小的模态振型意味着受到的基础加速度较小,相应的基础反力也小。[Shunmugavel 1995,Witting 1996]中提及的模态有效质量没有对局部模态的影响作出较好的描述。

模态有效质量矩阵是一个 6×6 的质量阵。从矩阵中可以得到某一振型的平动和转动之间的耦合项。

将所有的模态有效质量求和后可以得到一个类似刚体的质量阵。

本章将讨论通过模态有效质量矩阵的原理以及得到模态有效质量矩阵的方法。该原理将通过举例来进一步说明。

16.2 强迫加速度

单自由度系统由集中质量 m、阻尼单元 c 和弹簧单元 k 组成,且放置于以加速度 $\ddot{u}(t)$ 运动的基础上,如图 16.1 所示。质量 m 产生的位移为 $x(t)$。固有圆频率为 $\omega_n = \sqrt{\dfrac{k}{m}}$,临界阻尼系数为 $c_{crit} = 2\sqrt{km}$,阻尼比为 $\zeta = \dfrac{c}{c_{crit}}$,放大系数为 $Q = \dfrac{1}{2\zeta}$ 。

质量 m 与基础的相对位移记为

$$z(t) = x(t) - u(t) \tag{16.1}$$

运动方程为

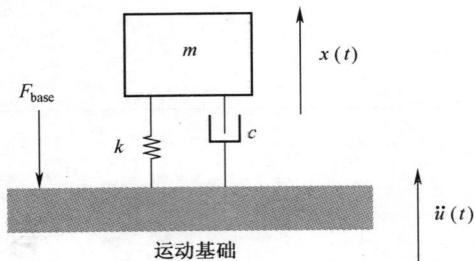

图 16.1　受强迫加速度作用的单自由度阻尼系统

$$\ddot{z}(t) + 2\zeta\omega_\mathrm{n}\dot{z}(t) + \omega_\mathrm{n}^2 z(t) = -\ddot{u}(t) \tag{16.2}$$

单自由度系统的强迫加速度被转化为外力。绝对位移 $x(t)$ 可以由下式计算得到：

$$\ddot{x}(t) = \ddot{z}(t) + \ddot{u}(t) = -2\zeta\omega_\mathrm{n}\dot{z}(t) - \omega_\mathrm{n}^2 z(t) \tag{16.3}$$

由强迫加速度 $\ddot{u}(t)$ 引起的基础反力 $F_\mathrm{base}(t)$，等于弹簧力与阻尼力之和

$$F_\mathrm{base}(t) = kz(t) + c\dot{z}(t) = -m\{\ddot{z}(t) + \ddot{u}(t)\} = -m\ddot{x}(t) \tag{16.4}$$

假设运动为简谐振动，则强迫加速度可以表达为

$$\ddot{u}(t) = \ddot{U}(\omega)\mathrm{e}^{\mathrm{j}\omega t} \tag{16.5}$$

同理，相对位移 $z(t)$ 可以表达为

$$z(t) = Z(\omega)\mathrm{e}^{\mathrm{j}\omega t}, \dot{z}(t) = \mathrm{j}\omega Z(\omega)\mathrm{e}^{\mathrm{j}\omega t}, \ddot{z}(t) = -\omega^2 Z(\omega)\mathrm{e}^{\mathrm{j}\omega t} \tag{16.6}$$

单自由度动力系统的绝对加速度为

$$\ddot{x}(t) = \ddot{X}(\omega)\mathrm{e}^{\mathrm{j}\omega t} = -\omega^2 X(\omega)\mathrm{e}^{\mathrm{j}\omega t} \tag{16.7}$$

将式(16.2)变换为频域下的方程为

$$[-\omega^2 + 2\mathrm{j}\zeta\omega_\mathrm{n}\omega + \omega_\mathrm{n}^2]Z(\omega) = -\ddot{U}(\omega) \tag{16.8}$$

用强迫加速度 $\ddot{U}(\omega) = -\omega^2 U(\omega)$ 表达相对位移 $Z(\omega)$ 为

$$Z(\omega) = \left(\frac{\omega}{\omega_\mathrm{n}}\right)^2 H\left(\frac{\omega}{\omega_\mathrm{n}}\right) U(\omega) \tag{16.9}$$

式中：$H(\omega) = \dfrac{1}{1 - \left(\dfrac{\omega}{\omega_\mathrm{n}}\right)^2 + 2\mathrm{j}\zeta\left(\dfrac{\omega}{\omega_\mathrm{n}}\right)}$ 为频响函数。利用式(16.3)可以得到绝对

加速度 $\ddot{X}(\omega)$ 的表达式为

$$\ddot{X}(\omega) = -\omega^2[Z(\omega) + U(\omega)] = -\omega^2\left[1 + \left(\frac{\omega}{\omega_\mathrm{n}}\right)^2 H\left(\frac{\omega}{\omega_\mathrm{n}}\right)\right] U(\omega)$$

$$\tag{16.10}$$

或

$$\ddot{X}(\omega) = \left[1 + \left(\frac{\omega}{\omega_\mathrm{n}}\right)^2 H\left(\frac{\omega}{\omega_\mathrm{n}}\right)\right] \ddot{U}(\omega) \tag{16.11}$$

通过式(16.4)可将基础反力 $F_{\text{base}}(\omega)$ 表达式为

$$F_{\text{base}}(\omega) = m\ddot{X}(\omega) = m\left[1 + \left(\frac{\omega}{\omega_n}\right)^2 H\left(\frac{\omega}{\omega_n}\right)\right]\ddot{U}(\omega) \qquad (16.12)$$

表达式中质量 m 为有效质量 $M_{\text{eff}} = m$。基础反力 $F_{\text{base}}(\omega)$ 与有效质量 M_{eff} 及基础激励 $\ddot{U}(\omega)$ 和放大系数 $1 + \left(\frac{\omega}{\omega_n}\right)^2 H\left(\frac{\omega}{\omega_n}\right)$ 的乘积成正比。多自由度动力系统也可以推导出类似关系。

当激振频率等于单自由度系统的固有频率 $\omega = \omega_n$ 时,基础反力为

$$\mid F_{\text{base}}(\omega_n)\mid = \left|m\left[1 + \frac{1}{2\mathrm{j}\zeta}\right]\ddot{U}(\omega_n)\right| \approx M_{\text{eff}}Q\ddot{U}(\omega_n) \qquad (16.13)$$

式(16.12)可以改写为无量纲形式,即

$$\frac{F_{\text{base}}(\omega)}{m\ddot{U}(\omega)} = \left[1 + \left(\frac{\omega}{\omega_n}\right)^2 H\left(\frac{\omega}{\omega_n}\right)\right] \qquad (16.14)$$

16.3 多自由度系统的模态有效质量

自由-自由弹性体的无阻尼运动(矩阵)方程为

$$[M]\{\ddot{x}(t)\} + [K]\{x(t)\} = \{F(t)\} \qquad (16.15)$$

该系统的外部或边界自由度用字母 j 表示,内部自由度用 i 表示。结构在3个平动和3个转动边界自由度受到激励作用。

边界自由度数小于等于6,自由度及力如图16.2所示。式(16.15)可以写为

$$\begin{bmatrix} M_{ii} & M_{ij} \\ M_{ji} & M_{jj} \end{bmatrix}\begin{Bmatrix} \ddot{x}_i \\ \ddot{x}_j \end{Bmatrix} + \begin{bmatrix} K_{ii} & K_{ij} \\ K_{ji} & K_{jj} \end{bmatrix}\begin{Bmatrix} x_i \\ x_j \end{Bmatrix} = \begin{Bmatrix} F_i \\ F_j \end{Bmatrix}$$

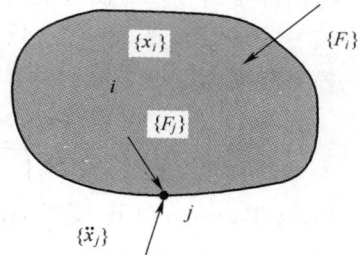

$$(16.16)$$

[Craig 1968]中提出可以用 $\{x_j\} = [I]$ 时的6个刚体模态 $[\varPhi_r]$ 和固定外部自由度 $\{x_j\} = \{0\}$ 时由特征值问题 $([K_{ii}] - \langle\lambda_p\rangle [M_{ii}])[\varPhi_{ii}] = [0]$ 得到的弹性模态振型 $[\varPhi_p]$ 来描述位移向量 $\{x(t)\}$。因此 $\{x\}$ 可以表达为

图16.2 受外载作用的结构

$$\{x\} = [\varPhi_r]\{x_j\} + [\varPhi_p]\{\eta_p\} = [\varPhi_r, \varPhi_p]\begin{Bmatrix} x_j \\ \eta_p \end{Bmatrix} = [\varPsi][X] \qquad (16.17)$$

假设没有惯性作用影响,$\{F_i\} = \{0\}$,且6个边界自由度具有单位位移 $\{x_j\} = [I]$,可以得到静模态。则式(16.16)可写为

$$\begin{bmatrix} K_{ii} & K_{ij} \\ K_{ji} & K_{jj} \end{bmatrix} \begin{Bmatrix} x_i \\ x_j \end{Bmatrix} = \begin{Bmatrix} 0 \\ 0 \end{Bmatrix} \tag{16.18}$$

强迫位移$\{x_j\}$不会在边界自由度引入反力。

从式(16.18)的第一个方程中可以得到

$$[K_{ii}]\{x_i\} + [K_{jj}][x_j] = 0 \tag{16.19}$$

因此

$$\{x_i\} = -[K_{ii}]^{-1}[K_{ij}]\{x_j\} \tag{16.20}$$

可得

$$[\Phi_{ij}] = -[K_{ii}]^{-1}[K_{ij}][I] = -[K_{ii}]^{-1}[K_{ij}] \tag{16.21}$$

于是静变形为

$$\{x\} = \begin{Bmatrix} x_i \\ x_j \end{Bmatrix} = \begin{bmatrix} \Phi_{ij} \\ I \end{bmatrix} \{x_j\} = [\Phi_r]\{x_j\} \tag{16.22}$$

据式(16.18)可得

$$[K][\Phi_r] = \{0\} \tag{16.23}$$

假设外部固定自由度$\{x_j\} = \{0\}$,且简谐运动为$x(t) = X(\omega)\,\mathrm{e}^{\mathrm{j}\omega t}$,则特征值问题可以描述为

$$([K_{ii}] - \lambda_{k,p}[M_{ii}])\{X(\lambda_{k,p})\} = \{0\} \tag{16.24}$$

其一般形式为

$$([K_{ii}] - \langle \lambda_k \rangle [M_{ii}])[\Phi_{ip}] = \{0\} \tag{16.25}$$

式中,λ_k为模态振型$\{\phi_{ip,k}\}$($k = 1, 2, \cdots, i$)的特征值。

将内部自由度$\{x_i\}$投影至正交模态振型(模态矩阵)$[\Phi_{ip}]$,因此

$$\{x_i\} = [\Phi_{ip}]\{\eta_p\} \tag{16.26}$$

模态变换为

$$\{x\} = \begin{Bmatrix} x_i \\ x_j \end{Bmatrix} = \begin{bmatrix} \Phi_{ip} \\ 0 \end{bmatrix} \{\eta_p\} = [\Phi_p]\{\eta_p\} \tag{16.27}$$

Craig-Bamptom(CB)变换矩阵为

$$\{x\} = [\Phi_r, \Phi_p] \begin{bmatrix} x_j \\ \eta_p \end{bmatrix} = [\Psi]\{\chi\} \tag{16.28}$$

式中:$[\Phi_r]$为刚体模态;$[\Phi_p]$为模态矩阵;$\{x_j\}$为外部或边界自由度($j \leqslant 6$);$\{\eta_p\}$为广义坐标。通常来说,广义坐标数p小于总的自由度数$n = i + j$($p \ll i$)。

将CB变换式(16.28)代入式(16.15)并假设势能与动能相等,可得

$$[\Psi]^{\mathrm{T}}[M][\Psi]\{\ddot{\chi}\} + [\Psi]^{\mathrm{T}}[K][\Psi]\{\chi\} = [\Psi]^{\mathrm{T}}\{F(t)\} = \{f(t)\} \tag{16.29}$$

进一步推导可以发现

$$\begin{bmatrix} M_{rr} & M_{jp} \\ M_{pj} & \langle m_p \rangle \end{bmatrix} \begin{Bmatrix} \ddot{x}_j \\ \ddot{\eta}_p \end{Bmatrix} + \begin{bmatrix} \widetilde{K}_{jj} & K_{jp} \\ K_{pj} & \langle k_p \rangle \end{bmatrix} \begin{Bmatrix} x_j \\ \eta_p \end{Bmatrix} = \begin{bmatrix} \Phi_{ij} & \Phi_p \\ I & 0 \end{bmatrix}^{\mathrm{T}} \begin{Bmatrix} F_i \\ F_j \end{Bmatrix} \quad (16.30)$$

式中:$[M_{rr}]$ 为边界自由度的 6×6 的刚体质量阵;$[\widetilde{K}_{jj}]$ 为 Guyuan 减缩刚度矩阵(j 系列);$\langle m_p \rangle$ 为广义质量矩阵的对角项,$\langle m_p \rangle = [\Phi_p]^{\mathrm{T}} [M] [\Phi_p]$;$\langle k_p \rangle$ 为广义刚度矩阵的对角项,其表达式为 $\langle k_p \rangle = [\Phi_p]^{\mathrm{T}} K [\Phi_p] = \langle \lambda_p \rangle \langle m_p \rangle = \langle \omega_p^2 \rangle \langle m_p \rangle$;$[K_{jp}] = [\Phi_{ij}]^{\mathrm{T}} [K_{ii}] [\Phi_p] + [K_{ji}] [\Phi_p] = (-[K_{ij}]^{\mathrm{T}} [K_{ii}]^{-1} [K_{ii}] + [K_{ji}]) [\Phi_p] = [0]$;$[K_{pj}] = [K_{jp}]^{\mathrm{T}} = [0]$;$[\widetilde{K}_{jj}] = [\Phi_r]^{\mathrm{T}} [K] [\Phi_r] = [0]$。

因此式(16.30)变为

$$\begin{bmatrix} M_{rr} & L^{\mathrm{T}} \\ L & \langle m_p \rangle \end{bmatrix} \begin{Bmatrix} \ddot{x}_j \\ \ddot{\eta}_p \end{Bmatrix} + \begin{bmatrix} 0 & 0 \\ 0 & \langle m_p \lambda_p \rangle \end{bmatrix} \begin{Bmatrix} x_j \\ \eta_p \end{Bmatrix} = \begin{bmatrix} \Phi_{ij} & \Phi_p \\ I & 0 \end{bmatrix}^{\mathrm{T}} \begin{Bmatrix} 0 \\ F_j \end{Bmatrix} = \begin{Bmatrix} F_j \\ 0 \end{Bmatrix}$$

$$(16.31)$$

在式(16.30)中 $[M_{jp}] = [\Phi_r]^{\mathrm{T}} [M] [\Phi_p] = [L]^{\mathrm{T}}$,$[L]^{\mathrm{T}}$ 为模态参与系数矩阵;$L_{kl} = \{\phi_{r,k}\}^{\mathrm{T}} [M] \{\phi_{p,l}\}$($k = 1, 2, \cdots, 6, l = 1, 2, \cdots, p$)。

模态参与因子矩阵耦合了刚体模态 $[\Phi_r]$ 和弹性模态 $[\Phi_p]$。同时,$\{F_i\} = \{0\}$,没有内力作用。

引入模态阻尼比 ζ_p,式(16.31)可以写成如下形式:

$$\begin{bmatrix} M_{rr} & L^{\mathrm{T}} \\ L & \langle m_p \rangle \end{bmatrix} \begin{Bmatrix} \ddot{x}_j \\ \ddot{\eta}_p \end{Bmatrix} + \begin{bmatrix} 0 & 0 \\ 0 & \langle 2m_p \zeta_p \omega_p \rangle \end{bmatrix} \begin{Bmatrix} \dot{x}_j \\ \dot{\eta}_p \end{Bmatrix} + \begin{bmatrix} 0 & 0 \\ 0 & \langle m_p \lambda_p \rangle \end{bmatrix} \begin{Bmatrix} x_j \\ \eta_p \end{Bmatrix} = \begin{Bmatrix} F_j \\ 0 \end{Bmatrix}$$

$$(16.32)$$

式(16.32)可以写为

$$[M_{rr}] \{\ddot{x}_j\} + [L]^{\mathrm{T}} \{\ddot{\eta}_p\} = \{F_j\} \quad (16.33)$$

和

$$[L] \{\ddot{x}_j\} + \langle m_p \rangle \{\ddot{\eta}_p\} + \langle 2m_p \zeta_p \omega_p \rangle \mid \{\dot{\eta}_p\} + \langle m_p \lambda_p \rangle \{\eta_p\} = \{0\}$$

$$(16.34)$$

式(16.33)和式(16.34)在频域中的表达式为

$$[M_{rr}] \{\ddot{X}_j\} + [L]^{\mathrm{T}} \{\ddot{\Pi}_p\} = \{F_j\} \quad (16.35)$$

和

$$[L] \{\ddot{X}_j\} + \langle m_p \rangle \{\ddot{\Pi}_p\} + \langle 2m_p \zeta_p \omega_p \rangle \{\ddot{\Pi}_p\} + \langle m_p \lambda_p \rangle \{\ddot{\Pi}_p\} = \{0\} \quad (16.36)$$

式(16.32)中

$$x(t) = X \mathrm{e}^{\mathrm{j}\omega t}, \ddot{X} = -\omega^2 X$$

$$\eta(t) = \Pi \mathrm{e}^{\mathrm{j}\omega t}, \dot{\Pi} = \mathrm{j}\omega \Pi, \ddot{\Pi} = -\omega^2 \Pi$$

$$F(t) = \hat{F} e^{j\omega t}$$

通过式(16.36)可以得到$\{\Pi_p\}$

$$m_p \left[-\omega^2 + 2j\zeta_p \omega_p \omega + \omega_p^2 \right] \Pi_p = -[L_p]\{\ddot{X}_j\} \tag{16.37}$$

式中:$[L_p] = \{\phi_{p,k}\}^{\mathrm{T}}[M][\Phi_r]$为$1 \times 6$的模态参与因子向量;$L_{kj} = \{\phi_{p,k}\}^{\mathrm{T}}[M]$ $\{\Phi_{r,j}\}$为参与因子$(k=1,2,\cdots,p; j=1,2,\cdots,6)$。

因此式(16.37)变为

$$\Pi_k = -\frac{[L_p]\{\ddot{X}_j\}}{m_k \omega_k^2} \left[\frac{1}{1-\left(\dfrac{\omega}{\omega_k}\right)^2 + 2j\zeta_k \dfrac{\omega}{\omega_k}} \right] = -\frac{[L_k]\{\ddot{X}_j\}}{m_k \omega_k^2} H_k\left(\frac{\omega}{\omega_k}\right) \tag{16.38}$$

将式(16.38)代入式(16.35)可得

$$[M_{rr}]\{\ddot{X}_j\} + [L_1^{\mathrm{T}}, \cdots, L_p^{\mathrm{T}}] \left\{ \left(\frac{\omega}{\omega_k}\right)^2 \frac{[L_k]}{m_k} H_k\left(\frac{\omega}{\omega_k}\right) \right\} \{\ddot{X}_j\} = \{\hat{F}_j\}, k=1,2,\cdots,p$$

$$\tag{16.39}$$

$$\left[[M_{rr}] + \sum_{k=1}^{p} \frac{[L_k]^{\mathrm{T}}[L_k]}{m_k} \left\{ \left(\frac{\omega}{\omega_k}\right)^2 H_k\left(\frac{\omega}{\omega_k}\right) \right\} \right] \{\ddot{X}_j\} = \{\hat{F}_j\} \tag{16.40}$$

可以证明

$$[M_{rr}] = \sum_{k=1}^{p} \frac{[L_k]^{\mathrm{T}}[L_k]}{m_k} \tag{16.41}$$

因为

$$[M_{rr}] = [\Phi_r]^{\mathrm{T}}[M][\Phi_p]([\Phi_{ip}]^{\mathrm{T}}[M_{ii}][\Phi_{ip}])^{-1}[\Phi_p]^{\mathrm{T}}[M][\Phi_r] = [\Phi_r]^{\mathrm{T}}[M][\Phi_r] \tag{16.42}$$

或

$$[M_{rr}] = [\Phi_{ij}^{\mathrm{T}}, I][M] \begin{bmatrix} \Phi_{ip} \\ 0 \end{bmatrix} ([\Phi_{ip}]^{\mathrm{T}}[M_{ii}][\Phi_{ip}])^{-1}[\Phi_{ip}^{\mathrm{T}}, 0][M] \begin{bmatrix} \Phi_{ij} \\ 0 \end{bmatrix}$$

$$= [\Phi_r]^{\mathrm{T}}[M][\Phi_r]$$

假设$[\Phi_{ip}]$存在逆矩阵。模态有效质量$[M_{\mathrm{eff},k}]$定义为

$$[M_{\mathrm{eff},k}] = \frac{[L_k]^{\mathrm{T}}[L_k]}{m_k} \tag{16.43}$$

式中:$[L_k] = \{\phi_{p,k}\}^{\mathrm{T}}[M][\Phi_r]$且$m_k = \{\phi_{p,k}\}^{\mathrm{T}}[M]\{\phi_{p,k}\}$。

所有模态有效质量$[M_{\mathrm{eff},k}]$的总和等于相对边界自由度$\{x_j\}$的刚体质量阵$[M_{rr}]$。式(16.41)可以写为

$$[M_{rr}] = \sum_{k=1}^{p=i} [M_{\mathrm{eff},k}] \tag{16.44}$$

于是,式(16.40)可以表达为

$$\left[\sum_{k=1}^{p} [M_{\mathrm{eff},k}] \left\{ 1 + \left(\frac{\omega}{\omega_k} \right)^2 H_k \left(\frac{\omega}{\omega_k} \right) \right\} \right] \{\ddot{X}_j\} = \{\hat{F}_j\} \tag{16.45}$$

式(16.45)可以被分解为模态反力$\{F_{\mathrm{base},k}\}$，即

$$\sum_{k=1}^{p} \{F_{\mathrm{base},k}\} = \{\hat{F}_j\} \tag{16.46}$$

式中

$$\{F_{\mathrm{base},k}\} = [M_{\mathrm{eff},k}] \left\{ 1 + \left(\frac{\omega}{\omega_k} \right)^2 H_k \left(\frac{\omega}{\omega_k} \right) \right\} \{\ddot{X}_j\} \tag{16.47}$$

式(16.47)与式(16.12)十分相似。

算例

计算如图16.3所示动力系统的有效质量$[M_{\mathrm{eff},k}]$。参数$m=1\mathrm{kg}$、$k=100000\mathrm{N/m}$。内部自由度向量为$\{x_i\}=\{x_1,x_2,x_3,x_4,x_5,x_6,x_7\}^{\mathrm{T}}$，边界自由度为$\{x_j\}=\{x_8\}$。

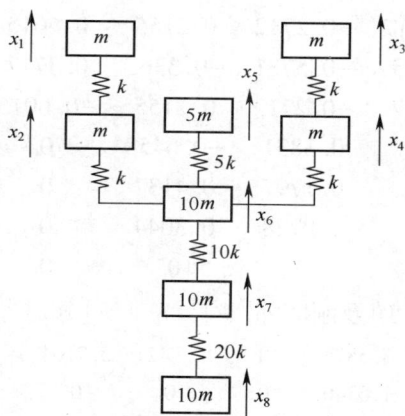

图16.3 八自由度动力系统

计算流程如下：

(1) 令$x_j=x_8$

(2) 计算刚体模态$[\Phi_r] = \begin{bmatrix} -[K_{ii}]^{-1}[K_{ii}] \\ I \end{bmatrix}$，$x_j=x_8=1$

(3) 固定自由度$\{x_j\}$，$x_j=x_8=0$

(4) 计算固有频率及模态振型$[\Phi_p]$，$x_j=x_8=0$

(5) 假设$[\Psi]=[\Phi_r \Phi_p]$

(6) 计算$[\Psi]^{\mathrm{T}}[M][\Psi]$和$[\Psi]^{\mathrm{T}}[K][\Psi]$

(7) 计算各阶模态的模态有效质量$[M_{\mathrm{eff},k}] = \dfrac{[L_k]^{\mathrm{T}}[L_k]}{m_k}$

（8）计算模态有效质量之和 $[M_{rr}] = \sum_{k=1}^{p} [M_{\text{eff},k}]$

$x_j = x_8 = 1$ 时对应的刚体模态 $\{\phi_r\}$、$x_j = x_8 = 0$ 时对应的固有频率及模态振型分别为

$$
\{f_n\} = \left\{ \begin{array}{c} 24.4522 \\ 31.1052 \\ 36.6716 \\ 64.4657 \\ 81.4344 \\ 82.0637 \\ 95.9164 \end{array} \right\}, \quad [\phi_r] = \left\{ \begin{array}{c} 1 \\ 1 \\ 1 \\ 1 \\ 1 \\ 1 \\ 1 \\ 1 \end{array} \right\}
$$

$$
[\Phi_p] = \begin{bmatrix}
0.5347 & -0.6015 & -0.5781 & -0.3363 & -0.3717 & 0.3630 & -0.1343 \\
0.4075 & -0.3717 & -0.2712 & 0.2155 & 0.6015 & -0.6022 & 0.3534 \\
0.5347 & 0.6015 & -0.5781 & -0.3363 & 0.3717 & 0.3630 & -0.1343 \\
0.4075 & 0.3717 & -0.2712 & 0.2155 & -0.6015 & -0.6022 & 0.3534 \\
0.2407 & 0 & 0.3831 & -0.6458 & 0 & -0.0202 & 0.1681 \\
0.1835 & 0 & 0.1797 & 0.4137 & 0 & 0.0336 & -0.4425 \\
0.0664 & 0 & 0.0728 & 0.3044 & 0 & 0.0984 & 0.7001 \\
0 & 0 & 0 & 0 & 0 & 0 & 0
\end{bmatrix}
$$

质量阵 $[\Psi]^{\mathrm{T}}[M][\Psi]$ 及刚度阵 $[\Psi]^{\mathrm{T}}[K][\Psi]$ 分别为

$$
[\Psi]^{\mathrm{T}}[M][\Psi] = \begin{bmatrix}
39 & 5.5874 & 0 & 2.7421 & 3.7104 & 0 & 0.7400 & 3.8552 \\
5.5874 & 1.5746 & 0 & 0 & 0 & 0 & 0 & 0 \\
0 & 0 & 1.0000 & 0 & 0 & 0 & 0 & 0 \\
2.7421 & 0 & 0 & 1.9255 & 0 & 0 & 0 & 0 \\
3.7104 & 0 & 0 & 0 & 5.0429 & 0 & 0 & 0 \\
0 & 0 & 0 & 0 & 0 & 1.0000 & 0 & 0 \\
0.7400 & 0 & 0 & 0 & 0 & 0 & 1.0989 & 0 \\
3.8552 & 0 & 0 & 0 & 0 & 0 & 0 & 7.2863
\end{bmatrix}
$$

$$
[\Psi]^{\mathrm{T}}[M][\Psi] = 10^6 \begin{bmatrix}
0 & 0 & 0 & 0 & 0 & 0 & 0 & 0 \\
0 & 0.0374 & 0 & 0 & 0 & 0 & 0 & 0 \\
0 & 0 & 0.0382 & 0 & 0 & 0 & 0 & 0 \\
0 & 0 & 0 & 0.1022 & 0 & 0 & 0 & 0 \\
0 & 0 & 0 & 0 & 0.8274 & 0 & 0 & 0 \\
0 & 0 & 0 & 0 & 0 & 0.2618 & 0 & 0 \\
0 & 0 & 0 & 0 & 0 & 0 & 0.2922 & 0 \\
0 & 0 & 0 & 0 & 0 & 0 & 0 & 2.6464
\end{bmatrix}
$$

计算结果见表 16.1。

表 16.1 模态有效质量计算结果

模态振型	固有频率 /Hz	模态参与因子 $[L_k]^{\mathrm{T}}$	广义质量 $[m_k]$	模态有效质量 $[M_{\mathrm{eff},k}]$/kg
1	24.5422	5.5874	1.5746	19.8271
2	31.1052	0.0000	1.0000	0.0000
3	36.6716	2.7421	1.9255	3.9048
4	64.4657	3.7104	5.0429	2.7300
5	81.4344	0.0000	1.0000	0.0000
6	82.0637	0.7400	1.0989	0.4983
7	95.9164	3.8552	7.2863	2.0398
总质量(不包含 $m_8 = 10m$)				29.0000

由于 x_8 是固支点,因此 m_8 不参与模态有效质量的计算。

由表 16.1 可以看出一阶模态振型的模态有效质量已经达到总质量 29kg 的 68.37%。第二阶和第五阶模态振型的模态有效质量为零。模态有效质量为零的模态不会被强迫加速度激励。

归一化的基础力 $\left| \dfrac{F_{\mathrm{base}}(\omega)}{\ddot{X}(\omega)} \right|$ 的绝对值为

$$\left| \frac{F_{\mathrm{base}}(\omega)}{\ddot{X}(\omega)} \right| = \left| \sum_{k=1}^{7} [M_{\mathrm{em},k}] \left\{ 1 + \left(\frac{\omega}{\omega_k} \right)^2 H_k \left(\frac{\omega}{\omega_k} \right) \right\} \right|$$

计算结果见图 16.4。

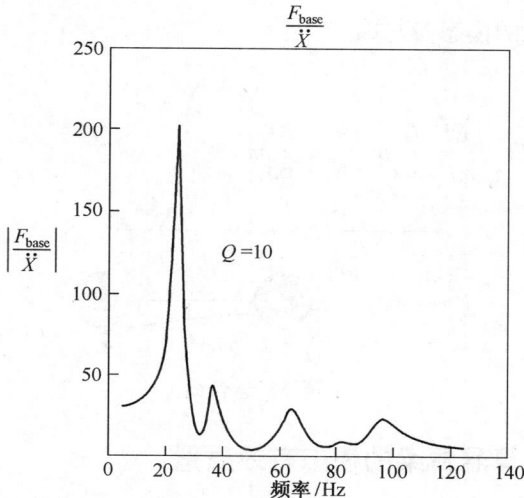

$$\text{图 16.4} \quad \left| \frac{F_{\mathrm{base}}(f)}{\ddot{X}(f)} \right| = \left| \sum_{k=1}^{7} [M_{\mathrm{em},k}] \left\{ 1 + \left(\frac{f}{f_k} \right)^2 H_k \left(\frac{f}{f_k} \right) \right\} \right|$$

算例结束

16.4 练 习

16.4.1 大质量法

如图 16.3 中所述问题,只不过在 x_8 处替换为一大质量 $M_{1m} = 10^6 \text{kg}$。在 [Appel 1992] 中已对相关计算方法进行描述。

计算如下参数:

- 自由模态振型;

- 计算各阶模态的 $\dfrac{(M_{1m}\phi_{i,8})^2}{\phi_i^T[M]\phi_i}$,并比较上例中模态有效质量的计算结果。

16.4.2 计算悬臂梁的模态有效质量

如图 16.5 所示悬臂梁具有两个集中质量 m。质量与悬臂梁固定端距离为 L。

假设模态振型为 $\phi(x) = \left(\dfrac{x}{L}\right)^3$。

利用 $\phi(x)$ 计算:

- 用 Reyleigh(瑞利)商法计算固有频率
- 广义质量
- 固定端 A 处的模态参与因子
- 有效质量

答案:$\omega = 1.22\sqrt{\dfrac{EI}{ml^3}}, \dfrac{65}{64}m, \dfrac{9}{8}m, \dfrac{81}{65}m$

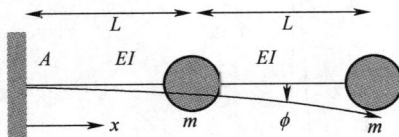

图 16.5 悬臂梁

16.4.3 计算悬臂梁的模态有效质量

悬臂梁如图 16.6 所示,弯曲刚度为 EI,长度为 L。模态振型为

$$\phi(x) = 2\left(\frac{x}{L}\right)^2 - \frac{4}{3}\left(\frac{x}{L}\right)^3 + \frac{1}{3}\left(\frac{x}{L}\right)^4 \tag{16.48}$$

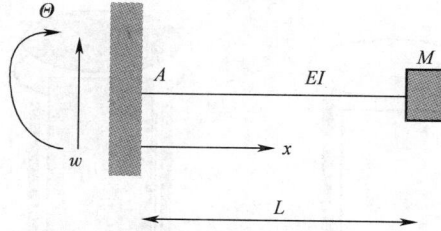

图 16.6　悬臂梁

悬臂梁单位长度质量为 $m(\mathrm{kg/m})$，自由端的集中质量为 $M(\mathrm{kg})$。

- 用瑞利商法计算模态振型 $\phi(x)$ 对应的固有频率 $f_n(\mathrm{Hz})$。
- 分别计算 w 向和 Θ 向上点 A 的模态参与向量 $\{L\}^{\mathrm{T}}$。
- 计算模态振型 $\phi(x)$ 下的广义质量 m_g。
- 计算 2×2 的模态有效质量矩阵 $M_{\mathrm{eff}}(\phi)$。

答案：
$$f_n = \frac{1}{2\pi}(\sqrt{R(\phi)}), \qquad R(\phi) = \frac{16EI}{5\left(M + \frac{104}{405}mL\right)}$$

$$\{L\}^{\mathrm{T}} = \left\{ \begin{array}{c} M + \dfrac{6}{15}mL \\[2mm] ML + \dfrac{13}{45}mL^2 \end{array} \right\}, \qquad m_g = M + \frac{104}{405}mL$$

$$M_{\mathrm{eff}}(\phi) = \frac{1}{M + \dfrac{104}{405}mL} \left\{ \begin{array}{c} M + \dfrac{6}{15}mL \\[2mm] ML + \dfrac{13}{45}mL^2 \end{array} \right\} \left[\begin{array}{cc} M + \dfrac{6}{15}mL & ML + \dfrac{13}{45}mL^2 \end{array} \right]$$

16.4.4　计算基础力

正弦振动试验中（图 16.7），航天器在频率 $f = 5 \sim 100\mathrm{Hz}$ 下由常强迫加速度 $\ddot{u} = 12.5\mathrm{m/s^2}$ 进行激振，其总质量 $M_{\mathrm{tot}} = 6100\mathrm{kg}$。

与最重要的模态振型（模态1）相关的模态参数为：

- 固有频率 $f_1 = 36\mathrm{Hz}$
- 模态有效质量 $M_{\mathrm{eff},1} = 2000\mathrm{kg}$
- 广义质量 $m_{p,1} = \{\phi_1\}^T[M]\{\phi_1\} = 1$，$[M]$ 为质量阵，$\{\phi_1\}$ 为模态1的模态振型
- 模态阻尼比 $\zeta_1 = 0.02$
- 最大模态位移 $\phi_{\max,1} = 0.05$

求解以下问题：

- 计算模态参与因子 L_1。

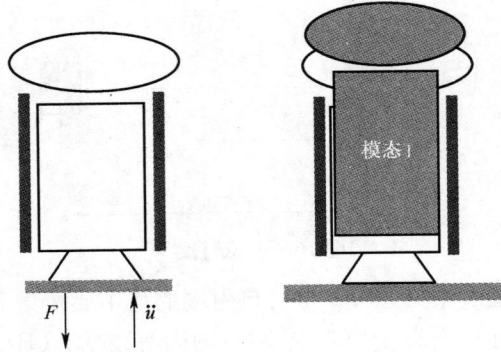

图 16.7 航天器正弦试验

• 用强迫加速度 $\ddot{u}(T) = \ddot{U}(\omega)e^{j\omega t}$ 和广义坐标 $\eta_1(t) = \ddot{\Pi}(\omega)e^{j\omega t}$ 建立两个运动方程(提示:利用式(16.32))。

• 计算广义坐标下的加速度 $\ddot{\Pi}(2\pi36)$。

• 计算最大实际加速度。

• 用式(16.32)计算力的绝对值 $|F(2\pi36)|$。

• 用式(16.45)计算力的绝对值 $|F(2\pi36)|$。

答案: 44.721kg,1.398 × 10^4j,689.771jm/s^2,6.296 × 10^5N,6.255 × 10^5N

参 考 文 献

Appel,S.,1992.*Calculation of Modal participation Factors and Effective Mass with the Large Mass Approach*,Fokker Space report FSS-R-92-0027.

Craig,R.R,Jr. Bampton,M.C.C.,1968,*Coupling of Substructures for Dynamic Analysis*,AIAA Journal,Vol.6 No.7,pages 1313-1319.

Shunmugavel,P.,1995,*Modal Effective Masses for Space Vehicles*,Rockwell Space Systems Division,Downey,California,AIAA-95-125.

Witting M.,Klein M.,1996,*Modal Selection by Means of Effective Masses and Effective ModalForces an Application Example*,Proc. Conference on Spaceraft Structures,Materials & Mechanical Testing,2729 March,(ESA SP-386,June 1996).

第17章
动态模型简化方法

17.1 引 言

一般情况下,将未简化的分系统有限元模型(FEM)添加到整星或整箭模型中会导致有限元模型自由度(DOF)大幅扩张,给模型的处理带来困难。为了便于对整个动力学模型进行操作,负责分析的工程师需要描述分系统的减缩动力学模型,并且还要规定减缩模型"剩余"的动力自由度数量。通常情况下,减缩的动力学模型是对相关分系统的强制要求。

总体要规定减缩动力学模型的精度要求,尤其需要强调固有频率、模态振型与完整模型或参考模型的误差。需要如下及规定:

减缩模型的固有频率与参考模型计算得到的固有频率偏差在±3%以内。

减缩模型的有效模态质量与参考模型计算得到的有效模态质量偏差在±10%以内。

将振型与质量矩阵进行十字正交性检查,对角元应该大于等于[Ricks 1991]0.95,非对角元应该小于等于0.05。

模态置信水平标准(MAC)矩阵对角元应该大于等于0.95,非对角元应该小于0.1。

有时候会针对从减缩动力模型和参考模型得到响应曲线的误差提出要求。

减缩模型还可以用来进行模态判定、试验模态分析。用减缩模型能够计算测试模态与分析模态之间的正交性。这个减缩模型叫做测试分析模型(TAM) [Kammer 1987]。

在17.3节将进行讨论:

- 静力缩聚方法[Guyan 1968];
- Craig-Bampton(CB)减缩方法[Craig 1968];
- 系统等效减缩扩展方法(SEREP)[Kammer 1987]。

上述所有的减缩方法都是基于里兹方法[Michlin 1962]。本章部分取材于文献[Wijker 2004]。

17.2 静力缩聚方法

通常是通过静力缩聚方法将有限元模型(动力学模型)的动力自由度减少到指定的自由度数目,这种方法通常叫做 Guyan 减缩[Guyan 1968]。一个减缩的模型达到 100 个自由度是合适的。保留的自由度表示为 $\{x_a\}$,舍弃的自由度表示为 $\{x_e\}$。而且,我们在这里假定没有外载荷 $\{F_e\}$。

无阻尼运动方程为

$$[M]\{\ddot{x}\} + [K]\{x\} = \{F\} \tag{17.1}$$

在式(17.1)中,质量阵[M]、刚度阵[K]和位移向量可以写成分块矩阵,即

$$\begin{bmatrix} M_{aa} & M_{ae} \\ M_{ea} & M_{ee} \end{bmatrix} \begin{Bmatrix} \ddot{x}_a \\ \ddot{x}_e \end{Bmatrix} + \begin{bmatrix} K_{aa} & K_{ae} \\ K_{ea} & K_{ee} \end{bmatrix} \begin{Bmatrix} x_a \\ x_e \end{Bmatrix} = \begin{Bmatrix} F_a \\ F_e \end{Bmatrix} = \begin{Bmatrix} F_a \\ 0 \end{Bmatrix} \tag{17.2}$$

式中与 $\{x_a\}$ 自由度对应的惯性力大于与 $\{x_e\}$ 自由度对应的惯性力。大的质量和惯量都放在质量矩阵[M_{aa}]。惯性载荷 $[M_{aa}]\{\ddot{x}_a\}$ 明显大于其它惯性载荷。

$$[M_{ee}]\{\ddot{x}_e\}, [M_{ae}]\{\ddot{x}_e\}, [M_{ea}]\{\ddot{x}_a\} \ll [M_{aa}]\{\ddot{x}_a\} \tag{17.3}$$

对式(17.2)仅保留 $[M_{aa}]\{\ddot{x}_a\}$,因此

$$\begin{bmatrix} M_{aa} & 0 \\ 0 & 0 \end{bmatrix} \begin{Bmatrix} \ddot{x}_a \\ \ddot{x}_e \end{Bmatrix} + \begin{bmatrix} K_{aa} & K_{ae} \\ K_{ea} & K_{ee} \end{bmatrix} \begin{Bmatrix} x_a \\ x_e \end{Bmatrix} = \begin{Bmatrix} F_a \\ F_e \end{Bmatrix} = \begin{Bmatrix} F_a \\ 0 \end{Bmatrix} \tag{17.4}$$

利用与 $\{x_e\}$ 自由度相关的平衡方程,可以建立 $\{x_e\}$ 和 $\{x_a\}$ 的耦合方程,即

$$[K_{ea}]\{x_a\} + [K_{ee}]\{x_e\} = \{0\}. \tag{17.5}$$

在式(17.5)中忽略了惯性载荷。$\{x_e\}$ 可以用 $\{x_a\}$ 表达,即

$$\{x_e\} = -[K_{ee}]^{-1}[K_{ea}]\{x_a\} = [G_{ea}]\{x_a\} \tag{17.6}$$

式(17.6)仅考虑了刚度,所以是静力缩聚。

将总的位移向量 $\{x\}$ 投影到保留自由度 $\{x_a\}$ 上:

$$\{x\} = \begin{Bmatrix} x_a \\ x_e \end{Bmatrix} = \begin{bmatrix} I \\ G_{ea} \end{bmatrix} \{x_a\} = [T_{ea}]\{x_a\} \tag{17.7}$$

动力学系统的总动能是

$$T = \frac{1}{2}\{\dot{x}\}^{\mathrm{T}}[M]\{\dot{x}\} = \frac{1}{2}\{\dot{x}_a\}^{\mathrm{T}}[T_{ea}]^{\mathrm{T}}[M][T_{ea}]\{\dot{x}_a\} \tag{17.8}$$

减缩的质量矩阵是

$$[\overline{M}_{aa}] = [T_{ea}]^{\mathrm{T}}[M][T_{ea}] \tag{17.9}$$

动力学系统的总势能是

$$U = \frac{1}{2}\{x\}^{\mathrm{T}}[K]\{x\} = \frac{1}{2}\{x_a\}^{\mathrm{T}}[T_{ea}]^{\mathrm{T}}[K][T_{ea}]\{x_a\} \tag{17.10}$$

与减缩质量矩阵$[\overline{M}_{aa}]$类似,减缩刚度矩阵$[\overline{K}_{aa}]$为

$$[\overline{K}_{aa}] = [T_{ea}]^{\mathrm{T}}[K][T_{ea}] \tag{17.11}$$

剩余自由度$\{x_a\}$的选择并不随意。选择剩余自由度应该使模态振型的描述尽可能好。与大质量连接的自由度应该保留。下列数学表达式可以作为选择$\{x_a\}$自由度的指导准则。至少,选择的自由度应满足

$$\frac{1}{2\pi}\sqrt{\frac{k_{ii}}{m_{ii}}} \leqslant 1.5 f_{\max} \tag{17.12}$$

式中:k_{ii}为刚度矩阵$[K]$的对角元,既有平动自由度也有转动自由度;m_{ii}为质量矩阵$[M]$的对角元,同样也既有平动自由度也有转动自由度;$f_{\max}$为分析所关注的最大频率。

Allen在[Allen 1993]描述了一种或多或少具有自动处理特征的方法来选择分析自由度$\{x_a\}$,不过事实上它还是基于式(17.12)的。

减缩的特征值问题可以写为

$$\{[\overline{M}_{aa}] - \boldsymbol{\lambda}_a[\overline{K}_{aa}]\}\{\boldsymbol{\phi}_a\} = 0 \tag{17.13}$$

式中:$\{\boldsymbol{\phi}_a\}$为减缩特征值问题的特征向量;$\boldsymbol{\lambda}_a$为与特征向量(振型)$\{\boldsymbol{\phi}_a\}$对应的特征值。

利用式(17.7)可得到对应的属于全体自由度集合的特征向量:

$$[\boldsymbol{\varPhi}_{\mathrm{GR}}] = \begin{bmatrix} \boldsymbol{\varPhi}_a \\ \boldsymbol{\varPhi}_e \end{bmatrix} = \begin{bmatrix} I \\ G_{ea} \end{bmatrix} [\boldsymbol{\varPhi}_a] \tag{17.14}$$

式中:$\{\boldsymbol{\varPhi}_e\}$为舍弃自由度相关的特征向量;$[G_{ea}]$就是在式(17.6)里定义的转换矩阵。

算例

图17.1是10自由度的弹簧质量系统,用来演示静力缩聚方法。已知常数$m=1$和$k=100000$。动力系统的x_{10}固定。

系统矩阵如下:

$$[M] = m \begin{bmatrix} 1 & 0 & 0 & 0 & 0 & 0 & 0 & 0 & 0 & 0 \\ 0 & 1 & 0 & 0 & 0 & 0 & 0 & 0 & 0 & 0 \\ 0 & 0 & 1 & 0 & 0 & 0 & 0 & 0 & 0 & 0 \\ 0 & 0 & 0 & 1 & 0 & 0 & 0 & 0 & 0 & 0 \\ 0 & 0 & 0 & 0 & 1 & 0 & 0 & 0 & 0 & 0 \\ 0 & 0 & 0 & 0 & 0 & 2 & 0 & 0 & 0 & 0 \\ 0 & 0 & 0 & 0 & 0 & 0 & 4 & 0 & 0 & 0 \\ 0 & 0 & 0 & 0 & 0 & 0 & 0 & 3 & 0 & 0 \\ 0 & 0 & 0 & 0 & 0 & 0 & 0 & 0 & 3 & 0 \\ 0 & 0 & 0 & 0 & 0 & 0 & 0 & 0 & 0 & 3 \end{bmatrix},$$

$$[K] = k \begin{bmatrix} 1 & -1 & 0 & 0 & 0 & 0 & 0 & 0 & 0 & 0 \\ -1 & 3 & 0 & 0 & 0 & 0 & -2 & 0 & 0 & 0 \\ 0 & 0 & 3 & -1 & 0 & 0 & -2 & 0 & 0 & 0 \\ 0 & 0 & -1 & 1 & 0 & 0 & 0 & 0 & 0 & 0 \\ 0 & 0 & 0 & 0 & 1 & -1 & 0 & 0 & 0 & 0 \\ 0 & 0 & 0 & 0 & -1 & 3 & -2 & 0 & 0 & 0 \\ 0 & -2 & -2 & 0 & 0 & -2 & 9 & -3 & 0 & 0 \\ 0 & 0 & 0 & 0 & 0 & 0 & -3 & 6 & -3 & 0 \\ 0 & 0 & 0 & 0 & 0 & 0 & 0 & -3 & 7 & -4 \\ 0 & 0 & 0 & 0 & 0 & 0 & 0 & 0 & -4 & 4 \end{bmatrix}$$

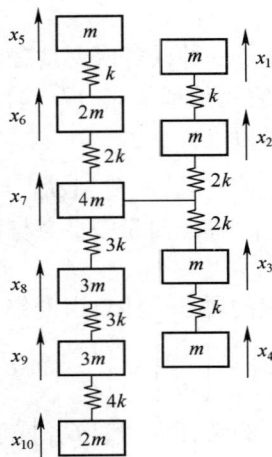

图 17.1　10 自由度弹簧质量动力学系统

计算得到的固有频率 $\{f\}$（Hz）是

$$\{f\} = [14.25, 36.69, 38.52, 47.43, 63.69, 75.91, 90.25, 93.00, 106.51]^T。$$

对前四个模态 $[\Phi]$ 归一化，即

$$[\Phi]^T[M][\Phi] = [I] \text{ 和 } [\Phi]^T[K][\Phi] = <\omega^2> = <(2\pi f)^2>$$

$$[\Phi] = \begin{bmatrix} 0.3064 & -0.3878 & -0.6533 & -0.3762 \\ 0.2819 & -0.1817 & -0.2706 & -0.0421 \\ 0.2819 & -0.1817 & 0.2706 & -0.0421 \\ 0.3064 & -0.3878 & 0.6533 & -0.3760 \\ 0.3204 & 0.6591 & 0 & -0.3327 \\ 0.2948 & 0.3088 & 0 & -0.0373 \\ 0.2583 & -0.0304 & 0 & 0.1435 \\ 0.17750 & -0.0333 & 0 & 0.3417 \\ 0.0777 & -0.0185 & 0 & 0.2364 \\ 0 & 0 & 0 & 0 \end{bmatrix}$$

194

选择予以保留的自由度为 $\{x_a\} = [x_1, x_2, x_3, x_4]$。

求解减缩特征值问题（（17.13）式）得到固有频率 $\{f_a\}$ 为

$$\{f_a\} = [14.39, 37.86, 38.98, 52.98]^{\mathrm{T}}$$

对模态振型 $[\Phi_{\mathrm{GR}}]$ 进行归一化，即 $[\Phi_{\mathrm{GR}}]^{\mathrm{T}}[M][\Phi_{\mathrm{GR}}] = [I]$。

为了对比缩聚模型动力学特性和原有完整模型或参考模型的差异，可以比较它们的固有频率，当然还有振型。要这么做首先应将减缩模型（4 自由度）的振型扩展为完整的 10 自由度。

$$[\Phi_{\mathrm{GR}}] = \begin{bmatrix} 0.3134 & -0.4059 & -0.6708 & -0.4390 \\ 0.2802 & -0.1483 & -0.2236 & 0.0347 \\ 0.2802 & -0.1483 & 0.2236 & 0.0347 \\ 0.3134 & -0.4059 & 0.6708 & -0.4390 \\ 0.3269 & 0.7217 & 0 & -0.4577 \\ 0.2846 & 0.2276 & 0 & 0.0285 \\ 0.2635 & -0.0195 & 0 & 0.2716 \\ 0.1677 & -0.0124 & 0 & 0.1728 \\ 0.0719 & -0.0053 & 0 & 0.0741 \\ 0 & 0 & 0 & 0 \end{bmatrix}$$

可以采用三种方法比较减缩模型和完整动力模型：模态置信度标准、归一化十字正交矩阵[Friswell 1995, Maia 1997]和十字正交法[Ricks 1991]。

模态置信度标准（MAC）。MAC 的绝对值在 0 和 1 之间。值为 1 表示一个振型和另一个的振型完全相同。MAC 矩阵定义为 $MAC = \dfrac{([\Phi]^{\mathrm{T}}[\Phi_{\mathrm{GR}}])^2}{([\Phi]^{\mathrm{T}}[\Phi])([\Phi_{\mathrm{GR}}]^{\mathrm{T}}[\Phi_{\mathrm{GR}}])}$。

归一化十字正交（NCO）。NCO 的绝对值在 0 和 1 之间。值为 1 意味着一个振型是另一个振型的倍数。本质上这其实是一种改进的 MAC 方法。

$$NCO = \frac{([\Phi]^{\mathrm{T}}[M][\Phi_{\mathrm{GR}}])^2}{([\Phi]^{\mathrm{T}}[M][\Phi_{\mathrm{GR}}])([\Phi_{\mathrm{GR}}]^{\mathrm{T}}[M][\Phi_{\mathrm{GR}}])}$$

十字正交检查。$[C] = [\Phi]^{\mathrm{T}}[M][\Phi_{\mathrm{GR}}]$，$[\Phi]^{\mathrm{T}}[M][\Phi] = <I>$。$[\Phi_{\mathrm{GR}}]^{\mathrm{T}}[M][\Phi_{\mathrm{GR}}]$ 主对角元是 1。MAC 为

$$MAC = \frac{([\Phi]^{\mathrm{T}}[\Phi_{\mathrm{GR}}])^2}{([\Phi]^{\mathrm{T}}[\Phi])([\Phi_{\mathrm{GR}}]^{\mathrm{T}}[\Phi_{\mathrm{GR}}])}$$

$$= \begin{bmatrix} 0.9980 & -0.0052 & 0.0000 & 0.0251 \\ -0.0017 & 0.9897 & 0.0000 & -0.0699 \\ 0.0000 & -0.0006 & 0.9950 & 0.0000 \\ -0.0540 & 0.0459 & 0.0000 & 0.8054 \end{bmatrix}$$

NCO 为

$$NCO = \frac{([\Phi]^{\mathrm{T}}[M][\Phi_{\mathrm{GR}}])^2}{[\Phi]^{\mathrm{T}}[M][\Phi]([\Phi_{\mathrm{GR}}]^{\mathrm{T}}[M][\Phi_{\mathrm{GR}}])}$$

$$= \begin{bmatrix} 0.9995 & 0.0002 & 0.0000 & -0.0013 \\ -0.0004 & 0.9775 & 0.0000 & -0.0194 \\ 0.0000 & 0.0000 & 0.9950 & 0.0000 \\ -0.0019 & 0.0612 & 0.0000 & 0.7444 \end{bmatrix}$$

最后十字正交矩阵为

$$[C] = [\Phi]^{\mathrm{T}}[M][\Phi_{\mathrm{GR}}] = \begin{bmatrix} -0.9996 & 0.0052 & 0.0000 & -0.0092 \\ -0.0004 & 0.9888 & 0.0000 & -0.0105 \\ 0.0003 & 0.0000 & -0.9975 & 0.0000 \\ -0.00151 & 0.0330 & 0.0000 & 0.8629 \end{bmatrix}$$

MAC 矩阵、NCO 矩阵和十字杂交矩阵 $[C]$ 表明了减缩动力模型与参考模型模态振型之间的相关性。非对角元素表示相关模态之间的耦合作用。减缩动力学模型和参考动力学模型的前三阶模态相关性很好,但减缩模型的第四阶模态与完整模型的第四阶模态相关性就略逊一筹了。

算例结束

17.3　Craig-Bampton 减缩模型

Craig-Bampton 方法的讨论可参见 [Craig 1968] 和其它出版物。它是减缩动力模型(有限元模型)自由度规模的最好方法。无阻尼运动方程就是式(17.1):

$$[M]\{\ddot{x}\} + [K]\{x\} = \{F(t)\}$$

用指标 j 表示外部或边界自由度,指标 i 表示内部自由度。矩阵方程 (17.1)式采用分块矩阵表示:

$$\begin{bmatrix} M_{ii} & M_{ij} \\ M_{ji} & M_{jj} \end{bmatrix} \begin{Bmatrix} \ddot{x}_i \\ \ddot{x}_j \end{Bmatrix} + \begin{bmatrix} K_{ii} & K_{ij} \\ K_{ji} & K_{jj} \end{bmatrix} \begin{Bmatrix} x_i \\ x_j \end{Bmatrix} = \begin{Bmatrix} F_i \\ F_j \end{Bmatrix} \quad (17.15)$$

在 [Craig 1968] 中提出以静力模态或约束模态 $[\Phi_s]$($\{x_j\} = [I]$),弹性模态 $[\Phi_p]$(固定外部自由度,即 $\{x_j\} = \{0\}$,解特征值问题($[K_{ii}] - \langle \lambda_p \rangle [M_{ii}])[\Phi_{ii}] = [0]$ 得到的特征向量)为基描述位移向量 $\{x(t)\}$。可以将 $\{x\}$ 表示为

$$\{x\} = [\Phi_s]\{x_j\} + [\Phi_p]\{\eta_p\} = [\Phi_s, \Phi_p] \begin{Bmatrix} x_j \\ \eta_p \end{Bmatrix} = [\psi]\{X\} \quad (17.16)$$

要得到静力模态,可假定无惯性载荷,即 $\{F_i\} = \{0\}$,然后设定边界自由度

轮流取单位位移,即$\{x_j\} = \{I\}$①。可以将式(17.15)写成

$$\begin{bmatrix} K_{ii} & K_{ij} \\ K_{ji} & K_{jj} \end{bmatrix} \begin{Bmatrix} x_i \\ x_j \end{Bmatrix} = \begin{Bmatrix} 0 \\ R_j \end{Bmatrix} \tag{17.17}$$

从式(17.17)的第一个方程,可以看到对$\{x_i\}$有

$$[K_{ii}]\{x_i\} + [K_{ij}][x_j] = 0 \tag{17.18}$$

得到

$$\{x_i\} = -[K_{ii}]^{-1}[K_{ij}]\{x_j\} \tag{17.19}$$

因此

$$[\Phi_{ij}] = -[K_{ii}]^{-1}[K_{ij}][I] = -[K_{ii}]^{-1}[K_{ij}] \tag{17.20}$$

从$\{x_j\}$到$\{x\}$的静力变换关系为

$$\{x\} = \begin{Bmatrix} x_i \\ x_j \end{Bmatrix} = \begin{bmatrix} \Phi_{ij} \\ I \end{bmatrix}\{x_j\} = [\Phi_s]\{x_j\} \tag{17.21}$$

如果固定外部自由度,即$\{x_j\} = \{0\}$。假定内部自由度做正弦运动$x(t) = X(\omega)\mathrm{e}^{j\omega t}$,特征值问题可表述为

$$([K_{ii}] - \lambda_{i,p}[M_{ii}])\{X(\lambda_{i,p})\} = \{0\} \tag{17.22}$$

或者更为一般的,即

$$([K_{ii}] - \langle\lambda_i\rangle[M_{ii}])[\Phi_{ip}] = \{0\} \tag{17.23}$$

内部自由度$\{x_j\}$就可以投影到正交模态振型(矩阵)$[\Phi_{ip}]$上,即

$$\{x_i\} = [\Phi_{ip}][\eta_p] \tag{17.24}$$

模态变换为

$$\{x\} = \begin{Bmatrix} x_i \\ x_j \end{Bmatrix} = \begin{bmatrix} \Phi_{ip} \\ 0 \end{bmatrix}\{\eta_p\} = [\Phi_p]\{\eta_p\} \tag{17.25}$$

所以 Craig–Bampton(CB)变换矩阵就是式(17.16)。

$$\{x\} = [\Phi_s, \Phi_p]\begin{Bmatrix} x_j \\ \eta_\rho \end{Bmatrix} = [\Psi]\{X\}$$

式中:

$[\Phi_s]$为静力或约束模态;$[\Phi_p]$为模态矩阵;$\{x_j\}$为外部或边界自由度;$\{\eta_p\}$为广义坐标。

一般情况下,广义坐标数明显少于自由度总数,即$n = i+j, p \leqslant n$。

因为相邻结构的作用,约束模态会以静力方式向结构中引入位移。弹性模态则引入结构内部的动力效应。

---

① 其实这里的表示方式是存在问题的,在边界自由度位移轮流取1(其它边界自由度位移取0)得到的是与边界自由度数量相等的位移向量,这些位移向量放在一起才构成单位矩阵。原著中直接把一个矩阵(方括号表示)赋给向量(大括号表示),明显不合理,不过应该不影响读者的理解。——译者

将 CB 转换,即式(17.16)代入式(17.1),有

$$[\Psi]^T[M][\Psi]\{\ddot{X}\} + [\Psi]^T[K][\Psi]\{X\} = [\Psi]^T\{F(t)\} \qquad (17.26)$$

更进一步分析,可得到

$$\begin{bmatrix} \widetilde{M}_{jj} & M_{jp} \\ M_{pj} & \langle m_p \rangle \end{bmatrix} \begin{Bmatrix} \ddot{x}_j \\ \ddot{\eta}_p \end{Bmatrix} + \begin{bmatrix} \widetilde{K}_{jj} & K_{jp} \\ K_{pj} & \langle k_p \rangle \end{bmatrix} \begin{Bmatrix} x_j \\ \eta_p \end{Bmatrix} = \begin{bmatrix} \Phi_{ij} & \Phi_p \\ I & 0 \end{bmatrix}^T \begin{Bmatrix} F_i \\ F_j \end{Bmatrix} \qquad (17.27)$$

式中:$[\widetilde{M}_{jj}]$ 为 Guyan 减缩质量矩阵(j 集);$[\widetilde{K}_{jj}]$ 为 Guyan 减缩刚度矩阵(j 集);$\langle m_p \rangle$ 为广义质量对角阵,$\langle m_p \rangle = [\Phi_p]^T[M][\Phi_p]$;$\langle k_p \rangle$ 为广义刚度对角阵,$\langle k_p \rangle = [\Phi_p]^T[K][\Phi_p] = \langle \lambda_p \rangle \langle m_p \rangle$;$[K_{ip}] = [\Phi_{ij}]^T[K_{ii}][\Phi_p] + [K_{ji}][\Phi_p] = (-[K_{ij}]^T[K_{ii}]^{-1}[K_{ii}] + [K_{ji}])[\Phi_p] = [0]$(利用(17.20)式);$[K_{pi}] = [K_{ip}]^T = [0]$。

所以式(17.27)变为

$$\begin{bmatrix} \widetilde{M}_{jj} & M_{jp} \\ M_{pj} & \langle m_p \rangle \end{bmatrix} \begin{Bmatrix} \ddot{x}_j \\ \ddot{\eta}_p \end{Bmatrix} + \begin{bmatrix} \widetilde{K}_{jj} & 0 \\ 0 & <k_p> \end{bmatrix} \begin{Bmatrix} x_j \\ \eta_p \end{Bmatrix} = \begin{bmatrix} \Phi_{ij} & \Phi_p \\ I & 0 \end{bmatrix}^T \begin{Bmatrix} F_i \\ F_j \end{Bmatrix} \qquad (17.28)$$

最后

$$[M_{CB}]\{\ddot{X}\} + [K_{CB}]\{X\} = [\Psi]^T\{F\}, \qquad (17.29)$$

式中:$\{M_{CB}\}$ 为 CB 减缩质量矩阵;$[K_{CB}]$ 为 CB 减缩刚度矩阵。

CB 矩阵为 $j+p$ 阶方阵。式(17.29)常用于组件模态综合法(动态子结构法)。

CB 减缩技术的精度非常让人满意,具体讨论可参见[Claessens 1996]。

17.4　系统等效减缩扩展方法(SEREP)

SEREP 由[Kammer 1987]提出。该方法是基于计算模态振型的分块处理和矩阵的伪逆计算。

将位移向量 $x(t)$ 向模态矩阵 $[\Phi]$ 投影。保留模态数 m 远小于总自由度 n,即 $m \ll n$。位移向量可以写成

$$x(t) = [\Phi]\{\eta(t)\} \qquad (17.30)$$

式中,$\{\eta(t)\}$ 为广义坐标向量。

位移向量 $x(t)$ 可以分成两部分。保留自由度的集合用 a 表示,删除的集合用 e 表示。因此

$$\begin{Bmatrix} x_a \\ x_e \end{Bmatrix} = \begin{bmatrix} \Phi_a \\ \Phi_e \end{bmatrix} \{\eta\} \qquad (17.31)$$

用 $\{x_a\}$ 表示 $\{x\}$,如下:

$$\begin{Bmatrix} x_a \\ x_e \end{Bmatrix} = \begin{bmatrix} I \\ T_{ea} \end{bmatrix} \{x_a\} = [T_{Kammer}]\{x_a\} \qquad (17.32)$$

a 集合的位移向量 $\{x_a\}$ 可以写成

$$\{x_a\} = [\Phi_a]\{\eta\} \qquad (17.33)$$

用 $\{x_a\}$ 表示广义坐标 $\{\eta\}$，然而矩阵 $[\Phi_a]$ 不是方阵，其逆不存在。将式(17.33)两边同时乘以 $[\Phi_a]^T$，因此

$$[\Phi_a]^T\{x_a\} = [\Phi_a]^T[\Phi_a]\{\eta\} \qquad (17.34)$$

矩阵 $[\Phi_a]^T[\Phi_a]$ 是方阵，通常非奇异，其逆是存在的。广义坐标 $\{\eta\}$ 就可以用 $\{x_a\}$ 表达：

$$\{\eta\} = ([\Phi_a]^T[\Phi_a])^{-1}[\Phi_a]^T\{x_a\} \qquad (17.35)$$

矩阵 $([\Phi_a]^T[\Phi_a])^{-1}[\Phi_a]^T$ 叫做模态矩阵 $[\Phi_a]$ 的伪逆矩阵，即

$$[\Phi_a]^{-1} = ([\Phi_a]^T[\Phi_a])^{-1}[\Phi_a]^T \qquad (17.36)$$

删除自由度的位移向量 $\{x_e\}$ 可用保留自由度 $\{x_a\}$ 表达，由式(17.31)可以得

$$\{x_e\} = [\Phi_e]\{\eta\} \qquad (17.37)$$

利用式(17.35)可以得到

$$\{x_e\} = [\Phi_e]([\Phi_a]^T[\Phi_a])^{-1}[\Phi_a]^T\{x_a\} = [T_{ea}]\{x_a\} \qquad (17.38)$$

由式(17.32)，完整的位移向量 $\{x\}$ 可以表示为

$$\begin{Bmatrix} x_a \\ x_e \end{Bmatrix} = \begin{bmatrix} I \\ [\Phi_e]([\Phi_a]^T[\Phi_a])^{-1}[\Phi_a]^T \end{bmatrix} \{x_a\} = \begin{bmatrix} 1 \\ T_{ea} \end{bmatrix} \{x_a\} = [T_{Kammer}]\{x_a\}$$

$$(17.39)$$

减缩质量矩阵 $[M_{SEREP}]$ 变为

$$[M_{SEREP}] = [T_{Kammer}]^T[M][T_{Kammer}] \qquad (17.40)$$

与减缩质量矩阵类似，减缩刚度矩阵为

$$[K_{SEREP}] = [T_{Kammer}]^T[K][T_{Kammer}] \qquad (17.41)$$

SEREP 减缩方法给出了"物理"的减缩矩阵。通常情况下，保留的自由度 $\{x_a\}$ 与测试的位置和测试方向保持一致。

算例

针对图 17.1，选择保留自由度 $\{x_a\} = [x_1, x_4, x_5, x_7]^T$，考虑第一阶与第二阶模态，利用 SEREP 方法完成模型减缩。

对模态 $[\Phi]$ 归一化处理，使之满足

$[\Phi]^T[M][\Phi] = [I]$ 和 $[\Phi]^T[K][\Phi] = <\omega^2> = <(2\pi f)^2>$。

即

$$[\Phi] = \begin{bmatrix} 0.3064 & -0.3878 \\ 0.2819 & -0.1817 \\ 0.2819 & -0.1817 \\ 0.3064 & -0.3878 \\ 0.3204 & 0.6591 \\ 0.2948 & 0.3088 \\ 0.2583 & -0.0304 \\ 0.1750 & -0.0333 \\ 0.0777 & -0.0185 \\ 0 & 0 \end{bmatrix}$$

减缩模型的前两阶固有频率为

$$\{f_a\} = [14.25, 36.69]^T$$

前四个固有频率都可以算出来,但是第三、四阶频率没有物理意义。我们只考虑完整参考模型的前两个模态。

根据式(17.38)可计算$[T_{ea}]$,其中[1]

$$[\Phi_a] = \begin{bmatrix} 0.3064 & -0.3878 \\ 0.3064 & -0.3878 \\ 0.3204 & 0.6591 \\ 0.2583 & -0.0304 \end{bmatrix} \quad (从上至下依次为1、4、5、7自由度)$$

$$[\Phi_e] = \begin{bmatrix} 0.2819 & -0.1817 \\ 0.2819 & -0.1817 \\ 0.2948 & 0.3088 \\ 0.1750 & -0.0333 \\ 0.0777 & -0.0185 \\ 0 & 0 \end{bmatrix} \quad (从上至下依次为2、3、6、8、9、10自由度)$$

得到

$$[T_{ea}] = \begin{bmatrix} 0.3175 & 0.3175 & 0.1073 & 0.2051 \\ 0.3175 & 0.3175 & 0.1073 & 0.2051 \\ 0.0881 & 0.0881 & 0.5819 & 0.2106 \\ 0.1582 & 0.1582 & 0.1415 & 0.1267 \\ 0.0721 & 0.0721 & 0.0593 & 0.0563 \\ 0.0000 & 0.0000 & 0.0000 & 0.0000 \end{bmatrix} \quad (从上至下依次为2、3、6、8、$$

9、10自由度)

利用$[\Phi_{SEREP}] = \begin{bmatrix} I \\ T_{ea} \end{bmatrix}[\Phi_a]$得到$[\Phi_{SEREP}]$,要注意$\begin{bmatrix} I \\ T_{ea} \end{bmatrix}$矩阵从上到下依

---

[1] 本算例中计算$[\Phi_{SEREP}]$过程为泽者所加。——译者

次对应 1、4、5、7、2、3、6、8、9、10 自由度,为了与原有参考模型的模态$[\Phi]$对比,需要对$[\Phi_{SEREP}]$的行作重新排列,使之从上到下按照 1~10 自由度顺序。

对模态$[\Phi_{SEREP}]$进行归一化处理,即$[\Phi_{SEREP}]^T[M][\Phi_{SEREP}]=[I]$,得到

$$[\Phi_{SEREP}] = \begin{bmatrix} -0.3064 & -0.3878 \\ -0.2819 & -0.1817 \\ -0.2819 & -0.1817 \\ -0.3064 & -0.3878 \\ -0.3204 & 0.6591 \\ -0.2948 & 0.3088 \\ -0.2583 & -0.0304 \\ -0.1750 & -0.0333 \\ -0.0777 & -0.0185 \\ 0 & 0 \end{bmatrix}$$

MAC 矩阵以及改进的 MAC 矩阵为

$$MAC = \frac{([\Phi]^T[\Phi_{SEREP}])^2}{([\Phi]^T[\Phi])([\Phi_{SEREP}]^T[\Phi_{SEREP}])} = \begin{bmatrix} 1.0000 & -0.0003 \\ -0.0006 & 1.0000 \end{bmatrix}$$

和

$$NCO = \frac{([\Phi]^T[M][\Phi_{SEREP}])^2}{[\Phi]^T[M][\Phi]([\Phi]_{SEREP}]^T[M][\Phi_{SEREP}])} = \begin{bmatrix} 1.0000 & -0.0004 \\ -0.0004 & 1.0000 \end{bmatrix}$$

可见减缩模型的前两阶模态(与前两个模态频率对应)与完整参考模型的前两阶模态吻合良好。

算例结束

17.5 结 论

减缩动力模型也可以用于模态测试、试验模态分析。减缩模型保留的自由度与试验测试密切相关。减缩模型可以用来计算测试模态与分析模态之间的正交性,此时减缩模型也叫作实验分析模型(TAM)[Kammer 1987]。可以生成 TAM 的减缩方法包括:

静力缩聚技术[Guyan 1968];

系统等效减缩扩展方法(SEREP)[Kammer 1987]。

至于其它方法如:Graig-Bampton (CB)减缩方法[Craig 1968]。

生成的是混合的减缩数学动力模型,将包含与物理自由度相关的自由度,也包含数学意义上的(广义)自由度,不能生成 TAM。

17.6 练　习

17.6.1 减缩有限元模型

简支梁中部有一个弹性支撑点，建立质量阵和刚度阵以展开进一步研究 [Genta 1995]。系统示意图参见图 17.2。

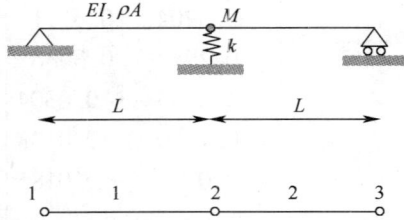

图 17.2　系统示意图，两个梁单元的有限元模型

每个节点有两个自由度：线位移(挠度)w 和转角 φ，每个梁单元(记号为 i)有四个自由度[$w_{i+1}, \varphi_{i+1}, w_{i+2}, \varphi_{i+2}$]。梁的质量和刚度矩阵为[Cook 1989]

$$[M] = \frac{\rho AL}{420}\begin{bmatrix} 156 & 22L^2 & 54 & -13L \\ 22L^2 & 4L^2 & 13L & -3L^2 \\ 54 & 13L & 156 & -22L \\ -13L & -3L^2 & -22L & 4L^2 \end{bmatrix}, [K] = \frac{EI}{L^3}\begin{bmatrix} 12 & 6L & -12 & 6L \\ 6L & 4L^2 & -6L & 2L^2 \\ -12 & -6L & 12 & -6L \\ 6L & 2L^2 & -6L & 4L^2 \end{bmatrix}$$

无约束情况下系统自由度为 7 个。两个单元之间通过铰链连接，允许在节点 2 上有不同的转角。

通过 Guyan 减缩技术将模型自由度数量降为 1 个，即节点 2 上的位移[①]。计算减缩系统的固有频率(Hz)。

17.6.2 10 自由度动态模型的减缩

图 17.3 是一个 10 自由度的弹簧质量系统。已知常数 $m = 50\text{kg}$ 和 $k = 5 \times 10^9\text{N/m}$。动态系统自由度 x_{10} 固定。

- 计算完整系统的模态特性(固有频率、振动模态、模态有效质量)。
- 使用静力缩聚方法计算减缩动力学模型的模态，保留的物理自由度为 x_1、x_4、x_5、x_7、x_9、x_{10}。

——计算系统的模态特性(x_{10} 固定)。

---

① 节点 2 的位移应该包含挠度和转角，原著未说明选择哪一个作为减缩保留的自由度，此处应理解为线位移即挠度。——译者

● 使用 SEREP 方法计算减缩动力学模型的模态,保留的物理自由度为 x_1、x_4、x_5、x_7、x_9、x_{10}。

——计算系统的模态特性(x_{10} 固定)。

● 使用 CB 法计算减缩动力学模型的模态,保留物理自由度为 x_{10} 和四个数学广义坐标 $\{\eta_p\}$(模态)。

——计算系统的模态特性(x_{10} 固定)。

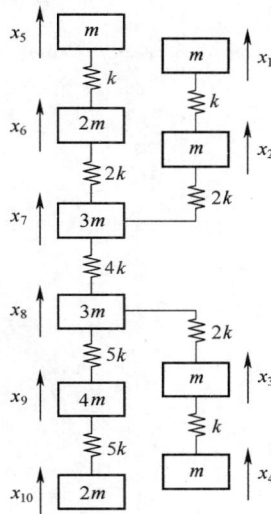

图 17.3　10 自由度弹簧质量系统

参 考 文 献

Allen,T. , April 1991, *Automatic ASET Selection for Dynamic Analysis*, Twenty – first NASTRAN User's conference,NASA CP-2303,pages 175-181.

Claessens, G. J. T. J. , Wijker, J. J. , March 1996, *The Accuracy of Reduced Component Models*, Proc. Int. Conf. : 'Spacecraft Structures and Mechanical Testing', Noordwijk TheNetherlands, ESA SP-386,pages 533-547.

Cook,R. D. ,Malkus,D. S. ,Plesha,E. ,M. ,1989,*Concepts and Applications of Finite Element Analysis*,Third Edition,ISBN 0-471-84788-7,John Wiley.

Craig,R. R. , Jr. , Bampton, M. C. C. , July 1968, *Coupling of Substructures for Dynamic Analysis*, AIAA Joumal, Vol. 6,NO. 7,pages 1313-1319.

Friswell,M. I. , Mottershead, J. E. , 1995, *Finite Element Updating in structural Dynamics*, Kluwer, ISBN 0-7923-3431-0.

Genta,G. ,1995,*Vibration of Structures and Machines*,*Practical Asspects*,Second Edition,ISBN 0-387-94403-6,Springer Verlag.

Guyan, R. J., 1968, *Reduction of Stiffness and Mass Matrices*, AIAA Journal, Vol. 3, No. 2, page 380.

Kammer, D. C., October 1987, *Test-Analysis-Model Development using an Exact Modal Reduction*, Journal of Modal Analysis, pages 174–179.

Maia, M. M. M., Silva, J. M. M., 1997, *Theoretical and Experimental Modal Analysis*, John Wiley, ISBN 0 47197067 0.

Michlin, S. C., 1962, *Variationmethoden der Mathematischen Physik*, Akademie-Verlag, Berlin.

Ricks, E. G., 1991, *Guidelines for Loads Analyses and Dynamic Verification of Shuttle Cargo Elements*, NASA-MSFC-HDBK-1974.

Wijker, J. J., 2004, *Mechanical Vibrations in Spacecraft Design*, Springer, ISBN 3-54-40530-5.

第18章
动态子结构，组件模态综合

18.1 引　　言

如果组件（子结构）用模态位移法（MDM）描述，且要通过普通边界条件 $\{x_b\}$ 耦合以实现完整模型（即子结构的组合模型）的动力学分析（例如模态分析、响应分析等），组件模态综合（the Component Mode Synthesis，CMS）[Hintz 1975] 或模态耦合技术 [Maia 1997] 就有用武之地了。CMS 方法仅适用于线性结构。另外，一些组件在模态特性测试时结合了有限元减缩模型，CMS 方法也可用于这些组件。在公开的文献中，能查到很多有关 CMS 的论文和报告，例如 [Craig 1968，Craig 1976，Craig 1977，MacNeal 1971，Craig 2000]。

一般情况下，组件或子结构就是结构中具备独立功能的部分[①]（如航天器的主结构、太阳阵、天线和大型设备等）。

在过去，因为计算机能力的限制，CMS 方法用来大幅削减模型自由度的数量。发展到今天，计算机能力的限制可能不再是问题。但是，CMS 方法仍然广受欢迎。分系统研制方把减缩的有限元动力模型提交给总体，由总体把这些模型添加（综合）到航天器动力学模型中进行整体的动力学分析。另外，把减缩的航天器有限元模型放到运载火箭顶部进行星箭耦合分析（the Coupled Dynamic Load Analysis，CDLA）操作上与其是相同的。通常情况下，运载火箭的动力学有限元模型也是减缩模型。

子结构动力学特性可能需要通过试验获得，也可能需要将其和其它子系统的动力学模型耦合。

因此，还是有很多需要使用 CMS 方法的场合。

为了进行动力学分析，可以通过 MDM 方法缩减组件模型的自由度。通常将物理自由度 $\{x\}$ 用不太多的保留模态（模态向量）进行描述，即

---

① 此处按照国内约定成熟的看法来定义，与原著有所不同，但不影响对全篇的理解。——译者

$$\{x\} = [\Phi]\{\eta\} \qquad (18.1)$$

式中：$\{x\}$ 的模态基 $[\Phi]$ 由保留模态组成；η 为广义坐标(或主坐标)。

广义坐标的数量(或保留模态的个数)通常要远小于物理自由度 $\{x\}$ 的数量。

本章将介绍 CMS 方法，还有一些方法也要进一步讨论。我们假定组件都是无阻尼的，但是在后面进行综合的时候，引入了模态阻尼比。

这一章部分内容取材于[Wijker 2004]。

18.2　CMS 方法

本章介绍三种 CMS 方法：

Craig – Bampton 固定界面方法；

可改善精度的自由界面方法；

一般 CMS 方法，是固定界面和自由界面结合的 CMS 方法。

18.2.1　Craig-Bampton 固定界面方法

固定界面方法(Craig – Bampton method)在几个公开出版物中已有讨论[Craig 1968，Craig 1977，Craig 1981，Craig 2000，Gordon 1999]，是 CMS 的常用方法之一。

一般的无阻尼运动方程是

$$[M]\{\ddot{x}\} + [K]\{x\} = \{F\} \qquad (18.2)$$

以指标 b 表示外部和边界自由度，指标 i 表示内部自由度。矩阵运动方程可以分块形式表示，即

$$\begin{bmatrix} M_{ii} & M_{ib} \\ M_{bi} & M_{bb} \end{bmatrix} \begin{Bmatrix} \ddot{x}_i \\ \ddot{x}_b \end{Bmatrix} + \begin{bmatrix} K_{ii} & K_{ib} \\ K_{bi} & K_{bb} \end{bmatrix} \begin{Bmatrix} x_i \\ x_b \end{Bmatrix} = \begin{Bmatrix} F_i \\ F_b \end{Bmatrix} \qquad (18.3)$$

[Craig 1968]提出以静力或约束模态 $[\Phi_c]$(x_b 各个自由度位移轮流取 1，同时其它自由度取 0 作为基，即 $\{x_b\}$ 遍历 $[I]$ 的列向量)和弹性模态 $[\Phi_i]$(固定外部自由度即 $\{x_b\} = \{0\}$，解特征值问题($[K_{ii}] - <\lambda_p>[M_{ii}]$[$\Phi_{ii}$] = [0]得到的特征向量)为基表示 $\{x(t)\}$。$\{x\}$ 可以写为

$$\{x\} = [\Phi_c]\{x_b\} + [\Phi_i]\{\eta_i\} = [\Phi_c, \Phi_i]\begin{Bmatrix} x_b \\ \eta_i \end{Bmatrix} \qquad (18.4)$$

要得到静力模态，可假定无惯性载荷，即 $\{f_i\} = \{0\}$，然后设定边界自由度轮流取单位位移，即 $\{x_b\} = \{I\}$ [①]。可以将式(18.3)写成

---

① 在第 17 章对 CB 方法的介绍中已经指出这里的表示方式是存在问题的。——译者

$$\begin{bmatrix} K_{ii} & K_{ib} \\ K_{bi} & K_b \end{bmatrix} \begin{Bmatrix} x_i \\ x_b \end{Bmatrix} = \begin{Bmatrix} 0 \\ R_b \end{Bmatrix} \tag{18.5}$$

从式(18.5)的第一个方程,可以看到对$\{x_i\}$有

$$[K_{ii}]\{x_i\} + [K_{ib}][x_b] = 0 \tag{18.6}$$

得到

$$\{x_i\} = -[K_{ii}]^{-1}[K_{ib}]\{x_b\} \tag{18.7}$$

因此

$$[\boldsymbol{\Phi}_{ib}] = -[K_{ii}]^{-1}[K_{ib}][I] = -[K_{ii}]^{-1}[K_{ib}] \tag{18.8}$$

从$\{x_b\}$到$\{x\}$的静力变换关系为

$$\{x\} = \begin{Bmatrix} x_i \\ x_b \end{Bmatrix} = \begin{bmatrix} \boldsymbol{\Phi}_{ib} \\ I \end{bmatrix} \{x_b\} = [\boldsymbol{\Phi}_c]\{x_b\} \tag{18.9}$$

如果固定外部自由度,即$\{x_b\} = \{0\}$。假定内部自由度做正弦运动$\{x(t)\} = X(\omega)e^{j\omega t}$,特征值问题可表述为

$$([K_{ii}] - \omega_i^2[M_{ii}])\{\boldsymbol{\Phi}_{ii}\} = \{0\} \tag{18.10}$$

内部自由度$\{x_i\}$就可以向正交模态振型(矩阵)$[\boldsymbol{\Phi}_{ii}]$[①]投影,即

$$\{x_i\} = [\boldsymbol{\Phi}_{ii}]\{\eta_i\} \tag{18.11}$$

模态变换为

$$\{x\} = \begin{Bmatrix} x_i \\ x_b \end{Bmatrix} = \begin{bmatrix} \boldsymbol{\Phi}_{ii} \\ 0 \end{bmatrix} \{\eta_i\} = [\boldsymbol{\Phi}_i]\{\eta_i\} \tag{18.12}$$

所以 Craig-Bampton (CB) 变换矩阵就是式(18.4)。

$$\{x\} = [\boldsymbol{\Phi}_c, \boldsymbol{\Phi}_i] \begin{Bmatrix} x_b \\ \eta_i \end{Bmatrix} = [\boldsymbol{\Psi}]\{X\}$$

式中:$[\boldsymbol{\Phi}_c]$为静力或约束模态;$[\boldsymbol{\Phi}_i]$为模态矩阵;$\{x_b\}$为外部或边界自由度;$\{\eta_i\}$为广义坐标。

一般情况下,广义坐标明显少于自由度总数,即$n = b + i, i \ll n$。

将 CB 转换即(18.4)式代入式(18.2)

$$[\boldsymbol{\Psi}]^T[M][\boldsymbol{\Psi}]\{\ddot{X}\} + [\boldsymbol{\Psi}]^T[K][\boldsymbol{\Psi}]\{X\} = [\boldsymbol{\Psi}]^T\{F(t)\} \tag{18.13}$$

更进一步分析,可得到

$$\begin{bmatrix} \tilde{M}_{bb} & M_{bi} \\ M_{ib} & <m_i> \end{bmatrix} \begin{Bmatrix} \ddot{x}_b \\ \ddot{\eta}_i \end{Bmatrix} + \begin{bmatrix} \tilde{K}_{bb} & K_{bi} \\ K_{ib} & <k_i> \end{bmatrix} \begin{Bmatrix} x_b \\ \eta_i \end{Bmatrix} = \begin{bmatrix} \boldsymbol{\Phi}_{ib} & \boldsymbol{\Phi}_i \\ I & 0 \end{bmatrix}^T \begin{Bmatrix} F_i \\ F_b \end{Bmatrix}$$

$$\tag{18.14}$$

式中:$[\tilde{M}_{bb}]$为 Guyan 减缩质量矩阵(b 集);$[\tilde{K}_{bb}]$为 Guyan 减缩刚度矩阵(b 集);$<m_i>$为广义质量对角阵,$<m_i> = [\boldsymbol{\Phi}_i]^T[M][\boldsymbol{\Phi}_i]$;

$<k_i>$为广义刚度对角阵,$<k_i> = [\boldsymbol{\Phi}_i]^T[K][\boldsymbol{\Phi}_i] = <\lambda_i><m_i> = <\omega_i^2><m_i>$;

---

① 原文中为$[\boldsymbol{\Phi}_{ip}]$,笔误,应为$[\boldsymbol{\Phi}_{ii}]$。——译者

$$[K_{ib}] = [\varPhi_{ib}]^T[K_{ii}][\varPhi_i] + [K_{bi}][\varPhi_i] = (-[K_{ib}]^T[K_{ii}]^{-1}[K_{ii}] + [K_{bi}])[\varPhi_i] = [0] \text{ 和} [K_{ib}] = K_{bi}^T = [0]。$$

所以式(18.14)变为

$$\begin{bmatrix} \widetilde{M}_{bb} & M_{bi} \\ M_{ib} & <m_i> \end{bmatrix} \begin{Bmatrix} \ddot{x}_b \\ \ddot{\eta}_i \end{Bmatrix} + \begin{bmatrix} \widetilde{K}_{bb} & 0 \\ 0 & <k_i> \end{bmatrix} \begin{Bmatrix} x_b \\ \eta_i \end{Bmatrix} = \begin{bmatrix} \varPhi_{ib} & \varPhi_i \\ I & 0 \end{bmatrix}^T \begin{Bmatrix} F_i \\ F_b \end{Bmatrix}$$

$$(18.15)$$

最后

$$[M_{\mathrm{CB}}]\{\ddot{X}\} + [K_{\mathrm{CB}}]\{X\} = [\varPsi]^T\{F\} = \{F_{\mathrm{CB}}\} \qquad (18.16)$$

式中:$[M_{\mathrm{CB}}]$为 CB 减缩质量矩阵;$[K_{\mathrm{CB}}]$为 CB 减缩刚度矩阵。

CB 矩阵为 $b+i$ 阶方阵。

我们更深入地研究减缩质量矩阵$[M_{\mathrm{CB}}]$和减缩刚度矩阵$[K_{\mathrm{CB}}]$,可以看到仅仅在$[M_{\mathrm{CB}}]$中存在内部自由度$\{x_i\}$与外部自由度$\{x_b\}$的耦合作用,这种质量耦合通过交叉项即子矩阵$[M_{bi}]$和$[M_{ib}]$实现。$[M_{ib}]$包含质量参与因子。

如果考虑两个子结构 A 和 B,式(18.2)可以表示为

$$\begin{bmatrix} M_{\mathrm{CB}}^A & 0 \\ 0 & M_{\mathrm{CB}}^B \end{bmatrix} \begin{Bmatrix} \ddot{X}^A \\ \ddot{X}^B \end{Bmatrix} + \begin{bmatrix} K_{\mathrm{CB}}^A & 0 \\ 0 & K_{\mathrm{CB}}^B \end{bmatrix} \begin{Bmatrix} X^A \\ X^B \end{Bmatrix} = \begin{Bmatrix} F_{\mathrm{CB}}^A \\ F_{\mathrm{CB}}^B \end{Bmatrix} \qquad (18.17)$$

$$[M_{\mathrm{tot}}]\{\ddot{Q}_{\mathrm{tot}}\} + [K_{\mathrm{tot}}]\{Q_{\mathrm{tot}}\} = \{F_{\mathrm{tot}}\} \qquad (18.18)$$

或者

$$\begin{bmatrix} <m_j>^A & M_{ib}^A & 0 & 0 \\ M_{bi}^A & \widetilde{M}_{bb}^A & 0 & 0 \\ 0 & 0 & <m_i>^B & M_{ib}^B \\ 0 & 0 & M_{bi}^B & \widetilde{M}_{bb}^B \end{bmatrix} \begin{Bmatrix} \ddot{\eta}_i^A \\ \ddot{x}_b^A \\ \ddot{\eta}_i^B \\ \ddot{x}_b^B \end{Bmatrix} + \begin{bmatrix} <k_i>^A & 0 & 0 & 0 \\ 0 & \widetilde{K}_{bb}^A & 0 & 0 \\ 0 & 0 & <k_i>^B & 0 \\ 0 & 0 & 0 & \widetilde{K}_{bb}^B \end{bmatrix}$$

$$\cdot \begin{Bmatrix} \eta_i^A \\ x_b^A \\ \eta_i^B \\ x_b^B \end{Bmatrix} = \begin{Bmatrix} F_{\mathrm{CB},i}^A \\ F_{\mathrm{CB},b}^A \\ F_{\mathrm{CB},i}^B \\ F_{\mathrm{CB},b}^B \end{Bmatrix}$$

$$(18.19)$$

为了考虑子结构 A 与 B 的耦合,假定它们的外部自由度对应位移和加速度相等,即 $x_b^A = x_b^B, \ddot{x}_b^A = \ddot{x}_b^B$。总的位移向量可以表示为

$$\{Q_{\mathrm{tot}}\} = \begin{Bmatrix} \eta_i^A \\ x_b^A \\ \eta_i^B \\ x_i^B \end{Bmatrix} = \begin{bmatrix} I & 0 & 0 \\ 0 & 0 & I \\ 0 & I & 0 \\ 0 & 0 & I \end{bmatrix} \begin{Bmatrix} \eta_i^A \\ \eta_i^B \\ x_b^A = x_b^B \end{Bmatrix} = [L]\{Q_{\mathrm{red}}\} \qquad (18.20)$$

变换矩阵$[L]$也适于加速度,利用拉格朗日方程或者能量守恒,式(18,20)

代入式(18.19),有

$$[L]^{\mathrm{T}}[M_{\mathrm{tot}}][L]\{\ddot{Q}_{\mathrm{red}}\} + [L]^{\mathrm{T}}[K_{\mathrm{tot}}][L]\{Q_{\mathrm{red}}\} = [L]^{\mathrm{T}}\{F_{\mathrm{tot}}\} = \{F_{\mathrm{red}}\}$$

(18.21)

$$\begin{bmatrix} <m_i>^A & 0 & M_{ib}^A \\ 0 & <m_i>^B & M_{ib}^B \\ M_{bi}^A & M_{bi}^B & \tilde{M}_{bb}^A + \tilde{M}_{bb}^B \end{bmatrix} \begin{Bmatrix} \ddot{\eta}_i^A \\ \ddot{\eta}_i^B \\ \ddot{x}_b^A \end{Bmatrix} + \begin{bmatrix} <k_i>^A & 0 & 0 \\ 0 & <k_i>^B & 0 \\ 0 & 0 & \tilde{K}_{bb}^A + \tilde{K}_{bb}^B \end{bmatrix} \begin{Bmatrix} \eta_i^A \\ \eta_i^B \\ x_b^A \end{Bmatrix}$$

$$= \begin{Bmatrix} F_{\mathrm{CB},i}^A \\ F_{\mathrm{CB},i}^B \\ F_{\mathrm{CB},b}^A + F_{\mathrm{CB},b}^B \end{Bmatrix}$$

(18.22)

子结构 A 与 B 的减缩质量矩阵 $[\tilde{M}_{bb}^A]$、$[\tilde{M}_{bb}^B]$,减缩刚度矩阵 $[\tilde{K}_{bb}^A]$、$[\tilde{K}_{bb}^B]$ 以及它们在共同边界上 $\{x_b^A = x_b^B\}$,$\{\ddot{x}_b^A = \ddot{x}_b^B\}$ 都考虑进来了。广义质量 $<m_i>^A$ 和 $<m_i>^B$ 通过模态参与因子(矩阵 $[M_{bi}]$ 和 $[M_{ib}]$)与减缩矩阵 $[\tilde{M}_{bb}^A] + [\tilde{M}_{bb}^B]$ 发生耦合,而广义刚度矩阵与减缩刚度矩阵 $[\tilde{K}_{bb}^A + \tilde{K}_{bb}^B]$ 之间无耦合。

当组件动力学特性通过质量阵和刚度阵描述时,Craig–Bampton 方法使用极为广泛。

算例

完全自由的线性动力学系统包含 1、2、…、19 自由度。自由度 1 和 19 上的集中质量为 $m_1 = m_{19} = 0.5\mathrm{kg}$,自由度 2~18 上的集中质量 $m_2 = \cdots = m_{18} = 1\mathrm{kg}$。各个集中质量之间的 18 个弹簧刚度相等,即 $k_{12} = k_{23} = \cdots = k_{1819} = 10000\mathrm{N/m}$。图 18.1 即为完全自由动力系统。

图 18.1　19 自由度完全自由的动力系统

一个完全自由的子结构包含 7 个自由度即 1~7。自由度 1、7 上的集中质量为 $m_1 = m_7 = 0.5\mathrm{kg}$,自由度 2~6 上的集中质量为 $m_2 = \cdots = m_6 = 1\mathrm{kg}$。各个集中质量之间的 6 个弹簧刚度相等,即 $k_{12} = k_{23} = \cdots = k_{67} = 10000\mathrm{N/m}$。图 18.2 为子结构的图示。

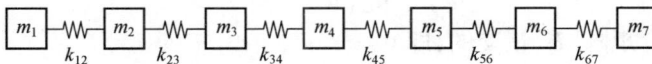

图 18.2　7 自由度完全自由的子结构

显然用 3 个子结构就可以拼装为图 18.1 所示的结构。分析结果参见表 18.1。

表 18.1　CMS 结果之固有频率计算

自由度号	完整参考模型 /Hz	模型 A 每个子结构 1 个模态 (7 个自由度[①]) /Hz	模型 B 每个子结构 2 个模态 (10 个自由度[②]) /Hz
1	0.0000	0.0000	0.0000
2	2.7743	2.7771(0.1%)	2.7752(0.0%)
3	5.5274	5.5803(1.5%)	5.5316(0.1%)
4	8.2385	8.9437(9.5%)	8.2535(0.2%)
5	10.8868	11.9825(10.0%)	10.9253(0.4%)
6	13.4524	15.5038(0.1%)	13.6279
7	15.9155	17.3217(0.1%)	17.3217
8	18.2575		19.7890
9	20.4606		22.5478
10	22.5079		23.7726

算例结束

18.2.2　自由界面方法

Craig 对自由界面(无约束边界条件)CMS 方法的原理进行过讨论[Craig 1976, Craig 1977, Craig 2000]。利用式(18.2)建立自由状态下的无阻尼运动方程:

$$[M]\{\ddot{x}\} + [K]\{x\} = \{F\} \tag{18.23}$$

特征值问题是

$$\{[K] - \omega_i^2[M]\}\{\phi_i\} = \{0\} \tag{18.24}$$

n 个物理自由度 $\{x\}$ 可以投影到特征向量的线性无关组(即模态矩阵)上

$$[\Phi] = [\phi_1, \phi_2, \cdots, \phi_n] \tag{18.25}$$

因此

$$\{x\} = [\Phi]\{\eta\} \tag{18.26}$$

模态矩阵 $[\Phi]$ 是关于质量矩阵 $[M]$ 正交的,即

$$[\Phi]^{\mathrm{T}}[M][\Phi] = < m > \tag{18.27}$$

也是关于刚度矩阵 $[K]$ 正交的,即

$$[\Phi]^{\mathrm{T}}[K][\Phi] = < m\omega_i^2 > \tag{18.28}$$

---

① 原著中未明示,经验证取的是 1、4、7、10、13、16、19 自由度。——译者
② 原著中未明示,经验证取的是 1、3、5、7、9、11、13、15、17、19 自由度。——译者

式(18.2)可以变换(即坐标变换)为一组解耦的 n 个单自由度运动方程,用$\{\eta\}$表示,则

$$m_k\ddot{\eta}_k + m_k\omega_k^2\eta_k = \{\phi_k\}\{F\},k = 1,2,\cdots,n \qquad (18.29)$$

式中:m_k 为广义质量或模态质量;$m_k\omega_k^2$ 为广义刚度或模态刚度。

在频域中有

$$\{x(t)\} = \{X(\omega)\}e^{j\omega t}①$$
$$\{\eta(t)\} = \{\Pi(\omega)\}e^{j\omega t}$$
$$\{F(t)\} = \{F(\omega)\}e^{j\omega t}$$

$\Pi_k(\omega)$的解为

$$\Pi_k(\omega) = \frac{\{\phi_k\}^{\mathrm{T}}\{F(\omega)\}}{m_k(\omega_k^2 - \omega^2)} \qquad (18.30)$$

广义坐标向量$\{\Pi(\omega)\}$的解变为②

$$\{\Pi(\omega)\} = <\frac{1}{m_k(\omega_k^2 - \omega^2)}>[\Phi]^{\mathrm{T}}\{F(\omega)\} \qquad (18.31)$$

物理位移向量$\{X(\omega)\}$为

$$\{X\{\omega\}\} = [\Phi]\{\Pi(\omega)\} = [\Phi]<\frac{1}{m_k(\omega_k^2 - \omega^2)}>[\Phi]^{\mathrm{T}}\{F(\omega)\}$$

$$(18.32)$$

模态矩阵$[\Phi]$可按照保留节点和删除节点分块

$$[\Phi] = [\Phi_k,\Phi_d] \qquad (18.33)$$

重写静柔度矩阵$[G]$,令 $\omega \to 0$,有

$$[G] = [\Phi_k]<m_k\omega_k^2>^{-1}[\Phi_k]^{\mathrm{T}} + [\Phi_d]<m_d\omega_d^2>^{-1}[\Phi_d]^{\mathrm{T}} = [G_k] + [G_r]$$

$$(18.34)$$

式中$[G_r]$为剩余柔度矩阵,$[G_r] = [G] - [\Phi_k]<\frac{1}{m_k\omega_k^2}>[\Phi_k]^{\mathrm{T}}$。柔度矩阵$[G] = [K]^{-1}$(刚度矩阵$[K]$的逆矩阵仅当结构约束消除了刚体运动模态后才存在)。

如果刚体模态消除了,可以展开$\{X(\omega)\}$,假设当模态阶数 k 大于 m 时,$\omega_k^2 \gg \omega^2$,就有

$$\{X(\omega)\} = \sum_{k=1}^{m}\{\phi_k\}\left(\frac{\{\phi_k\}\{F(\omega)\}}{m_k[\omega_k^2 - \omega^2]}\right) + \sum_{k=m+1}^{n}\{\phi_k\}\left(\frac{\{\phi_k\}\{F(\omega)\}}{m_k\omega_k^2}\right)$$

$$(18.35)$$

---

① 原著的描述其实是有笔误的,此处已更正。——译者

② $<\frac{1}{m_k(\omega_k^2-\omega^2)}>$表示对角阵。——译者

式(18.35)可以变回到时域中,即

$$\{x(t)\} = [\varPhi_k]\{\eta_k(t)\} + [G_r]\{F(t)\} \qquad (18.36)$$

实现这一步还需结合式(18.29)。

如果一个子结构有刚体模态,柔度矩阵[G]就不存在了。但是,可以推导一个替代的公式。把位移向量写成

$$\{x\} = [\varPhi_r]\{\eta_r\} + [\varPhi_e]\{\eta_e\} \qquad (18.37)$$

式中:$[\varPhi_r]$为刚体模态($\omega_r = 0$);$[\varPhi_e]$为自由状态组件的弹性模态($\omega_e \neq 0$);广义坐标$\{\eta_r\}$与刚体模态相关;广义坐标$\{\eta_e\}$与弹性模态相关。

模态矩阵$[\varPhi_r]$和$[\varPhi_e]$关于质量矩阵$[M]$正交,因此

$$[\varPhi_r]^T[M][\varPhi_r] = <m_r>, [\varPhi_e]^T[M][\varPhi_e] = <m_e>, [\varPhi_r]^T[M][\varPhi_e] = [0] \qquad (18.38)$$

它们也关于刚度矩阵$[K]$正交

$$[\varPhi_r]^T[K][\varPhi_r] = [0], [\varPhi_e]^T[K][\varPhi_e] = <m_e\omega_e^2>, [\varPhi_r]^T[K][\varPhi_e] = [0] \qquad (18.39)$$

式(18.23)可以写成

$$[M][\varPhi_r]\{\ddot{\eta}_r\} + [M][\varPhi_e]\{\ddot{\eta}_e\} + [K][\varPhi_r]\{\eta_r\} + [K][\varPhi_e]\{\eta_e\} = \{F\} \qquad (18.40)$$

考虑到$[K][\varPhi_r] = 0$,式(18.40)变为

$$[M][\varPhi_e]\{\ddot{\eta}_e\} + [K][\varPhi_e]\{\eta_e\} = \{F\} - [M][\varPhi_r]\{\ddot{\eta}_r\} \qquad (18.41)$$

利用式(18.29)、式(18.38),不难证明

$$\{\ddot{\eta}_r\} = <m_r>^{-1}[\varPhi_r]^T\{F\} \qquad (18.42)$$

式(18.41)变成

$$[M][\varPhi_e]\{\ddot{\eta}_e\} + [K][\varPhi_e]\{\eta_e\} = \{F\} - [M][\varPhi_r]<m_r>^{-1}[\varPhi_r]^T\{F\} = [A]\{F\} \qquad (18.43)$$

$$<m_e>\{\ddot{\eta}_e\} + <m_e\omega_e^2>\{\eta_e\} = [\varPhi_e]^T[A]\{F\} = [\varPhi_e]^T\{F\} \qquad (18.44)$$

式中$[A]$为惯性释放过滤矩阵,其特点是$[\varPhi_r]^T[A]\{F\} = 0$和$[\varPhi_e]^T[A]\{F\} = [\varPhi_e]^T$。其中第一个式子表明$[A]\{F\}$是一个平衡力系统。

因为力系统$[A]\{F\}$是平衡的,为了消除刚体运动,其自由状态的子结构可以约束在任意点"B"(图18.3)。这对于子结构的弹性变形没有影响[①]。相对于点"B"的弹性变形定义为$\{x_{B,e}\}$,可以采用下式计算:

$$\{x_{B,e}\} = [G_{E,e}][A]\{F\} \qquad (18.45)$$

---

① 原著描述不严谨,这里的"约束"应该是位移参考点,如果是约束,弹性变形与约束位置有关。——译者

212

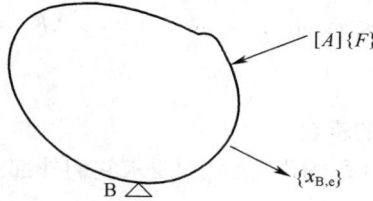

图 18.3　7 约束在点 B 的子结构

将刚度矩阵 $[K]$ 分块,即

$$[K] = \begin{bmatrix} K_{ee} & K_{eB} \\ K_{Be} & K_{BB} \end{bmatrix} \qquad (18.46)$$

点 B 的自由度被约束,所以矩阵 $[K]$ 行和列都要相对于点 B 的自由度进行移动操作。刚度矩阵 $[K_{ee}]$ 是正则矩阵(即可逆阵)。为了计算完整的变形向量(包括点 B 关联的自由度),可以定义约束的柔度矩阵 $[G_{B,e}]$ 如下:

$$[G_{B,e}] = \begin{bmatrix} K_{ee}^{-1} & 0 \\ 0 & 0 \end{bmatrix} \qquad (18.47)$$

自由状态子结构的总位移可以写成

$$\{x_{rel}\} = \{x_{B,e}\} + [\Phi_r]\{\theta_r\} \qquad (18.48)$$

位移 $\{x_{rel}\}$ 与刚体模态 $[\Phi_r]$ 对质量阵正交,因此

$$[\Phi_r]^T[M]\{x_{rel}\} = \{0\} \qquad (18.49)$$

这使得

$$\{\theta_r\} = -<m_r>^{-1}[\Phi_r]^T[M]\{x_{B,e}\} \qquad (18.50)$$

因此,自由状态位移 $\{X_{rel}\}$ 变成了

$$\{x_{rel}\} = ([I] - [\Phi_r]<m_r>^{-1}[\Phi_r]^T[M])\{x_{B,e}\} = [A]^T[G_{B,e}][A]\{F\} = [G]\{F\} \qquad (18.51)$$

式(18.51)中的矩阵 $[G]$ 叫做惯性释放格式下的弹性柔度矩阵。子结构无约束(即自由状态)式,就要用到式(18.51)。式(18.37)可以写成

$$\{x\} = [\Phi_r]\{\eta_r\} + [\Phi_{e,k}]\{\eta_{e,k}\} + \{x_{rel}\} \qquad (18.52)$$

位移向量 $\{x\}$ 变成

$$\{x\} = [\Phi_r]\{\eta_r\} + [\Phi_{e,k}]\{\eta_{e,k}\} + [G]\{F\} = [\Phi_k]\{\eta_k\} + [G]\{F\} \qquad (18.53)$$

式中:$[\Phi_k]$ 为保留的弹性模态(包括刚体模态)。

式(18.53)可以按照内部自由度 $\{x_i\}$ 和外部(边界)自由度 $\{x_b\}$ 进行分块。

$$\begin{Bmatrix} x_i \\ x_b \end{Bmatrix} = \begin{bmatrix} \Phi_{k,i} \\ \Phi_{k,b} \end{bmatrix}\{\eta_k\} + \begin{bmatrix} G_{ii} & G_{ib} \\ G_{bi} & G_{bb} \end{bmatrix}\begin{Bmatrix} F_i \\ F_b \end{Bmatrix} \qquad (18.54)$$

相应的以广义坐标 $\{\eta_k\}$(包含刚体模态,$\omega_k^2 = 0$)表达的无阻尼运动方程是

$$< m_k > \{\ddot{\eta}_k\} + < m_k\omega_k^2 > \{\eta_k\} = [\Phi_k]^{\mathrm{T}}\{F\} = \begin{bmatrix} \Phi_{k,i} \\ \Phi_{k,b} \end{bmatrix}^{\mathrm{T}} \begin{Bmatrix} F_i \\ F_b \end{Bmatrix}$$

$$(18.55)$$

两个子结构 A 与 B 的耦合

为了实现子结构 A 与 B 的耦合,必须要求它们外部或边界自由度位移 $\{x_b^A\}$ 和 $\{x_b^B\}$ 的连续性,因此有

$$\{x_b^A\} = \{x_b^B\} \tag{18.56}$$

在边界上,子结构 A 受的外力 $\{F_b^A\}$ 与子结构 B 受的外力 $\{F_b^B\}$ 是平衡的,因此有

$$\{F_b^A\} + \{F_b^B\} = \{0\} \tag{18.57}$$

把式(18.54)①的第二个方程代入到(18.56)式,可以得到

$$\Phi_{k,b}^A\{\eta_k^A\} + [G_{bi}^A]\{F_i^A\} + [G_{bb}^A]\{F_b^A\} = \Phi_{k,b}^B\{\eta_k^B\} + [G_{bi}^B]\{F_i^B\} + [G_{bb}^B]\{F_b^B\}$$

$$(18.58)$$

引入边界上力的平衡条件(18.57)式,则可将式(18.58)写成

$$\{F_b^A\}\{[G_{bb}^A] + [G_{bb}^B]\} = \Phi_{k,b}^B\{\eta_k^B\} - \Phi_{k,b}^A\{\eta_k^A\} + [G_{bi}^B]\{F_i^B\} - [G_{bi}^A]\{F_i^A\}$$

$$(18.59)$$

或者

$$\{F_b^A\} = \{[G_{bb}^A] + [G_{bb}^B]\}^{-1}(\Phi_{k,b}^B\{\eta_k^B\} - \Phi_{k,b}^A\{\eta_k^A\} + [G_{bi}^B]\{F_i^B\} - [G_{bi}^A]\{F_i^A\})$$

$$(18.60)$$

和

$$\{F_b^B\} = -\{[G_{bb}^A] + [G_{bb}^B]\}^{-1}(\Phi_{k,b}^B\{\eta_k^B\} - \Phi_{k,b}^A\{\eta_k^A\} + [G_{bi}^B]\{F_i^B\} - [G_{bi}^A]\{F_i^A\})$$

$$(18.61)$$

将最后两个方程式(18.60)和式(18.61)代入式(18.55),分别研究子结构 A 和 B,定义 $[K_{bb}^{AB}] = \{[G_{bb}^A] + [G_{bb}^B]\}^{-1}$,可发现

$$< m_k^A > \{\ddot{\eta}_k^A\} + < m_k^A\omega_k^{2A} > \{\eta_k^A\} = \begin{bmatrix} \Phi_{k,i}^A \\ \Phi_{k,b}^A \end{bmatrix}^{\mathrm{T}} \begin{Bmatrix} F_i^A \\ F_b^A \end{Bmatrix}$$

$$= \begin{bmatrix} \Phi_{k,i}^A \\ \Phi_{k,b}^A \end{bmatrix}^{\mathrm{T}} \begin{bmatrix} F_i^A \\ ([K_{bb}^{AB}])([\Phi_{k,b}^B]\{\eta_k^B\} - [\Phi_{k,b}^A]\{\eta_k^A\} + [G_{bi}^B]\{F_i^B\} - [G_{bi}^A]\{F_i^A\}) \end{bmatrix}$$

$$(18.62)$$

和

$$< m_k^B > \{\ddot{\eta}_k^B\} + < m_k^B\omega_k^{2B} > \{\eta_k^B\} = \begin{bmatrix} \Phi_{k,i}^B \\ \Phi_{k,b}^B \end{bmatrix}^{\mathrm{T}} \begin{Bmatrix} F_i^B \\ F_b^B \end{Bmatrix}$$

---

① 原著中为式(18.55),应为笔误。——译者

$$= \begin{bmatrix} \Phi_{k,i}^B \\ \Phi_{k,b}^B \end{bmatrix}^{\mathrm{T}} \begin{bmatrix} & F_i^B \\ (-[K_{bb}^{AB}])([\Phi_{k,b}^B]\{\eta_k^B\} - [\Phi_{k,b}^A]\{\eta_k^A\} + [G_{bi}^B]\{F_i^B\} - [G_{bi}^A]\{F_i^A\}) \end{bmatrix}$$

$$(18.63)$$

重写(18.62)式和(18.62)式,得到下式:

$$\begin{bmatrix} <m_k^A> & 0 \\ 0 & <m_k^B> \end{bmatrix} \begin{Bmatrix} \ddot{\eta}_k^A \\ \ddot{\eta}_k^B \end{Bmatrix} +$$

$$\begin{bmatrix} <k_k^A> + [\Phi_{k,b}^A]^{\mathrm{T}}[K_{bb}^{AB}][\Phi_{k,b}^A] & -[\Phi_{k,b}^A]^{\mathrm{T}}[K_{bb}^{AB}][\Phi_{k,b}^B] \\ -[\Phi_{k,b}^B]^{\mathrm{T}}[K_{bb}^{AB}][\Phi_{k,b}^A] & <k_k^A> + [\Phi_{k,b}^B]^{\mathrm{T}}[K_{bb}^{AB}][\Phi_{k,b}^B] \end{bmatrix} \begin{Bmatrix} \eta_k^A \\ \eta_k^B \end{Bmatrix}$$

$$= \begin{bmatrix} [[\Phi_{k,i}^A]^{\mathrm{T}} - [\Phi_{k,b}^A]^{\mathrm{T}}[K_{bb}^{AB}][G_{bi}^A]] & [\Phi_{k,i}^A]^{\mathrm{T}}[K_{bb}^{AB}][G_{bi}^B] \\ [\Phi_{k,i}^B]^{\mathrm{T}}[K_{bb}^{AB}][G_{bi}^A] & [[\Phi_{k,i}^B]^{\mathrm{T}} - [\Phi_{k,b}^B]^{\mathrm{T}}[K_{bb}^{AB}][G_{bi}^B]] \end{bmatrix} \begin{Bmatrix} F_i^A \\ F_i^B \end{Bmatrix}$$

$$(18.64)$$

式中 $k_k = m_k\omega_k^2$。

在最终的综合动力学系统(包含子系统 A、B 等)中,仅仅保留的广义坐标,而内部自由度全部取消了。子结构之间的耦合通过刚度矩阵实现的。质量矩阵是一个对角阵,广义质量分布在矩阵主对角线上。

18.2.3　一般目的的 CMS 方法

一般目的的 CMS 由[Herting 1979]提出。它对约束或未约束的子结构都可以适用。假定不计子结构阻尼,建立子结构的运动方程

$$[M]\{\ddot{x}\} + [K]\{x\} = \{F\}$$

在前面的内容中,物理位移的频域解已经推导出来,可参见式(18.32)。

$$\{X\{\omega\}\} = [\Phi] < \frac{1}{m_k(\omega_k^2 - \omega^2)} > [\Phi]^{\mathrm{T}}\{F(\omega)\}$$

可以考虑三类响应:

(1) 刚体模态: $\omega_k^2 = 0$,$[\Phi] = [\Phi_0]$,$m_k = m_0$,$k = 1,2,\cdots,6$。

(2) 保留的弹性模态,固有频率处于关注的频率范围内。$\omega_k^2 \approx O(\omega^2)$,$[\Phi] = [\Phi_k]$ 和 m_k,$k = 7,8,\cdots,m$。

(3) 删除的弹性模态,$\omega_k^2 \gg \omega^2$,$[\Phi] = [\Phi_d]$ 和 m_d,$d = m+1,\cdots$。

式(18.32)可以写成

$$\{X(\omega)\} = \left[[\Phi_0] < \frac{1}{-m_0\omega^2} > [\Phi_0]^{\mathrm{T}} + [\Phi_k] < \frac{1}{m_k(\omega_k^2 - \omega^2)} > [\Phi_k]^{\mathrm{T}} \right] \{F(\omega)\}$$

$$\cdot \left[+ [\Phi_d] < \frac{1}{m_d(\omega_d^2)} > [\Phi_d]^{\mathrm{T}} \right] \{F(\omega)\}$$

$$(18.65)$$

加速度直流分量,令 $\omega \to 0$,得

$$\ddot{x}_c = \lim_{\omega \to 0}\{\ddot{X}(\omega)\} = -\omega^2\{X(\omega)\} = [\Phi_0] < \frac{1}{m_0} > [\Phi_0]^T\{F(t)\}$$

(18.66)

将静位移向量($\omega \to 0$)左乘刚度矩阵$[K]$,得

$$[K]\{x_{\text{stat}}\} = \lim_{\omega \to 0}[K]\{X(\omega)\} = [K]\left([\Phi_k] < \frac{1}{m_k\omega_k^2} > [\Phi_k]^T\right)\{F(t)\} +$$
$$[K]\left([\Phi_d] < \frac{1}{m_d\omega_d^2} > [\Phi_d]^T\right)\{F(t)\}$$

(18.67)

将式(18.66)、式(18.67)代入式(18.2),令$\omega \to 0$,$[K]\left([\Phi_d] < \frac{1}{m_d\omega_d^2} > [\Phi_d]^T\right)$
$\{F(t)\}$可以表示为

$$[K]\left([\Phi_d] < \frac{1}{m_d\omega_d^2} > [\Phi_d]^T\right)\{F(t)\} = \{F(t)\} - [M][\Phi_0] < \frac{1}{m_0} > [\Phi_0]^T\{F(t)\} -$$
$$[K]\left([\Phi_k] < \frac{1}{m_k\omega_k^2} > [\Phi_k]^T + \cdots\right)\{F(t)\}$$

(18.68)

式(18.65)可变换为时域

$$\{x(t)\} = [\Phi_0]\{\eta_0(t)\} + [\Phi_k]\{\eta_k(t)\} + [\Phi_d] < \frac{1}{m_d\omega_d^2} > [\Phi_d]^T\{F(t)\}$$

(18.69)

将式(18.68)代入式(18.65),然后将式(18.69)两边同时左乘刚度矩阵$[K]$,得到

$$[K]\{x(t)\} = [K][\Phi_0^{'}]\{\eta_0(t)\} + [K][\Phi_k]\{\eta_k(t)\} + \{F(t)\} -$$
$$[M][\Phi_0] < \frac{1}{m_0} > [\Phi_0]^T\{F(t)\} - [K][\Phi_k] < \frac{1}{m_k\omega_k^2} > [\Phi_k]^T\{F(t)\}$$

(18.70)

利用$[K][\Phi_0] = \{0\}$,式(18.70)可以写成

$$[K]\{x(t)\} = [K][\Phi_k](\{\eta_k(t)\} - \{\eta_{\text{stat}}(t)\}) -$$
$$[M][\Phi_0] < \frac{1}{m_0} > [\Phi_0]^T\{F(t)\} + \{F(t)\}$$

(18.71)

或者

$$[K]\{x(t)\} = [K][\Phi_k]\{\delta_k(t)\} - [M][\Phi_0]\{\delta_0(t)\} + \{F(t)\}$$

(18.72)

式中:$\{\delta_k(t)\} = (\{\eta_k(t)\} - \{\eta_{\text{stat}}(t)\})$为正规模态的广义坐标;$\{\delta_0(t)\} = < \frac{1}{m_0} >$
$[\Phi_0]^T\{F(t)\}$为惯性释放的坐标($n_0 \leqslant 6$),单位与加速度相同。

再来看式(18.3)

$$\begin{bmatrix} M_{ii} & M_{ib} \\ M_{bi} & M_{bb} \end{bmatrix} \begin{Bmatrix} \ddot{x}_i \\ \ddot{x}_b \end{Bmatrix} + \begin{bmatrix} K_{ii} & K_{ib} \\ K_{bi} & K_{bb} \end{bmatrix} \begin{Bmatrix} x_i \\ x_b \end{Bmatrix} = \begin{Bmatrix} F_i \\ F_b \end{Bmatrix}$$

利用式(18.72),$[K_{ii}]\{x_i\}$可以表示为

$$\begin{aligned} [K_{ii}]\{x_i\} = \{F_i\} &+ ([K_{ii}][\Phi_{k,i}] + [K_{ib}][\Phi_{k,b}])\{\delta_k(t)\} - \\ &([M_{ii}][\Phi_{0,i}] + [M_{ib}][\Phi_{0,b}])\{\delta_0(t)\} - [K_{jb}]\{x_b\} \end{aligned}$$

$$(18.73)$$

更进一步

$$\begin{aligned} \{x_i\} = [K_{ii}]^{-1}\{F_i\} &+ ([\Phi_{k,i}] - [G_{ib}][\Phi_{k,b}])\{\delta_k(t)\} - \\ &[K_{ii}]^{-1}([M_{ii}][G_{ib}] + [M_{ib}])[\Phi_{0,b}]\{\delta_0(t)\} + [G_{ib}]\{x_b\} \end{aligned}$$

$$(18.74)$$

式中$[G_{ib}] = -[K_{ii}]^{-1}[K_{ib}]$和$[G_{ib}][\Phi_{0,b}] = [\Phi_{0,i}]$。

利用式(18.74),可将位移向量$\{x\}$写成

$$\{x\} = \begin{Bmatrix} \bar{x}_i \\ x_b \end{Bmatrix} = [\Psi] \begin{Bmatrix} \delta_0 \\ \delta_k \\ x_b \end{Bmatrix} = [\Psi][\vartheta] \qquad (18.75)$$

其中

$$\{x_i\} = \{\bar{x}_i\} + [K_{ii}]^{-1}\{F_i\} \qquad (18.76)$$

因此可以写出变换矩阵$[\Psi]$

$$[\Psi] = \begin{bmatrix} -[K_{ii}]^{-1}([M_{ii}][G_{ib}] + [M_{ib}])[\Phi_{0,b}] & ([\Phi_{k,i}] - [G_{ib}][\Phi_{k,b}]) & G_{ib} \\ 0 & 0 & I \end{bmatrix}$$

$$(18.77)$$

要注意:

• 如果模态数量取零,且忽略惯性释放效应,(18.77)式中的变换矩阵$[\Psi]$就和 Guyan 减缩中的缩聚变换矩阵相同了。

• 模态表示的是相对于静变形的动态运动。

• 刚体运动和冗余的约束信息包含在矩阵变换$[G_{ib}]$中。

• 惯性释放的变形包含在矩阵$-[K_{ii}]^{-1}([M_{ii}][G_{ib}] + [M_{ib}])[\Phi_{0,b}]$中。

刚体自由度$\{\delta_0\}$和弹性广义自由度$\{\delta_k\}$数量之和后必须小于等于内部自由度$\{x_i\}$。

通常的无阻尼运动方程是

$$[M]\{\ddot{x}\} + [K]\{x\} = \{F(t)\}$$

如果采用变换式(18.75),得到下列无阻尼方程

$$[\Psi]^T[M][\Psi]\{\ddot{\vartheta}\} + [\Psi]^T[K][\Psi]\{\vartheta\} = [\Psi]^T\{F(t)\} \qquad (18.78)$$

或者

$$[M_{\vartheta\vartheta}]\{\ddot{\vartheta}\} + [K_{\vartheta\vartheta}]\{\vartheta\} = \{F_\vartheta(t)\} \qquad (18.79)$$

物理自由度的位移$\{x\}$、速度$\{\dot{x}\}$、加速度$\{\ddot{x}\}$可以写成如下所示。位移$\{x\}$是

$$\{x\} = \begin{Bmatrix} x_i \\ x_b \end{Bmatrix} = \begin{Bmatrix} \bar{x}_i \\ x_b \end{Bmatrix} + \begin{Bmatrix} x_{i,\text{stat}} \\ 0 \end{Bmatrix} = [\Psi]\begin{Bmatrix} \delta_0 \\ \delta_k \\ x_b \end{Bmatrix} + \begin{bmatrix} [K_{ii}]^{-1}\{F_i\} \\ 0 \end{bmatrix} \qquad (18.80)$$

速度$\{\dot{x}\}$是

$$\{\dot{x}\} = \begin{Bmatrix} \dot{x}_i \\ \dot{x}_b \end{Bmatrix} = \begin{Bmatrix} \dot{\bar{x}}_i \\ \dot{x}_b \end{Bmatrix} = [\Psi]\begin{Bmatrix} \dot{\delta}_0 \\ \dot{\delta}_k \\ \dot{x}_b \end{Bmatrix} \qquad (18.81)$$

加速度$\{\ddot{x}\}$

$$\{\ddot{x}\} = \begin{Bmatrix} \ddot{x}_i \\ \ddot{x}_b \end{Bmatrix} = \begin{Bmatrix} \ddot{\bar{x}}_i \\ \ddot{x}_b \end{Bmatrix} = [\Psi]\begin{Bmatrix} \ddot{\delta}_0 \\ \ddot{\delta}_k \\ \ddot{x}_b \end{Bmatrix} \qquad (18.82)$$

采用模态加速度方法（MAM），位移$\{x\}$的解还可以写成

$$\{x_{\text{MAM}}\} = \begin{Bmatrix} x_{i,\text{MAM}} \\ x_b \end{Bmatrix} = \begin{bmatrix} G_{ib} \\ I \end{bmatrix}\{x_b\} + \begin{bmatrix} [K_{ii}]^{-1}(\{F_i\} - [M_{ib}]\{\ddot{x}_b\} - [M_{ii}]\{\ddot{x}_i\}) \\ 0 \end{bmatrix}$$

$$(18.83)$$

这里忽略了阻尼效应。

算例

自由的动力系统包含 20 个质量块，每一个质量为 $m = 1\text{kg}$，质量块连着弹簧，刚度均为 $k = 10000\text{N/m}$，总的质量阵和刚度阵是

$$[M] = \begin{bmatrix} 1 & 0 & \cdots & 0 \\ 0 & 1 & \cdots & 0 \\ \cdots & \cdots & \cdots & \cdots \\ 0 & 0 & \cdots & 1 \\ 0 & 0 & \cdots & 0 \end{bmatrix}, [K] = 10000\begin{bmatrix} 1 & -1 & \cdots & 0 \\ -1 & 2 & \cdots & 0 \\ \cdots & \cdots & \cdots & \cdots \\ 0 & 0 & \cdots & 2 \\ 0 & 0 & \cdots & -1 \end{bmatrix}$$

本算例针对完整模型和减缩模型，给出了通过一般目的 CMS 方法计算的固有频率。减缩处理的结果见表 18.2。考虑的弹性模态数量可以由固有频率的精度体现出来。算例没有考虑模态的精度。

表 18.2 减缩处理的结果,固有频率

节点号	固有频率/Hz	减缩模型固有频率/Hz	减缩模型固有频率/Hz
	完整模型	$nb^a = 2$, $nr^b = 1$, $ne^c = 5$	$nb = 2$, $nr = 1$, $ne = 5$
1	0.0000	0.0000	0.0000
2	2.4974	2.4974	2.4974
3	4.9795	4.9795	4.9795
4	7.4308	8.8043	7.4308
5	9.8363	11.7091	9.8363
6	12.1812		12.1812
7	14.4510		16.8204
8	16.6316		19.0208
9	18.7098		
10	20.6726		

a. 边界自由度数量,约束模态;
b. 刚体模态数量;
c. 弹性模态数量。

算例结束

18.3 练 习

18.3.1 子结构分析 1

一个线性的自由子结构,包含 7 个自由度,即 1~7。处于自由度 1 和自由度 7 上的集中质量为 $m_1 = m_7 = 0.5 \text{kg}$,处于自由度 2 ~自由度 6 上的集中质量为 $m_2 = \cdots = m_6 = 1 \text{kg}$。在自由度 1 ~7 之间的 6 个弹簧刚度相等,即 $k_{12} = k_{23} = \cdots = k_{67} = 10000 \text{N/m}$。子结构可参见图 18.2。

计算两个互联的子结构,即子结构 1 的节点 7 和子结构 2 的节点 1 相连。计算固有频率和相应模态。无边界条件,即处于自由状态。使用下列 CMS 方法:

1. Craig – Bumpkin 方法
2. Craig – Change 方法
3. Hurting 方法

18.3.2　子结构分析 2

系统包含两个组件或子结构,即组件 1 和组件 2,可参见图 18.4。两个组件的耦合可参见图 18.5。

组件1

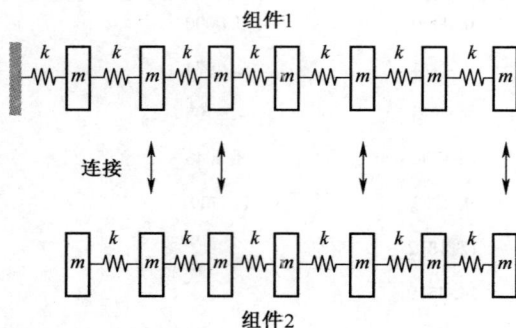

图 18.4　组件 1 和组件 2

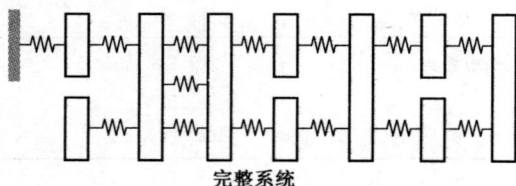

图 18.5　完整系统(耦合后的组件)

计算模态特性(固有频率、模态振型和有效质量)。所有质量都是 $m = 1\text{kg}$,所有弹簧都是 $k = 10000\text{N/m}$。

分别计算组件 1 和组件 2 所有的弹性模态(不要用 Herting 方法)。

组件 1

(1)Craig-Bampton 方法（采用约束模态）

(2)Herting 方法

组件 2

(1)Craig-Bampton 方法（采用约束模态）

(2)Craig-Bampton 方法（完全自由）

(3)Herting 方法

综合

(1)组件 1-方法 1,组件 2-方法 1

(2)组件 1-方法 1,组件 2-方法 2

(3)组件 1-方法 1,组件 2-方法 3

(4)组件 1-方法 2,组件 2-方法 3

参 考 文 献

Craig, R. R., Jr., Bampton, M. C. C., July 1968, *Coupling of Substructures for Dynamic Analysis*, AIAA Joumal, Vol. 6, No. 7, pages 1313—1319.

Craig, R. R., Jr., Chang, Ching-Jone, 1976, *Free-Interface Methods of Substructure Coupling for Dynamic Analysis*, AIAA Journal, Vol. 14, No. 11, pages 1633—1635.

Craig, R. R., Jr., Chang, Ching - Jone, 1976, *Substructure Coupling for Dynamic Analysis and Testing*, NASA CR-2781.

Craig, R. R., Jr., 2000, *Coupling of Substructure for Dynamic Analysis*, AIAA-2000-173.

Hering, D. N., Morgan, M. J., 1979, *A General Purpose, Mult - stage Component Modal Synthesis Method*, AIAA/ASME/ASCE/AHS, 20th Strueturea, Structoral Dynamics, and Materials Con-ference, April 6, Presented by Universal Analytics, Inc.

Hintz, R. M., 1975, *Analytical Methods in Component Modal Synthesis*, AIAA Journal, Vol. 13, No. 8, pages 1007-1016.

MacNeal, R. H., 1971, *A Hybrid Method of Component Mode Synthesis*, Computer & Structures, Vol 1, pages 581-601.

Maia, M. M. M., Silva, J. M. M., 1997, *Theoretical and Experimental Modal Analysis*, John Wiley, IS-BN 0 47197067 0.

Wijker, J. J., 2004, *Mechanical Vibrations in Spacecraft Design*, Springer, ISBN 3-54-40530-5.

第19章
输出变换矩阵

19. 1　引　言

　　减缩动力学模型由减缩质量矩阵和减缩刚度矩阵构成。由于阻尼自身特性,通常不将阻尼矩阵表达为减缩形式,阻尼特性将在动力学响应分析相关章节中进行介绍。

　　由于减缩动力学模型仅是由减缩矩阵构成,所以动态响应分析只能得到响应的物理特性(如界面自由度)以及广义自由度、位移、速度和加速度,而不能直接得到物理响应的相关信息(如力、应力等)。

　　在使用(耦合)减缩动力学模型进行动态响应分析过程中,利用载荷变换矩阵(Load Transformation Matrix,LTM)可以计算出指定结构单元的应力和力等响应数据。载荷变换矩阵定义了某些结构单元的力和应力与减缩动力学模型自由度之间的关系。通常,变换矩阵称为输出变换矩阵(Output Transformation Matrix,OTM)[Chung 1998,Fransen 2002]。除载荷变换矩阵外,在[Bray 1991]中还定义了位移变换矩阵(Displacement Transformation Matrix,DTM)和加速度变换矩阵(Acceleration Transformation Matrix,ATM)。本章只对载荷变换矩阵进行阐述,位移变换矩阵和加速度变换矩阵的构建方法与载荷变换矩阵相似。

　　下一节将介绍载荷变换矩阵的计算方法,该方法基于模态位移法(Mode Displacement Method,MDM)和模态加速度法(Mode Acceleration Method,MAM)[Craig 1981]构建。此处的载荷变换矩阵为减缩自由-自由动力学模型的输出变换矩阵,通常包含六自由度的刚体运动。

19. 2　减缩自由-自由动力学模型

　　当忽略高阶固有频率模态的影响时,由自由边界的自由度$\{x_j\}$和广义坐标系$\{\eta_p\}$计算出的应力和力可能是不准确的。利用模态加速度法可以使结构单元应力和力的计算结果更加准确。

某一部件或子结构的运动方程为

$$\begin{bmatrix} M_{ii} & M_{ij} \\ M_{ji} & M_{jj} \end{bmatrix} \begin{Bmatrix} \ddot{x}_i \\ \ddot{x}_j \end{Bmatrix} + \begin{bmatrix} K_{ii} & K_{ij} \\ K_{ji} & K_{ji} \end{bmatrix} \begin{Bmatrix} x_i \\ x_j \end{Bmatrix} = \begin{Bmatrix} 0 \\ F_j \end{Bmatrix} \tag{19.1}$$

式中：$\{F_j\}$ 为各部件间的界面力；$\{x_i\}$ 为内部自由度；$\{x_j\}$ 为外部自由度（通常为边界自由度）。

内部自由度 $\{x_i\}$ 可以表达为 [Klein 1988]

$$\{x_i{}^*\} = -[K_{ii}]^{-1} \left\{ [M_{ii} \quad M_{ij}] \begin{Bmatrix} \ddot{x}_i \\ \ddot{x}_j \end{Bmatrix} + [K_{ij}]\{x_j\} \right\} \tag{19.2}$$

对于 Criag–Bampton 模型 [Criag 1968, Criag 1981]

$$\begin{Bmatrix} \ddot{x}_i \\ \ddot{x}_j \end{Bmatrix} = \begin{bmatrix} \phi_p & \phi_{ij} \\ 0 & I \end{bmatrix} \begin{Bmatrix} \ddot{\eta}_p \\ \ddot{x}_j \end{Bmatrix} \tag{19.3}$$

式中：$[\phi_{ij}] = -[K_{ii}]^{-1}[K_{ij}]$ 为约束模态；$([K_{ii}] - \lambda_i[M_{ii}])\{\phi_{pi}\} = \{0\}$ 是内部自由度特征值问题；$\{\eta_p\}$ 为广义坐标系（模态振幅系数）。在模态位移法中加速度变换矩阵为

$$[\mathrm{ATM}] = \begin{bmatrix} \phi_p & \phi_{ij} \\ 0 & I \end{bmatrix} \tag{19.4}$$

位移向量 $\{x_i{}^*\}$ 可以表达为

$$\{x_i{}^*\} = -[K_{ii}]^{-1} \left\{ [M_{ii} \quad M_{ij}] \begin{bmatrix} \phi_p & \phi_{ij} \\ 0 & I \end{bmatrix} \begin{Bmatrix} \ddot{\eta}_p \\ \ddot{x}_j \end{Bmatrix} + [K_{ij}]\{x_j\} \right\} \tag{19.5}$$

则完整的位移向量 $\{x\}$ 为

$$\{x\} = \begin{bmatrix} x_i{}^* \\ x_j \end{bmatrix} = \begin{bmatrix} -[K_{ii}]^{-1}[M_{ii} \quad M_{ij}] \begin{bmatrix} \phi_p & \phi_{ij} \\ 0 & I \end{bmatrix} \begin{Bmatrix} \ddot{\eta}_p \\ \ddot{x}_j \end{Bmatrix} \\ 0 \end{bmatrix} + \begin{bmatrix} -[K_{ii}]^{-1}[K_{ij}] \\ I \end{bmatrix} \{x_j\}$$

$$\tag{19.6}$$

由模态加速度表达的位移变换矩阵为

$$\{x\} = \begin{bmatrix} x_i{}^* \\ x_j \end{bmatrix} = [\mathrm{DTM}_1] \begin{Bmatrix} \ddot{\eta}_p \\ \ddot{x}_j \end{Bmatrix} + [\mathrm{DTM}_2]\{x_j\} \tag{19.7}$$

部件中特定结构单元的应力或力可以表达为

$$\{\sigma\} = [D_\sigma]\{x\} = [D_{\sigma i} \quad D_{\sigma i}] \begin{Bmatrix} x_i{}^* \\ x_j \end{Bmatrix} \tag{19.8}$$

或

$$\{\sigma\} = \begin{bmatrix} D_{\sigma i} & D_{\sigma j} \end{bmatrix} \left\{ \begin{bmatrix} -\begin{bmatrix} K_{ii} \end{bmatrix}^{-1} \begin{bmatrix} M_{ii} & M_{ij} \end{bmatrix} \begin{bmatrix} \phi_p & \phi_{ij} \\ 0 & I \end{bmatrix} \begin{Bmatrix} \ddot{\eta}_p \\ \ddot{x}_j \end{Bmatrix} \\ 0 \end{bmatrix} + \begin{bmatrix} -\begin{bmatrix} K_{ii} \end{bmatrix}^{-1} \begin{bmatrix} K_{ij} \end{bmatrix} \\ I \end{bmatrix} \{x_j\} \right\}$$

$$(19.9)$$

或

$$\{\sigma\} = \begin{bmatrix} \mathrm{LMT}_1 \end{bmatrix} \begin{Bmatrix} \ddot{\eta}_p \\ \ddot{x}_j \end{Bmatrix} + \begin{bmatrix} \mathrm{LMT}_2 \end{bmatrix} \{x_j\} \tag{19.10}$$

其中

$$\begin{bmatrix} \mathrm{LMT}_1 \end{bmatrix} = \begin{bmatrix} D_{\sigma i} & D_{\sigma i} \end{bmatrix} \left(-\begin{bmatrix} K_{ii} \end{bmatrix}^{-1} \begin{bmatrix} M_{ii} & M_{ij} \end{bmatrix} \begin{bmatrix} \phi_p & \phi_{ij} \\ 0 & I \end{bmatrix} \right) \tag{19.11}$$

$$\begin{bmatrix} \mathrm{LMT}_2 \end{bmatrix} = \begin{bmatrix} D_{\sigma i} & D_{\sigma i} \end{bmatrix} \begin{bmatrix} -\begin{bmatrix} K_{ii} \end{bmatrix}^{-1} \begin{bmatrix} K_{ij} \end{bmatrix} \\ I \end{bmatrix} \tag{19.12}$$

载荷变换矩阵 $\begin{bmatrix} \mathrm{LMT}_1 \end{bmatrix}$ 可以通过令 $\{x_j\} = \{0\}$ 及 $\begin{Bmatrix} \ddot{\eta}_p \\ \ddot{x}_j \end{Bmatrix} = \begin{bmatrix} I \end{bmatrix}$ 进行定义,载荷变

换矩阵 $\begin{bmatrix} \mathrm{LMT}_2 \end{bmatrix}$ 可以通过令 $\{x_j\} = \{I\}$ 及 $\begin{Bmatrix} \ddot{\eta}_p \\ \ddot{x}_j \end{Bmatrix} = \{0\}$ 进行定义。

载荷变换矩阵较为常用,因为应力可以由力来代替。

约束外部自由度时 $\{x_j\} = \{0\}$, $\begin{Bmatrix} \ddot{\eta}_p \\ \ddot{x}_j \end{Bmatrix} = \{0\}$ 时不考虑惯性力。

通常,当给出减缩动力学模型时,载荷变换矩阵也会给出。这样在耦合载荷分析时就可以计算出指定结构单元的应力和力。

算例

"自由-自由"四质量-弹簧动力系统(见图 19.1)的无阻尼运动方程为

$$m \begin{bmatrix} 1 & 0 & 0 & 0 \\ 0 & 1 & 0 & 0 \\ 0 & 0 & 1 & 0 \\ 0 & 0 & 0 & 1 \end{bmatrix} \begin{Bmatrix} \ddot{x}_1 \\ \ddot{x}_2 \\ \ddot{x}_3 \\ \ddot{x}_4 \end{Bmatrix} + k \begin{bmatrix} 1.5 & -1 & -0.5 & 0 \\ -1 & 3 & -1 & -1 \\ -0.5 & -1 & 2.5 & -1 \\ 0 & -1 & -1 & 2 \end{bmatrix} \begin{Bmatrix} x_1 \\ x_2 \\ x_3 \\ x_4 \end{Bmatrix} = \begin{Bmatrix} 0 \\ 0 \\ 0 \\ F_4 \end{Bmatrix}$$

式中: $\{x_i\} = \begin{Bmatrix} x_1 \\ x_2 \\ x_3 \end{Bmatrix}$ 为内部自由度; $x_j = x_4$ 为外部自由度; F_4 为界面力。

分块质量矩阵为

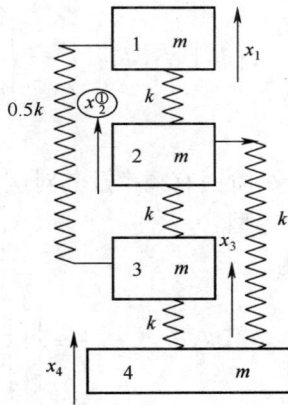

图 19.1 四质量-弹簧动力系统(自由-自由)

$$[M_{ii}] = m\begin{bmatrix} 1 & 0 & 0 \\ 0 & 1 & 0 \\ 0 & 0 & 1 \end{bmatrix}, [M_{jj}] = m, [M_{ij}] = [M_{ji}]^{\mathrm{T}} = m\begin{Bmatrix} 0 \\ 0 \\ 0 \end{Bmatrix}$$

分块刚度矩阵为

$$[K_{ii}] = k\begin{bmatrix} 1.5 & -1 & -0.5 \\ -1 & 3 & 0-1 \\ -0.5 & -1 & 2.5 \end{bmatrix}, [K_{jj}] = 2k, [K_{ij}] = [K_{ji}]^{\mathrm{T}} = k\begin{Bmatrix} 0 \\ -1 \\ -1 \end{Bmatrix}$$

首先需对内部自由度的特征值问题进行求解,内部自由度 $\{x_i\}$ 的特征值问题表示为

$$([K_{ii}] - \lambda[M_{ii}])\{x_i\} = \{0\}$$

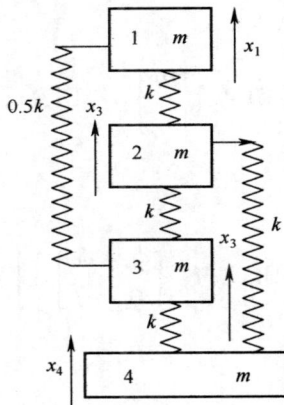

特征值 λ_1 及其对应的模态振型 $\{\phi_1\}$ 为

---

① 此处原图有误。——译著

225

$$\lambda_1 = 0.5539\frac{k}{m}, \{\phi_1\} = \{\phi_p\} = \frac{1}{\sqrt{m}}\begin{Bmatrix} 0.7511 \\ 0.4886 \\ 0.4440 \end{Bmatrix}$$

式中：$\{\phi_1\}^{\mathrm{T}}[M]\{\phi_1\} = [I]$。

力的载荷变换矩阵可基于一阶固有频率及其对应的模态振型计算得到。因此减缩模型只包含结构的一阶振型。

约束模态$[\phi_{ij}]$可以表达为

$$[\phi_{ij}] = -[K_{ii}]^{-1}[K_{ij}] = \begin{Bmatrix} 1 \\ 1 \\ 1 \end{Bmatrix}$$

弹簧力为

$$\{\sigma\} = [D_\sigma]\{x\}$$

其中，$[D_\sigma]$为

$$[D_\sigma] = k\begin{bmatrix} 1 & -1 & 0 & 0 \\ 0 & 1 & -1 & 0 \\ 0 & 0 & 1 & -1 \\ 0.5 & 0 & -0.5 & 0 \\ 0 & 1 & 0 & -1 \end{bmatrix}, [D_{\sigma i}] = k\begin{bmatrix} 1 & -1 & 0 \\ 0 & 1 & -1 \\ 0 & 0 & 1 \\ 0.5 & 0 & -0.5 \\ 0 & 1 & 0 \end{bmatrix},$$

$$[D_{\sigma j}] = k\begin{Bmatrix} 0 \\ 0 \\ -1 \\ 0 \\ -1 \end{Bmatrix}$$

载荷变换矩阵可以表示为

$$\{\sigma\} = [\mathrm{LTM}_1]\begin{Bmatrix} \ddot{\eta}_P \\ \ddot{x}_j \end{Bmatrix} + [\mathrm{LTM}_2]\{x_j\}$$

其中

$$[\mathrm{LTM}_1] = [D_{\sigma i}]\left[-[K_{ii}]^{-1}\left\{[M_{ii} \quad M_{ij}]\begin{bmatrix} \phi_p & \phi_{ij} \\ 0 & I \end{bmatrix}\right\}\right] = k\begin{bmatrix} -0.4739 & -0.6364 \\ -0.0804 & -0.0909 \\ -0.8016 & -1.4545 \\ -0.2772 & -0.3636 \\ -0.8821 & -1.5455 \end{bmatrix}$$

$$[\mathrm{LTM}_2] = [D_{\sigma i} \quad D_{\sigma i}]\begin{bmatrix} -K_{ii}^{-1}K_{ij} \\ I \end{bmatrix} = \begin{Bmatrix} 0 \\ 0 \\ 0 \\ 0 \\ 0 \end{Bmatrix}$$

$[\mathrm{LTM_2}] = \{0\}$ 表明结构中有确定的界面。

算例结束

19.3 练　习

19.3.1 问题1

如图 19.1 所示的动力系统,自由度 $x_1 = x_4 = 0$。载荷 F 作用于 x_2,但方向为负。应力矩阵 $[D_\sigma]$ 可表示为

$$[D_\sigma] = k \begin{bmatrix} -1 & 0 \\ 1 & -1 \\ 0 & 1 \\ 0 & -0.5 \\ 1 & 0 \end{bmatrix}$$

计算 $[\mathrm{LTM}_F]$ 和 $[\mathrm{LTM}_\eta]$。

19.3.2 问题2

如图 19.1 所示的动力系统,自由度 $x_j = \begin{Bmatrix} x_1 \\ x_4 \end{Bmatrix}$ 和 $x_i = \begin{Bmatrix} x_2 \\ x_3 \end{Bmatrix}$。应力矩阵 $[D_\sigma]$ 可表示为

$$[D_\sigma] = k \begin{bmatrix} 1 & -1 & 0 & 0 \\ 0 & 1 & -1 & 0 \\ 0 & 0 & 1 & -1 \\ 0.5 & 0 & -0.5 & 0 \\ 0 & 1 & 0 & -1 \end{bmatrix}$$

计算 $[\mathrm{LTM}_1]$ 和 $[\mathrm{LTM}_2]$。

参 考 文 献

Bray, E. L., May 1991, *Specification for Dynamic Models of Polar Platform*, British Aerospace Ltd., Earth Observation and Science Division, SPE–1211368–003, Issue 3.

Chung, Y. T., 1998, *Dynamic Loads Recovery using Alternative Mode Acceleration Approach*, AIAA–98–1719, 39th AIAA/ASME/ASCE/AHS/ASC/Structures, Structural Dynamics, and Materials Conference and Exhibit and AIAA/ASME/AHS Adaptive Structures Forum, Long Beach, California, April 20–23, 1998.

Craig, R. R, Jr. Bampton, M. C. C., July 1968, *Coupling of Substructures for Dynamic Analysis*, AIAA

Journal, Vol. 6 No. 7, pages 1313–1319.

Craig, R. R, Jr. , 1981, *Structural Dynamics, An Introduction to Computer Methods*, John Wiley & Sons, ISBN 0-471-04499-7.

Fransen, S. H. J. A. , 2002, *An Overview and Comparison of OTM Formulations on the Basis of the Mode Displacement Method and the Mode Acceleration Method*, paper 17, Proceedings of the Worldwide Areospace Conference and Technology Showcase 2002, 810 April, 2002, Toulouse.

Klein, M. , Reynolds, J. , Ricks, E. , 1988, *Derivation of improved load transformation matrices for launchers – spacecraft coupled analysis, and direct computation of margins of safety*, Proc. Int. Conf. :" Spacecraft Structures and Mechanical testing", Noordwijk, The Netherlands, 1921 October 1988, pages 703–719.

第20章
耦合动态载荷分析

20.1 引　　言

运载方通常会进行耦合动载荷分析(Coupled Dynamic Load Analysis, CDLA),也称为耦合载荷分析(Coupled Load Analysis,CLA)。耦合载荷分析主要是计算发射过程中的响应情况及作用在航天器上的动载荷。用户手册中提到的设计载荷往往是一般情况的值。发射过程中运载火箭和航天器之间的动力相互作用可以通过耦合分析计算得到。该计算结果还可用于避免卫星结构在鉴定试验过程中产生的过试验问题,因为振动台-航天器动力学系统与运载火箭-航天器动力学系统是不同的。

关于 ESA/ESTEC ARIANE 5 耦合动载荷分析的完整概述见[Fransen 2006],关于 ARIANESPACE 有效载荷动力模型的通用技术要求见[Boland 2001]。对模型的简化应基于 Craig 和 Bampton 缩聚法[Craig 1968]。

运载方(如阿丽亚娜太空中心 ARIANESPACE、美国国家宇航局 NASA、或者欧洲太空总署 ESA)负责建立数学模型,包括作用于模型上运载火箭的动力载荷。航天器总承包商需要向运载组织提供航天器数学模型。分析流程图见图 20.1。

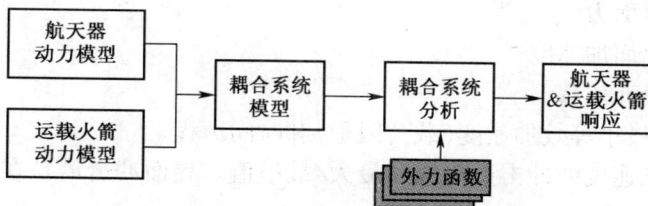

图 20.1　耦合载荷分析流程(Courtesy Quartus Engineering, USA)

通过图 20.2[Kabe 1995],我们可以更清楚地了解完整和缩减动力模型的规模,及进行耦合动载荷分析所需的工作量。

发射过程中产生载荷的关键事件[DiMaggio 2001]:

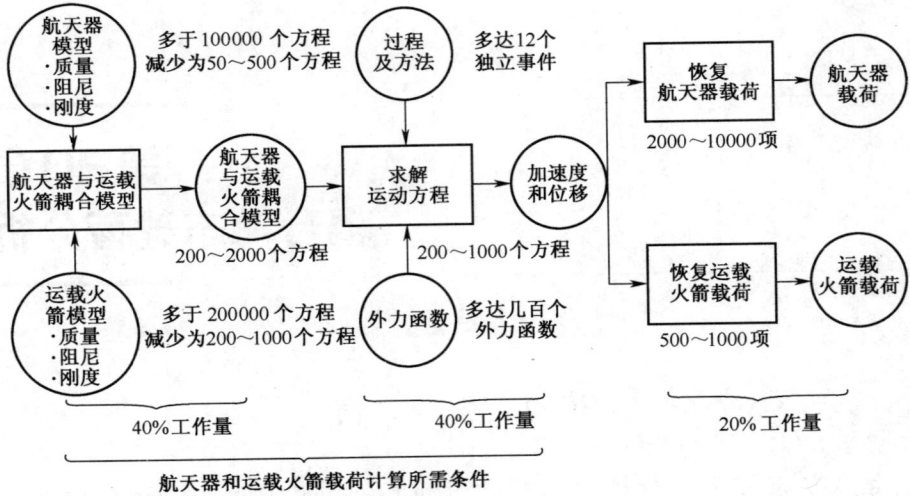

图 20.2 载荷分析流程（工作量分解）[Kabe 1998]

- 起飞
- 大气层飞行（阵风，抖振，自由飞行等）
- 发动机点火和关机
- 级间分离和星箭分离

运载火箭和航天器的数学模型转换为 Craig-Bampton（CB）模型，作用在运载火箭上的载荷也进行同样的处理。采用模态综合法耦合 CB 缩减模型，然后对发射的各个阶段进行瞬态分析。计算结果包括：

- 实时最大/最小值：
  - ——界面力（I/F）
  - ——界面上指定自由度的加速度
  - ——界面上指定自由度的位移
- 时间历程曲线：
  - ——界面力
  - ——界面加速度
  - ——界面位移
- 最大/最小等效加速度（载荷因子）和时间历程。
- 界面加速度的冲击谱曲线和最大/最小值。界面冲击谱是在航天器底部的正弦输入。

20.2 有限元模型验证

用于耦合载荷分析的有限元模型必须经过试验验证，且必须满足模态试验结果的相关要求。频率及模态振型分析预测结果和试验结果比较的相关标准请参见[Chung 2002，NASA 1996，Ricks 1991，Fransen 2006]。

- 固有频率的差异小于±5%。
- 分析模态振型$[\Phi_a]$和试验模态振型$[\Phi_t]$关于试验分析模型(TAM)中分析质量矩阵$[M_a]$的交叉正交矩阵$[XOC]$由式$[XOC]=[\Phi_a]^T[M_a][\Phi_t]$确定，且$[\Phi_a]^T[M_a][\Phi_a]=<I>$。同时，试验模态的自相关检验通过$[AOC]=[\Phi_t]^T[M_a][\Phi_t]$进行，要求其对角线项值接近为1，非对角项值小于0.1。

当XOC[①]的值接近1，表明了两种模态之间相关性高、一致性好。一般要求交叉正交矩阵的对角项值都大于0.9，所有的非对角项值小于0.2[Ricks 1991]。

算例

两个需要相互关联的二自由度系统，分别代表分析系统和试验系统，如图20.3所示。我们将运用[Ricks 1991]中相关标准进行关联。

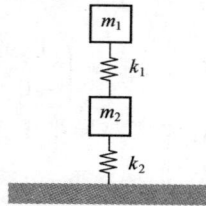

图20.3　二自由度动力系统

表20.1中给出了动力系统的特性参数。

表20.1　动力系统特性参数

模型	m_1 /kg	m_2 /kg	k_1 /(N/m)	k_2 /(N/m)
分析模型	1.0	1.0	10000	10000
试验模型	1.2	0.95	9500	11000

表20.2中列出了中间结果。

表20.2　中间结果

模型	固有频率 $\{f\}$/Hz	模态振型$[\Phi]$
分析模型	$\{f_a\}=\begin{Bmatrix}9.8363\\25.7518\end{Bmatrix}$	$[\Phi_a]=\begin{bmatrix}-0.8507 & -0.5257\\-0.5257 & 0.8507\end{bmatrix}$
试验模型	$\{f_t\}=\begin{Bmatrix}9.5099\\26.6358\end{Bmatrix}$	$[\Phi_t]=\begin{bmatrix}-0.8185 & -0.4891\\-0.5263 & 0.8807\end{bmatrix}$

---

① 原文中为XOR，根据上下文译者更正为XOC。——译者

由分析质量矩阵表达的试验模态自正交矩阵为

$$[AOC] = [\Phi_a]^T [M_a][\Phi_a] = \begin{bmatrix} 1 & 0 \\ 0 & 1 \end{bmatrix}$$

$$[AOC] = [\Phi_t]^T [M_a][\Phi_t] = \begin{bmatrix} 0.9469 & -0.0632 \\ -0.0632 & 1.0149 \end{bmatrix}$$

将试验模态振型成比例变化,进而使得$[\Phi_t]^T[M_a][\Phi_t]$的对角项为 1。因此比例变换后试验模态振型为

$$[\Phi_t] = \begin{bmatrix} -0.8411 & -0.4855 \\ -0.5408 & 0.8743 \end{bmatrix}$$

则$[AOC]$变为

$$[AOC] = [\Phi_t]^T [M_a][\Phi_t] = \begin{bmatrix} 1.0000 & -0.0645 \\ -0.0645 & 1.0000 \end{bmatrix}$$

交叉正交矩阵为

$$[XOC] = [\Phi_a]^T [M_a][\Phi_t] = \begin{bmatrix} 0.9998 & -0.0467 \\ -0.0178 & 0.9989 \end{bmatrix}$$

分析模型与试验模型的固有频率差异小于 5%,且$[XOC]$的非对角项小于 0.2[Ricks 1991]。

算例结束

20.3　练　习

20.3.1　网络搜索

查找在互联网上公开发表的关于耦合载荷分析的资料。

参 考 文 献

Boland,Ph. ,Bourgain,M. ,2001, *General Specification for payload Dynamic Models*, AE/DI/S/ES No 102/01,A5-SG-0-01,Issue 4,Arianespace,France.

Chung,Y. T. ,Foist,B. L. and Sernaker,M. L. ,2002, *Validation of Payload Acoustic Model based on Acoustic Test Results*, AIAA-2002-1621.

Craig,R. R. ,Jr. ,Bampton,M. C. C. ,July 1968, *Coupling of Substructures for Dynamic Analysis*, AIAA Journal,Vol. 6,No. 7,pages 1313-1319.

DiMaggio,S. , *Structural Design and Verification of Space and Launch Vehicles*, The Aerospace Corporation, Presentation at Columbia University New York, NY. April 29, 2002, www. civi. columbia. edu/CEE1201/021ect26SD. pdf.

Kabe,A. M. ,1998, *Design and Verification of Launch and Space vehicle Structures*, AIAA-98-1718, pages 175–189.

Fransen, S. H. , J. , A. , 2006, *Methodologies for Launcher−Payload Coupled Dynamic Analysis*, ISBN 90−9020293−5, PhD work Delft University of Technology, European Space Agency.

NASA, 1996, *Load Analysis of Spacecraft and Payloads*, NASA−STD−5002, June 21.

Ricks, E. G. , 1991, *Guidelines for Loads Analysis and Dynamic Model Verification of Shuttle Cargo Elements*, MSFC−HDBK−1974, October 15.

第21章
随机振动简化响应分析

21.1 引　言

随机机械载荷通常指航天器有效载荷与电子线路盒等所承受的载荷。这些载荷主要作用于科学仪器、电子线路盒等的底部(见表21.1):

表 21.1　随机振动

频率范围/Hz	功率谱密度 /(g^2/Hz)	均方根加速度 /g
20~150	+6dB/oct	
150~700	0.04	7.3
700~2000	−3dB/oct	

20~2000Hz的频率范围几乎可以覆盖所有的运载火箭。

在高频段,有限元法和边界元法不可靠,这些方法所得结果有效性主要取决于所建立的航天器有限元模型和边界元模型。通常,复杂的有限元模型的可靠频域上限为200~300Hz,当对板或者梁建模时,此频域上限可大幅提高。

如果对随机载荷的全频域范围进行响应计算,仅使用有限元方法是不够的。可使用统计能量分析方法(Statistical Energy Analysis,SEA)[Lyon 1995]作为有限元方法和边界元法的补充。

21.2　低频域内的随机振动

本节中不对一般的随机振动理论进行论述,具体可参阅[Wirsching 1995]。本节只对以下几个实际方面进行讨论:

- 受随机力或基础激励作用的单质量-弹簧系统的响应。
- 受声载作用的板结构中的应力。

- 一定量级的穿越数。
- 均方根(root mean square,rms)响应、加速度及应力,等。

21.2.1 受随机力或基础激励的单质量-弹簧系统的响应

图 21.1 中单自由度系统相对于基础的位移为

$$z(t) = x(t) - u(t) \tag{21.1}$$

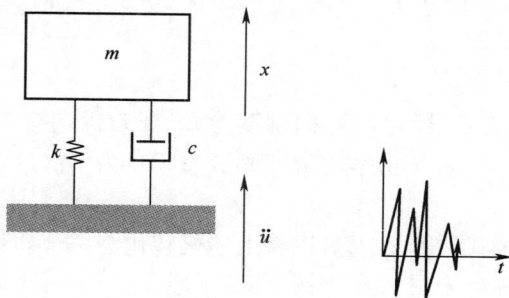

图 21.1 受随机加速度激励的单自由度系统

单自由度系统相对于基础的均方根加速度可用 Miles 方程[Miles 1954]计算

$$\ddot{z}_{rms} = \alpha \sqrt{\frac{\pi}{2} f_o Q W(f_o)} \tag{21.2}$$

和

$$z_{rms} = \frac{\ddot{z}_{rms}}{(2\pi f_o)^2} \tag{21.3}$$

式中:$\ddot{z}_{rms}$ 和 z_{rms} 分别为质量-弹簧系统相对于基础的均方根加速度和均方根位移;α 为标准差的倍数$(1,2,3,\cdots)$,在疲劳问题计算中 $\alpha = 1$,在计算载荷时 $\alpha = 3$;f_o 为质量-弹簧系统的固有频率;$Q = \dfrac{1}{2\zeta}$ 为放大因子,$\zeta \leqslant 0.20$;$W(f_o)$ 为在频率 f_o 时力或基础激励的常数功率谱密度(白噪声近似)。由 Miles 关系得到的 3σ 加速度通常被称为随机振动荷载因子(Random Vibration Load Factors, RVLF)。

随机基础激励下单质量-弹簧系统的绝对加速度均方根可用下式计算:

$$\ddot{x}_{rms} = \sqrt{\frac{\pi}{2} f_o Q(1 + 4\zeta^2) W(f_o)} \approx \ddot{z}_{rms}(1 + 2\zeta^2) \approx \ddot{z}_{rms} \tag{21.4}$$

算例

一个质量-弹簧系统的基础受到随机加速度 a 激励,其功率谱密度函数为 $W_a(f) = 0.1 \dfrac{g^2}{Hz}$,$f = 5 \sim 1000 Hz$。基础激励的均方根值为 $a_{rms} = \sqrt{W_a(f) \Delta f} \approx 10g$。

质量-弹簧系统的固有频率 $f_o = 30\text{Hz}$，质量 $m = 20\text{kg}$。取 $\zeta = 5\%$，放大因子 $Q = \dfrac{1}{2\zeta}$ $= 10$。相对加速度的 3σ 值为

$$\ddot{z}_{\text{rms}} = \alpha\sqrt{\frac{\pi}{2}f_o QW(f_o)} = 3\sqrt{\frac{\pi}{2} \times 30 \times 10 \times 0.1} = 20.6g$$

弹簧内力的 3σ 值 F_{rms} 为

$$F_{\text{rms}} = m(2\pi f_o)^2 z_{\text{rms}} = m\ddot{z}_{\text{rms}} = 20 \times 20.6 \times 9.81 = 4041\text{N}$$

算例结束

算例

一根不计质量的梁，长为 L，弯曲刚度为 EI，梁自由端有一质量 m，固定端受到随机加速度载荷 $\ddot{u}(t)$，其功率谱密度函数（PSD）为 $W_{\ddot{u}}(f)$。质量点相对固定端的响应为挠度 $z(t)$。

为利用 Miles 公式计算 $\ddot{z}_{\text{rms}}$，可以将上述梁转化为一个质量-弹簧系统，其质量为 m，弹簧刚度为 k，阻尼为 c，如图 21.2 所示。

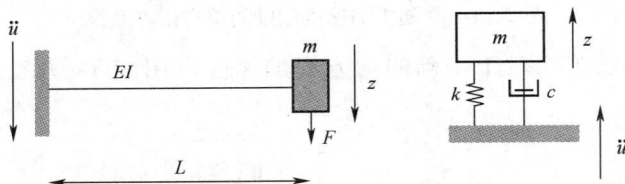

图 21.2　梁转化为质量-弹簧-阻尼系统

梁自由端在外力 F 作用下的静挠度 z_{stat} 为

$$z_{\text{stat}} = \frac{FL^3}{3EI}$$

弹簧刚度 k 为

$$k = \frac{F}{z_{\text{stat}}} = \frac{3EI}{L^3}$$

易得系统的固有频率 $f_o(\text{Hz})$

$$f_o = \frac{1}{2\pi}\sqrt{\frac{k}{m}} = \frac{1}{2\pi}\sqrt{\frac{3EI}{mL^3}}$$

质量-弹簧系统的运动方程可表达为

$$m\ddot{z} + c\dot{z} + kz = -m\ddot{u}, z = x - u$$

将上述方程除以 m，即可得到质量-弹簧系统的无量纲运动方程

$$\ddot{z} + 2\zeta\omega_o\dot{z} + \omega_o^2 z = -\ddot{u}$$

梁自由端的均方根加速度可通过 Miles 公式（21.2）计算得到：

$$\ddot{z}_{rms} = \alpha \sqrt{\frac{\pi}{2} f_o Q W_{\ddot{u}}(f_o)}$$

其中，$Q = \frac{1}{2\zeta}$，$f_o = \frac{1}{2\pi}\sqrt{\frac{3EI}{mL^3}}$。

当研究梁的承载能力时，通常取 $\alpha = 3$。

质量 m 的均方根加速度 $\ddot{z}_{rms}$ 在梁的固定端导致的横向力和弯矩分别为 $m\ddot{z}_{rms}$ 和 $m\ddot{z}_{rms}L$。

算例结束

算例

铝合金悬臂空心圆管如图 21.3 所示，其长度 $L = 0.6\text{m}$，弹性模量 $E = 70\text{GPa}$。在管端有一质量 $M = 20\text{kg}$。圆管半径 $R = 0.09\text{m}$，壁厚 $t = 0.004\text{m}$。不考虑圆管重量。截面惯性矩为 $I = \pi R^3 t = 9.16 \times 10^{-6}\text{m}^4$。

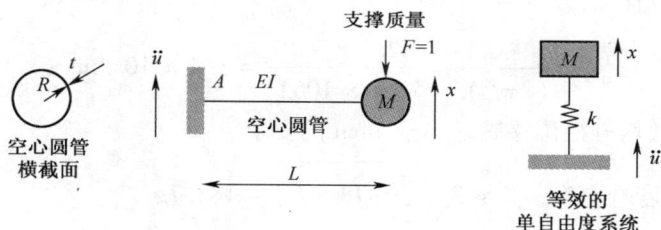

图 21.3　悬臂管

计算得一阶固有频率

$$f_o = \frac{1}{2\pi}\sqrt{\frac{3EI}{ML^3}} = 106\text{Hz}$$

作用单位载荷 $F = 1\text{N}$ 时，等效动力学系统的弹簧刚度 k 为

$$k = \frac{3EI}{L^3} = 8.91 \times 10^6 \text{N/m}$$

铝合金材料的极限应力 $\sigma_U = 328\text{MPa}$，屈服应力 $\sigma_Y = 216\text{MPa}$。

随机设计极限载荷见表 21.2。

表 21.2　施加的加速度功率谱密度（设计载荷）

频率/Hz	功率谱密度 $/(g^2/\text{Hz})$	m,n	面积 $/g^2$
$20 \sim 100$	9dB/oct	3	$A_1 = 23.7$
$100 \sim 250$	0.95	N/A	$A_2 = 142.5$
$250 \sim 2000$	-15dB/oct	-5	$A_3 = 59.4$
	$G_{rms} = 15.0$		$A = 225.6$

屈服载荷的安全系数为 $j_Y = 1.1$，极限载荷的安全系数为 $j_U = 1.25$。

校核如图 21.3 所示的系统是否具有承受 30s 随机强迫加速度（设计极限荷载）$\ddot{u}$ 的能力。阻尼比取 $\zeta = 0.02$（$Q = 25$）。管端质量与支撑结构（固定端）的相对位移必须不超过 4mm。

用 Miles 方程计算得到质量点的均方根加速度为

$$\ddot{x}_{rms} = \sqrt{\frac{\pi}{2} f_o Q W_{\ddot{u}}(f_o)}$$

在一阶固有频率处响应有很陡的峰，忽略其他固有频率处响应的贡献。

在 106Hz 上的加速度激励功率谱密度可以从表 21.2 中得到。质量点的均方根加速度响应为

$$\ddot{x}_{rms} \approx \sqrt{\frac{\pi}{2} f_o Q W_{\ddot{u}}(f_o)} = \sqrt{\frac{\pi}{2} \times 106 \times 25 \times 0.95} = 62.9 \quad G_{rms}$$

均方根位移 x_{rms} 为

$$x_{rms}^1 = \frac{\ddot{x}_{rms}}{(2\pi f_o)^2} = \frac{62.9 \times 9.81}{(2\pi \times 106)^2} = 1.4 \times 10^{-3} \text{m}^{①}$$

质量点的均方根位移满足小于 4mm 的要求。

3σ 加速度响应为 $\ddot{x}_{3\sigma} \approx 3\sqrt{\frac{\pi}{2} f_o Q W_{\ddot{u}}(f_o)} = 188.7g$。

质量点的惯性力为 $F_{3\sigma} = m\ddot{x}_{3\sigma} = 3.7 \times 10^4 \text{N}$，在 A 处的弯矩为 $M_{3\sigma} = m\ddot{x}_{3\sigma}L = 2.22 \times 10^4 \text{Nm}$。

可以计算出最远纤维的最大弯曲应力为

$$\sigma_{b,3\sigma} = \frac{Me}{I} = \frac{M}{W} = \frac{M}{\pi R^2 t} = 2.18 \times 10^8 \text{Pa}$$

薄壁圆管横截面上的最大剪应力为 [Shanley 1967]

$$\tau_{3\sigma} = \frac{2F_{3\sigma}}{A} = 2\frac{F_{3\sigma}}{2\pi Rt} = 3.27 \times 10^7 \text{Pa}$$

Von Mises 应力为

$$\sigma_{vM} = \frac{1}{\sqrt{2}}\sqrt{6\tau_{3\sigma}^2} = 5.67 \times 10^7 \text{Pa}$$

在其他位置（中性面，弯曲应力为零）的剪应力都小于最大的弯曲应力。

屈服载荷与极限载荷的安全裕度分别为

$$MS_Y = \frac{\sigma_Y}{j_Y \sigma_{b,3\sigma}} - 1 < 0$$

---

① 原文为 z_{rms}，等笔误。——译者

$$MS_U = \frac{\sigma_U}{j_U \sigma_{b,3\sigma}} - 1 = 0.2$$

屈服载荷的安全裕度为负数，需要重新设计圆管。

主要结论是随机载荷使圆管产生永久变形。可以通过增加半径或者壁厚来避免，但会增加圆管的重量。

此例没有考虑圆管的疲劳问题。

算例结束

21.2.2 阻尼

为计算出由于随机振动（声或机械）引起的结构响应，NASA 建立了一个有效载荷阻尼系数的指南（见表 21.3）。有效载荷将伴随 STS 发射[Leung 1995]。

表 21.3 STS 有效载荷的模态阻尼比 ζ

STS 有效载荷的模态阻尼比 ζ	
频率/Hz	阻尼比 ζ/%
<10	1
10~35	2
35~75	2~3
75~130	3~4
130~200	4~5

21.2.3 采用静态假设的模态随机振动响应分析

利用结构的静态响应，即假设静模态与某一重要的动模态可比拟，可以简化随机振动结构响应的分析。

如图 21.4 所示，质量-弹簧系统承受一惯性场 $\ddot{u}$ 作用。静态分析中不计阻尼的影响，作用于质量块 m 上的惯性载荷为 $m\ddot{u}$，相对静态位移 z 为

$$z = \frac{m\ddot{u}}{k} = \frac{m\ddot{u}}{m(2\pi f_o)^2} = \frac{\ddot{u}}{(2\pi f_o)^2} \tag{21.5}$$

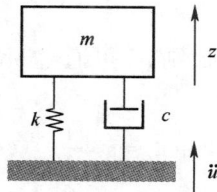

图 21.4 假设的静态模型

假设 $\ddot{u}=1$，$(2\pi f_{\mathrm{o}})^2$ 可以表达为

$$(2\pi f_{\mathrm{o}})^2_{\ddot{u}=1} = \frac{1}{z} \tag{21.6}$$

利用 Miles 方程可以得到加速度响应的均方根

$$\ddot{z}_{\mathrm{rms}} = \alpha\sqrt{\frac{\pi}{2}f_{\mathrm{o}}QW_{\ddot{u}}(f_{\mathrm{o}})}$$

可导出位移均方根 z_{rms} 为

$$z_{\mathrm{rms}} = \frac{\alpha}{(2\pi f_{\mathrm{o}})^2}\sqrt{\frac{\pi}{2}f_{\mathrm{o}}QW_{\ddot{u}}(f_{\mathrm{o}})} = z_{\ddot{u}=1}\alpha\sqrt{\frac{\pi}{2}f_{\mathrm{o}}QW_{\ddot{u}}(f_{\mathrm{o}})} \tag{21.7}$$

因为惯性载荷 $\ddot{u}=1$，所以相对静态位移 $z_{\ddot{u}=1}$ 可用任意响应变量代替，如载荷、应力，等。

21.2.4　穿越

对响应的一定量级，如幅值为 $x=x_a$ 的 x，单位时间内正向期望穿越数可按下式计算：

$$\nu_a^+ = \nu_0^+ \mathrm{e}^{-\frac{x_a^2}{2\sigma_x^2}} \tag{21.8}$$

式中 σ_x^2 为响应 x 的方差[①] 响应 x 为任意量，如位移、速度、加速度、力、应力等。

期望频率 ν_0^+（$x=0$ 处的特征穿越数，特征频率，零穿越率）可由下式计算

$$\nu_0^+ = \left(\frac{\int_0^\infty f^2 W_x(f)\,\mathrm{d}f}{\int_0^\infty W_x(f)\,\mathrm{d}f}\right)^{\frac{1}{2}} \tag{21.10}$$

其中 $W_x(f)$ 为 x 的功率谱密度函数。

若 x 为位移，那么当 $W_{\dot{x}}(f) = (2\pi f)^2 W_x(f)$ 时，

$$\nu_0^+ = \left(\frac{\int_0^\infty f^2 W_x(f)\,\mathrm{d}f}{\int_0^\infty W_x(f)\,\mathrm{d}f}\right)^{\frac{1}{2}} = \frac{1}{2\pi}\frac{\dot{x}_{\mathrm{rms}}}{x_{\mathrm{rms}}} = \frac{1}{2\pi}\frac{\sigma_{\dot{x}}}{\sigma_x} \tag{21.11}$$

若积分的数值计算非常困难，则 ν_0^+ 可通过 Miles 方程快速而简单地求得

---

① 方差定义为 $\sigma_x^2 = E(x^2) - \mu_x^2$，其中 $\mu_x = \lim\limits_{T\to\infty}\frac{1}{T}\int_0^T x(t)\,\mathrm{d}t$ 为响应 x 的均值，$E(x^2) = \lim\limits_{T\to\infty}\frac{1}{T}\int_0^T x^2(t)\,\mathrm{d}t$ 为 x 的二阶矩。对于机械振动 $\mu_x = 0$，所以 $\sigma_x^2 = E(x^2) = x_{\mathrm{rms}}^2$（21.9）。原著此处 x 为大写。——译者注

$$v_0^+ = \left(\frac{\displaystyle\sum_{i=1}^{n} \frac{\dfrac{\pi}{2} f_i Q_i W_{\ddot{u}}(f_i)}{f_i^2}}{\displaystyle\sum_{j=1}^{n} \frac{\dfrac{\pi}{2} f_j Q_j W_{\ddot{u}}(f_j)}{f_j^2}} \right)^{\frac{1}{2}} \quad ① \tag{21.12}$$

式中：f_i 为固有频率，Q_i 为放大因子，或传递函数 $Q_i = H_{ij}(f_i)$ 的值，此时下标 i 可为加速度，j 可为其引起的结构应力。当下标 i 和 j 表示相同的物理量（如加速度）时，可以说是放大因子。

x 的标准差 σ_x 可以是任何物理量如位移、速度、加速度、力、应力等的标准差。

$x_a = n\sigma_x$ 时的概率和正穿越数如表 21.4 所列。

表 21.4　概率

x_a	$P(\vert x_a \vert \geqslant n\sigma_x)/\%$	$\dfrac{v_a^+}{v_0^+}$
σ_x	31.73	0.6065
$2\sigma_x$	4.55	0.1353
$3\sigma_x$	0.27	0.0111

概率 $P(\vert x_a \vert \geqslant n\sigma_x)$ 可由下式计算：

$$P(\vert x \vert \geqslant n\sigma_x) = 1 - P(-n\sigma_x \leqslant x \leqslant n\sigma_x) \tag{21.13}$$

若考虑正态分布，则有

$$P(-n\sigma_x \leqslant x \leqslant n\sigma_x) = \int_{-n\sigma_x}^{n\sigma_x} \frac{1}{\sigma_x \sqrt{2\pi}} e^{-\frac{x_a^2}{2\sigma_x^2}} \tag{21.14}$$

单位时间内 x 在 a 和 $a+\mathrm{d}a$ 之间的峰数为

$$\mathrm{d}n(a) = v_a^+ - v_{a+\mathrm{d}a}^+ = \frac{-\mathrm{d}v_a^+}{\mathrm{d}a}\mathrm{d}a = v_0^+ \frac{a}{\sigma_x^2} e^{-\frac{x_a^2}{2\sigma_x^2}} \tag{21.15}$$

结构的期望疲劳寿命可利用 $\mathrm{d}n(a)$ 计算得到。

现已知单位时间内的循环数。总循环数可通过 v_0^+ 乘以发射或试验的持续时间求得。

最大峰 $\bar{x}_{\text{peak}}$ 的近似平均值可由下式给出[Lalanne 2002, Vol Ⅲ]：

$$\bar{x}_{\text{peak}} \approx \left(\sqrt{2\ln\{v_0^+ T\}} + \frac{\varepsilon}{\sqrt{2\ln\{v_0^+ T\}}} \right) \sigma_x \tag{21.16}$$

---

① 原书公式(21.12)有误。——译者

241

式中：$\varepsilon = 0.5772156649$ 为欧拉常数；T 为随机过程的持续时间。

峰 x_{peak} 的标准差可如下式计算 [Elishakoff 1991]：

$$\frac{\sigma_{x_{\mathrm{peak}}}}{\sigma_x} = \frac{\pi}{\sqrt{6}} \cdot \frac{1}{\sqrt{2\ln\nu_0^+ T}} \qquad (21.17)$$

21.2.5　均方根应力/力的计算

重要的是，由随机载荷或基础激励引起的应力 σ 是直接由应力的功率谱密度 $W_\sigma(f)$ 按下式确定：

$$\sigma_{\mathrm{rms}} = \sqrt{\int_0^\infty W_\sigma(f)\,\mathrm{d}f} \qquad (21.18)$$

而非从惯性力（$M{\times}a_{\mathrm{rms}}$）的均方根值计算得到，其中

$$a_{\mathrm{rms}} = \sqrt{\int_0^\infty W_a(f)\,\mathrm{d}f} \qquad (21.19)$$

上述方法得到的结构内应力太大，导致结构设计过重。

算例

如图 21.5 所示，一个由三个质量-弹簧组成的动力学系统，承受在频带 $5\mathrm{Hz} \leqslant f \leqslant 500\mathrm{Hz}$ 内有常数谱密度 $W_u(f) = 0.01g^2/\mathrm{Hz}$ 的随机加速度的基础激励。在 [Chung 2001] 中指出，积分到 300Hz 就足以得到应力和加速的均方根值。质量为 $m_1 = 200\mathrm{kg}$，$m_2 = 150\mathrm{kg}$，$m_3 = 100\mathrm{kg}$。刚度为 $k_1 = 3{\times}10^8\mathrm{N/m}$，$k_2 = 2{\times}10^8\mathrm{N/m}$，$k_3 = 1{\times}10^8\mathrm{N/m}$。所有模态阻尼比均为 $\zeta = 0.05$ 或 $Q = 10$。

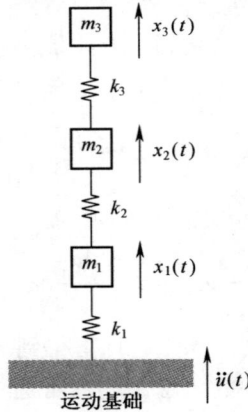

图 21.5　受基础加速度激励的三质量-弹簧系统

无阻尼运动方程组为

$$\begin{bmatrix} m_1 & 0 & 0 \\ 0 & m_2 & 0 \\ 0 & 0 & m_3 \end{bmatrix} \begin{Bmatrix} \ddot{x}_1 \\ \ddot{x}_2 \\ \ddot{x}_3 \end{Bmatrix} + \begin{bmatrix} k_1+k_2 & -k_2 & 0 \\ -k_2 & k_2+k_3 & -k_3 \\ 0 & -k_3 & k_3 \end{bmatrix} \begin{Bmatrix} x_1 \\ x_2 \\ x_3 \end{Bmatrix} = \begin{Bmatrix} 0 \\ 0 \\ 0 \end{Bmatrix} \qquad (21.20)$$

242

用相对运动 $\{z(t)\}$ 表达的方程为

$$\begin{bmatrix} m_1 & 0 & 0 \\ 0 & m_2 & 0 \\ 0 & 0 & m_3 \end{bmatrix} \begin{Bmatrix} \ddot{z}_1 \\ \ddot{z}_2 \\ \ddot{z}_3 \end{Bmatrix} + \begin{bmatrix} k_1 + k_2 & -k_2 & 0 \\ -k_2 & k_2 + k_3 & -k_3 \\ 0 & -k_3 & k_3 \end{bmatrix} \begin{Bmatrix} z_1 \\ z_2 \\ z_3 \end{Bmatrix} = -\begin{bmatrix} m_1 & 0 & 0 \\ 0 & m_2 & 0 \\ 0 & 0 & m_3 \end{bmatrix} \begin{Bmatrix} 1 \\ 1 \\ 1 \end{Bmatrix} \ddot{u}(t)$$

$$(21.21)$$

该多自由度动力学系统的固有概率与相应的模态振型为

$$\{f_n\} = \begin{Bmatrix} 94.35 \\ 201.73 \\ 299.53 \end{Bmatrix} Hz, [\boldsymbol{\Phi}] = \begin{bmatrix} -0.0224 & 0.0432 & -0.0513 \\ -0.0482 & 0.0386 & 0.0535 \\ -0.0743 & -0.0636 & -0.0210 \end{bmatrix}$$

各模态振型的有效质量为

$$\{M_{\text{eff}}\} = \begin{Bmatrix} 366.13 \\ 64.97 \\ 18.90 \end{Bmatrix} kg$$

最重要的模态振型意味着最大的有效质量。一阶模态显示了最大的响应。可算得各频率上加速度的功率谱密度与互功率谱密度函数组成的 3×3 矩阵 $W_{\ddot{x}\ddot{x}}(f)$。$W_{\ddot{x}\ddot{x}}(f)$ 的对角项的积分为加速度的均方值。对均方(自谱)值开根号可以得到自由度 x_1、x_2 和 x_3 的加速度均方根值。加速度 $\ddot{x}_1$、$\ddot{x}_2$ 和 $\ddot{x}_3$ 的功率谱密度函数图示于图 21.6。

为得到均方值,需要进行频率增量为 $\Delta f = 1 \text{Hz}$ 梯形积分的。

加速度的均方根为

$$\{\ddot{x}\}_{\text{rms}} = \begin{Bmatrix} \ddot{x}_1 \\ \ddot{x}_2 \\ \ddot{x}_3 \end{Bmatrix} = \begin{Bmatrix} 30.27 \\ 41.72 \\ 60.52 \end{Bmatrix} \frac{m}{s^2}$$

如图 21.5 所示,动态力矩阵定义为

$$[D_\sigma] = \begin{bmatrix} k_1 & 0 & 0 \\ -k_2 & k_2 & 0 \\ 0 & -k_3 & k_3 \end{bmatrix} N$$

功率谱密度函数矩阵 $W_{\sigma\sigma}(f)$ 的对角项如图 21.7 所示。

弹簧力自动频谱函数对角项的平方根为

$$\sqrt{<R_{\sigma\sigma}(0)>} = <F_{\text{rms}}> = \sqrt{\int_5^{500} <W_{\sigma\sigma}(f)> \, df} = \begin{bmatrix} 14379 & 0 & 0 \\ 0 & 10706 & 0 \\ 0 & 0 & 6043 \end{bmatrix} N$$

弹簧力的正向期望频数为

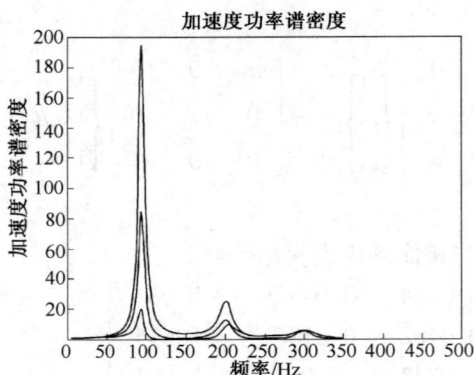

图 21.6　加速度 $\ddot{x}_1$、$\ddot{x}_2$ 和 $\ddot{x}_3$ 的功率
谱密度值/$[(m/s^2)^2/Hz]$

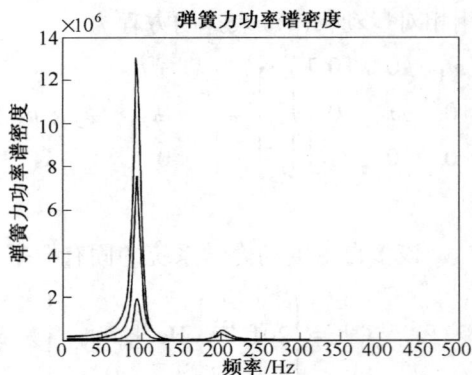

图 21.7　弹簧力 F_1、F_2、F_3 的
功率谱密度/(N^2/Hz)

$$\{\nu_0^+\} \Rightarrow \begin{Bmatrix} F_1 \\ F_2 \\ F_3 \end{Bmatrix} = \begin{Bmatrix} 105.7 \\ 105.0 \\ 127.8 \end{Bmatrix} Hz$$

弹簧力的均方根值与准静态值的比较见表 21.5。

表 21.5　弹簧力的准静态值与均方根值的比较

质量编号	质量/kg	$\ddot{x}_{i,rms}$ /(m/s^2)	准静态载荷/N	弹簧编号	准静态力 $F_{i,rms}$/N	动态力 $F_{i,rms}$/N
1	200	30.27	6054	1	18364	14379
2	150	41.72	6258	2	12310	10706
3	100	60.52	6052	3	6052	6043

可以看出,用惯性力计算得到的应力或力比直接计算的偏保守。

算例结束

21.2.6　反力

Chung 在[Chung 2001]中提出了"质量参与法"以得到基础反力的平方和之方根(Root Sum Squared,RSS)。此方法需要知道各阶模态的有效质量。平方和之方根反力的表达式为

$$F_{RSS} = \sqrt{\sum_{i=1}^{n} \left(M_{eff,i} \sqrt{\frac{\pi}{2} f_i Q_i W_a(f_i)} \right)^2 + M_{residual}^2 \int_0^{f_{max}} W_a(f) \, df} \quad (21.22)$$

式中:残余质量为 $M_{residual} = M_{total} - \sum_{i=1}^{n} M_{eff}$,$n$ 为模态数;$M_{eff,i}$ 为 i 阶模态的模态有效质量;$W_a(f)$ 为激励加速度的功率谱密度函数;f_i 为固有频率;Q_i 为 i 阶模态

的放大系数。

算例

以图 21.5 中所示例子作分析,用式(21.22)计算出基础反力。计算结果见表 21.6。

表 21.6　包含所有模态反力的平方和之方根

固有频率 /Hz	有效质量 /kg	放大系数	激励加速度 /(g^2/Hz)	各模态的力 /N
94.35	366.13	10	0.01	13827
201.73	64.97	10	0.01	3588
299.53	18.9	10	0.01	1272
$M_{residual}$	0.0		F_{RSS}	14342 (14379)

反力的计算结果与将力的功率谱密度函数从 5Hz 到 500Hz 积分所得结果一致。该计算可以利用如一阶模态重复进行计算。

算例结束

21.3　声　学　分　析

21.3.1　引言

对几乎所有的运载火箭,其声学载荷的频谱均在 20~10000Hz 之间。对于最高的实际频率,有限单元法有其局限性。

如果对声载荷的全频域进行响应计算,则单用有限元法是不够的。在频域内,有限元方法的补充,需可以或必须用统计能量分析方法(Statistical Energy Analysis,SEA)。这对机械随机振动的响应分析也适用。

21.3.2　声学载荷到机械随机振动的转化

安装各种仪器、电子线路盒等设备的大型夹层板对声载荷相当敏感。声载荷通过夹层板转化为机械的随机振动。这些随机振动与仪器及电子线路盒等的振动协调一致。本章将讨论由声载荷引起的机械振动。

声压级(Sound Pressure Level,SPL)仍以相对于参考压力 $p_{ref}=2\times10^{-5}$Pa 来表达

$$SPL = 10\lg\left(\frac{p}{p_{ref}}\right)^2 (\text{dB})$$

通常给出 1 倍频程或 1/3 倍频程的声压级。中心频率 f_{centre}(Hz)与带宽 Δf(Hz)有关(见表 21.7)。

表 21.7　带宽

x^{st}-倍频带	带宽/Hz
$x = 1$	$\Delta f = 0.7071 f_{centre}$
$x = 1/3$	$\Delta f = 0.2316 f_{centre}$

功率谱密度 $W_p(f)$ 计算如下:

$$W_p(f) = \frac{p^2}{\Delta f}(\text{Pa}^2/\text{Hz}) \qquad (21.23)$$

式中:p 为特定中心频率的有效(均方根)声压;Δf 为相应频带。

由声压(图 21.8)引起的线路盒加速度的功率谱密度确定如下[Schaefer 1984,Schaefer 1996,Lalanne 2002]:

$$W_a(f) = (\beta Q)^2 \left(\frac{A}{gM}\right)^2 W_p(f)\,(g^2/\text{Hz}) \qquad (21.24)$$

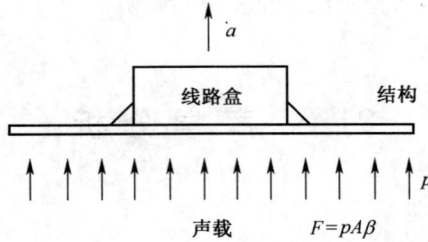

图 21.8　评价声压效应的模型[Spann 1984]

式中:$W_a(f)$ 为盒子和支撑结构的加速度功率谱密度;β 为有效振声系数[Lalanne 2002];Q 为放大系数;A 为承受声压的平板面积(m^2);M 为盒子与支撑结构的总质量(kg);g 为重力加速度(9.81m/s^2)。式(21.24)的计算值见表 21.8。

表 21.8　声压到机械加速度的转化

参考文献	β	Q	(21.24)(g)
[Schaefer 1996]夹层板	2.5	4.5	$W_a(f) = 126.6\left(\dfrac{A}{gM}\right)^2 W_p(f)$
[Schaefer 1996]夹层板,95%的概率水平	2.5	5.0	$W_a(f) = 156.3\left(\dfrac{A}{gM}\right)^2 W_p(f)$
[Schaefer 1984a,Lalanne 2002]	2.5	4.5	$W_a(f) = 126.6\left(\dfrac{A}{gM}\right)^2 W_p(f)$

a. 基于 1/3 倍频程

246

[Pain 1983]中给出了声波长 λ 的表达式

$$\lambda = \frac{2\pi}{k} \qquad (21.25)$$

其中,波数 k 的可以表达为

$$k = \frac{2\pi f}{c} \qquad (21.26)$$

式中:c 为空气中的声速,$c \approx 340\text{m/s}$。为应用表 21.8 的方程,波长 λ 必须大于平板结构的典型长度。波长 λ 在表 21.9 中给出。

表 21.9　波长的计算

频率/Hz	波数($c=340\text{m/s}$)	波长/m
31.5	0.58	10.79
63	1.16	5.44
125	2.31	2.72
250	4.62	1.36
500	9.24	0.68
1000	18.48	0.34

21.3.3　部件振动要求

基于式(21.24)Spann 在[Spann 1984]中提出两种建立部件振动要求的方法。第一种是全包线法,比较保守;第二种是部分包线法,在低频段相对不保守。下面描述这两种方法。

全包线法(图 21.9):

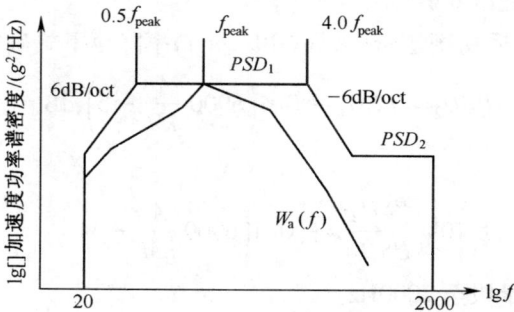

图 21.9　全包线法的部件加速度要求

(1)找出功率谱密度 $w_a(f)$ 达最大值 PSD_1 的峰值频率 f_{peak}。

(2)在 $0.5 f_{peak}$ 与 $4.0 f_{peak}$ 之间画出 $f_{peak} g^2 / \text{Hz}$ 的水平谱。

(3)$4.0 f_{peak}$ 之后功率谱密度以 -6dB/oct 斜率降至下式确定的 PSD_2

$$PSD_2 = PSD_1 - 0.4\left(6900\,\frac{A}{gM} - 5\right)\,\mathrm{dB} \tag{21.27}$$

或

$$10\lg\frac{PSD_2}{PSD_1} = -0.4\left(6900\,\frac{A}{gM} - 5\right) \tag{21.28}$$

从平方英寸和磅转化为平方米和牛顿需一个因子 6900，即 $\dfrac{0.454\times9.81}{0.0254^2}$ = 6900。

（4）保持 PSD_2 量级直至 2000Hz。

部分包线法（图 21.10）：

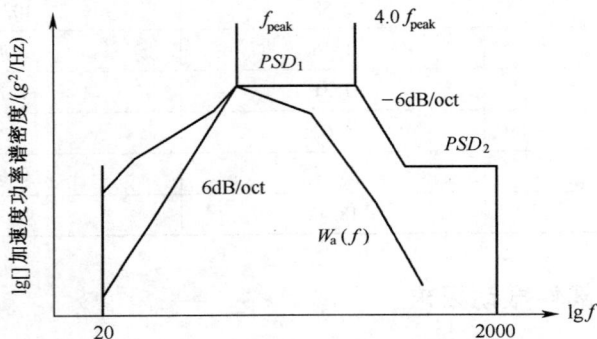

图 21.10　部分包线法的部件加速度要求

（1）找出功率谱密度 $w_a(f)$ 达最大值 PSD_1 的峰值频率 f_{peak}。

（2）在 f_{peak} 与 $4.0f_{\text{peak}}$ 之间画出 $f_{\text{peak}}g^2/\mathrm{Hz}$ 量级别的水平谱。

（3）低于 f_{peak} 处以 6dB/oct 斜率下降。

（4）$4.0f_{\text{peak}}$ 之后功率谱密度以 -6dB/oct 斜率降至下式确定的 PSD_2

$$PSD_2 = PSD_1 - 0.4\left(6900\,\frac{A}{gM} - 5\right)\,\mathrm{dB}$$

或

$$10\lg\frac{PSD_2}{PSD_1} = -0.4\left(6900\,\frac{A}{gM} - 5\right)$$

并保持 PSD_2 量级至 2000Hz。

与 PSD_2 对应的频率可用下式计算：

$$\frac{f_{PSD_2}}{4.0f_{\text{peak}}} = \left(\frac{PSD_1}{PSD_2}\right)^2 \tag{21.29}$$

从导出部件振动准则［Spann 1984］来说，振动预测是相当保守的。该方法主要用于在早期设计阶段中确定部件试验要求。

21.3.4 静态方法

设面积为 A 的单自由度系统置于一声室内,要计算出此单自由度系统的随机响应特性。单自由度系统如图 21.11 所示。

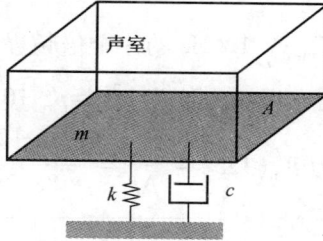

图 21.11 声室内的单自由度系统[Richard 1998]

当振动与固有频率 f_0 及质量 m 关联时,由均布压力 $W_p(f)$ 引起的加速度均方根用 Miles 方程计算[Richard 1998]:

$$\ddot{x}_{\text{rms}} = \frac{A}{mg}\sqrt{\frac{\pi}{2}f_0 Q W_p(f_0)}\ (g) \tag{21.30}$$

其中,放大系数通常取 $Q=10$。

计算得到的 $\ddot{x}_{\text{rms}}$ 可以作为静态加速度场(惯性力)施加在平板上。

21.3.5 受声载作用的板的应力

按[NASA 1986]指南,建立平板部件的声载需要遵循以下步骤:

(1)预估平板的固有频率 f_0。

(2)将声压等级转化为声压功率谱密度(式(21.23))。

(3)根据实际的阻尼比 ζ 确定平板的放大系数 Q。

(4)用 Miles 方程计算等效静态压力的均方根 $P_{\text{rms}} = \sqrt{\frac{\pi}{2}f_0 Q W_p(f_0)}$。

(5)最大等效静态压力由 3σ 值给出,$P_{\text{peak}} = 3P_{\text{rms}} = 3\sqrt{\frac{\pi}{2}f_0 Q W_p(f_0)}$。此处假设平板的基本模态与由均布压力产生的变形相同,并且平板上声压场的空间相关是均匀的。

算例

半径为 R,厚度为 t,泊松比为 ν,承处均匀压力 P 的圆形简支板其中心处最大应力表达式为[Timoshenko 1959,Prescot 1961]

$$\sigma_{\text{max}} = \frac{3(3+\nu)pR^2}{8t^2} \tag{21.31}$$

假设基频 $f_0 = 100\text{Hz}$,125Hz 上一个倍频程声压级为 $SPL(125) = 135\text{dB}$,放

大系数 $Q = 10$。低端频率 $f_{min} = \frac{1}{2}f_{centre}\sqrt{2} = 125 \times 0.7071 = 88.38\text{Hz}$，高端频率

$f_{max} = \dfrac{f_{centre}}{\frac{1}{2}\sqrt{2}} = \dfrac{125}{0.7071} = 176.8\text{Hz}$，带宽 $\Delta f = \frac{1}{2}f_{centre}\sqrt{2} = \frac{1}{2} \times 125\sqrt{2} = 88.38\text{Hz}$。

100Hz 的基频与中心频率 $f_{centre} = 125\text{Hz}$ 的一个倍频程带相匹配，中心频率 f_{centre} $= 125\text{Hz}$ 的一个倍频程上均方根压力值为 $p_{rms}^2 = p_{ref}^2 10^{\frac{SPL}{10}} = 4 \times 10^{-10} 10^{\frac{135}{10}} = 1.265 \times$ 10^4Pa^2。功率谱密度函数为 $W_p(125) = \dfrac{p_{rms}^2}{\Delta f} = \dfrac{1.265 \times 10^4}{88.388} = 143.1\text{Pa}^2/\text{Hz}$。压

力峰值 $P_{peak} = 3\sqrt{\frac{\pi}{2}f_o Q W_p(f_o)} = 3\sqrt{\frac{\pi}{2} \times 100 \times 10 \times 143} = 1422\text{Pa}$。当圆板半

径 $R = 0.5\text{m}$、厚度 $t = 0.002\text{m}$，泊松比 $\nu = 0.33$ 时，圆板的应力峰值为

$$\sigma_{max} = \frac{3(3 + \nu)P_{peak}R^2}{8t^2} = \frac{3(3 + 0.33) \times 1422 \times 0.5^2}{8 \times 0.002^2} = 1.110 \times 10^8\text{Pa}$$

算例结束

Blevins 在[Blevins 1989, Blevins 1990, chapter 7]中讨论了计算承受随机压力的平板的均方根应力的方法。

模型压力(惯性力)$\bar{p}$ 为

$$\bar{p} = (2\pi f_o)^2 m \mid \delta \mid \tag{21.32}$$

式中：m 平板单位面积的质量(kg/m^2)；f_o 为平板的基频(Hz)；δ 为模态形状或振型 $\phi(x,y)$ 的最大模态位移。平板上某点的均方根应力 $\sigma_{rms}(x,y)$ 可以按下式确定

$$\frac{\sigma_{rms}(x,y)}{\sigma_{\bar{p}}(x,y)} = \frac{1}{\bar{p}}\sqrt{\frac{\pi}{2}f_o Q W_p(f)} \tag{21.33}$$

式中：Q 为放大系数；$W_p(f)$ 为压力的功率谱密度；$\sigma_{\bar{p}}(x,y)$ 为与模态压力 $\bar{p}$ 对应的点 (x,y) 处的应力。

算例

一圆形简支板，半径 $R = 0.5\text{m}$、厚度 $t = 0.002\text{m}$，基频 $f_o = 100\text{Hz}$。声压的功率谱密度为 $W_p(125) = 143\text{Pa}^2/\text{Hz}$。假设模态为 $\phi(r) = \dfrac{(R^2 - r^2)^2}{64D}\left(\dfrac{5 + \nu}{1 + \nu}R^2 - r^2\right)$ [Timoshenko 1959]。$r = 0$ 处最大模态位移为 $\delta = \dfrac{(5 + \nu)R^4}{64(1 + \nu)D}$，其中 $D = \dfrac{Et^3}{12(1-\nu^2)}$。平板材料为铝合金，其密度 $\rho = 2800\text{kg/m}^3$，弹

性模量 $E = 70 \times 10^9 \mathrm{Pa}$。最大位移 $\delta = \dfrac{(5+\nu)R^4}{64(1+\nu)D} = 7.473 \times 10^{-5}$。模态压力 $\bar{p} = (2\pi f_0)^2 m\delta = 165.2$。平板中心处应力 $\sigma_{\max}(r=0) = \dfrac{3(3+\nu)\bar{p}R^2}{8t^2} 1.287 \times$

$10^7 \mathrm{Pa}$。应力均方根 $\sigma_{\mathrm{rms}}(r=0) = \dfrac{\sigma_p^-(r=0)}{\bar{p}}\sqrt{\dfrac{\pi}{2}f_0 Q W_p(f)} = 3.7 \times 10^7 \mathrm{Pa}$。应力

的 3σ 值为 $\sigma_{3\sigma}(r=0) = 3\sigma_{\mathrm{rms}}(r=0) = 1.11 \times 10^8 \mathrm{Pa}$。

算例结束

矩形板例子

一矩形板宽为 a，长为 b，假设 $\dfrac{a}{b} \leqslant 1$，弹性模量（杨氏模量）为 E，抗弯惯性矩为 $I(\mathrm{m}^4)$，抗弯截面系数为 $W(\mathrm{m}^3)$，单位面积质量为 $m(\mathrm{kg/m^2})$。矩形板的弯曲刚度和截面系数分别为 $D = \dfrac{Et^3}{12(1-\nu^2)}$ 和 $W = \dfrac{t^2}{6(1-\nu^2)}$。Blevins 法见表 21.10。

表 21.10 Blevins 法

特 性 参 数	简支矩形板（如印制电路板）
基频 $f_0(\mathrm{Hz})$	$\dfrac{\pi}{2}\left(\dfrac{1}{a^2} + \dfrac{1}{b^2}\right)\sqrt{\dfrac{D}{m}}$
模态振型 $\phi(x,y)$	$\sin\left(\dfrac{\pi x}{a}\right)\sin\left(\dfrac{\pi y}{b}\right)$
最大模态位移 $\delta\left(\dfrac{a}{2}, \dfrac{b}{2}\right)$ （m）	1.0
模态压力 $\bar{p}$	$\pi^4\left(\dfrac{1}{a^2} + \dfrac{1}{b^2}\right)^2 D$
最大模态应力 $\sigma_p^-\left(\dfrac{a}{2}, \dfrac{b}{2}\right)$ （Pa），$b>a$	$\dfrac{\beta \bar{p} a^2}{W} b \geqslant a [\text{Timoshenko } 1959]$
Miles 应力 $\sigma_{\mathrm{rms}}\left(\dfrac{a}{2}, \dfrac{b}{2}\right)$ （Pa）	$\dfrac{\sigma_p^-\left(\dfrac{a}{2}, \dfrac{b}{2}\right)}{\bar{p}}\sqrt{\dfrac{\pi}{2}f_0 Q W_p(f)}$

算例结束

21.4 练 习

21.4.1 功率谱密度函数的计算

在表 21.11 中没有算出所有行与列的元素，本习题的目的是用相应数字代

替问号。

表 21.11 声载指标

倍频程 /Hz	指标载荷 SPL/dB, $p_{ref}=2\times10^{-5}\mathrm{Pa}$	p_{rms}^2 /Pa^2	PSD $W_p(f)$ /(Pa^2/Hz)
31.5	124	?	?
63	128	?	?
125	129	?	?
250	127	?	?
500	127	?	?
1000	121	?	?
2000	114	?	?
总声压级	?		

21.4.2 压力峰值

参考表 21.11,用公式 $P_{peak}=3\sqrt{\dfrac{\pi}{2}f_c Q W_p(f_c)}$ 计算压力的 3σ 峰值。其中 f_c 为中心频率,放大系数 $Q=10$。生成一个如图 21.12 的曲线图。

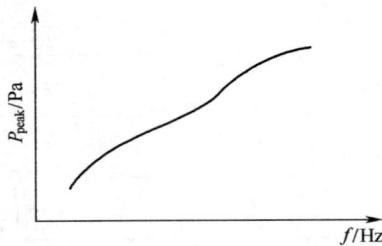

图 21.12 压力的 3σ 峰值

21.4.3 简支板[Blevins 1989]

考虑一个铝合金简支板,其弹性模量 $E=70\times10^9\mathrm{Pa}$,泊松比 $\nu=0.33$,材料密度 $\rho=2700\mathrm{kg/m^3}$,板厚 $t=1.25\mathrm{mm}$,板长 $b=1\mathrm{m}$,板宽 $a=0.5\mathrm{m}$。简支板承受一均匀随机压力场,总声压级 $OASPL=150\mathrm{dB}$。在 20~1020Hz 频率范围内,随机压力场的功率谱密度为常数。模态阻尼比 $\zeta=0.015$。在均压 p 作用下,板中心的最大弯曲应力为 $\sigma_b=\dfrac{0.1017pa^2}{\dfrac{t^2}{6}}$[Timoshenko 1959]。

● 试计算压力场的功率谱密度 W_p。

- 与模态 $\phi(x,y) = \sin\dfrac{\pi x}{a}\sin\dfrac{\pi y}{b}$ 相对应的一阶固有频率 $f_o(\mathrm{Hz})$ 为何值?

- 平板中心的最大模态位移 δ 为何值?

- 试计算模态压力 $\bar{p}$。

- 模态压力 $\bar{p}$ 作用下板中心点的最大应力为何值?

- 试计算随机压力场的压力峰 $P_{\mathrm{peak}} = \sqrt{\dfrac{\pi}{2}f_o Q W_p}$。

- 试应用 Blevins 近似方法计算平板中心处的最大均方根应力值。

答案：$400\mathrm{Pa}^2/\mathrm{Hz}, f_o = 60.5\mathrm{Hz}, \delta = 1, \bar{p} = 1.951 \times 10^6\mathrm{Pa}, 1.191 \times 10^{10}\mathrm{Pa}$,

$P_{\mathrm{peak}} = 616.6\mathrm{Pa}, 3.76 \times 10^6\mathrm{Pa}$

21.4.4　波浪

海上发射平台受到暴风雨冲击,海浪的标准差 $\sigma = 2.5\mathrm{m}$,平均海浪周期 $\bar{T}_0 = 10\mathrm{s}$。平台设计高度为 h,其甲板每 $\bar{T}_0 = 15\mathrm{min}$ 被淹没一次。忽略海浪的衍射,因此平台不会影响来波。

- 试计算正向零穿越数, ν_0^+。

- 试计算 h 高度的正向穿越数, ν_h^+。

- 试计算 h。

答案：$\nu_0^+ = \dfrac{1}{10}\mathrm{Hz}, \nu_h^+ = \dfrac{1}{900}\mathrm{Hz}, h = 7.50\mathrm{m}$

参 考 文 献

Blevins, R. D., 1989, *An Approximate Method for Sonic Fatigue Analysis of Plates and Shells*, Journal of Sound and Vibration 129(1), pages 51–71.

Blevins, R. D., 1990, *Flow–Induced Vibration*, Second Edition, Van Nostran Reinhold, 1990.

Crandall, S. H. and Mark, W. D., 1973, *Random Vibration in Mechanical Systems*, Academic Press.

Chung, Y. T., et al, 2001, *Estimation of Payload Random Vibration Loads for proper Structure Design*, AIAA–2001–1667.

Elishakoff, I., Lin, Y. K., 1991, *Stochastic Structural Dynamics 2*, Pages 17–31, ISBN 0–387–54168 –3, Springer–Verlag, Heidelberg.

E. Kreyszig, 1993, *Advanced Engineering Mathematics*, 7th press, John Wiley&Sons.

Lalanne, C., 2002, *Mechanical Vibration & Shock Volume Ⅲ, Random Vibrations*, ISBN 1 9039 9605 8, Hermes Penton Ltd.

K. Leung & B. L. Foist, 1995, *Prediction of Acoustically Induced Random Vibration Loads for Shuttle Payloads*, AIAA PAPER AIAA–95–1200–CP, pages 362–367.

Lyon, R. H. , Dejong, R. G. , 1995, *Theory and Application of Satistical Energy Analysis*, 2nd edition, ISBN 0−7506−9111−5, Butterworths and Heineman.

Miles, J. W. , 1954, *On Structural Fatigue under Random Loading*, Joumal of the Aeronautical Sciences, November 1954, pages 753−762.

NASA, 1986, *Design and Verification Guidelines for Vibroacoustic and Transient Environments*, NASA TM−86538, MSFC.

Pain, H. J. , 1983, *The Physics of Vibrations and Waves*, third edition, John Wiley, ISBN0471901822.

Richard, C. , 1998, *The Concept of Effective Surfaces and its Application for a Quick Evaluation of Fluid Structure Coupling*, Proceedings European Conference on Spacecraft Structures, Materials and Mechanical Testing, Braunschweig, Germany, 4−6 November, 1998, ESA SP−428.

Scheafer, E. D. , 1996, *Evaluating the Vibroacoustic Response of Honeycomb Panels*, 19th Space Simulation Conference Cost Effective Testing for the 21st Century, Oct, 29−31, pages 149−158.

Shanley, F. R. , 1967, *Mechanics of Materials*, Mc−Graw−Hill.

Spann, F. , Patt, P. , 1984, *Component Vibration Environment Predictor*, The Journal of Environment Sciences, September/October pages 19−24.

Timoshenko, S. , 1959, *Theory of Plates and Shells*, McGraw−Hill.

Steinberg, D. S. , 1988, *Vibration Analysis for Electronic Equipment*, second edition, John Wiley & Sons, ISBN 0−471−37685−X.

Wirsching, P. H. , et al, 1995, *Random Vibrations, Theory and Practice*, John Wiley, ISBN 0−471−58579−3.

第22章
疲劳寿命预测

22.1 引　言

　　振动载荷会使航天器结构内部产生交变应力和交变力。交变应力会导致结构产生疲劳问题。许多数学模型可用于预测振动环境中结构的疲劳寿命[Bishop 2000]，如用 Palgren-Miner 线性累积损伤准则（Palgren 于 1924 年首先提出，Miner 于 1945 年作了进一步论证[Juvonall 1967]）结合材料的疲劳曲线（s-N 曲线）即可预测振动环境中结构的疲劳寿命。线性累积损伤准则假设结构的总寿命可以通过累加每个应力循环消耗的寿命百分比来预测。

　　本章中主要讨论基于应力-寿命方法的线性累积损伤准则。s-N 疲劳分析主要包括：

- 时域下应力-寿命的疲劳寿命估计
- 频域模型
- 窄带随机振动的求解

22.2　Palgren-Miner 线性累积损伤准则

　　在众多失效模式中，有一类是由于材料疲劳失效而引起的结构失效。那么究竟什么是疲劳？疲劳是结构在交变载荷作用下产生过早的开裂甚至断裂现象。微观的交变塑性变形使得局部的材料损伤导致结构疲劳。由于交变载荷不断增加，变形逐渐积累最终形成微小裂纹或者断裂。Palgren-Miner 理论（寿命-分数理论）用于预测受到线性累积损伤的结构或结构件的寿命。在某一应力水平 s_i 下，利用 s-N 曲线（Wöhler 曲线或疲劳曲线），可以预测循环次数 N_i 的许用值。此外，在发射或试验应力 s_i 下，其真实循环次数可以计算得到。为防止结构疲劳而失效，根据累积损伤模型，航天器结构在寿命期间内应满足下面的公式：

$$D = \sum_i \frac{n_i}{N_i} \qquad (22.1)$$

式中:s_i、n_i 分别为第 i 个载荷工况下的应力水平及应力循环次数;D 为各载荷工况循环应力造成的累积损伤;N_i 为在应力水平 s_i 下的许用循环次数。Miner 理论规定,当 $D=1$ 时即发生疲劳破坏,对此 Miner 引用了大量的当 $0.7 \leqslant \sum_i \frac{n_i}{N_i} \leqslant 1.2$ 时的试验结果进行验证[Juvinall 1967]。

导致疲劳失效的总循环次数为 N_T,其定义为

$$N_T = \sum_i n_i \qquad (22.2)$$

当 $D=1$ 时,方程(22.1)可以改写为下式[Richards 1968]

$$N_T \sum_i \frac{n_i}{N_T N_i} = 1 \qquad (22.3)$$

应力 s_i 出现的概率定义为

$$p_i = \frac{n_i}{N_T} \qquad (22.4)$$

因此

$$N_T \sum_i \frac{p_i}{N_i} = 1 \qquad (22.5)$$

应力 s_i 对应的许用循环次数 N_i 可以通过 s-N 曲线查到,一般可以表达为

$$N(s)s^b = c \qquad (22.6)$$

Palgren-Miner 理论不考虑载荷顺序的影响,同一载荷在不同的时间加载产生相同的损伤。

22.3　载荷-时间历程分析

一般来说,时间历程响应是没有规律的。循环计数可以通过雨流法完成[Bishop 2000]。雨流法或程对计数法[Jonge 1982,AGARD 1983]被广泛用于将不规则的时间历程分解为一系列等效的载荷谱。每一块载荷谱的循环次数可从应力幅值柱状图中得到,在进行 Palmgren-Miner 计算时将使用此应力幅值柱状图。通过以下两个实例来进一步了解雨流法用于疲劳计算的过程[www.me.iastate.edu]。

　　算例

如图 22.1 所示瞬态载荷谱,假设其可以减化成一系列恒幅载荷块,即按照循环计数递减,见图 22.2,进而可以方便的提取出某一恒幅载荷块所对应的循环次数,如表 22.1 所列。

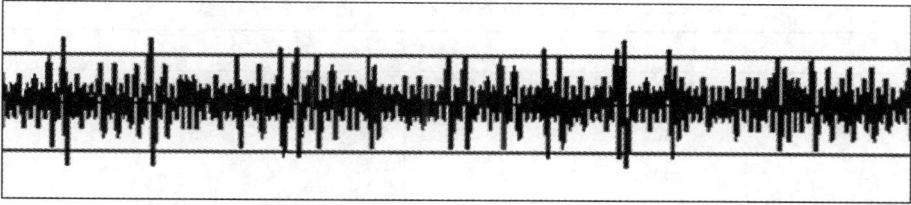

图 22.1　瞬态载荷

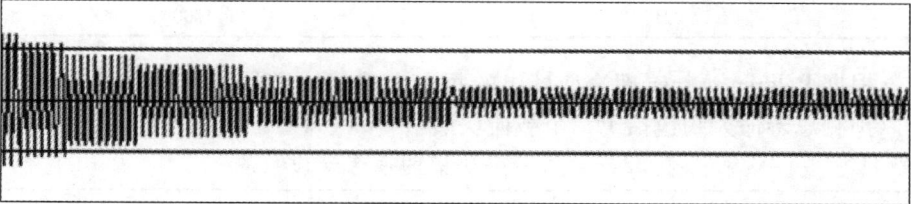

图 22.2　多个恒幅载荷块

表 22.1　恒幅载荷块及循环次数

恒幅载荷块	
应力幅值/MPa	循环次数
448	3
379	6
310	10
241	15
172	28
103	63

算例结束

算例

某一钢质零件的疲劳极限在 10^6 次循环时为 207MPa, 在 10^3 次循环时的强度为 510MPa, 其 $s-N$ 曲线公式 ($Ns^b = c$) 可以就此确定。将已知量代入 $s-N$ 曲线公式可以得到两个方程:

$$b\lg(207 \times 10^6) - \lg c = -\lg(10^6)$$

和

$$b\lg(510 \times 10^6) - \lg c = -\lg(10^3)$$

求解上述方程可以得到 $c = 5.1011 \times 10^{69}$、$b = 7.6609$。

计算该零件的寿命(按块谱的数目)以及每一个应力水平对总体损伤的贡献。通过 $s-N$ 曲线、线性损伤理论及 Miner 常数 $D = 1$ 进行计算。应力幅值区域及循环次数见表 22.2。

表 22.2　载荷块谱及各应力幅值的循环次数

载荷块谱	
应力幅值/MPa	循环次数
482	3
400	8
310	50
269	350
221	1000

根据 Palgren-Miner 理论计算出的每一个载荷块谱的累积损伤见表 22.3，可以预测总寿命大约包括 117 个载荷块谱。

表 22.3　每一个块谱的疲劳寿命预测

应力幅值 s（MPa）	循环次数 ni	N_i　　$Ns^b = c$	$D_i = \dfrac{n_i}{N_i}$	占总损伤百分比 %
482	3	1540	0.0019	22.8
400	8	6430	0.0012	14.6
310	50	45330	0.0011	12.9
269	350	134380	0.0026	30.5
221	1000	605710	0.0017	19.3
块谱总损伤 $\sum\limits_{i=1}^{5} D_i$			0.0085	100.0
失效 $\sum\limits_{i=1}^{5} D_i = 1$			116.9(1/0.0085)	

22.4　正弦振动导致的失效

航天器底座、太阳阵、仪器设备等在受到强迫加速度时会产生频域的响应。此响应为运动方程的稳态解。结构中的应力及受力如图 22.3 所示。

考虑阻尼的弹性体频率响应可表达为

$$\sigma(\omega) = H_{\sigma\ddot{u}}(\omega)\ddot{u}(\omega), F(w) = H_{F\ddot{u}}(\omega)\ddot{u}(\omega) \tag{22.7}$$

假设作用单位基础激励 $\ddot{u}(\omega) = 1$，利用通用的有限元程序可以计算得到频响函数（FRF）$H_{\sigma\ddot{u}}(\omega)$ 和 $H_{F\ddot{u}}(\omega)$。一般正弦基础激励在 5～100Hz 频率范围之内。

在振动台上，以一定的（对数）扫频速率（单位：Oct/min）对结构施加正弦强迫加速度，如图 22.4 所示。

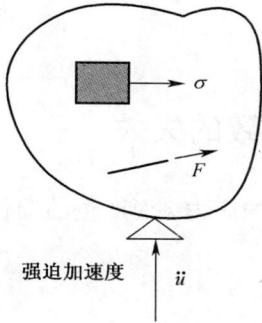

图 22.3　强迫加速度

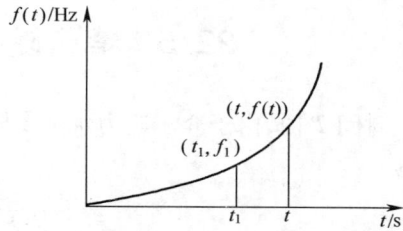

图 22.4　扫描速率

频率比的对数等于一个常数乘以时间差

$$\ln\left\{\frac{f(t)}{f_1}\right\} = K(t - t_1) \qquad (22.8)$$

从上式可以得出

$$f(t)\,\mathrm{d}t = \frac{\mathrm{d}f}{K} \qquad (22.9)$$

定义每分钟的倍频程数为扫频速率，即 $n\mathrm{Oct/min}$。若扫描速率为 $n(\mathrm{Oct/min})$，式（22.8）可写为 $\ln(2^n) = K \times 60$。因此，常数 K 可以表达为

$$K = \frac{n\ln(2)}{60} = 0.116n \qquad (22.10)$$

在某一时域的循环次数可以定义为

$$N(t) = \int_{t_{\mathrm{ref}}}^{f} f(t)\,\mathrm{d}t = \frac{1}{K}\int_{f_{\mathrm{ref}}}^{f} \mathrm{d}f = \frac{f - f_{\mathrm{ref}}}{K} = \frac{\Delta f}{K} \qquad (22.11)$$

在所有频率范围内，每赫兹循环次数是一常数，可以表达为

$$N(\Delta f = 1) = \frac{1}{K} = \frac{86.6}{n}$$

若频率从 f_1 扫描至 f_2，平均应力可以表达为

$$\sigma_{\mathrm{average}}(\Delta f_i) = \frac{1}{2}\{\sigma(f_i) + \sigma(f_{i-1})\} \qquad (22.12)$$

应力水平 $\sigma_{\mathrm{average}}$ 对应的许用循环次数可以由疲劳曲线 $N(s)s^b = c$ 计算得到

$$N_{s-N}(\Delta f_i) = \frac{c}{\sigma_{\mathrm{average}}^{b}(\Delta f_i)} \qquad (22.13)$$

设扫频速率为 n，由正弦应力引起的累积损伤可以由下式计算得出：

$$D_{\mathrm{sinusoidal}} = \sum_i \frac{N(\Delta f_i)}{N_{s-N}(\Delta f_i)} \qquad (22.14)$$

与累积损伤 D 对应的疲劳寿命可以表达为

259

$$T_{\text{sinusoidal}} = \frac{1}{K}\ln\left(\frac{f_{\max}}{f_{\min}}\right) \tag{22.15}$$

22.5 窄带随机振动导致的失效

时间 T 内,由于介于应力水平 s 与 $s+\mathrm{d}s$ 之间的应力 s 而产生的损伤可以表达为

$$D(s) = \frac{n(s)}{N(s)} \tag{22.16}$$

式中:$n(s)$ 为应力水平 $s=a$ 时的循环次数;许用循环次数 $N(s)$ 可以通过 s-N 曲线得到。

$$N(s) = \frac{c}{s^b} \tag{22.17}$$

应力水平 $s_a=a$ 下的循环次数为

$$n(s_a) = \nu_a^+ T (\text{振动频率} \times \text{周期} = \text{循环次数}) \tag{22.18}$$

其中

$$n(s) = \nu_s^+ - \nu_{s+\mathrm{d}s}^+ = \frac{-\mathrm{d}\nu_s^+}{\mathrm{d}s}\mathrm{d}s = \nu_0^+ \frac{s}{\sigma_s^2}\mathrm{e}^{-\frac{s^2}{2\sigma_s^2}}\mathrm{d}s \tag{22.19}$$

应力水平 $s_a=a$ 下,窄带过程的正向穿越数为

$$\nu_a^+ = \nu_0^+ \mathrm{e}^{-\frac{s_a^2}{2\sigma^2}} \tag{22.20}$$

正向零穿越数 ν_0^+ 用功率谱密度函数 $W_s(f)$ 表达为

$$\nu_0^+ = \left(\frac{\int_0^\infty f^2 W_s(f)\,\mathrm{d}f}{\int_0^\infty W_s(f)\,\mathrm{d}f}\right)^{\frac{1}{2}} \tag{22.21}$$

可以计算由 $n(s_a)$ 引起的线性累积损伤

$$D(s) = \frac{n(s)}{N(s)} = \frac{\nu_s^+ T}{N(s)} = \frac{s\nu_0^+ T\mathrm{e}^{-\frac{s^2}{2\sigma_s^2}}}{N(s)\sigma_s^2}\mathrm{d}s \tag{22.22}$$

式中 σ_s^2 为应力 s 的方差。

根据 Palmgren−Miner 理论,总期望损伤为

$$E[D(T)] = \frac{\nu_0^+ T}{\sigma_s^2}\int_0^\infty \frac{s\mathrm{e}^{-\frac{s^2}{2\sigma^2}}}{N(s)}\mathrm{d}s \tag{22.23}$$

结合式(22.6)的 s-N 曲线,式(22.23)累积损伤的期望值可以重新表达为

$$\overline{D}(T) = \frac{\nu_0^+ T}{c\sigma_s^2}\int_0^\infty s^{b+1}\mathrm{e}^{-\frac{s^2}{2\sigma_s^2}}\mathrm{d}s = \frac{\nu_0^+ T}{c}\{\sqrt{2}\sigma_s\}^b\Gamma\left(1+\frac{b}{2}\right) \tag{22.24}$$

式中:伽马函数[①]$\Gamma(z) = \int_0^\infty e^{-t}t^{z-1}dt$;σ_s 为应力的均方根值。

为得到由宽带过程引起的疲劳损伤,可以先用基于窄带的损伤计算方法进行估算,然后进行相应的修正[Jiao 1990]。

Steinberg 提出了一种近似算法[Steinberg 1978]

$$D = \nu_0^+ T\left[\frac{0.683}{N_{1\sigma}} + \frac{0.271}{N_{2\sigma}} + \frac{0.043}{N_{3\sigma}}\right] \tag{22.25}$$

其中,$N_{1\sigma}$ 为 1σ 应力水平下的许用交变次数,依此类推。

假设结构疲劳失效时的有效累计损伤为 $\overline{D}(T) \approx 1$,则可以计算出预期寿命

$$\overline{T} = \frac{c}{\nu_0^+ \{\sqrt{2}\sigma_s\}^b \Gamma\left(1 + \frac{b}{2}\right)} \tag{22.26}$$

其中

$$h_1 = \frac{\nu_0^+}{c}\{\sqrt{2}\sigma_s\}^b \Gamma\left(1 + \frac{b}{2}\right) \quad , \quad h_2 = \frac{1}{c}\{\sqrt{2}\sigma_s\}^b \Gamma\left(1 + \frac{b}{2}\right)\sqrt{\frac{\nu_0^+ \psi_1(b)}{\zeta}}$$

可以通过下式计算出疲劳寿命分布的标准差[Sun 1996]:

$$\sigma_T = \frac{h_2\sqrt{h_2^2 + 4h_1}}{6h_1^2} \tag{22.27}$$

式中:$\zeta = \frac{1}{2Q}$ 为模态阻尼比;$\psi_1(b)$ 为 b 的函数,详见表 22.4。

表 22.4 $\psi_1(b)$[Crandall 1963]

b	1	3	5	7
$\psi_1(b)$	0.0414	0.3690	1.2800	3.7200
b	9	11	13	15
$\psi_1(b)$	10.700	31.5000	96.7000	308.0000

假设疲劳寿命 T 的高斯概率密度函数(Pobability Density Function, PDF)为

$$f_N = \frac{1}{\sigma_T\sqrt{2\pi}}e^{-\frac{1}{2}\left(\frac{T-\overline{T}}{\sigma_T}\right)^2} \tag{22.28}$$

利用变换关系 $z = \frac{T-\overline{T}}{\sigma_T}$,可将正态分布转化为标准正态概率密度函数[Bain 1987],因此

$$\phi(z) = \frac{1}{\sqrt{2\pi}}e^{-\frac{1}{2}z^2} \tag{22.29}$$

---

① $\Gamma(z+1) = z\Gamma(z)$,$\Gamma(1) = 1$,$\Gamma(m+1) = m!$,$\Gamma\left(\frac{1}{2}\right) = \sqrt{\pi}$

同时,累计密度函数(Cumulative Density Function, CDF)为

$$\Phi(z) = \int_{-\infty}^{z} \phi(t)\, \mathrm{d}t \tag{22.30}$$

其中,根据文献[Stange 1970]

$$\Phi(-z) = 1 - \Phi(z) \tag{22.31}$$

疲劳寿命的可靠度为

$$R_N = \int_{T}^{\infty} f_N(t)\, \mathrm{d}t = 1 - \Phi\left(\frac{T - \bar{T}}{\sigma_T}\right) = 1 - \Phi(z) \tag{22.32}$$

算例

弹簧—质量系统的质量为 m,杆的弹簧刚度为 k。基础受到 $W_{\ddot{u}}(f)$ 的随机作用。放大系数 $Q = 10$。固有频率为 $f_\mathrm{o} = 50\mathrm{Hz}$,弹簧刚度 $k = \dfrac{EA}{L} = 1 \times 10^{-4}\mathrm{N/m}$,表面

积 $A = 10^{-4}\mathrm{m}^2$,质量 $m = \dfrac{k}{(2\pi f_\mathrm{o})^2} = 101.3\mathrm{kg}$。

随机基础激励为 $W_{\ddot{u}}(f) = 10\,(\mathrm{m/s}^2)^2/\mathrm{Hz}$,频域范围为 $5 \sim 2000\mathrm{Hz}$。

利用 Miles 方程可以计算出质量 m 的加速度

$$\ddot{x}_\mathrm{rms} = \sqrt{\frac{\pi}{2} f_\mathrm{o} Q W_{\ddot{u}}(f_\mathrm{o})} = \sqrt{\frac{\pi}{2} \times 50 \times 10 \times 10} = 88.6\mathrm{m/s}^2$$

则杆中应力的均方根为 $s_\mathrm{rms} = \sigma_s = \dfrac{m \ddot{x}_\mathrm{rms}}{A} = \dfrac{101.3 \times 88.6}{1 \times 10^{-4}} = 8.98 \times 10^7 \mathrm{Pa}$。

对于简单的弹簧—质量系统 $\nu_0^+ = f_\mathrm{o} = 50\mathrm{Hz}$。

预期寿命可以通过如下公式进行计算:s-N 曲线为 $N(s)s^b = c, b = 4, c = 1.56 \times 10^{37}$,$T = \dfrac{c}{\nu_0^+ \{\sqrt{2}\sigma_s\}^b \Gamma\left(1 + \dfrac{b}{2}\right)} = 600\mathrm{s}$。

$b = 4$ 时,$\psi_1(4) = \dfrac{\psi_1(3) + \psi_1(5)}{2} = 0.64$。预期寿命的标准差为

$$\sigma_T = \frac{h_2\sqrt{h_2^2 + 4h_1}}{6h_1^2} = 12.4\mathrm{s}$$

假设 $z = \dfrac{T - \bar{T}}{\sigma_T} = \dfrac{\bar{T} - 3\sigma_T - \bar{T}}{\sigma_T} = -3$,据 $\Phi(-z) = 1 - \Phi(z)$,因此

$$\Phi(-3) = 1 - \Phi(3) = 1 - 0.9987 = 0.0013$$

因此,疲劳寿命 $\bar{T} - 3\sigma_T$ 的可靠度为 $R_N = 1 - \Phi(-3) = 0.9987$。

总循环次数 $n = \nu_0^+ T = 50 \times 600 = 30000$ 后,杆将会由于疲劳而失效。

对于常幅值、常频率和总循环次数为 30000 的交变正弦应力,根据 s-N 曲线

可以计算出许用应力幅值为 $s = \left(\dfrac{c}{N} \right)^{\frac{1}{b}} = \left(\dfrac{1.56 \times 10^{37}}{30000} \right)^{\frac{1}{4}} = 1.51 \times 10^8 \mathrm{Pa}$

算例结束

Steiberg 方法算例

此实例是从文献[Steinberg 1978]中摘取的例子。固定支架上装有一质量为 $M = 3.5 \mathrm{kg}$ 的变压器。

固定支架及变压器如图 22.5 所示。支架总长 $2L = 0.4\mathrm{m}$,宽 $b = 0.1\mathrm{m}$,厚 $t = 0.01\mathrm{m}$。支架由弹性模量 $E = 70\mathrm{GPa}$ 的铝合金制成。强迫加速度的功率谱密度在频率范围 $50 \sim 200\mathrm{Hz}$ 内为常值,$W_{\ddot{u}} = 0.1 g^2 / \mathrm{Hz}$。此支架与变压器的组件将受到持续时间为 $T = 10\mathrm{h}$ 的强迫振动试验作用。放大系数 $Q = 25$,$s - N$ 曲线为 $Ns^{1.585} = 1.4231 \times 10^{19}$。

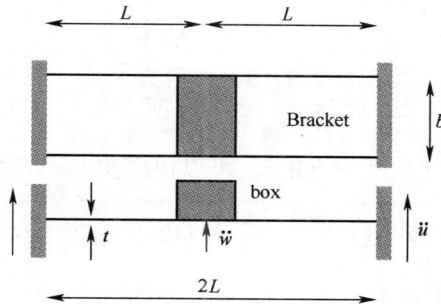

图 22.5 变压器置于固定支架

判断此支架的设计是否可以满足试验的振动条件及可以承受多长时间不失效。

首先,计算忽略支架质量时的支架固有频率。支架的截面惯性矩为

$$I = \frac{1}{12} bt^3 = 8.333 \times 10^{-9} \mathrm{m}^4$$

加速度载荷 Mg 作用下,两端固定的梁的中心处挠度为

$$\delta = \frac{MgL^3}{24EI}$$

其中,$g = 9.81 \mathrm{m/s}^2$。

则固有频率为

$$f_0 = \frac{1}{2\pi} \sqrt{\frac{g}{\delta}} = \frac{1}{2\pi} \sqrt{\frac{24EI}{ML^3}} = 112.5 \mathrm{Hz}$$

两端固定中间受集中载荷的梁的弯矩图如图 22.6 所示。弯矩的最大绝对值为 $M_{\max} = \dfrac{FL}{4}$。在距中性轴最远距离 $e = \dfrac{t}{2}$ 处的最大弯曲应力为

$$\sigma_{bending,max} = \frac{M_{max}e}{I} = \frac{M_{max}t}{2I}$$

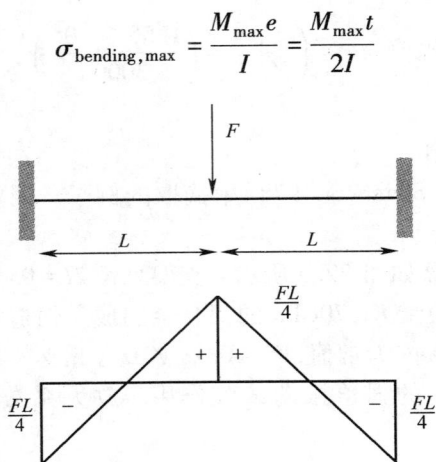

图 22.6　弯矩图

其次，计算惯性力 F。惯性力的均方根值为

$$F_{rms} = M\ddot{w}_{rms}$$

其中，$\ddot{w}_{rms}$ 为变压器的加速度均方根值，可以根据 Miles 方程计算得到：

$$\ddot{w}_{rms} = \sqrt{\frac{\pi}{2}f_0 Q W_{\ddot{u}}(f_0)} = \sqrt{\frac{\pi}{2} \times 112.5 \times 25 \times 0.1} = 21.0g$$

惯性力的均方根值即为

$$F_{rms} = M\ddot{w}_{rms} = 3.5 \times 21.0 \times 9.81 = 721.8N$$

若应力集中系数 $K = 2.2$，最大弯曲应力为

$$\sigma_{bending,rms} = \frac{KM_{max}t}{2I} = \frac{KFLt}{8I} = \frac{2.2 \times 721.8 \times 0.2 \times 0.010}{8.333 \times 10^{-9}} = 4.764 \times 10^7 Pa$$

对应应力水平下的许用循环次数为：

- $1\sigma = \sigma_{bending,rms}$ 时 $N_{1\sigma} = 9.631 \times 10^6$
- $2\sigma = 2\sigma_{bending,rms}$ 时 $N_{2\sigma} = 3.21 \times 10^6$
- $3\sigma = 3\sigma_{bending,rms}$ 时 $N_{3\sigma} = 1.688 \times 10^6$

最后，根据 Palgren-Miner 理论并应用式(22.25)，可以计算出线性累积损伤为

$$D = f_0 T \left[\frac{0.683}{N_{1\sigma}} + \frac{0.271}{N_{2\sigma}} + \frac{0.043}{N_{3\sigma}} \right] = 0.733$$

当累积损伤 $D = 1$ 时，振动试验可持续的时间为

$$T_{D=1} = \frac{T}{D} = \frac{10}{0.733} = 13.65h$$

算例结束

22.6　网　　址

http://www. me. iastate. edu/me515_comer/Lecture/lecture25. pdf

22.7　练　　习

22.7.1　正弦振动的疲劳寿命预测

如图 22.7 所示的动力系统。大质量 M 由简支梁支撑。简支梁总长为 $2L$，弯曲刚度为 EI，单位长度质量为 m，并受到强迫加速度 $\ddot{u}$ 激励作用。

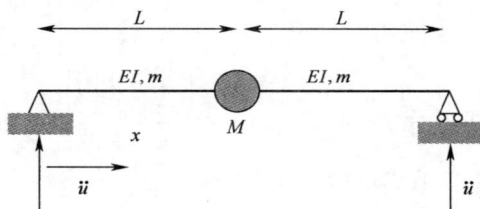

图 22.7　动力系统

根 据 模 态 $\phi(x) = A\sin\left(\dfrac{\pi x}{2L}\right)$ 及 瑞 利 商 $R(\Phi) \approx \omega_o^2 =$

$$\dfrac{\dfrac{1}{2}\displaystyle\int_0^{2L} EI(\phi'')^2 \mathrm{d}x}{\dfrac{1}{2}\displaystyle\int_0^{2L} m\phi^2 \mathrm{d}x + \dfrac{1}{2}M\Phi^2(L)}，计算固有频率。$$

（答案：$\omega_o = \left(\dfrac{\pi}{2}\right)^2 \sqrt{\dfrac{EI}{L^4} \cdot \dfrac{1}{\left(m + \dfrac{M}{L}\right)}}$ ）

大质量 $M = 10\mathrm{kg}$，长度 $L = 0.5\mathrm{m}$，单位长度质量 $m = 0.2\mathrm{kg/m}$。设计梁的弯曲刚度使其一阶固有频率 $f_o = 60\mathrm{Hz}$。

（答案：$EI = 2.9472 \times 10^4 \mathrm{Nm}^2$）

梁所用材料的 s-N 曲线为

$$Ns^4 = 1.0 \times 10^{35}$$

在频率范围 50~100Hz 内，正弦强迫加速度的常幅值为 $10\mathrm{m/s}^2$。系统的阻尼比可由放大系数 $Q = \dfrac{1}{2\zeta} = 25$ 来表达。

位移 $w(x,t)$ 可写为

$$w(x,t) = \sin\left(\frac{\pi x}{2L}\right)\eta(t)$$

利用拉格朗日方程将装有大质量梁的连续系统转化为单自由度系统,拉格朗日方程为

$$\frac{\mathrm{d}}{\mathrm{d}t}\frac{\mathrm{d}L}{\mathrm{d}\dot{\eta}} - \frac{\mathrm{d}L}{\mathrm{d}\eta} = 0$$

拉格朗日函数可以表达为

$$L = \frac{1}{2}\int_0^{2L} m\{\dot{w}(x,t) + \dot{u}\}^2\mathrm{d}x + \frac{1}{2}M\{\dot{w}(L,t) + \dot{u}\}^2 - \frac{1}{2}\int_0^{2L}EIw''^2\mathrm{d}x$$

(答案: $\ddot{\eta}(t) + \omega_o^2\eta(t) = -\dfrac{\left(\dfrac{4mL}{\pi} + M\right)}{(mL + M)}\ddot{u}(t)$)

在运动方程中引入阻尼项。

(答案: $\ddot{\eta}(t) + 2\zeta\omega_o\dot{\eta}(t) + \omega_o^2\eta(t) = -\dfrac{\left(\dfrac{4mL}{\pi} + M\right)}{(mL + M)}\ddot{u}(t)$)

计算在频率范围 5~100Hz 内的正弦响应。

梁的最大弯矩发生在 $x=L$ 处,值为 $M_{\text{bending}} = EIw''(L)$。结构材料的弹性模量为 $E=70\text{GPa}$。最大截面边缘距离为 $e=0.05\text{m}$。最大弯曲应力可以通过下式计算得到:

$$\sigma_{\text{bending}}(L,e) = \left|\frac{M_{\text{bending}}e}{I}\right|$$

(答案: $\sigma_{\text{bending}}(L,e) = \left(\dfrac{\pi}{2L}\right)^2 Ee$)

正弦振动试验的扫频速率为 $n=2\text{oct/min}$。

计算累积损伤 $D_{\text{sinusoidal}}$ 及完成正弦振动试验所需寿命 $T_{\text{sinusoidal}}$。

(答案: $T_{\text{sinusoidal}} = 129.7\text{s}$)。

22.7.2 随机振动的疲劳寿命预测

本实例中所用的动力系统所有参数均为"正弦振动的疲劳寿命预测"实例中参数。

动力系统将受到以下 $W_{\ddot{u}}(f)$ 的随机强迫振动作用:

- 20~50Hz,3dB/oct
- 50~300Hz,$0.05g^2/\text{Hz}$($1g = 10\text{m/s}^2$)
- 300~2000Hz,-3dB/oct
- 试验持续时间为 120s。

计算上述能量谱的 G_{rms} 值。

（答案：$G_{\text{rms}} = 6.482g$）

求解修正的加速度密度函数 $\overline{W}_{\ddot{u}}(f)$。

（答案：$\overline{W}_{\ddot{u}}(f) = \left(\dfrac{\dfrac{4mL}{\pi} + M}{mL + m} \right)^2 W_{\ddot{u}}(f)$）

分别推导出单自由度系统的位移均方根值 $w_{\text{rms}}(L)$（利用 Miles 方程）及弯曲应力 $\sigma_{\text{bending,rms}}(L, e)$。

（答案：$w_{\text{rms}}(L) = 7.658 \times 10^{-4}\text{m}$，$\sigma_{\text{bending,rms}}(L, e) = 2.645 \times 10^7 \text{Pa}$）

利用(22.24)计算指定时间内的累积损伤 D_{random}。正向零穿越数等于系统的固有频率。

（答案：$D_{\text{random}} = 0.282$）

参 考 文 献

AGARD，1983，*Helicopter Fatigue Design Guide*，AGARD-AG-292

Bishop，N. W.，Sherratt，F.，2000，*Finite Element Based Fatigue Calculations*，NAFEMS Publication.

Crandall，S. H. and Mark，W. D.，1973，*Random Vibration in Mechanical Systems*，Academic Press.

Bain，L. J.，Engelhardt，M，1987，*Introduction to Probality and Mathematical Statisties*，PWS Publishers，ISBN 0-97-150067-1.

Jiao，G.，Moan，T.，1990，*Probabilistic analysis of fatigue due to Gaussian load process*，Probabilistic Engineering Mechanics，Vol. 5，No 2.

Jonge de，J. B.，1982，*The Analysis of Load Time by means of Counting Methods*，NLR report，NLR MP 82039 U.

Juvinall，R. C.，1967，*Stress，Strain and Strength*，McGraw-Hill.

Lyon，R. H.，1967，*Random Noise and Vibration in Space Vehicles*，SVM-1.

Lyon，R. H.，Dejong，R. G.，1995，*Theory and Application of Statistical Energy Analysis*，ISBN 0-7506-9111-05.

Richards，E. J.，Mead，D. J.，1968，*Noise and Acoustic Fatigue in Aeronautics*，John Wiley & Sons Ltd.

Stange，K.，1970，*Angewandte Statistik，Eindimensionale Probleme*，Springer-Verlag.

Steinberg D. S.，1978，*Quick way to predict Random Vibration Failures*，Machine Design，April 1978，pages 188-191.

Sun，Feng-Bin，et al.，1996，*Fatigue Reliability Evaluation and Preventive Maintenance Policy for a Structural Element Under Random Vibration*，AIAA paper-96-1563-CP.

第23章
冲击响应谱

23.1 引　言

运载火箭级间分离以及最后一级火箭和航天器的分离会对航天器内部结构产生短时载荷,即冲击载荷。相对于机械系统的固有频率,冲击载荷持续时间通常更短。

冲击载荷的影响通常使用冲击响应谱(SRS)表示。冲击响应谱本质上是相同冲击载荷激励下一系列单自由度(SDOF)系统响应的图谱。冲击激励通常是加速度时间历程。

通过计算单自由度系统在特定基础冲击激励下的最大响应来获取冲击响应谱。将相同的时间历程输入到多个具有不同自然频率的单自由度系统中。分析时,必须选定阻尼值,通常阻尼比选为 $\zeta = 0.05$,$Q = 10$。最终的冲击响应谱图以频域图呈现,表示特定单自由度系统在分析时间内的最大响应。这样,冲击谱能够提供在给定瞬态(冲击脉冲)激励下,真实产品及其部件响应的估算[Grygier 1997]。

典型的加速度时间历程曲线以及相对应的冲击响应谱如图 23.1 和图 23.2 所示,图片来源于 NASA-STD-7003[Mulville 1999]。

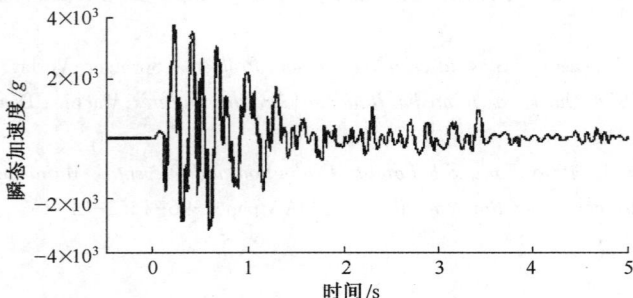

图 23.1　典型火工品冲击加速度时域曲线[Mulville 1999]

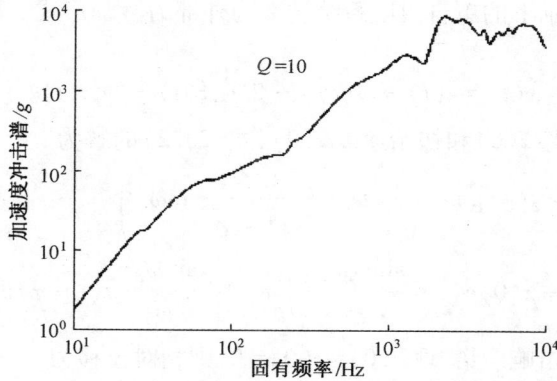

图 23.2　典型火工品冲击的最大冲击响应谱（SRS）[Mulville 1999]

　　本章首先对加速度激励下的单自由度系统响应进行总结，然后详细介绍冲击响应谱的计算方法。通过对时域响应最大值和冲击响应谱的比较，揭示冲击响应谱和合成衰减正弦曲线的关系。

　　本章参考了 Jaap Wijker 书中第十章的内容[Wijker 2004]。

23.2　强迫加速度激励

　　如图 23.3 所示，质量为 m、阻尼系数为 c、刚度为 k 的单自由度系统，其基础受到加速度 $\ddot{u}(t)$ 的激励。质量块相应的位移为 $x(t)$。单自由度系统的固有频率为 $\omega_n = \sqrt{\dfrac{k}{m}}$，有阻尼固有频率为 $\omega_d = \omega_n \sqrt{1-\zeta^2}$，临界阻尼系数 $c_{\text{crit}} = 2\sqrt{km}$，阻尼比 $\zeta = \dfrac{c}{c_{\text{crit}}}$。放大系数定义为 $Q = \dfrac{1}{2\zeta}$，且通常假设 $Q = 10$。

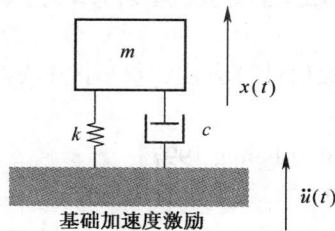

图 23.3　基础加速度激励下的单自由度有阻尼系统

设质量块和基础的相对位移为

$$z(t) = x(t) - u(t) \tag{23.1}$$

相对位移 $z(t)$ 的运动方程为

$$\ddot{z}(t) + 2\zeta\omega_n \dot{z}(t) + \omega_n^2 z(t) = -\ddot{u}(t) \tag{23.2}$$

将加速度激励下的单自由度系统转变为外部力激励形式。质量块的绝对位移表达式为

$$\ddot{x}(t) = \ddot{z}(t) + \ddot{u}(t) = -2\zeta\omega_n\dot{z}(t) - \omega_n^2 z(t) \tag{23.3}$$

考虑初始位移 $z(0)$ 和初始速度 $\dot{z}(0)$，式(23.2)的解为

$$z(t) = z(0)e^{-\zeta\omega_n t}\left(\cos\omega_d t + \frac{\zeta}{\sqrt{1-\zeta^2}}\sin\omega_d t\right)$$

$$+ \dot{z}(0)e^{-\zeta\omega_n t}\frac{\sin\omega_d t}{\omega_d} - \int_0^t e^{-\zeta\omega_n\tau}\frac{\sin\omega_d\tau}{\omega_d}\ddot{u}(t-\tau)d\tau \tag{23.4}$$

为了计算冲击响应谱，取 $z(0)=\dot{z}(0)=0$，则相对位移为

$$z(t) = -\int_0^t e^{-\zeta\omega_n\tau}\frac{\sin\omega_d\tau}{\omega_d}\ddot{u}(t-\tau)d\tau = -\int_0^t e^{-\zeta\omega_n(t-\tau)}\frac{\sin\omega_d(t-\tau)}{\omega_d}\ddot{u}(\tau)d\tau$$

$$\tag{23.5}$$

将式(23.5)对时间微分[Kelly 1969]，可以得到相对速度为

$$\dot{z}(t) = -\int_0^t e^{-\zeta\omega_d(t-\tau)}\cos(\omega_d(t-\tau))\ddot{u}(\tau)d\tau - \zeta\omega_n z(t) \tag{23.6}$$

结合式(23.3)，可以求得绝对加速度 $\ddot{x}(t)$ [Kelly 1969]：

$$\ddot{x}(t) = 2\zeta\omega_n\int_0^t e^{-\zeta\omega_n(t-\tau)}\cos(\omega_d(t-\tau))\ddot{u}(\tau)d\tau + \omega_n(2\zeta^2-1)z(t)$$

$$\tag{23.7}$$

通过代入每个单自由度系统的固有频率 $\omega_n = 2\pi f (\text{rad/s})$，可以得到最大加速度 $\ddot{x}(t)$。以最大加速度 $\ddot{x}(t)$ 和对应的频率 $f_n(\text{Hz})$ 作图，即为基础加速度 $\ddot{u}(t)$ 激励下的冲击响应谱。

23.3　冲击响应谱的数值计算：分段精确逼近法

本节介绍两个相似的数值计算方法，这两个方法都可以用来计算单自由度动态系统的瞬态响应：

(1)方法一[Nigam 1968, Ebeling 1997]

(2)方法二[Kelly 1969]

这两种方法中，均假设激励函数分段线性变化，基于这个假设，得到响应的精确解。单自由度系统在基础加速度激励 $\ddot{u}(t)$ 作用下以相对位移 2(t) 为变量的方程由式(23.2)给出。

如图 23.4 所示，图中基础加速度 $\ddot{u}(t)$ 通常以表格形式的离散数值给出：加速度和时间。在时间 t_j 和 t_{j+1} 之间，假设加速度线性变化。t_{j+1} 时刻的加速度 $\ddot{u}(t_j+1)$ 以 t_j 时刻的加速度 $\ddot{u}(t_j)$ 给出。时间增量为 $\Delta t_j = t_{j+1} - t_j$，加速度增量为

$$\Delta\ddot{u}(t_j) = \ddot{u}(t_{j+1}) - \ddot{u}(t_j)_{\circ}$$

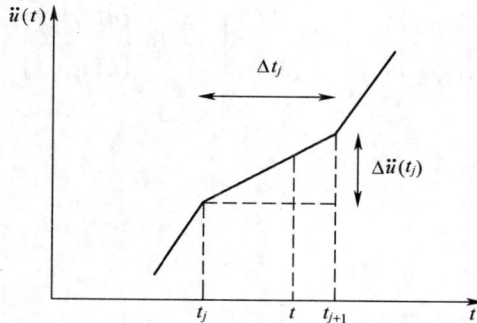

图 23.4 加速度 $\ddot{u}(t)$ 的线性化方法

t_{j+1} 时刻的加速度 $\ddot{u}_{j+1}$ 变为

$$\ddot{u}(t) = \ddot{u}(t_j) + \frac{\Delta\ddot{u}(t_j)}{\Delta t_j}(t - t_j), t_j \leqslant t \leqslant t_{j+1} \tag{23.8}$$

式(23.2)整理为

$$\ddot{z}(t) + 2\zeta\omega_n\dot{z}(t) + \omega_n^2 z(t) = -\ddot{u}(t_j) - \frac{\Delta\ddot{u}(t_j)}{\Delta t_j}(t - t_j), t_j \leqslant t \leqslant t_{j+1} \tag{23.9}$$

式(23.9)的解为

$$z(t) = z(t_j)\mathrm{e}^{-\zeta\omega_n(t-t_j)}\left(\cos\omega_d(t-t_j) + \frac{\zeta}{\sqrt{1-\zeta^2}}\sin\omega_d(t-t_j)\right) +$$

$$\dot{z}(t_j)\mathrm{e}^{-\zeta\omega_n(t-t_j)}\frac{\sin\omega_d(t-t_j)}{\omega_d} - \int_{t_j}^t \mathrm{e}^{-\zeta\omega_n(t-\tau)}\frac{\sin\omega_d(t-\tau)}{\omega_d}\ddot{u}(\tau)\mathrm{d}\tau \tag{23.10}$$

式(23.10)中的积分部分可查阅资料[Kelly 1969]。

$$\int_{t_j}^t \mathrm{e}^{-\zeta\omega_n(t-\tau)}\frac{\sin\omega_d(t-\tau)}{\omega_d}\ddot{u}(\tau)\mathrm{d}\tau$$

$$= \frac{-\ddot{u}(t_j)}{\omega_n^2}\left[1 - \mathrm{e}^{-\zeta\omega_n(t-t_j)}\left(\cos\omega_d(t-t_j) + \frac{\zeta}{\sqrt{1-\zeta^2}}\sin\omega_d(t-t_j)\right)\right]$$

$$\left(-\frac{\Delta\ddot{u}(t_j)}{\omega_n^2}\right)\left[1 - \frac{2\zeta}{\omega_n(t-t_j)}(1 - \mathrm{e}^{-\zeta\omega_n(t-t_j)}\cos\omega_d(t-t_j))\right] +$$

$$\frac{\Delta\ddot{u}(t_j)}{\omega_n^2}\left[\frac{(1-2\zeta^2)}{\omega_d(t-t_j)}\mathrm{e}^{-\zeta\omega_n(t-t_j)}\sin\omega_d(t-t_j)\right] \tag{23.11}$$

t_{j+1} 时刻的状态向量 $(z,\dot{z})^{\mathrm{T}}$ 可以用 t_j 时刻的状态向量以及 t_j 和 t_{j+1} 时刻的分

段线性基础加速度 $\ddot{u}$ 表示[Nigam 1968, Gupta 1992, Ebeling 1997]:

$$\begin{Bmatrix} z(t_{j+1}) \\ \dot{z}(t_{j+1}) \end{Bmatrix} = [A] \begin{Bmatrix} z(t_j) \\ \dot{z}(t_j) \end{Bmatrix} + [B] \begin{Bmatrix} \ddot{u}(t_j) \\ \ddot{u}(t_{j+1}) \end{Bmatrix} \tag{23.12}$$

其中

$$[A] = \begin{bmatrix} a_{11} & a_{12} \\ a_{21} & a_{22} \end{bmatrix}$$

$$[B] = \begin{bmatrix} b_{11} & b_{12} \\ b_{21} & b_{22} \end{bmatrix}$$

绝对加速度 $\ddot{x}(t_{j+1})$ 可通过式(23.3)求出:

$$\ddot{x}(t_{j+1}) = -2\zeta\omega_n \dot{z}(t_{j+1}) - \omega_n^2 z(t_{j+1}) \tag{23.13}$$

当 $\Delta t_j = t_{j+1} - t_j$ 时,矩阵$[A]$中的元素为

$$a_{11} = e^{-\zeta\omega_n\Delta t_j}\left(\frac{\zeta}{\sqrt{1-\zeta^2}}\sin\omega_d\Delta t_j + \cos\omega_d\Delta t_j\right)$$

$$a_{12} = e^{-\zeta\omega_n\Delta t_j}\frac{\sin\omega_d\Delta t_j}{\omega_d}$$

$$a_{21} = -\frac{\omega_n}{\sqrt{1-\zeta}}e^{-\zeta\omega_n\Delta t_j}\sin\omega_d\Delta t_j$$

$$a_{22} = e^{-\zeta\omega_n\Delta t_j}\left(\cos\omega_d\Delta t_j - \frac{\zeta}{\sqrt{1-\zeta^2}}\sin\omega_d\Delta t_j\right)$$

当 $\Delta t_j = t_{j+1} - t_j$ 时,矩阵$[B]$中的元素为

$$b_{11} = e^{-\zeta\omega_n\Delta t_j}\left(\left[\frac{2\zeta^2-1}{\omega_n^2\Delta t_j} + \frac{\zeta}{\omega_n}\right]\frac{\sin\omega_d\Delta t_j}{\omega_d} + \left[\frac{2\zeta}{\omega_n^3\Delta t_j} + \frac{1}{\omega_n^2}\right]\cos\omega_d\Delta t_j\right) - \frac{2\zeta}{\omega_n^3\Delta t_j}$$

$$b_{12} = -e^{-\zeta\omega_n\Delta t_j}\left(\left(\frac{2\zeta^2-1}{\omega_n^2\Delta t_j}\right)\frac{\sin\omega_d\Delta t_j}{\omega_d} + \frac{2\zeta}{\omega_n^3\Delta t_j}\cos\omega_d\Delta t_j\right) - \frac{1}{\omega_n^2} + \frac{2\zeta}{\omega_n^3\Delta t_j}$$

$$b_{21} = e^{-\zeta\omega_n\Delta t_j}\left[\frac{2\zeta^2-1}{\omega_n^2\Delta t_j} + \frac{\zeta}{\omega_n}\right]\left(\cos(\omega_d\Delta t_j) - \frac{\zeta}{\sqrt{1-\zeta^2}}\sin\omega_d\Delta t_j\right)$$

$$-e^{-\zeta\omega_n\Delta t_j}\left[\frac{2\zeta}{\omega_n^3\Delta t_j} + \frac{1}{\omega_n^2}\right](\omega_d\sin\omega_d\Delta t_j + \zeta\omega_n\cos\omega_d\Delta t_j) + \frac{1}{\omega_n^2\Delta t_j}$$

$$b_{22} = -e^{-\zeta\omega_n\Delta t_j}\frac{2\zeta^{2i}-1}{\omega_n^2\Delta t_j}\left(\cos\omega_d\Delta t_j - \frac{\zeta}{\sqrt{1-\zeta^2}}\sin\omega_d\Delta t_j\right)$$

$$-e^{-\zeta\omega_n\Delta t_j}\left(\frac{-2\zeta}{\omega_n^3\Delta t_j}(\omega_d\sin\omega_d\Delta t_j + \zeta\omega_n\cos\omega_d\Delta t_j)\right) - \frac{1}{\omega_n^2\Delta t_j}$$

在文献[Gupta. 1992]中,b_{21}和b_{22}的表达式为

$$b_{21} = -\frac{a_{11} - 1}{\omega_n^2 \Delta t_j} - a_{12}$$

$$b_{22} = -b_{21} - a_{12}$$

文献[Kelly 1969]中提出了类似于文献[Nigam 1968，Gupta 92，Ebeling 97]的方法，该方法中相对位移和相对速度可表示为：

$$z(t_{j+1}) = B_1 z(t_j) + B_2 \dot{z}(t_j) + B_3 \ddot{u}(t_j) + B_4 \Delta \ddot{u}(t_j) \qquad (23.14)$$

$$\frac{\dot{z}(t_{j+1})}{\omega_n} = B_6 z(t_j) + B_7 \dot{z}(t_j) + B_8 \ddot{u}(t_j) + B_9 \Delta \ddot{u}(t_j) \qquad (23.15)$$

绝对加速度仍采用方程(23.13)

$$\ddot{x}(t_{j+1}) = -2\zeta\omega_n \dot{z}(t_{j+1}) - \omega_n^2 z(t_{j+1})$$

其中

$$\Delta t_j = t_{j+1} - t_j$$

$$\Delta \ddot{u}(t_j) = \ddot{u}(t_{j+1}) - \ddot{u}(t_j)$$

$$B_1 = e^{-\zeta\omega_n \Delta t_j}\left(\frac{\zeta}{\sqrt{1 - \zeta^2}}\sin\omega_d \Delta t_j + \cos\omega_d \Delta t_j\right)$$

$$B_2 = e^{-\zeta\omega_n \Delta t_j}\frac{\sin\omega_d \Delta t_j}{\omega_d}$$

$$B_3 = \frac{1}{\omega_n^2}(1 - B_1)$$

$$B_4 = \frac{1}{\omega_n^2}\left[1 - \frac{2\zeta}{\omega_n \Delta t_j}(1 - e^{-\zeta\omega_n \Delta t_j}\cos\omega_d \Delta t_j) - (1 - 2\zeta^2)\left(e^{-\zeta\omega_n \Delta t_j}\frac{\sin\omega_d \Delta t_j}{\omega_d \Delta t_j}\right)\right]$$

$$B_6 = -\omega_n B_2$$

$$B_7 = \frac{e^{-\zeta\omega_n \Delta t_j}}{\omega_n}\left(\cos\omega_d \Delta t_j - \frac{\zeta}{\sqrt{1 - \zeta^2}}\sin\omega_d \Delta t_j\right)$$

$$B_8 = -\frac{B_2}{\omega_n}$$

$$B_9 = \frac{B_1 - 1}{\omega_n^3 \Delta t_j}$$

在求解冲击响应谱时，以下参数非常重要[Assink 1995]：

(1)单自由度动态系统的阻尼比 ζ。

(2)计算最大响应所选取的单自由度系统数量。

(3)瞬态时间 $T_{\min}(s)$ 的最小时间帧。最小时间帧为 $T_{\min} \geq \dfrac{1}{f_{\min}}$ 和最大冲击时间两倍 $T_{\min} \geq 2t_{\text{shock}}$ 中的较大值。

(4)计算冲击响应谱时，时间增量 Δt 必须小于最大频率 $f_{\max}(\text{Hz})$ 倒数的

10%，即 $\Delta t \leqslant \dfrac{0.1}{f_{\max}}$。时间帧 $T_{\min}$ 内的最小的时间步数 n 为 $n = \dfrac{T_{\min}}{\Delta t} = 10 \dfrac{f_{\max}}{f_{\min}}$。

在一系列单自由度动态系统基础上施加半正弦加速度激励，其波形为：

$\ddot{u}_{\text{base}} = 200\sin\dfrac{\pi t}{\tau}, (0 \leqslant t \leqslant \tau) = 0.0005\text{s}, \ddot{u}_{\text{base}} = 0, t < 0, t > \tau$，来计算冲击谱。计

算的总时间为 $t_{\text{end}} = 0.05\text{s}$，时间增量为 $\Delta t = 0.00001 \leqslant \dfrac{0.1}{f_{\max}} = \dfrac{0.1}{3000} = 0.00003\text{s}$。

阻尼比 $\zeta = 0.05, Q = 10$。使用 Kelly 方法计算冲击谱。

计算得到的冲击响应谱（绝对加速度）如图 23.5 所示。

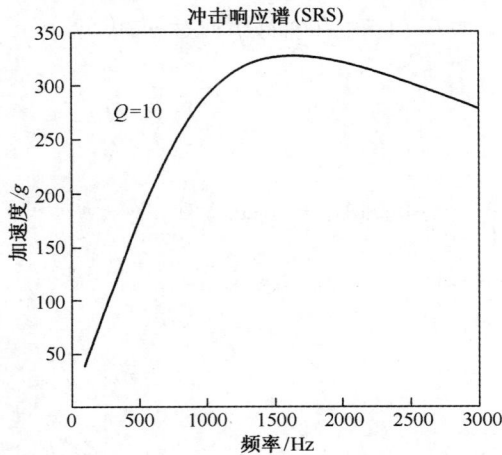

图 23.5　幅值 $A = 200g$，持续时间 $\tau = 0.0005\text{s}$ 半正弦脉冲（HSP）下的冲击响应谱

23.4　结合冲击响应谱的响应分析

对于基础加速度 $\ddot{u}_{\text{base}}$ 激励下的多自由度线性系统，其动力学方程为

$$[M]\{\ddot{x}\} + [C]\{\dot{x}\} + [K]\{x\} = \{0\} \qquad (23.16)$$

相对位移向量 $\{z\} = \{x\} - \{u\}$，相对速度向量 $\{\dot{z}\} = \{\dot{x}\} - \{\dot{u}\}$，相对加速度向

量 $\{\ddot{z}\} = \{\ddot{x}\} - \{\ddot{u}\}$，对于基础激励的动力学方程用矩阵表示为

$$[M]\{\ddot{z}\} + [C]\{\dot{z}\} + [K]\{z\} = -[M]\{T\}\ddot{u}_{\text{base}} \qquad (23.17)$$

其中，$\{T\}$ 为相对于基础的刚体向量。

考虑式（23.17）的无阻尼特征值问题，有

$$([K] - \lambda_i[M])\{\phi_i\} = \{0\} \qquad (23.18)$$

可以解得特征值 λ_i 和对应的特性向量 $\{\phi_i\}$，这些结果可用于模态分析方法

（模态位移方法（MDM））。假设：

274

$$\{z\} = [\phi_1, \phi_2, \phi_3, \cdots] \begin{Bmatrix} \eta_1 \\ \eta_2 \\ \eta_3 \\ \vdots \end{Bmatrix} = [\Phi]\{\eta\} \qquad (23.19)$$

式中:$[\Phi]$为模态矩阵;$\{\eta\}$为广义坐标向量。

分别将质量矩阵和刚度矩阵进行模态正交化,可得

$$[\Phi]^{\mathrm{T}}[M][\Phi] = <m>,[\Phi]^{\mathrm{T}}[K][\Phi] = <\lambda_i m_i> = <\omega_i^2 m_i>$$
$$(23.20)$$

如果引入模态阻尼 $c_i = 2\zeta_i \omega_i$,那么广义坐标系下的运动方程变为

$$\ddot{\eta}_i + 2\zeta_i \omega_i \dot{\eta}_i + \omega_i^2 \eta_i = \frac{-[\phi_i]^{\mathrm{T}}[M]\{T\}}{[\phi_i]^{\mathrm{T}}[M][\phi_i]} \ddot{u}_{\mathrm{base}} = -\Gamma_i \ddot{u}_{\mathrm{base}} \qquad (23.21)$$

式中:ζ_i为第i阶模态的模态阻尼比;ω_i为模态振型$\{\phi_i\}$所对应的固有频率;Γ_i为模态参与因子。

式(23.21)和式(23.2)相似。式(23.2)用来计算单自由度系统的最大响应,从而计算基础加速度 $\ddot{u}_{\mathrm{base}}$ 激励下的冲击响应谱;而如式(23.21)所示的单自由度动态系统的峰值响应或冲击响应谱,为基础加速度 $\ddot{u}_{\mathrm{base}}$ 激励下冲击响应谱乘以系数 Γ_i:

$$SRS(\ddot{\eta}_i) = \Gamma_i SRS(\ddot{u}_{\mathrm{base}}) \qquad (23.22)$$

考虑模态对实际系统冲击响应谱的贡献,$\{z\}$,$\{\dot{z}\}$,$\{\ddot{u}\}$变为

$$SRS(\ddot{z}, \omega_i) = \{\phi_i\} SRS(\ddot{\eta}_i) \qquad (23.23)$$

考虑模态对速度冲击响应谱的贡献:

$$SRS(\dot{z}, \omega_i) = \frac{\{\phi_i\} SRS(\ddot{\eta}_i)}{\omega_i} \qquad (23.24)$$

考虑模态对位移冲击响应谱的贡献:

$$SRS(z, \omega_i) = \frac{\{\phi_i\} SRS(\ddot{\eta}_i)}{\omega_i^2} \qquad (23.25)$$

绝对加速度的冲击响应谱 $SRS(\ddot{x})$ 可以用求解相对加速度冲击响应谱 $SRS(\ddot{z})$ 的类似方法求得。

算例

弯曲刚度为 EI、单位长度质量为 m、长度为 L 的两端铰支梁受强迫加速度激励,加速度激励的冲击响应谱如图 23.2 所示。简支梁如图 23.6 所示。这个算例来源于文献[Biggs 1964]。长度 $L=1\mathrm{m}$,弯曲刚度 $EI=700\mathrm{Nm}^2$,单位长度质量为 $m=0.3\mathrm{kg/m}$[①]。梁的材料为铝合金,弹性模量 $E=70\times10^9\mathrm{Pa}$。

注:①原公式有误。——译者

275

梁的动力学方程为

$$EI \frac{\mathrm{d}^4}{\mathrm{d}x^4} w + m(\ddot{w} + \ddot{u}) = 0$$

假设梁的振型为

$$\phi(x) = \sin \frac{\pi x}{L}$$

梁的形变曲线 $w(x)$ 表达式为

$$w(x,t) = \eta(t) \sin \frac{\pi x}{L}$$

通过和 $\phi(x)$ 相乘以及从 $0 \to L$
的积分,可以得到无阻尼运动方程:

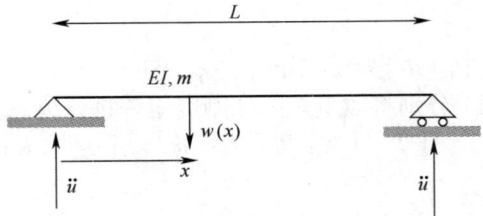

图 23.6　简支梁示意图

$$EI\eta(t) \left(\frac{\pi}{L} \right)^4 \int_0^L \phi^2(x) \, \mathrm{d}x + m\ddot{\eta}(t) \int_0^L \phi^2(x) \, \mathrm{d}x = -m\ddot{u}(t) \int_0^L \phi(x) \, \mathrm{d}x$$

引入 $\omega_o^2 = \dfrac{EI}{m} \left(\dfrac{\pi}{L} \right)^4$ 以及特定模态阻尼 $2\zeta\omega_0\dot{\eta}(t)$,上面的方程变为

$$\ddot{\eta}(t) + 2\zeta\omega_o\dot{\eta}(t) + \omega_o^2\eta(t) = -\ddot{u}(t) \frac{\int_0^L \phi(x) \, \mathrm{d}x}{\int_0^L \phi^2(x) \, \mathrm{d}x} = -\Gamma\ddot{u}(t) = -\frac{4}{\pi}(\ddot{u}(t))$$

振型 $\phi(x) = \sin \dfrac{\pi x}{L}$ 下的固有频率 f_o 为

$$f_o = \frac{1}{2\pi} \sqrt{\frac{EI}{m} \left(\frac{\pi}{L} \right)^4} = 75.9 \, \mathrm{Hz}$$

图 23.2 所示的加速度冲击谱的加速度为 $\ddot{\eta} = SRS(75.9) \approx 90g$。位移为 $\eta = \dfrac{\ddot{\eta}}{\omega_o^2}$,从而有

$$\eta = \frac{90 \times 9.81}{(2\pi 75.9)^2} = 3.885 \times 10^{-3} \, \mathrm{m}$$

梁中性层弯矩的绝对值为

$$M_{\mathrm{bending}}(L) = EI \frac{\mathrm{d}^2}{\mathrm{d}x^2} w(L) = \eta EI \left(\frac{\pi}{L} \right)^2 \sin \frac{\pi}{2} = \eta EI \left(\frac{\pi}{L} \right)^2 = 26.8 \, \mathrm{Nm}$$

距梁中性层最远距离为 $e = 0.05 \, \mathrm{m}$,因此弯曲应力为

$$\sigma_{\mathrm{bending}}(L) = \frac{M_{\mathrm{bending}}(L)e}{I} = 1.34 \times 10^8 \, \mathrm{Pa}$$

算例结束

绝对加速度的总冲击响应谱为所有模态冲击响应谱 $SRS(\ddot{x}, \omega_i)$ 的叠加。
文献[Gupta 1992]中讨论了两种叠加方法,第一种是将所有模态考虑在内的绝对值和叠加法：

$$SRS(\ddot{x}) = \sum_{i=1}^{n} \mid SRS(\ddot{x}, \omega_i) \mid \qquad (23.26)$$

第二种叠加是平方和开根号叠加法：

$$SRS(\ddot{x}) = \sqrt{\sum_{i=1}^{n} \{SRS(\ddot{x}, \omega_i)\}^2} \qquad (23.27)$$

文献中［Lalanne 2002］中讨论了式（23.26）和式（23.27）的结合方法：

$$SRS(\ddot{x}) = \frac{\sqrt{\sum_{i=1}^{n} \{SRS(\ddot{x}, \omega_i)\}^2} + p\sum_{i=1}^{n} \mid SRS(\ddot{x}, \omega_i) \mid}{p + 1} \qquad (23.28)$$

其中 p 为权重系数。

算例

由 4 个质量弹簧组成的系统中，单个质量 $m = 5\text{kg}$，刚度 $k = 1000000\text{N/m}$，阻尼比 $\zeta = 0.05$（$Q = 10$），如图 23.7 所示。

基础加速度为：

（1）半正弦 $\ddot{u}_{\text{base}} = 200\sin\dfrac{\pi t}{\tau}$，$0 = t \leqslant \tau$；$\ddot{u}_{\text{base}} = 0, t < 0, t > \tau$；其中 $\tau = 0.0005\text{s}$。

（2）基于半正弦脉冲的冲击响应谱：幅值 $A = 200g$，持续时间 $\tau = 0.0005$，阻尼比 $Q = 10$。

对于两种激励，将计算瞬态加速度响应 $\{\ddot{x}\}$ 以及 $SRS(\ddot{x})$ 并进行对比。

求解式（23.17）：

$$[M]\{\ddot{z}\} + [C]\{\dot{z}\} + [K]\{z\} = -[M]\{T\}\ddot{u}_{\text{base}}$$

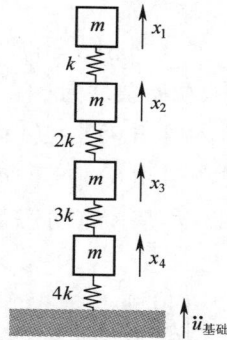
图 23.7　4 自由度质量-弹簧系统

使用模态位移方法（MDM），并同时考虑四阶模态。绝对位移向量为 $\{x\} = \{z\} + \{u\}$，绝对速度向量为 $\{\dot{x}\} = \{\dot{z}\} + \{\dot{u}\}$，绝对加速度向量为 $\{\ddot{x}\} = \{\ddot{z}\} + \{\ddot{u}\}$。计算弹簧力时只需要相对位移向量 $\{z\}$。力矩阵 $[S]$ 定义为

$$[S] = k \begin{bmatrix} 1 & -1 & 0 & 0 \\ 0 & 2 & -2 & 0 \\ 0 & 0 & 3 & -3 \\ 0 & 0 & 0 & 4 \end{bmatrix}$$

弹簧力为 $\{F\} = [S]\{z\}$。

使用模态矩阵 $[\Phi]$ 将物理的相对位移自由度 $\{z\}$ 变换到广义坐标系 $\{\eta\}$ 下，有 $\{z\} = [\Phi]\{\eta\}$。

应力模态可由下式计算：

$$[\Phi_\sigma] = [S][\Phi]$$

广义坐标系$\{\eta\}$下解耦后的动力学方程添加相应的模态阻尼比ζ后变为

$$\ddot{\eta}_i + 2\zeta_i\omega_i\dot{\eta} + \omega_i^2\eta_i = \frac{-\{\phi_i\}^{\mathrm{T}}[M]\{T\}}{\{\phi_i\}^{\mathrm{T}}[M]\{\phi_i\}}\ddot{u}_{\mathrm{base}} = -\Gamma_i\ddot{u}_{\mathrm{base}} = f$$

为在时域内求取加速度，使用 Newmark-β 方法[Wood 1990]，其中$\beta = 0.25$，$\gamma = 0.5$。

$$\{\eta\}_{n+1} = \{\eta\}_n + \Delta t\{\dot{\eta}\}_n + \frac{\Delta t^2}{2}(1 - 2\beta)\{\ddot{\eta}\}_n + \Delta t^2\beta\{\ddot{\eta}\}_{n+1}$$

$$\{\dot{\eta}\}_{n+1} = \{\dot{\eta}\}_n + \Delta t(1 - \gamma)\{\ddot{\eta}\}_n + \Delta t\gamma\{\ddot{\eta}\}_{n+1}$$

$$[D] = [I] + \gamma\Delta t < 2\zeta_i\omega_i > + \beta\Delta t^2 < \omega_i^2 >$$

$$[D]\{\ddot{\eta}\}_{n+1} = \{f\}_{n+1} - < 2\zeta_i\omega_i > (\{\dot{\eta}\}_n + \Delta t(1 - \gamma)\{\ddot{\eta}\}_n)$$

$$- < \omega_i^2 > \left(\{\eta\}_n + \Delta t\{\dot{\eta}\}_n + \frac{\Delta t^2}{2}(1 - 2\beta)\{\ddot{\eta}\}_n\right)$$

在 $t = 0$ 时，

$$\{\ddot{\eta}\}_1 = \{\ddot{\eta}(0)\}$$

$$\{\ddot{\eta}\}_1 = \{f\}_1 - < 2\zeta_i\omega_i > \{\dot{\eta}\}_1 - < \omega_i^2 > \{\eta\}_1$$

其中，初始条件为

$$\{\dot{\eta}\}_1 = \{\dot{\eta}(0)\} = ([\Phi]^{\mathrm{T}}[\Phi])^{-1}[\Phi]^{\mathrm{T}}\{\dot{z}(0)\}$$

$$\{\eta\}_1 = \{\eta(0)\} = ([\Phi]^{\mathrm{T}}[\Phi])^{-1}[\Phi]^{\mathrm{T}}\{z(0)\}$$

图 23.7 所示的动态系统的固有频率$\{f_n\}$（Hz）以及对应的模态振型$[\Phi]$为

$$\{f_n\} = \begin{Bmatrix} 40.4 \\ 94.0 \\ 151.6 \\ 218.2 \end{Bmatrix}\text{Hz}, [\Phi] = \begin{bmatrix} 0.7766 & -0.5978 & 0.1972 & -0.0232 \\ 0.5261 & 0.4458 & -0.6974 & 0.1950 \\ 0.3160 & 0.5785 & 0.4372 & -0.6118 \\ 0.1420 & 0.3303 & 0.5325 & 0.7663 \end{bmatrix}$$

应力模态变为$[\Phi_\sigma] = [S][\Phi]$。

$$[\Phi_\sigma] = 10^6 \begin{bmatrix} 0.2505 & -1.0437 & 0.8946 & -0.2182 \\ 0.4202 & -0.2653 & -2.2693 & 1.6134 \\ 0.5221 & 0.7446 & -0.2857 & -4.1342 \\ 0.5679 & 1.3213 & 2.1299 & 3.0651 \end{bmatrix}$$

模态参与因子向量$\{\Gamma\}$为

$$\{\Gamma\} = \begin{Bmatrix} 1.7608 \\ 0.7568 \\ 0.4695 \\ 0.3262 \end{Bmatrix}$$

问题 1：

设初始条件为 $z(0)=0, \dot{z}(0)=0$，求解时间加速度 $\{\ddot{x}(t)\}$，如图 23.8 所示。
相对位移 $\{z(t)\}$ 如图 23.9 所示。弹簧力 $\{F(t)\}$ 的时间历程如图 23.10
所示。

绝对加速度/(m/s²)

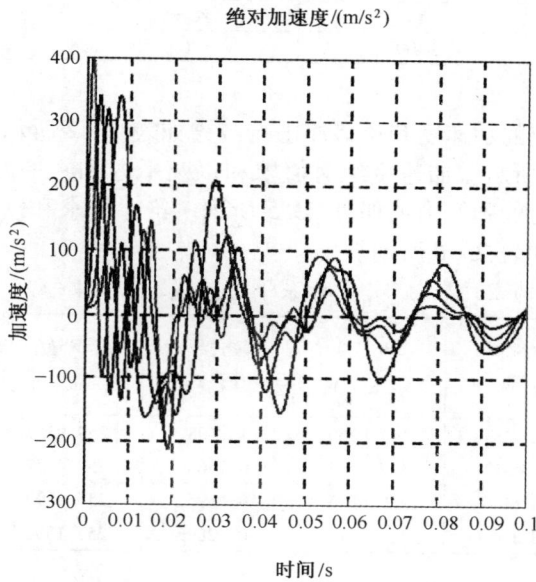

图 23.8　加速度

相对位移/m

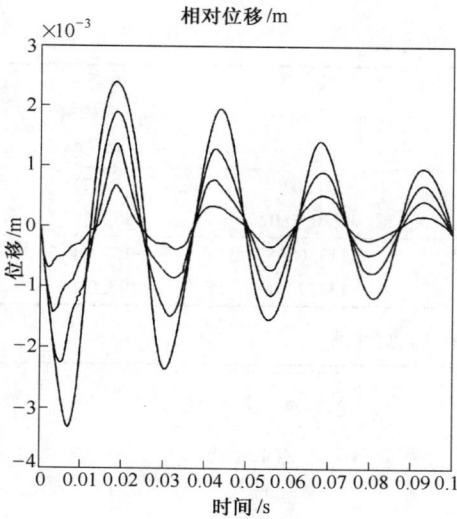

图 23.9　相对位移

弹簧力/N

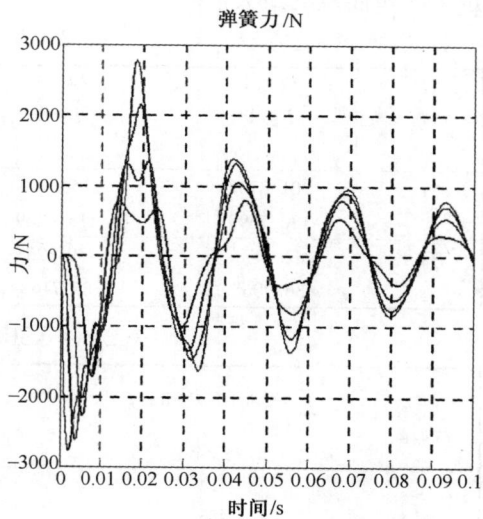

图 23.10　弹簧力

绝对加速度$\{\ddot{x}(t)\}$和弹簧力$\{F(t)\}$的时域最大值如表23.1所列。

表23.1 绝对加速度和弹簧力最大值

节点#	绝对加速度/(m/s^2)	弹簧#	弹簧力/N
x_1	340	x_1-x_2	786
x_2	319	x_2-x_3	1331
x_3	342	x_3-x_4	2145
x_4	400	x_4	2774

问题2：

每阶模态对应的加速度和位移冲击响应谱如表23.2所示。每阶模态下的冲击谱如表23.3所示。加速度绝对值求和以及平方和开平方值如表23.4所示。计算冲击谱时的弹簧力值如表23.5所列。绝对值求和以及平方和开平方值求解的弹簧力如表23.6所列。

表23.2 广义坐标系下加速度/位移冲击谱

模态阶次	固有频率 f_i/Hz	$\text{SRS}(f_i)$ /(m/s^2)	模态参与因子 Γ_i	$\Gamma_i\text{SRS}(f_i)$ /(m/s^2)	$\dfrac{\Gamma_i\text{SRS}(f_1)}{(2\pi f_1)^2}$ /m
1	40.4233	147.6260	1.7608	259.9357	4.0294×10^{-3}
2	94.0432	342.8672	0.7568	259.4977	0.7432×10^{-3}
3	151.6007	550.8845	0.4695	255.6392	0.2851×10^{-3}
4	218.1650	788.2119	0.3262	257.1538	0.1369×10^{-3}

观察

使用上述两种冲击谱方法求解，得到的绝对值和以及平方和开平方的值，限定了时域曲线的最大值。

表23.3 加速度

节点#	模态1 $\{\phi_i\}\Gamma_i\text{SRS}(f_i)$ /(m/s^2)	模态2 $\{\phi_i\}\Gamma_i\text{SRS}(f_i)$ /(m/s^2)	模态3 $\{\phi_i\}\Gamma_i\text{SRS}(f_i)$ /(m/s^2)	模态4 $\{\phi_i\}\Gamma_i\text{SRS}(f_i)$ /(m/s^2)
x_1	201.8738	-155.1394	51.0037	-5.9718
x_2	136.7599	115.6969	-180.3807	50.1338
x_3	82.1471	150.1255	113.0865	-157.3186
x_4	36.9065	85.7168	137.7211	197.0530

表23.4 $\text{SRS}(\ddot{x})$加速度

节点#	$\displaystyle\sum_1^4 \mid\{\phi_i\}\mid\Gamma_i\text{SRS}(f_i)$ /(m/s^2)	$\displaystyle\sqrt{\sum_1^4 [\{\phi_i\}]\Gamma_i\text{SRS}(f_i)]^2}$ /(m/s^2)
x_1	414	260
x_2	483	259
x_3	503	259
x_4	457	258

表 23.5　每阶模态下的力

弹簧 #	模态 1 /N	模态 2 /N	模态 3 /N	模态 4 /N
x_1-x_2	1009.4	−775.7	255.0	−29.9
x_2-x_3	1693.2	−197.2	−646.9	220.8
x_3-x_4	2103.9	553.4	−81.5	−565.8
x_4	2288.4	982.0	607.2	419.5

表 23.6　弹簧力

弹簧#	绝对值求和 /N	SRSS /N	结合 $p=1$, (23.28)/N
x_1-x_2	2070	1299	1685
x_2-x_3	2758	1837	2298
x_3-x_4	3305	2249	2777
x_4	4297	2597	3447

算例结束

23.5　冲击响应谱和合成时间历程的匹配

因为没有时域信号,在振动台上不可能直接运行冲击响应谱。从指定的或特定的冲击响应谱中计算时域信号(时间历程合成),其解并不唯一,计算过程需要反复试算[Smallwood 1974a]。计算过程中假设冲击响应谱中换算出来的时域信号会和实际冲击响应谱所带来的结构损坏相同。然而,时间历程合成更取决于激励器的物理限制。这些限制内容如表 23.7 所示[Smallwood 1974a]。

表 23.7　激励器限制

限制#	初始值	终值	最大值
1	$\ddot{u}_{base}(0)=0$	$\ddot{u}_{base}(T)=0$	limited
2	$\dot{u}_{base}(0)=0$	$\dot{u}_{base}(T)=0$	limited
3	$u_{base}(0)=0$	$u_{base}(T)=0$	limited

加速度的幅值受激励器输出力的限制,所施加瞬态信号的初始和结束的加速度,速度和位移必须为零。

Smallwood[Smallwood 1974a]列举了一系列满足表 23.7 中限制条件的瞬态信号:

- 衰减正弦曲线叠加
- 波形叠加
- 振动台最优正弦信号
- 快速正弦扫频
- 调制随机噪声信号

- 经典脉冲信号

对于时间历程合成所有可能技术的讨论不在本书研究之内。此处仅讨论衰减正弦曲线叠加信号。

衰减正弦曲线

关于相对运动 $z(t)$ 的动力学方程为式(23.2)：

$$\ddot{z}(t) + 2\zeta\omega_n\dot{z}(t) + \omega_n^2 z(t) = -\ddot{u}(t)$$

求解式(23.2)，其中初始位移 $z(0)$ 和初始速度 $\dot{z}(0)$ 由式(23.4)给出，可得

$$z(t) = z(0)e^{-\zeta\omega_n t}\left(\cos\omega_d t + \frac{\zeta}{\sqrt{1-\zeta^2}}\sin\omega_d t\right) +$$

$$\dot{z}(0)e^{-\zeta\omega_n t}\frac{\sin\omega_d t}{\omega_d} - \int_0^t e^{-\zeta\omega_n\tau}\frac{\sin\omega_d\tau}{\omega_d}\ddot{u}(t-\tau)d\tau$$

对于冲击响应谱计算有 $z(0) = \dot{z}(0) = 0$，因此

$$z(t) = -\int_0^t e^{-\zeta\omega_n\tau}\frac{\sin\omega_d\tau}{\omega_d}\ddot{u}(t-\tau)d\tau = -\int_0^t e^{-\zeta\omega_n(t-\tau)}\frac{\sin\omega_d(t-\tau)}{\omega_d}\ddot{u}(\tau)d\tau$$

如果基础加速度 $\ddot{u}$ 等于狄拉克函数 $\delta(\tau)$，则有

$$\ddot{z}(t) = -e^{-\zeta\omega_n t}\frac{\sin\omega_d t}{\omega_d} = -h(t), t \geq 0 \tag{23.29}$$

假设 $\ddot{z}(t)$ 为广义坐标系下其中一个结构运动方程的加速度响应，冲击激励（狄拉克函数）下结构的瞬态响应包含衰减正弦曲线的叠加。这样，包含叠加衰减正弦曲线的激励是进行子结构和组件在冲击环境下瞬态振动测试的自然选择[Nelson 1974]。通常，基本衰减正弦曲线为[Smallwood 1974b]

$$g_i(t) = \begin{bmatrix} A_i e^{-\zeta_i\omega_i t}\sin(\omega_i t), t \geq 0 \\ 0, t < 0 \end{bmatrix} \tag{23.30}$$

相应的速度 $v_i(t) = \int_0^t g_i(\tau)d\tau$ 在 $v_i(0) = 0$ 时为

$$v_i(t) = \frac{A_i\{e^{-\zeta_i\omega_i t}[\cos(\omega_i t) + \zeta_i\sin(\omega_i t)] - 1\}}{\omega_i(\zeta_i^2 + 1)} \tag{23.31}$$

相应的位移 $s_i(t) = \int_0^t v_i(\tau)d\tau$ 在 $s_i(0) = 0$ 时为

$$s_i(t) = \frac{A_i\{e^{-\zeta_i\omega_i t}[2\zeta_i\cos(\omega_i t) - \sin(\omega_i t) + \zeta_i^2\sin(\omega_i t)] + \zeta_i^2\omega_i t + \zeta_i\omega_i t - 2\zeta_i\}}{\omega_i^2(\zeta_i^2 + 1)^2}$$

$$\tag{23.32}$$

其幅值 $A_i = 1\text{m/s}^2$，衰减率 $\zeta_i = 0.05$，角频率 $\omega_i = 25\text{rad/s}$。

从图 23.11 中可以看出,速度和位移瞬态曲线没有随时间增加而衰减为零,即在使用基本衰减正弦曲线时违反了表 23.7 中的限制条件。

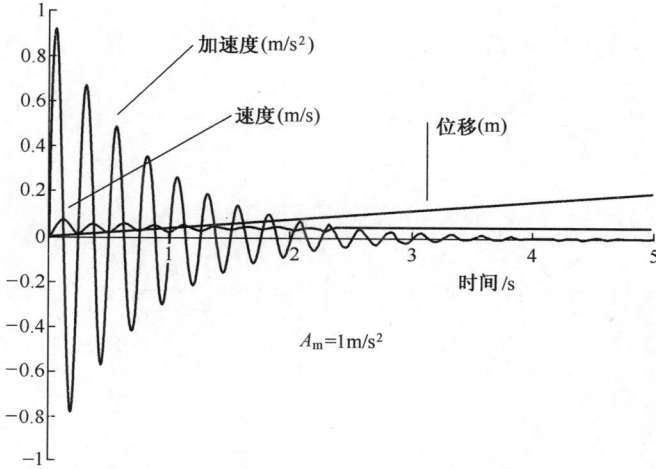

图 23.11 衰减正弦曲线激励下的加速度、速度和位移响应

随着时间的增加,为了获取零速度和零位移,需要进行补偿。Smallwood 和 Nord[Smallwood 1974b] 以及 Nelson 和 Prasthofer[Nelson 1974] 提出了获取零速度和位移的补偿方法。

Smallwood 和 Nord 方法

$$\ddot{u}_{\text{base}} = \sum_{i=1}^{n} g_i(t) + U(t + \tau) A_m e^{-\zeta_m \omega_m (t+\tau)} \sin\omega_m(t + \tau) \tag{23.33}$$

$$g_i(t) = A_i U(t - \tau_i) e^{-\zeta_i \omega_i (t-\tau_i)} \sin\omega_i(t - \tau_i) \tag{23.34}$$

其中

$$A_m = -\omega_m(1 + \zeta_m^2) \sum_{i=1}^{n} \frac{A_i}{\omega_i(1 + \zeta_i^2)}$$

$$\tau = \frac{\omega_m(1 + \zeta_m^2)}{A_m}\left\{\frac{2\zeta_m A_m}{\omega_m^2(1 + \zeta_m^2)^2} + \sum_{i=1}^{n}\left[\frac{A_i\tau_i}{\omega_i(1 + \zeta_i^2)} + \frac{2\zeta_i A_i}{\omega_i^2(1 + \zeta_i^2)^2}\right]\right\}$$

$U(t)$ 是单位阶跃函数,$U(t) = 0, t < 0, U(t) = 1, t \geqslant 0$。

衰减正弦曲线 $g_i(t)$ 实际上是 $g_i(t - \tau)$,因为其在 $\tau(s)$ 才开始。响应的修正时间历程 $A_m e^{-\zeta_m \omega_m (t+\tau)} \sin\omega_m(t + \tau)$ 实际上是开始于 $t = 0$ 的 $A_m e^{-\zeta_m \omega_m t} \sin\omega_m(t)$。

速度和位移补偿脉冲的幅值 A_m 和转换时间 τ 由其他参数决定。

Nelson 和 Prasthofer 方法

$$\ddot{u}_{\text{base}} = \sum_{i=1}^{n} g_i(t) \tag{23.35}$$

$$g_i(t) = A_i\{(K_1 e^{-at} - K_2 e^{-bt}) + K_3 e^{-ct}\sin(\omega_i t + \theta)\} \qquad (23.36)$$

其中

$$K_1 = \frac{\omega_d a^2}{(a-b)[(c-a)^2 + \omega_d^2]}$$

$$K_2 = \frac{\omega_d b^2}{(a-b)[(c-b)^2 + \omega_d^2]}$$

$$K_3 = \sqrt{\frac{(c^2 - \omega_d^2)^2 + 4c^2\omega_d^2}{[(b-c)^2 + \omega_d^2][(a-c)^2 + \omega_d^2]}}$$

$$\theta = \arctan\left(\frac{-2c\omega_d}{c^2 - \omega_d^2}\right) - \arctan\left(\frac{\omega_d}{a-c}\right) - \arctan\left(\frac{\omega_d}{b-c}\right)$$

$$a = \frac{\omega_i}{2\pi}$$

$$b = 2\zeta_i \omega_i$$

$$c = \zeta_i \omega_i$$

$$\omega_d = \omega_i \sqrt{1 - \zeta_i^2}$$

衰减正弦曲线的归一化的加速度响应峰值为冲击响应谱除以衰减正弦曲线 $g_i(t)$ 的最大值。衰减正弦曲线的最大值 (g) 为

$$g_{max} = A_i e^{-\zeta_i \omega_i \arctan\left(-\frac{1}{\zeta_i}\right)} \sin\left\{\omega_i \arctan\left(-\frac{1}{\zeta_i}\right)\right\} \qquad (23.37)$$

衰减正弦曲线的归一化加速度响应峰值如图 23.12 所示。图 23.13[Small-

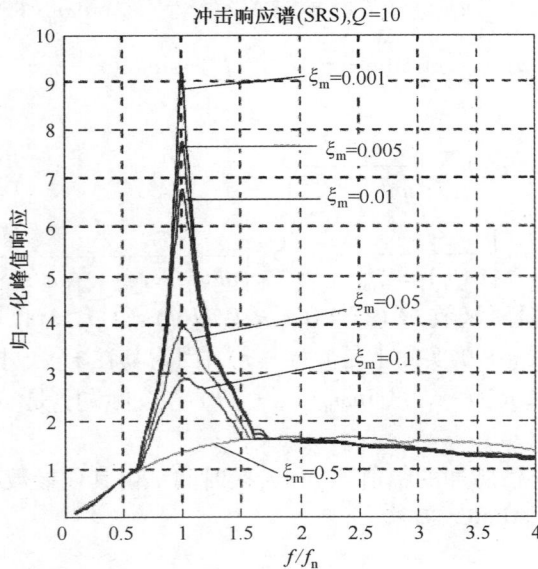

图 23.12 归一化衰减正弦曲线峰值响应

wood 1974a]提出了可以用于选择衰减正弦曲线来匹配给定的冲击响应谱的流程图，从而估计幅值 A_i、频率 ω_i 以及衰减率 ζ_i。

算例

在本算例中，使用 Smallwood 和 Nord 的衰减正弦曲线方法进行冲击谱的匹配，如图 23.5 所示。

这个冲击谱基于半正弦脉冲（HSP），其中 $\ddot{u}_{\text{base}} = 200\sin\dfrac{\pi t}{\tau}g, 0 \leqslant t \leqslant \tau = 0.0005\text{s}$。所采取的步骤如图 23.13 所示。

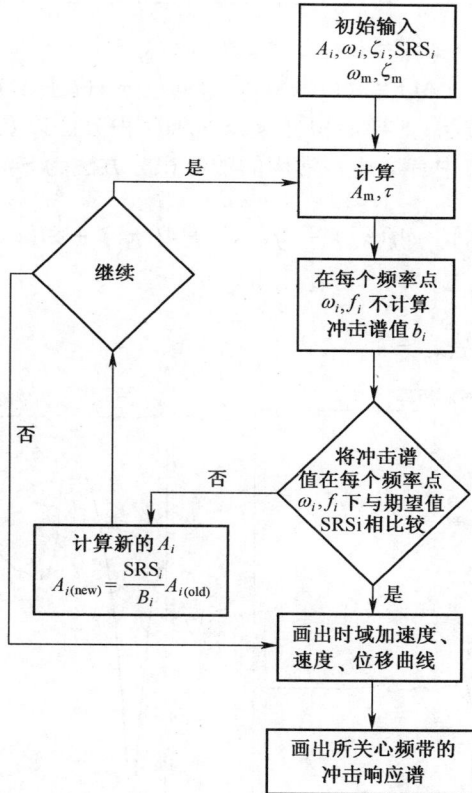

图 23.13 选择衰减正弦曲线来匹配冲击谱的流程图［Smallwood 1974b］

使用如表 23.8 中的值来匹配冲击谱。

匹配后的加速度时间历程如图 23.14 所示。采用梯形规则［Schwarz 1989］来计算时域的速度 $v(t)$ 和位移 $s(t)$。位移时间历程如图 23.15 所示。

表 23.8　衰减正弦曲线的参数表［Smallwood 1974b］

Frequency #	f_i/Hz	ζ_i/%	A_i/g	τ_i/s
1	250	20	35	0
2	500	10	50	0
3	750	10	68	0
4	1000	5	47	0
5	1250	5	47	0
6	1500	5	46	0
	f_m/Hz	ζ_m/%	A_m/g	τ/s
7	100	100	−87.7	0.0015

$$v(t + \Delta t) = v(t) + 0.5\Delta t\{\ddot{u}(t) + \ddot{u}(t + \Delta t)\} \tag{23.38}$$

$$s(t + \Delta t) = s(t) + 0.5\Delta t\{v(t) + v(t + \Delta t)\} \tag{23.39}$$

一些数值积分方法,如梯形积分法,Simpson 积分法以及 Newton-Cotes 方法在文献［Hairer 1996］中有详述。常用的数值积分方法为 Simpson 积分法,

$$\int_a^b f(x)\,\mathrm{d}x \approx h[f(x_0) + 4f(x_1) + 2f(x_2) + 4f(x_3) + 2f(x_4) + \cdots + f(x_n)]$$

$$\tag{23.40}$$

其中 $x_k = a + kh, x_n = b$。

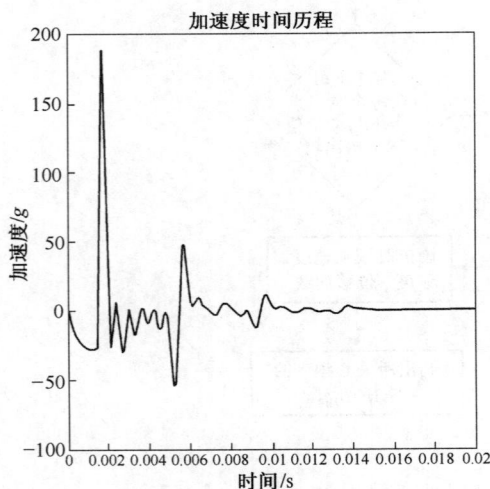

图 23.14　Smallwood 衰减正弦曲线的
加速度时间历程

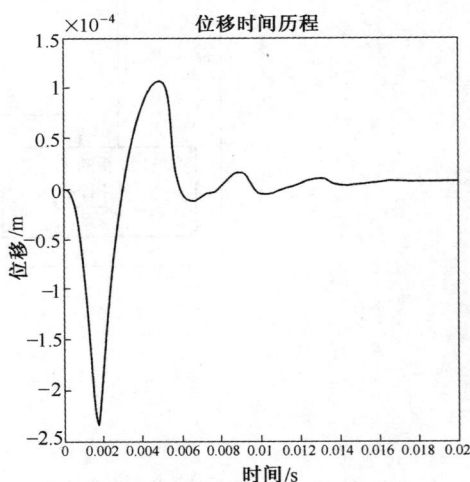

图 23.15　Smallwood 衰减正弦曲线
匹配的位移时间历程

位移时间历程如图 23.16 所示,速度时间历程如图 23.17 所示,初始的冲击响应谱以及匹配的冲击响应谱如图 23.18 所示。

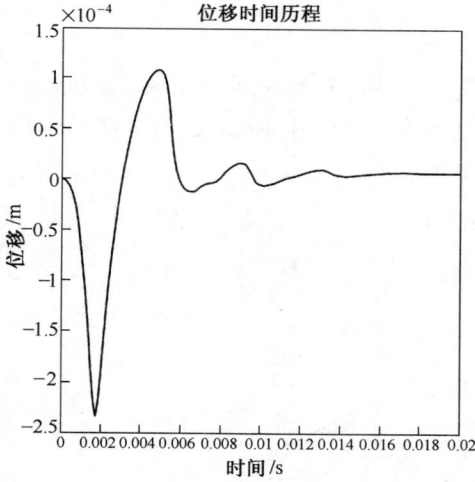

图 23.16 Smallwood 衰减正弦曲线的
位移时间历程

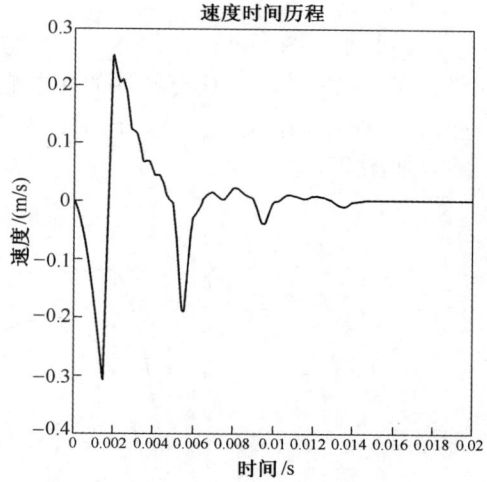

图 23.17 Smallwood 衰减正弦曲线的
速度时间历程

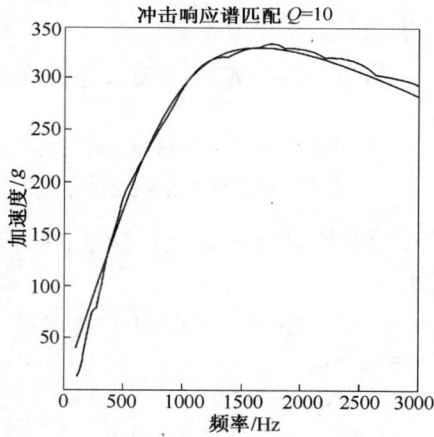

图 23.18 原始和匹配的冲击谱

23.6 练 习

23.6.1 冲击响应曲线计算

使用 Wilson-θ 方法,计算以下四种脉冲的绝对加速度冲击响应谱:

（1）上升三角脉冲;

（2）衰减三角脉冲;

（3）矩形脉冲；

（4）半正弦脉冲。

并且在一张图中画出所有脉冲的冲击响应谱。冲击开始时间为：$t=\tau=0.0005s$，冲击持续时间为 $t_{\text{duration}}=\tau$。脉冲的幅值为单位 1。使用 Kelly 数值方法得到的结果如图 23.19 所示。

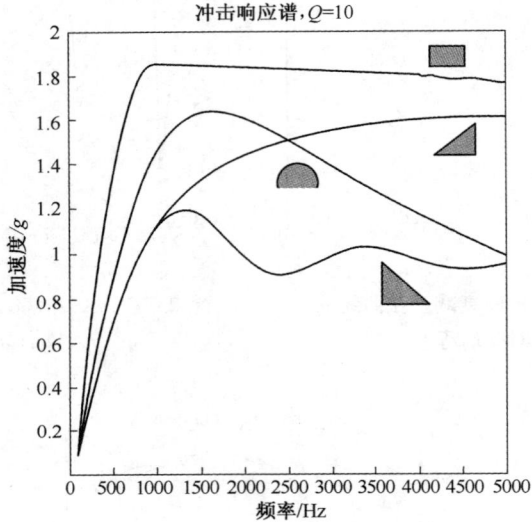

图 23.19　上升和衰减三角脉冲、矩形脉冲以及
半正弦脉冲的冲击响应谱

单自由度动态系统，受到基础加速度 $\ddot{u}(t)$ 激励，关于其相对运动 $z(t)$ 动力学方程如式(23.2)所示。

$$\ddot{z}(t) + 2\zeta\omega_n\dot{z}(t) + \omega_n^2 z(t) = -\ddot{u}(t)$$

固定时间增量为 $\Delta t = t_{j+1} - t_j$。

Wilson-θ 方法定义如下［Wood 1990］：

$$\{Z_{j+1}\} = [A_\theta]\{Z_j\} + \{F_\theta\}$$

其中

$$\{Z_j\} = \begin{bmatrix} Z_j \\ \Delta t\dot{z}_j \end{bmatrix}$$

$$[A_\theta] = D_\theta^{-1}\begin{bmatrix} 1+2\Delta t\theta\zeta\omega_n-\theta(1-\theta)\Delta t^2\omega_n^2 & 1 \\ -\Delta t^2\omega_n^2 & 1-(1-\theta)2\Delta t\zeta\omega_n-\theta(1-\theta)\Delta t^2\omega_n^2 \end{bmatrix}$$

$$D_\theta = 1 + 2\Delta t\theta\zeta\omega_n + \theta^2\Delta t^2\omega_n^2$$

$$\{F_\theta\} = -\Delta t^2 D_\theta^{-1}\begin{bmatrix} \theta\{\theta\ddot{u}_{j+1} + (1-\theta)\ddot{u}_j\} \\ \{\theta\ddot{u}_{j+1} + (1-\theta)\ddot{u}_j\} \end{bmatrix}$$

$\theta = 0.5$

j 为时间步。

单自由度系统的绝对加速度 $\ddot{x}$ 为

$$\ddot{x}_{j+1} = -2\zeta\omega_n\dot{z}_{j+1} - \omega_n^2 z_{j+1}$$

23.6.2　问题2

使用 Nelson 和 Prasthofer 方法 [Nelson 1974]，用衰减半正弦曲线匹配半正弦脉冲(图 23.5)的冲击响应谱，其中 $\ddot{u}_{base} = 200\sin\dfrac{\pi t}{\tau}g, 0 \leqslant t \leqslant \tau = 0.0005\text{s}$ 其他时间内 $\ddot{u}_{base} = 0$。

参 考 文 献

Assink, F. C. J. , 1995, *Guidelines for the calculation of Shock Response Spectra*, Memo Environmental Test Laboratory, Singall, RDT/950828/02, The Netherlands, [in Dutch]

Biggs, J. M. , 1964, *Introduction to Structural Dynamics*, Mc-Graw-Hill.

Bbeling, R. M. , Green, R. A. , French, S. E. , 1997, *Accuracy of Response of Single-Degree-of-Freedom Systems to Ground Motion*, Technical Report ITL - 97 - 7, US Army Corps of Engineers, WES.

Grygier, M. S. , 1997, *Payload Loads Design Guide*, Lyndon B. Johnson Genter, NASA.

Gupta, A. K. , 1992, *Response Spectrum Method in Seismic Analysis and Design of New Structures*, ISBN 0-8493-8628-4, CRC Press.

Hairer, E. , Wanner, G, 1996*Analysis by Its History*, ISBN 0-387-94551-2, Springer.

Kelly, R. D. , Richman, G. , 1969, *Principles and Techniques of Shock Data Analysis*, SVM-5, The Shock and Vibration Information Centre, US DoD.

Lalanne, C. , 2002, *Mechanical Vibration & Shock*, *Mechanical Shock*, *Volume H*, HPS, ISBN 19039 9604 X.

Mulville, D. R. , 1999, *Pyroshock Test Criteria*, NASA Technical Standard, NASA-STD-7003, May 18, http://standards. nasa. gov.

Nelson, D. B. , Prasthofer, P. H. , 1974 *A Case for Damped Oscillatory Excitation as a Natural Pyrotechnic Shock Simulation*, Shock and Vibration Bulletin, No 44, Part 3, pages67-71.

Nigam, N. C. , Jennings, P. C. , 1968, *Digital Calculation of Response from Strong-Motion Earthquake Records*, California Institute of Technology, printed in STARDYNE Theoretical Manual, Ⅲ . DYNRE5 Program Analysis.

Schwarz, H. R. , 1989, *Numerical Analysis*, *A Comprehensive Introduction*, Wiley, ISBN 0 471 92064 9, Third edition.

Smallwood, D. A. , 1974a, *Time History Synthesis for Shock Testing on Shakers*, Shock and Vibration Bulletin, No 44, Part 3, pages 23-41.

Smallwood, D. A. , Nord, A. R. , 1974 b, *Matching Shock Spectra with Sums of Decaying Sinusoids Compensated for Shaker Velocity and Displacement Limitations*, Shock and Vibration Bulletin, No 44, Part 3, pages 43-56.

Wood, W. L. , 1990, *Practical Time-stepping Schemes*, Oxford Applied Mathematics and Computing Science Series, ISBN 0-19-853208-3.

Wijker.J.J. , 2004, *Mechanical Vibrations in Spacecraft Design*, Springer, ISBN 3-540-405 30-5.

第24章
流星体和轨道碎片对航天器的损坏

24.1 引　言

太阳周围存在数百万流星体轨道,这些轨道与地球公转轨道相互交叉。

萨里卫星技术有限公司(SSTL)为 Alcatel Espace 公司(法国)和 French MoD 制造了 CERISE 微型卫星以标定宽带辐射计。CERISE 在 1995 年 7 月由阿丽亚娜火箭发射。图 24.1 所示为空间碎片与 CERISE 重力梯度杆发生碰撞。

关于流星体和轨道碎片的环境状况及统计方法的诸多方面讨论,可参见[IADC 2004]。

图 24.1　低地轨道上的空间碎片以 14km/s 的速度与 CERISE 微型卫星重力梯度杆
发生碰撞(英国萨里卫星技术有限公司供图)

24.2 微流星和空间碎片环境

微流星和轨道碎片的粒子流量以积分通量给出,即给定任意指向的平板,以 2π 视角统计每年每平方米从平板两面冲击平板且质量不小于 m 或直径不小于 d 的粒子数。

24.2.1 微流星环境

因为有微流星雨的存在(见表 24.1),微流星通量(MM)并非恒定,而是每年变化的。当地球轨道与彗星轨道相交时便会如此。

表 24.1 流星雨 [Tribble 2003]

名　　称	时　　间
Quantrantids	January1－6
Lyrids	April19－24
Eta Aquarids	May2－7
Delta Aquarids	July 15－August 15
Perseids	July27－August17
Orionids	October12－16
Taurids	October 26－November 25
Leonids	November15－19
Geminids	December7－14

航天器的任务周期从几周到几年不等,因此,采取平均微流星通量来分析微流星对航天器的影响是足够的。行星间的微流星通量可以用 Gruens 方程定义 [Drolshagen 1992, Tribble 2003]。

$$F_{MM} = c_0 \{ F_1(m) + F_2(m) + F_3(m) \} \, m^{-2}/year \qquad (24.1)$$

其中

$$F_1(m) = (c_1 m^{0.306} + c_2)^{-4.38}$$

$$F_2(m) = c_3(m + c_4 m^2 + c_5 m^4)^{-0.36}$$

$$F_3(m) = c_6(m + c_7 m^2)^{-0.85}$$

$c_0 - 3.15576 \times 10^7, c_1 - 2.2 \times 10^3, c_2 = 15, c_3 = 1.3 \times 10^9,$

$c_4 = 1 \times 10^{11}, c_5 = 1 \times 10^{27}, c_6 = 1.3 \times 10^{16}, c_7 = 1 \times 10^6$

F_1 式适用于大粒子($m > 1 \times 10^{-9}$ g),F_2 式适用于中等大小粒子($1 \times 10^{-14} \leqslant m \leqslant 1 \times 10^{-9}$ g),F_3 式适用于小粒子($m \leqslant 1 \times 10^{-14}$ g)。

微流星粒子的平均速度大约为 17km/s。速度范围从 11 km/s ~ 72km/s。NASA 90 速度分布密度的解析式为(原文有误,第三行的区间下限由 16.3 改为 55):

$$f(v) = \begin{cases} 0.112 & \text{if } 11.1 \leqslant v \leqslant 16.3 \text{km/s} \\ 3.328 \times 10^5 v^{-5.34} & \text{if } 16.3 \leqslant v \leqslant 55 \text{km/s} \\ 1.695 \times 10^4 & \text{if } 55 \leqslant v \leqslant 72.2 \text{km/s} \end{cases} \tag{24.2}$$

微流星通量 F_{MM} 可以根据地球屏蔽效应修正。修正系数 $\xi(h)$ 为

$$\xi_{\text{mean}}(h) = \frac{1 + \cos\theta}{2} \tag{24.3}$$

其中,$h(\text{km})$ 是轨道高度,θ 角可以定义为

$$\sin\theta = \frac{R_{\text{E}} + 100}{R_{\text{E}} + h} \tag{24.4}$$

其中,R_{E} 是地球的平均半径(6378km),$h \geqslant 100 \text{km}$。

因为地球的重力场影响,流星体粒子被吸引,使得流星体通量相对于深空环境有所增加。这种影响可以引入散焦因子 G_{E} 来考虑:

$$G_{\text{E}} = 1 + \frac{R_{\text{E}} + 100}{R_{\text{E}} + h} \tag{24.5}$$

对指向地球的平面来说,微流星通量为原来的 1/10,减缩因子 F_{dir} 定义为

$$F_{\text{dir}}(h) = \frac{1.8 + 3\sqrt{1 - \left(\dfrac{R_{\text{E}} + 100}{R_{\text{E}} + h}\right)^2}}{4} \tag{24.6}$$

考虑地球屏蔽、重力场散焦影响以及方向减缩因子的影响,粒子通量为

$$F_{\text{C}}(m, h) = F_{\text{MM}}(m) G_{\text{E}}(h) \xi_{\text{mean}}(h) F_{\text{dir}}(h) \tag{24.7}$$

24.2.2 轨道碎片环境

轨道碎片(OD),以大约 8km/s 的速度进入绕地轨道。轨道碎片数量根据轨道碎片的粒子直径,以每年每平方米不同直径的轨道碎片粒子数量给出。

$$F_{\text{OD}} = H(d) \Phi(h, S) \Psi(i) \left[F_1(d) g_1(t) + F_2(d) g_2(t) \right] \tag{24.8}$$

其中

$$H(d) = \sqrt{\left[10^{\text{e}^{-\left(\frac{\lg d - 0.78}{0.637}\right)^2}}\right]} \quad (\text{称为 Henize 函数})$$

$$H(x, y) = \sqrt{10^{\text{e}^{\frac{x^2}{y}}}}$$

$$\Phi(h, S) = \frac{\Phi_1(h, S)}{\Phi_1(h, S) + 1}, \Phi_1(h, S) = 10^{\left(\frac{h}{200} - \frac{S}{140} - 1.5\right)}$$

$$F_1(d) = 1.22 \times 10^{-5} d^{-2.5}, F_2(d) = (8.1 \times 10^{10})(d + 700)^{-6}$$

$$g_1(t) = (1 + q)^{(t - 1988)}, g_2(t) = 1 + p(t - 1988)$$

轨道高度 $h < 2000(\text{km})$,轨道倾角 i 单位为度,时间 t 为 n 年且 $t \leqslant 2011$。假设未受损伤的物体的增长率为 $p \approx 0.05$,且预估的碎片增长率为 $q \approx 0.02$。

公式 $\Psi(i)$ 给出了轨道倾角和轨道碎片通量的关系。

公式可见表 24.2。

表 24.2 轨道倾角相关函数 Ψ_i

轨道倾角 $i/(°)$	$\Psi(i)$
up to28.5	0.91
30	0.92
40	0.96
50	1.02
60	1.09
70	1.26
80	1.71
90	1.37
100	1.78
120	1.18
up to 360	1.18

S 为 $t-1$ 年的波长 $10.7\text{cm}(F_{10.7})$ 的 13 个月平滑太阳射电通量,表示为 $1 \times 10^4 \text{J}$。典型太阳射电通量为 $S=100$。

太阳射电通量 $F_{10.7}$ 值可见表 24.3

表 24.3 $t-1$ 年 $F_{10.7}$ 太阳射电通量

年份	$t-1$ 年 $F_{10.7}$ 太阳射电通量	年份	$t-1$ 年 $F_{10.7}$ 太阳射电通量
2005	118	2014	180
2006	80	2015	137
2007	76	2016	118
2008	74	2017	80
2009	75	2018	76
2010	106	2019	74
2011	163	2020	75
2012	198	2021	106
2013	190	2022	163

对于低轨飞行物,不管是轨道碎片还是航天器,即便在 2000km 轨道,其速度在高度方向上变化都较小,平均速度约为 7.7km/s(500km 高)。然而,因为不同物体在不同轨道,碰撞发生的速度可能为 0~15.4km/s,平均速度大约为 10km/s。

图 24.2 为不同测量系统给出的给定大小或者更大物体的横截面通量(每年每平方米的物体数)的测量结果。该图总结了 500km 低轨高度的测量结果。

MOD 保护系统的发展降低了航天器工程失败的风险。这种风险可以定义为航天器严重失败或损失的可能性,或者简单地定义为任何航天器发生故障的可能性。风险的程度和保护措施花费之间的权衡决定了是否进行航天器 MOD 防护。MOD 危险评估的流程如图 24.3 所示。

给定大小或更大的截面通量（number/m²−yr）

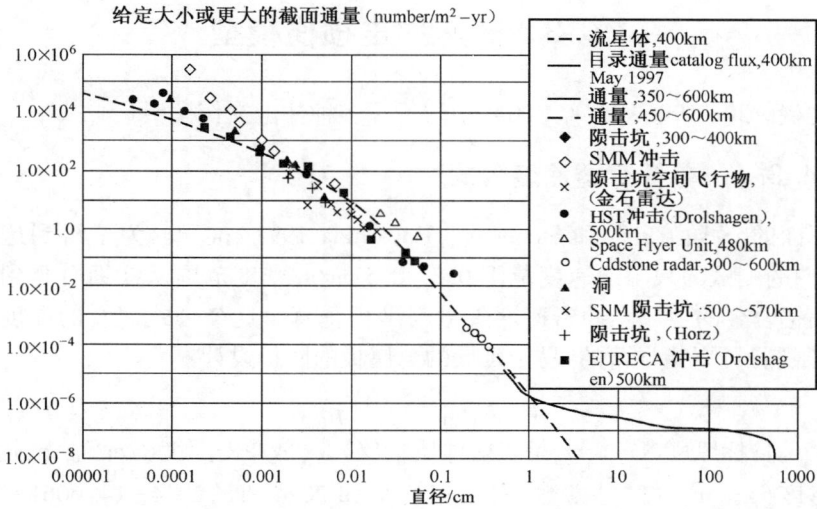

图 24.2　根据轨道大小测量得低轨近似碎片通量值示意图［ISIS 2000］

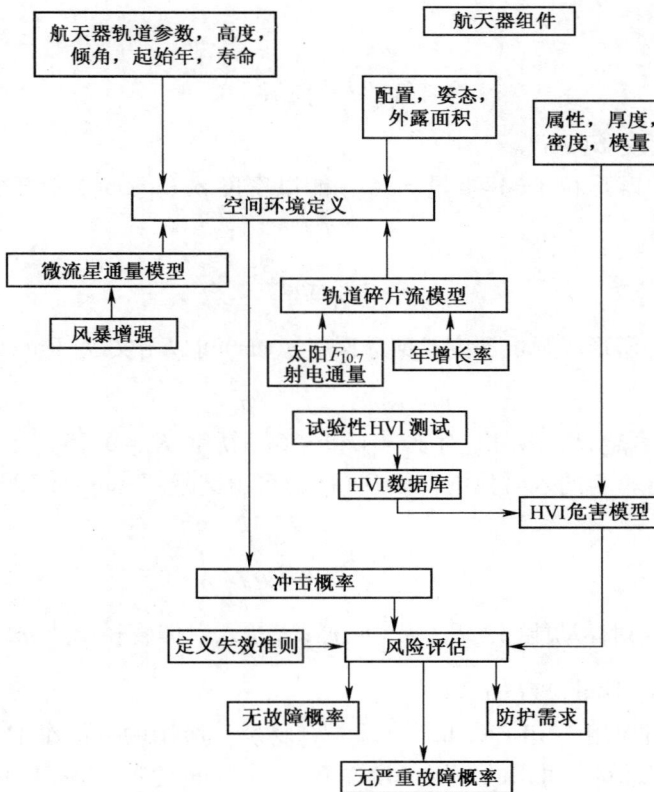

图 24.3　MOD 危险评估流程图

24.3 高速冲击损伤模型

文献［Elfer 1996，IADC 2004］中讨论了多种冲击损伤模型。

24.3.1 单板穿透深度公式

下面的公式由 Fish 和 Summers［Hayashida 1991］推导。为了得到这些结果,他们的测试的采用的速度范围 0.5～8.5km/s,密度范围从镁锂合金到铍铜合金及铝合金的金属。冲击速度矢量与平板垂直。这个公式建立的深度阈值(弹道限制)可以指导薄的、易于延展的金属板的防护设计:

$$t = K_1 m_{\text{p}}^{0.352} v_{\text{p}}^{0.875} \rho_{\text{p}}^{\frac{1}{6}}, \tag{24.9}$$

式中:t 是目标厚度(cm);m_{p} 是入射体质量(g);v_{p} 是冲击速度(km/s);ρ_{p} 是入射体的密度(g/cm^3);K_1 是常数,对于铝合金如 2024-T3,2024-T4,6061-T6 和 7075-T6,$K_1 = 0.57$。用 $K_1 = 0.70$ 计算的板厚可以防止散裂穿透(散裂限制)。

入射体的质量密度 ρ_{p}(g/cm^3) 在文献［Drolshagen 1992］中讨论并且可从下列公式得到:

$$\rho_{\text{p}}(d) = \frac{2.8}{d^{0.74}} \tag{24.10}$$

入射体的直径为 d(cm)。

假设一个球形粒子,其重量 m_{p}(g) 能以密度 ρ_{p}(g/cm^3) 和直径 d(cm) 来表示:

$$m = \frac{1}{6} \pi \rho d^3 \tag{24.11}$$

在单墙上所形成弹坑深度或穿透深度 p(cm) 可以由文献［Elfer1996］得到:

$$p = K_i m_{\text{p}}^{0.352} v_{\text{p}}^{0.667} \rho_{\text{p}}^{\frac{1}{6}} \tag{24.12}$$

其中:对于铝合金,$K_1 = 0.42$;对于 304 和 316 不锈钢,$K_1 = 0.25$。

空间复合材料的入射弹坑直径 D_c(mm) 可由文献［Tennyson 1997］得出:

$$D_c = 1.05 \sqrt[3]{\frac{E_{\text{kin}} t \rho_{\text{t}}}{D_{\text{p}} \rho_{\text{p}}}}. \tag{24.13}$$

式中:E_{kin} 是入射体动能(J),$E_{\text{kin}} = \frac{1}{2} m_{\text{p}} v_{\text{p}}^2$;$D_{\text{p}}$ 是入射体直径;ρ_{t} 与 ρ_{p} 是目标和入射体密度;t 是目标厚度(mm)。

此模型可应用于 PEEK 和环氧基复合材料。所用的碳纤维的弹性模量在 135～235GPa 之间。可用的铺层厚度在 0.5～6.7mm 之间。该模型与铺层方式无关,且适用于直径 0.4～9.13mm 的较宽入射体,4～7.5km/s 的入射速度,并适用于铝合金、玻璃、尼龙和钢等入射体。

24.3.2 多冲击防护

惠普尔防护罩是实施的第一个航天器防护。它于 20 世纪 40 年代由 Fred Whipple 提出,并延用至今。基本上,它由放置在航天器前的保护缓冲器组成,该缓冲器可以吸收初始冲击。惠普尔缓冲器和入射体碰撞,从而形成包含尺寸更小、危险性更低的入射体残骸的碎片云。碎片云的总冲击力在更大范围的航天器尾板上得到稀释,从而起到对航天器进行保护的作用。惠普尔防护罩的使用和原理见图 24.4~图 24.6 所示。

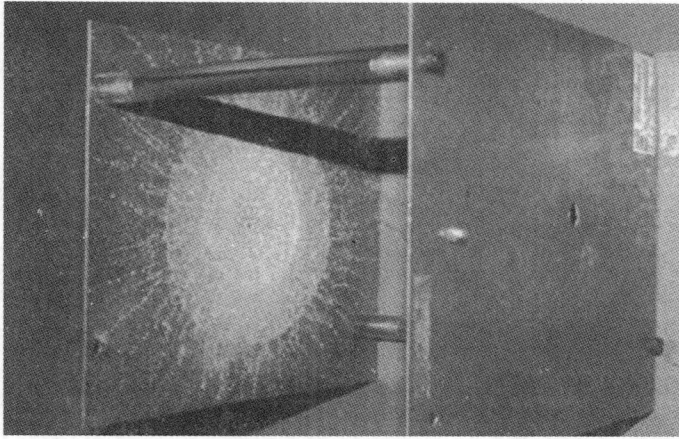

图 24.4　惠普尔防护罩[hitf. jsc. nasa. gov]

图 24.5　填充后的惠普尔防护罩

本节只给出惠普尔防护罩的设计公式。其他类型防护罩的公式见文献[Elfer 1996]。

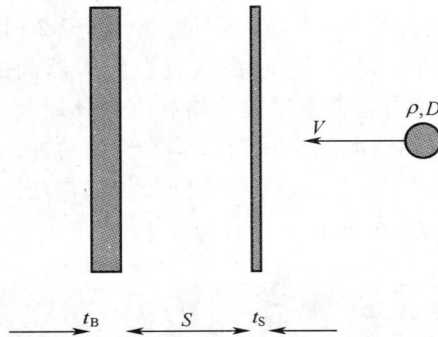

图 24.6 惠普尔防护罩原理示意图

国际空间站(ISS)的应用实例见图 24.7[NRS 1997]。

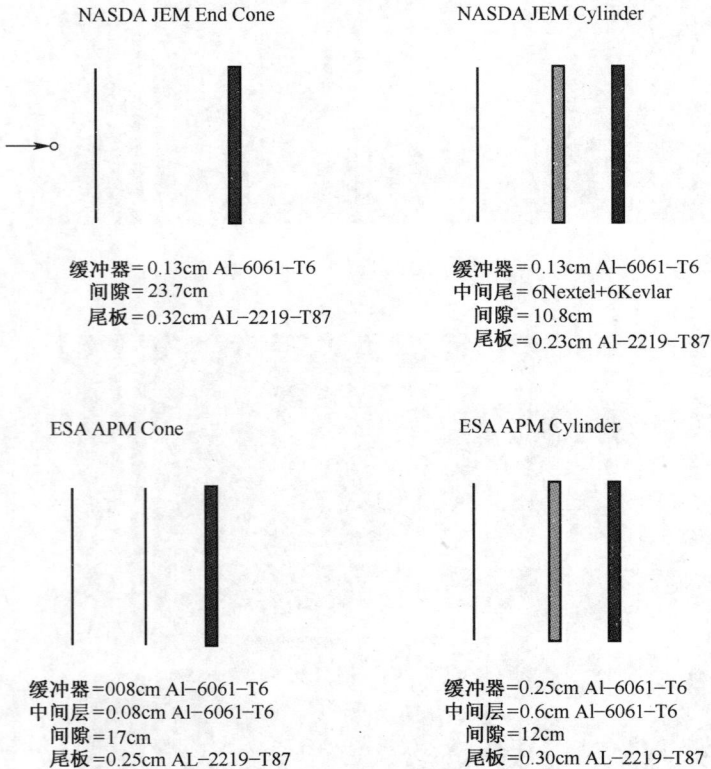

NASDA JEM End Cone

缓冲器=0.13cm Al-6061-T6
间隙=23.7cm
尾板=0.32cm AL-2219-T87

NASDA JEM Cylinder

缓冲器=0.13cm Al-6061-T6
中间尾=6Nextel+6Kevlar
间隙=10.8cm
尾板=0.23cm Al-2219-T87

ESA APM Cone

缓冲器=008cm Al-6061-T6
中间层=0.08cm Al-6061-T6
间隙=17cm
尾板=0.25cm AL-2219-T87

ESA APM Cylinder

缓冲器=0.25cm Al-6061-T6
中间层=0.6cm Al-6061-T6
间隙=12cm
尾板=0.30cm AL-2219-T87

图 24.7 国际空间站防护罩配置粒子[NRC 1997]

惠普尔防护罩

缓冲器与航天器尾板的间距通常为 $S \geqslant 15D$，缓冲器的厚度为

$$t_{\mathrm{b}} = \frac{c_{\mathrm{b}} m_{\mathrm{p}}}{\rho_{\mathrm{b}}} = \frac{c_{\mathrm{b}} D \rho_{\mathrm{p}}}{\rho_{\mathrm{b}}} \tag{24.14}$$

式中：t_{b} 是缓冲器厚度（cm）；m_{p} 为粒子质量（g）；ρ_{b} 是缓冲器材料密度（g/cm^3）；ρ_{p} 是粒子的密度（g/cm^3）。常数 c_{b} 取决于间距 S 和粒子直径 D 的比值。

$$c_{\mathrm{b}} = \begin{cases} 0.25 & \dfrac{S}{D} < 30 \\[2mm] 0.20 & \dfrac{S}{D} \geqslant 30 \end{cases} \tag{24.15}$$

防止碎裂分离（撞击）的尾板厚度 t_{w}，可以用下列公式计算［Drolhagen 1992］：

$$t_{\mathrm{w}} = c_{\mathrm{w}} (\rho_{\mathrm{p}} \rho_{\mathrm{b}})^{\frac{1}{6}} m_{\mathrm{p}}^{\frac{1}{3}} \frac{V}{\sqrt{S}} \sqrt{\frac{70}{\sigma_{\mathrm{y}}}} \tag{24.16}$$

式中：t_{w} 为尾板阈值厚度，cm；ρ_{b} 为为尾板材料密度，g/cm^3；ρ_{p} 为入射体的密度，g/cm^3；S 为缓冲器和尾板的间隔；V 为入射体的速度，$6 < V < 9.8\,\mathrm{km/s}$；$\sigma_{\mathrm{y}}$ 为屈服应力（ksi）。

多冲击防护罩的理论公式可以在文献中找到，尤其是［Elfer 1996］。

24.4　碰　撞　概　率

流星体或轨道碎片粒子 k 与航天器发生碰撞的概率可以由 Poisson（Simeon-Denis Poisson 1781 – 1840）概率密度公式求得

$$p_k = \mathrm{e}^{-\lambda} \frac{\lambda^k}{k!}, \quad k = 0, 1, \cdots \tag{24.17}$$

Poisson 概率密度公式如图 24.8 所示。

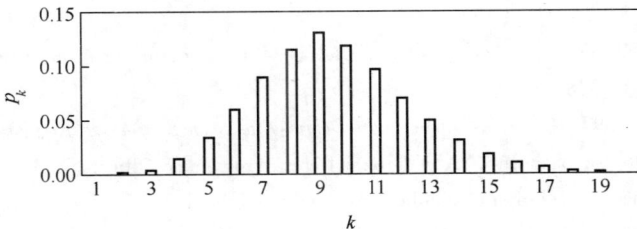

图 24.8　Poisson 概率密度公式，$\lambda = 9$

假设有随机变量 X，该随机变量代表成功事件的总数，在非常小概率成功的大量独立事件构成的试验中，这个概率可以近似为

$$P(X = k) = \mathrm{e}^{-\lambda} \frac{\lambda^k}{k!} \qquad (24.18)$$

λ 的值是试验数目和成功概率的乘积。

概率 $P(X \leqslant k)$ 为

$$P(X \leqslant k) = \mathrm{e}^{-\lambda}\left(1 + \frac{\lambda}{1!} + \frac{\lambda^2}{2!} + \cdots + \frac{\lambda^k}{k!}\right) \qquad (24.19)$$

因此

$$P(X \leqslant \infty) = 1 \qquad (24.20)$$

平均值或期望值 $E(X) = \mu_X = \lambda$，方差 $\sigma_X^2 = \lambda$。

无碰撞概率(PNI) $P(k=0)$ 为

$$P(k = 0) = \mathrm{e}^{-\lambda} \qquad (24.21)$$

航天器的预期碰撞总数或总量为 λ，为碎片粒子通量 F(每平方米每年的粒子数)、航天器暴露区域 $A(\mathrm{m}^2)$ 以及任务寿命 T_M(年)的乘积。关系可以表示为

$$\lambda = FAT_\mathrm{M}(\text{particles}) \qquad (24.22)$$

碰撞概率(PI)，至少一个碰撞事件发生，视作无碰撞概率(PNI)的补集(见式(24.19))

$$P(k = 1) = 1 - \mathrm{e}^{-\lambda} \qquad (24.23)$$

其中 $F(x)$ 由式(24.1)和式(24.8)或图 24.2 给出。

参 考 文 献

Drolshagen, G. and Borde, J., 1992, *ESABASE/DEBRIS*, *Meteoroids/Debris Impact Analysis*, *Technical Description*, ESABASE-GD-01/1.

Elfer, N. C., 1996, *Structural Damage Prediction and Analysis for Hypervelocity Impacts Hand book*, NASA CR-4706.

Hayashide, K. B. and Robinson, J. H., 1991, *Single Wall Penetration Equations*, NASA TM-103565.

LADC WG3, 2004, *Protection Manual*, Inter-Agency Space Debris Coordination Cie, IADE-WD-00-03, Version 3.3, April.

Lambert, M., 1990, *Shielding Against Orbital Bebris - A Challenging Problem*, ESA SP-303, June 1990, pages 319 328.

NASA CP-1408, 1997, *Meteoroids and Orbital Debris: Effects on Spacecraft*, August 1997.

http://sn-callisto.jsc.nasa.gov, NASA Orbital Debris Programme Office.

http://hitf.jsc.nasa.gov/hitfpub/shielddev/whippleshield.html

NRC, 1995, *Orbital Debris*, *A technical Assessment*, National Research Council, ISBN 0-309-05125-8, National Academy Press.

NRC, 1997, *Protecting Space Station from Meteoroids and Orbital Debris*, National Research Council, ISBN 0-309-52352-4, National Academy Press.

Orbital Debris Quaterly News, NASA Johnson Space Center Houston, Texas 77058, www.orbit-aldebris. jsc. nasa. gov/newsletter/news index. html

Stange, K. , 1970, *Angewandte Statistik*, *Eindimensionale Probleme*, Springer–Verlag.

Tennyson, R. C. , Shortliffe, G. , 1997, *MOD Impact Damage on Composite Materials in Space*, 7th International Symposium 'Materials in Space', Toulouse, France, 16 20 June, ESA Sp–399.

Tribble, A. C. , 2003, *The Space Environment*, *Implications for Spacecraft Design* Princeton University Press, ISBN 0690102996.

Tijms, H, Heierman, 2000, F. and Nobel, R, *Poisson*, *de Pruisen en de Lotto*, Epsilon Uitgaven, ISBN 90–5041–059–6(dutch).

ISIS, International Space Information Service, 2000, http://ww. oosa. unvienna. org/isis/pub/sdtechrep1/sect01c. html

第25章
指定平均温度

25.1 引　　言

　　航天器的温度分布可以使用热分析软件计算,如 SINDA 和 ESATAN。热分析软件利用集总参数法(LPM)。此时热属性被分配给热节点,且属性在节点所在的面上平均分布。所求得的温度在单个热节点上是恒定的。热能的传递通过热辐射进行,且与绝对温度[①]的四次方(T^4)成比例。这使得热计算为非线性。这也解释了为什么热工程师限制了需要计算的温度(节点)数量[Tsai 2004]。

　　相反,机械工程师通常对其有限元模型使用线弹性法则,以计算热变形和热应力。

　　热节点数与有限元节点数(温度是自由度)的比例可能在 1∶25~50 之间。这样的比例使得很难把热模型的温度在有限元模型上显示。

　　荷兰宇航 B. V. 为 ESA-ESTEC 开发了“指定平均温度(PAT)方法。PAT法用于把热模型的温度系统地在有限元模型节点上显示。

　　在下面的章节,将用一些简单的例子来解释和阐明 PAT 方法。

25.2　PAT 法

　　使用热模型(集总参数法)计算的节点温度,用温度向量$\{T^t\}$(t 代表热)表示;有限元模型(航天器结构的数学模型)用于结构计算的节点温度用$\{T^s\}$(s 代表结构)表示。温度$\{T^t\}$与温度$\{T^s\}$的关系为

$$[A]\{T^s\} = \{T^t\} \tag{25.1}$$

其中加权矩阵$[A]$叫做 A 矩阵,或更具体的:

$$\sum_{j=1}^{N} a_{ij}T_i^s = T_i^t \tag{25.2}$$

---

　　① 现行国家标准中的名称为热力学温度。——译者

热节点 i 位置上的温度 $\{T^s\}_i$ 的加权平均值就等于热节点 i 的温度。N 是结构的节点与热模型节点 i 重叠的节点数。

如果温度 T_i^t 与温度 T_i^s 相等，$j=1,2,\cdots,N$，则对 A 矩阵的一行来说，有

$$\sum_{j=1}^{N} a_{ij} = 1 \qquad (25.3)$$

如果过 V 表示热节点的体积，则温度节点 i 的温度 T_i^t 可以写为

$$T_i^t = \frac{\displaystyle\int_{V_i} T^c(\boldsymbol{x}) \mathrm{d}V}{\displaystyle\int_{V_i} \mathrm{d}V} \qquad (25.4)$$

其中 $T^c(\boldsymbol{x})$ 是变化的温度，等价于热节点 i 的体积，$\boldsymbol{x}$ 是位置向量。对于表面积来说类似的关系也成立。

有限元模型中的连续温度 $T^c(\boldsymbol{x})$ 可以用模型的节点温度来表示：

$$T^s(\boldsymbol{x}) = \sum_{k=1}^{N_e} \sum_{j=1}^{n} \left[\boldsymbol{\Psi}_{k,i} \right] \{T_j^s\}_k, \qquad (25.5)$$

式中：N_e 为单元的数量，共具有 n 个与热节点 i 的体积或表面积一致的结构节点；$\boldsymbol{\Psi}_{k,j}$ 为描述单元 k 中温度分布的形状函数，$T^c(\boldsymbol{x})_k = \boldsymbol{\Psi}_k \{T^s\}_k$；$\{T^s\}_k$ 为单元 k 上结构节点的温度。

算例

一个 1D 桁架单元如图 25.1 所示，该单元有两个结构节点 1 和 2。

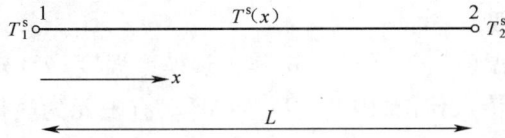

图 25.1　桁架单元的温度分布

桁架单元的温度分布为

$$T^s(x) = \left[\left(1 - \frac{x}{L} \right), \frac{x}{L} \right] \begin{Bmatrix} T_1^s \\ T_2^s \end{Bmatrix} = \left[\boldsymbol{\Psi}_1, \boldsymbol{\Psi}_2 \right] \begin{Bmatrix} T_1^s \\ T_2^s \end{Bmatrix}$$

结构的有限元模型已经转换为传导模型(传导矩阵 $[C]$ 和节点温度 $\{T^s\}$)。当没有热辐射时，定义结构节点中的热流通量为 $\{Q^s\}$，此时稳态热问题变为：

$$[C]\{T^s\} = \{Q^s\} \qquad (25.6)$$

算例

如图 25.1 所示的桁架，其横截面为 A，材料传递属性为 $k\left(\dfrac{W}{m^2 C} \right)$，该桁架的传导矩阵为

$$[C] = \frac{kA}{L}\begin{bmatrix} 1 & -1 \\ -1 & 1 \end{bmatrix}$$

算例结束

在本章的后面,将更具体地讨论传递函数$[C]$的推导。

此时,存在两个独立的数学模型:

- 热数学模型(TMM)
- 航天器结构有限元模型

两个模型通过A矩阵建立联系(见图 25.2)。

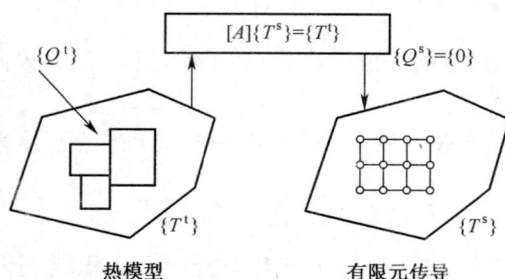

图 25.2 两个热模型通过传导模型耦合

热模型

热模型节点的温度$\{T^t\}$表示热节点之间的热流,表示为$\{Q^t\}$。

结构的传导模型

结构节点中的温度$\{T^s\}$通过A矩阵与热模型温度$\{T^t\}$建立联系。热不会从节点或其他地方传入传出,因此$\{Q^s\} = \{0\}$。有限元的热传导矩阵$[C]$通过给定的温度场$\{T^s\}$来引入热流,它本质上是一个插值函数。

热泛函

我们定义如下热泛函$J(T^t, T^s, q)$,其中$\{q^t\}$是引入的拉格朗日乘子以便包含热泛函的边界条件$[A]\{T^s\} = \{T^t\}$,$\{Q^t\}$视作外热流。

$$J(T^t, T^s, q) = \frac{1}{2}[T^s, T^t]\begin{bmatrix} C & 0 \\ 0 & 0 \end{bmatrix}\begin{Bmatrix} T^s \\ T^t \end{Bmatrix} - [T^s, T^t]\begin{Bmatrix} 0 \\ Q^t \end{Bmatrix} + [T^s, T^t]\begin{bmatrix} A^T \\ -E \end{bmatrix}\{q^t\}$$

(25.7)

式中:$\frac{1}{2}[T^s, T^t]\begin{bmatrix} C & 0 \\ 0 & 0 \end{bmatrix}\begin{Bmatrix} T^s \\ T^t \end{Bmatrix}$为内能;$[T^s, T^t]\begin{Bmatrix} 0 \\ Q^t \end{Bmatrix}$为外热流做的热功;$[T^s, T^t]\begin{bmatrix} A^T \\ -E \end{bmatrix}\{q^t\}$是联系热和结构节点温度的附加项。

最终有

$$\{T\} = \begin{Bmatrix} T^{\mathrm{s}} \\ T^{\mathrm{t}} \end{Bmatrix}$$

如果下式成立,此时代表平衡状态:

$$\delta J = \frac{\partial J}{\partial T} \delta T + \frac{\partial J}{\partial q} \delta q = 0 \tag{25.8}$$

插值矩阵

热泛函 J 的平稳值为

$$\frac{\partial J}{\partial T} = \begin{bmatrix} C & 0 \\ 0 & 0 \end{bmatrix} \begin{Bmatrix} T^{\mathrm{s}} \\ T^{\mathrm{t}} \end{Bmatrix} + \begin{bmatrix} A^{\mathrm{T}} \\ -E \end{bmatrix} \{q^{\mathrm{t}}\} - \begin{Bmatrix} 0 \\ Q^{\mathrm{t}} \end{Bmatrix} = 0$$

$$\frac{\partial J}{\partial q} = [T^{\mathrm{s}}, T^{\mathrm{t}}] \begin{bmatrix} A \\ -E \end{bmatrix} = [A, -E] \begin{Bmatrix} T^{\mathrm{s}} \\ T^{\mathrm{t}} \end{Bmatrix} = 0$$

或写作矩阵形式:

$$\begin{bmatrix} C & 0 & A^{\mathrm{T}} \\ 0 & 0 & -E \\ A & -E & 0 \end{bmatrix} \begin{Bmatrix} T^{\mathrm{s}} \\ T^{\mathrm{t}} \\ q^{\mathrm{t}} \end{Bmatrix} = \begin{Bmatrix} 0 \\ Q^{\mathrm{t}} \\ 0 \end{Bmatrix} \tag{25.9}$$

第二个等式表示拉格朗日乘子等同 $\{q^{\mathrm{t}}\} = -\{Q^{\mathrm{t}}\}$。然后,将 $\{Q^{\mathrm{t}}\}$ 从式(25.9)中消除,得出插值矩阵:

$$\begin{bmatrix} C & A^{\mathrm{T}} \\ A & 0 \end{bmatrix} \begin{Bmatrix} T^{\mathrm{s}} \\ q^{\mathrm{t}} \end{Bmatrix} = \begin{Bmatrix} 0 \\ T^{\mathrm{t}} \end{Bmatrix} \tag{25.10}$$

使用之前的矩阵表达,热模型的节点温度可以在结构有限元模型上显示。另外,假设和热模型节点重合的所有结构节点的平均温度等于热模型节点的温度,热模型节点上的温度通过传导矩阵对所有结构节点插值。A 矩阵建立了热模型和结构有限元模型的关系。

25.3 PAT 法用于简化太阳阵的热计算

将 PAT 法应用于简化后的太阳阵的热计算,是将热模型温度插值到结构有限元模型节点中的例子。热模型包括两个节点:节点 1 支架和节点 2 面板,二者的节点温度分别为 T_1^{t} 和 T_2^{t},如图 25.3 所示。

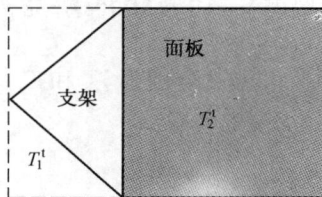

图 25.3 热模型(两个热节点)

太阳阵的有限元模型包含编号为 1 到 12 的 12 个节点,4 个线单元和 4 个四边形单元。杆单元的横截面面积为 $A(\mathrm{m}^2)$,面板厚度为 $t(\mathrm{m})$。支架和面板的传导率均为 $k(\mathrm{W/m}^2)$。有限元模型如图 25.4 所示。

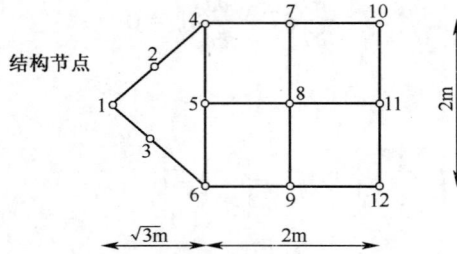

图 25.4　结构有限元模型

支架包含 4 个 1D 长度 $L=1\mathrm{m}$ 的结构单元,面板则由 4 个长度为 $a=1\mathrm{m}$、宽度 $b=1\mathrm{m}$ 的正方形单元组成。

热模型中两个节点的温度如下(见表 25.1)。

表 25.1　热节点温度

热加载工况	T_1^{t}	T_2^{t}
1	1.0	0.0
2	0.1	1.0

在太阳阵的结构有限元模型中定义了两种单元。第一种单元是横截面为 A、长度为 L 的线(杆)单元;第二种是长度为 a、宽度 b、厚度 t 的四边形(膜)单元。两种单元如图 25.5 所示。

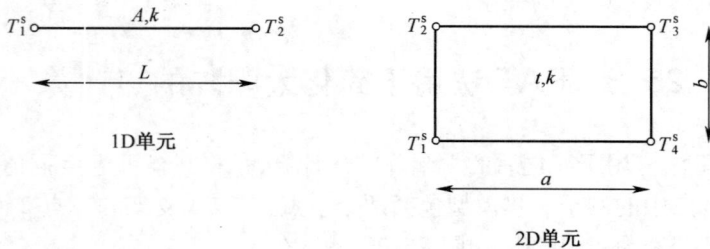

图 25.5　1D 和 2D 传导单元

设 $\xi=\dfrac{x}{L}$,节点 1 和节点 2 的温度分别为 T_1^{t} 和 T_2^{t},线单元中的温度函数可表示为

$$T^{\mathrm{s}}(\xi) = (1-\xi)T_1^{\mathrm{s}} + \xi T_2^{\mathrm{s}} = [\,\Psi_1(\xi), \Psi_2(\xi)\,]\begin{Bmatrix} T_1^{\mathrm{s}} \\ T_1^{\mathrm{s}} \end{Bmatrix} \tag{25.11}$$

连续介质中的保守能量公式见文献[Thornton 1996]，并可以从这些公式推导出其与有限元的关系。

节点温度和每个单元中节点的热流关系为 $[C]\{T\} = \{Q\}$，其中 $[C]$ 是传导矩阵，可以通过热函数的静定值推导出来[Cook 1989]：

$$\int_{V_e} \frac{\delta \mathrm{d}T^s}{\mathrm{d}x} k \frac{\mathrm{d}T^s}{\mathrm{d}x} \mathrm{d}V = \sum_{i=1}^{2} \delta T_i^s Q_i \qquad (25.12)$$

温度 $T^s(\xi)$ 的导数为

$$\frac{\delta \mathrm{d}T^s}{\mathrm{d}x} = \frac{\delta \mathrm{d}T^s}{\mathrm{d}\xi} \frac{\mathrm{d}\xi}{\mathrm{d}x} = \frac{1}{L}[-\delta T_1^s + \delta T_2^s] = \left[\frac{-1}{L}, \frac{1}{L}\right] \begin{Bmatrix} \delta T_1^s \\ \delta T_2^s \end{Bmatrix} \qquad (25.13)$$

$$\frac{\mathrm{d}T^s}{\mathrm{d}x} = \frac{\mathrm{d}T^s}{\mathrm{d}\xi} \frac{\mathrm{d}\xi}{\mathrm{d}x} = \frac{1}{L}[-T_1^s + T_2^s] = \left[\frac{-1}{L}, \frac{1}{L}\right] \begin{Bmatrix} T_1^s \\ T_2^s \end{Bmatrix} \qquad (25.14)$$

线单元的传导函数为

$$[C] = \frac{Ak}{L} \begin{bmatrix} 1 & -1 \\ -1 & 1 \end{bmatrix} \qquad (25.15)$$

如果结构节点温度相等，且节点没有热流流入流出，即一行或一列的和必须成为零。

$$\sum_{j=1}^{n} c_{ij} = \sum_{i=1}^{n} c_{ij} = 0 \qquad (25.16)$$

设热节点与一个线单元重叠，则有

$$V_i T_i^t = \int_{V_i} T^s(x) \mathrm{d}V = A \int_0^1 T^s(\xi) \mid J \mid \mathrm{d}\xi = AL \int_0^L T^s(\xi) \mathrm{d}\xi = AL \int_0^1 [1-\xi, \xi] \mathrm{d}\xi \begin{Bmatrix} T_1^s \\ T_1^s \end{Bmatrix}$$

$$AL T_i^t = AL \int_0^1 [1-\xi, \xi] \mathrm{d}\xi \begin{Bmatrix} T_1^s \\ T_1^s \end{Bmatrix} = \frac{1}{2} AL(T_1^s + T_2^s) = \bar{a}_{i1} T_1^s + \bar{a}_{i2} T_2^s = \bar{a}_{ij} T_j^s$$

$$(25.17)$$

其中雅可比矩阵

$$\mid J \mid = \left| \frac{\mathrm{d}x}{\mathrm{d}\xi} \right| = L \qquad (25.18)$$

必须满足式(25.3) $\sum_{j=1}^{N} a_{ij} = 1$，因此 $a_{ij} = \dfrac{\bar{a}_{ij}}{AL}$。

假设两个结构单元对应一个热节点(图25.6)：

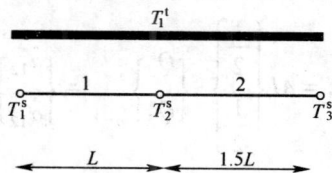

图25.6　两个线结构单元与一个热节点重叠

$$T_i^t = \frac{A\int_0^1 T_1^s(\xi)\mid J\mid d\xi + 1.5A\int_0^1 T_2^s(\xi)\mid J\mid d\xi}{2.5AL} = \frac{AL\int_0^1 T_1^s(\xi)d\xi + 1.5AL\int_0^1 T_2^s(\xi)d\xi}{2.5AL},$$

$$T_i^t = 0.2T_1^s + 0.5T_2^s + 0.3T_3^s = a_{11}T_1^s + a_{12}T_2^s + a_{11}T_3^s$$

若将分布式热流 $q(\mathrm{J/m^3})$ 加载到图 25.7 所示的 1D 结构单元,则可以计算出结构节点的集中热流。

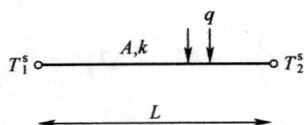

1D 单元

图 25.7　1D 单元的分布式热流

节点 1 和节点 2 的集中热流输入可以用虚功原理计算:

$$A\int_0^1 q\delta T^s(\xi)\mid J\mid d\xi = AqL\int_0^1 [\Psi_1(\xi),\Psi_2(\xi)]\begin{Bmatrix}\delta T_1^s\\\delta T_1^s\end{Bmatrix}d\xi = \sum_{i=1}^2 \delta T_i^s Q_i$$

$$(25.19)$$

或

$$qAL\int_{0^-}^1 [\Psi_1(\xi),\Psi_2(\xi)]\begin{Bmatrix}\delta T_1^s\\\delta T_1^s\end{Bmatrix}d\xi = qAL\left[\frac{1}{2},\frac{1}{2}\right]\begin{Bmatrix}\delta T_1^s\\\delta T_1^s\end{Bmatrix} = [Q_1^s,Q_2^s]\begin{Bmatrix}\delta T_1^s\\\delta T_1^s\end{Bmatrix}$$

$$(25.20)$$

假设单位分布式热流 $q=1$,则

$$\begin{Bmatrix}Q_1^s\\Q_2^s\end{Bmatrix}_{q=1} = AL\begin{Bmatrix}a_{i1}\\a_{i2}\end{Bmatrix} = AL\begin{Bmatrix}\dfrac{1}{2}\\[2mm]\dfrac{1}{2}\end{Bmatrix} \qquad (25.21)$$

对于 1D 线单元,A 矩阵中的元素与等价节点热流和 1D 单元长度 L 之比成比例。

算例

三个结构线单元可与两个热节点 T_1^t 和 T_2^t 对应(图 25.8)。

$$\begin{Bmatrix}Q_1^s\\Q_2^s\end{Bmatrix}_{q=1} = \begin{Bmatrix}\widetilde{a}_{11}\\\widetilde{a}_{12}\end{Bmatrix} = AL\begin{Bmatrix}\dfrac{1}{2}\\[2mm]\dfrac{1}{2}\end{Bmatrix}, \quad \begin{Bmatrix}Q_2^s\\Q_3^s\end{Bmatrix}_{q-1} = \begin{Bmatrix}\hat{a}_{12}\\\hat{a}_{12}\end{Bmatrix} = 1.5AL\begin{Bmatrix}\dfrac{1}{2}\\[2mm]\dfrac{1}{2}\end{Bmatrix}$$

节点 1 在 A 矩阵中对应行

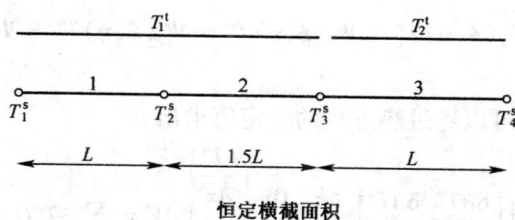

图 25.8　两个热节点与三个线单元重叠

$$\left\{ \begin{array}{c} Q_1^s \\ Q_2^s \\ Q_2^s \end{array} \right\}_{q=1} = \left\{ \begin{array}{c} \bar{a}_{11} \\ \bar{a}_{12} \\ \bar{a}_{13} \end{array} \right\} = \left\{ \begin{array}{c} \bar{a}_{11} AL \\ \bar{a}_{12} AL + \bar{a}_{12} 1.5AL \\ \bar{a}_{13} 1.5AL \end{array} \right\} = AL \left\{ \begin{array}{c} \dfrac{1}{2} \\ \dfrac{1}{2} + 0.75 \\ 0.75 \end{array} \right\} = AL \left\{ \begin{array}{c} \dfrac{1}{2} \\ 1.25 \\ 0.75 \end{array} \right\}.$$

必须满足式(25.3) $\sum_{j=1}^{N} a_{ij} = 1$,有: $\sum_{j=1}^{3} \bar{a}_{1j} = 2.5AL$,因此 $a_{1j} = \dfrac{\bar{a}_{1i}}{2.5AL}$ 。

A 矩阵(见式 25.1)可以写为

$$[A]_{\text{node1}} = [a_{11}, a_{12}, a_{13}] = [0.2, 0.5, 0.3]$$

节点 2 在 A 矩阵中的对应行变为

$$\left\{ \begin{array}{c} Q_3^s \\ Q_4^s \end{array} \right\}_{q=1} = \left\{ \begin{array}{c} \bar{a}_{23} \\ \bar{a}_{21} \end{array} \right\} = 2AL \left\{ \begin{array}{c} \dfrac{1}{2} \\ \dfrac{1}{2} \end{array} \right\}$$

有 $\sum_{j=3}^{4} \bar{a}_{2j} = 2AL$,因此 $a_{2j} = \dfrac{\bar{a}_{2j}}{2AL}$ 。

A 矩阵(见式 25.1)可以写为

$$[A]_{\text{node2}} = [a_{23}, a_{24}] = [0.5, 0.5]$$

则 A 矩阵变为

$$[A] = \begin{bmatrix} 0.2 & 0.5 & 0.3 & 0 \\ 0 & 0 & 0.5 & 0.5 \end{bmatrix}$$

算例结束

四边形单元的温度函数为(其中 $\xi = \dfrac{x}{a}$, $\eta = \dfrac{y}{b}$,节点 1 温度记为 T_1^s ,节点 2 温度记为 T_2^s ,节点 3 温度记为 T_3^s ,节点 4 温度记为 T_4^s):

$$T(\xi, \eta) = (1 - \xi)(1 - \eta)T_1^s + (1 - \xi)\eta T_2^s + \xi \eta T_3^s + \xi(1 - \eta)T_4^s$$

$$(25.22)$$

或写为

$$T(\xi,\eta) = \Psi_1(\xi,\eta)T_1^s + \Psi_2(\xi,\eta)T_2^s + \Psi_3(\xi,\eta)T_3^s + \Psi_4(\xi,\eta)T_4^s$$

(25. 23)

传导矩阵$[C]$可以通过热方程的静定值求出：

$$\iint\limits_{V}\left[\frac{\delta\partial T^s}{\partial x}, \frac{\delta\partial T^s}{\partial y}\right]\begin{bmatrix} k & 0 \\ 0 & k \end{bmatrix}\begin{Bmatrix} \dfrac{\partial T^s}{\partial x} \\ \dfrac{\partial T^s}{\partial y} \end{Bmatrix}\mathrm{d}V = \sum_{i=1}^{4}\delta T_i^s Q_i$$

(25. 24)

四边形单元的传导矩阵$[C]$变为

$$[C] = kt\begin{bmatrix} \dfrac{1}{3}\left(\dfrac{b}{a}-\dfrac{a}{b}\right) & \dfrac{1}{6}\dfrac{b}{a}-\dfrac{1}{3}\dfrac{a}{b} & -\dfrac{1}{6}\dfrac{b}{a}-\dfrac{1}{6}\dfrac{a}{b} & -\dfrac{1}{3}\dfrac{b}{a}+\dfrac{1}{6}\dfrac{a}{b} \\[2mm] \dfrac{1}{6}\dfrac{b}{a}-\dfrac{1}{3}\dfrac{a}{b} & \dfrac{1}{3}\left(\dfrac{b}{a}+\dfrac{a}{b}\right) & -\dfrac{1}{3}\dfrac{b}{a}+\dfrac{1}{6}\dfrac{a}{b} & -\dfrac{1}{6}\dfrac{b}{a}-\dfrac{1}{6}\dfrac{a}{b} \\[2mm] \dfrac{1}{6}\dfrac{b}{a}-\dfrac{1}{6}\dfrac{a}{b} & -\dfrac{1}{3}\dfrac{b}{a}+\dfrac{1}{6}\dfrac{a}{b} & \dfrac{1}{3}\left(\dfrac{b}{a}+\dfrac{a}{b}\right) & \dfrac{1}{6}\dfrac{b}{a}-\dfrac{1}{3}\dfrac{a}{b} \\[2mm] -\dfrac{1}{3}\dfrac{b}{a}+\dfrac{1}{6}\dfrac{a}{b} & -\dfrac{1}{6}\dfrac{b}{a}-\dfrac{1}{6}\dfrac{a}{b} & \dfrac{1}{6}\dfrac{b}{a}-\dfrac{1}{3}\dfrac{a}{b} & \dfrac{1}{3}\left(\dfrac{b}{a}+\dfrac{a}{b}\right) \end{bmatrix}$$

(25. 25)

如果分布式热流$q(\mathrm{J/m}^3)$加载到 2D 结构单元,则和 1D 结构单元类似,A 矩阵的每个元素代表结构节点的集中热流。

$$t\iint\limits_{0}^{1}\int\limits_{0}^{1}q\delta T^s(\xi,\eta)\mid J\mid \mathrm{d}\xi\mathrm{d}\eta = \sum_{j=1}^{n}\delta T_j^s Q_j$$

(25. 26)

或

$$qabt\int\limits_{0}^{1}\int\limits_{0}^{1}\left[\Psi_1(\xi,\eta), \Psi_2((\xi,\eta), \Psi_3(\xi,\eta)), \Psi_4(\xi,\eta)\right]\begin{Bmatrix} \delta T_1^s \\ \delta T_1^s \\ \delta T_1^s \\ \delta T_1^s \end{Bmatrix}\mathrm{d}\xi\mathrm{d}\eta = \sum_{i=1}^{4}\delta T_i^s Q_i$$

(25. 27)

这样,有

$$qabt\int\limits_{0}^{1}\int\limits_{0}^{1}\left[\Psi_1(\xi,\eta), \Psi_2((\xi,\eta), \Psi_3(\xi,\eta)), \Psi_4(\xi,\eta)\right]\begin{Bmatrix} \delta T_1^s \\ \delta T_1^s \\ \delta T_1^s \\ \delta T_1^s \end{Bmatrix}\mathrm{d}\xi\mathrm{d}\eta$$

$$= qabt\left[\frac{1}{4},\frac{1}{4},\frac{1}{4},\frac{1}{4}\right]\begin{Bmatrix}\delta T_1^s \\ \delta T_1^s \\ \delta T_1^s \\ \delta T_1^s\end{Bmatrix} \tag{25.28}$$

则假设 $q=1$，可以计算 A 矩阵中的元素，有

$$\begin{Bmatrix}Q_1^s \\ Q_2^s \\ Q_2^s \\ Q_2^s\end{Bmatrix} = abt\begin{Bmatrix}a_{j1} \\ a_{j2} \\ a_{j3} \\ a_{j4}\end{Bmatrix} = abt\begin{Bmatrix}\dfrac{1}{4} \\[4pt] \dfrac{1}{4} \\[4pt] \dfrac{1}{4} \\[4pt] \dfrac{1}{4}\end{Bmatrix}$$

算例

设两个四边形结构单元对应一个热单元，计算其对应 A 矩阵的行元素的值（见图 25.9）。

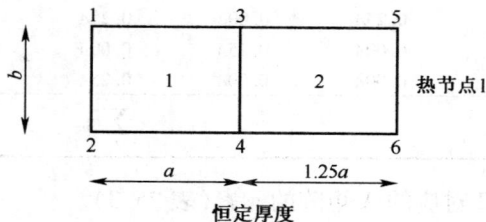

图 25.9　对应一个热节点的 2 个 2D 结构单元

A 矩阵为

$$[\bar{a}_{11},\bar{a}_{12},\bar{a}_{13},\bar{a}_{14},\bar{a}_{15},\bar{a}_{16},\bar{a}_{17},\bar{a}_{18}] = abt\left[\frac{1}{4},\frac{1}{4},\frac{2.25}{4},\frac{2.25}{4},\frac{1.25}{4},\frac{1.25}{4}\right]$$

$$\sum_{j=3}^8 \bar{a}_{1j} = 2.25abt,\ \sum_{j=3}^8 a_{1j} = 1,\ a_{1j} = \frac{\bar{a}_{1j}}{2.25abt}$$

$$[a_{11},a_{12},a_{13},a_{14},a_{15},a_{16},a_{17},a_{18}] = [0.111,0.111,0.25,0.25,0.139,0.139]$$

算例结束

接着，将给出一个太阳阵的计算实例。设 $\dfrac{Ak}{L} = 1\times10^{-3}\,\text{W/m}$，则 1D 结构单元的传导矩阵变为

$$[C] = 1\times10^{-3}\begin{bmatrix}1 & -1 \\ -1 & 1\end{bmatrix}$$

边长 $a=b=1\mathrm{m}$, $kt=1\times10^{-3}\mathrm{W/m}$ 的矩形单元,其传导矩阵为

$$[C] = 1 \times 10^{-3} \begin{bmatrix} \dfrac{2}{3} & -\dfrac{1}{6} & -\dfrac{2}{6} & -\dfrac{1}{6} \\ -\dfrac{1}{6} & \dfrac{2}{3} & -\dfrac{1}{6} & -\dfrac{2}{6} \\ -\dfrac{2}{6} & -\dfrac{1}{6} & \dfrac{2}{3} & -\dfrac{1}{6} \\ -\dfrac{1}{6} & -\dfrac{2}{6} & -\dfrac{1}{6} & \dfrac{2}{3} \end{bmatrix}$$

以 $L=1\mathrm{m}$、$a=b=1\mathrm{m}$ 的四边形单元为例,A 矩阵的推导过程将在后面说明。将 $q=1\mathrm{J/m^3}$ 的单位热流通量加载到 1D 和 2D 单元。

首先,生成与热节点 1 对应的 A 矩阵元素以及 4 个对应的 1D 单元(表 25.2)。

表 25.2　生成对应热节点 1 的 A 矩阵元素(element node 单元节点)

Node#	1D 单元 nodes1-2	1D 单元 nodes1-3	1D 单元 nodes2-4	1D 单元 nodes3-6	$\bar{a}_{1j}$	$\dfrac{\bar{a}_{1j}}{\sum \bar{a}_{ij}}$
1	0.25A	0.25A	0.00A	0.00A	0.50A	0.25
2	0.25A	0.00A	0.25A	0.00A	0.50A	0.25
3	0.00A	0.25A	0.00A	0.25A	0.50A	0.25
4	0.00A	0.00A	0.25A	0.00A	0.25A	0.125
6	0.00A	0.00A	0.00A	0.25A	0.25A	0.125
				$\sum\limits_j \bar{a}_{ij}$	2.00A	1.00

接着,生成与热节点 2 对应的 A 矩阵的元素(表 25.3)。

表 25.3　生成对应热节点 2 的 A 矩阵元素

Node#	2D 单元 nodes5-4-7-8	2D 单元 nodes6-5-8-9	2D 单元 nodes8-7-10-11	2D 单元 nodes9-8-11-12	$\bar{a}_{1j}$	$\dfrac{\bar{a}_{1j}}{\sum \bar{a}_{ij}}$
4	0.25t	0.00t	0.00t	0.00t	0.25t	0.0625
5	0.25t	0.25t	0.00t	0.00t	0.50t	0.125
6	0.00t	0.25t	0.00t	0.00t	0.25t	0.0625
7	0.25t	0.00t	0.25t	0.00t	0.50t	0.125
8	0.25t	0.25t	0.25t	0.25t	1.00t	0.25
9	0.00t	0.25t	0.00t	0.25t	0.50t	0.125
10	0.00t	0.00t	0.25t	0.00t	0.25t	0.0625
11	0.00t	0.00t	0.25t	0.25t	0.50t	0.125
12	0.00t	0.00t	0.00t	0.25t	0.25t	0.0625
				$\sum\limits_j \bar{a}_{ij}$	4.00t	1.00

则完整的 A 矩阵为

$$[A]^{\mathrm{T}} = \begin{bmatrix} 0.25 & 0.00 \\ 0.25 & 0.00 \\ 0.25 & 0.00 \\ 0.125 & 0.0625 \\ 0.00 & 0.125 \\ 0.125 & 0.0625 \\ 0.00 & 0.125 \\ 0.00 & 0.25 \\ 0.00 & 0.125 \\ 0.00 & 0.0625 \\ 0.00 & 0.125 \\ 0.00 & 0.0625 \end{bmatrix}$$

图 25.4 所示的太阳阵整体有限元模型对应的完整传导矩阵 $[C]$ 如下式所示。其中：$\dfrac{Ak}{L} = 1 \times 10^{-3}\mathrm{W/m}$，$kt = 1 \times 10^{-3}\mathrm{W/m}$。

$$[C] = \frac{1 \times 10^{-3}}{3}$$

$$\begin{bmatrix}
6 & -3 & -3 & 0 & 0 & 0 & 0 & 0 & 0 & 0 & 0 & 0 \\
-3 & 6 & 0 & -3 & 0 & 0 & 0 & 0 & 0 & 0 & 0 & 0 \\
-3 & 0 & 6 & 0 & 0 & -3 & 0 & 0 & 0 & 0 & 0 & 0 \\
0 & -3 & 0 & 5 & -\frac{1}{2} & 0 & -1 & \frac{1}{2} & 0 & 0 & 0 & 0 \\
0 & 0 & 0 & -\frac{1}{2} & 4 & -\frac{1}{2} & -\frac{1}{2} & -2 & -\frac{1}{2} & 0 & 0 & 0 \\
0 & 0 & -3 & 0 & -\frac{1}{2} & 5 & 0 & -\frac{1}{2} & -1 & 0 & 0 & 0 \\
0 & 0 & 0 & -1 & -\frac{1}{2} & 0 & 4 & -1 & 0 & -1 & -\frac{1}{2} & 0 \\
0 & 0 & 0 & -\frac{1}{2} & -2 & -\frac{1}{2} & -1 & 8 & -1 & -\frac{1}{2} & -2 & -\frac{1}{2} \\
0 & 0 & 0 & 0 & -\frac{1}{2} & -1 & 0 & -1 & 4 & 0 & -\frac{1}{2} & -1 \\
0 & 0 & 0 & 0 & 0 & -1 & -\frac{1}{2} & 0 & 2 & \frac{1}{2} & 0 \\
0 & 0 & 0 & 0 & 0 & 0 & -\frac{1}{2} & -2 & -\frac{1}{2} & -\frac{1}{2} & 4 & -\frac{1}{2} \\
0 & 0 & 0 & 0 & 0 & 0 & 0 & -\frac{1}{2} & -1 & 0 & -\frac{1}{2} & 2
\end{bmatrix}$$

温度分布$\{T^s\}$由下列插值矩阵(25.10)决定：

$$\begin{bmatrix} C & A^T \\ A & 0 \end{bmatrix} \begin{Bmatrix} T^s \\ q^t \end{Bmatrix} = \begin{Bmatrix} 0 \\ T^t \end{Bmatrix}$$

结构节点的温度通过热模型节点的已知温度求解，计算的结果在表25.4中。

表25.4　结构节点温度结果

结构节点# T^s	$T^t_1 = 1$ $T^t_2 = 0$	$T^t_1 = 0$ $T^t_2 = 1$
1	1.2013	−0.2013
2	1.0671	−0.0671
3	1.0671	−0.0671
4	0.6644	0.3356
5	0.0067	0.9933
6	0.6644	0.3356
7	−0.1007	1.1007
8	−0.0366	1.0366
9	−0.2081	1.2081
10	−0.1946	1.1946
11	−0.2081	1.2081
12	−0.1946	1.1946

在结构有限元模型传导矩阵的帮助下，温度分配变得非常系统化。

25.4　练　习

25.4.1　有限元模型中的温度插值

某柔性可展开太阳阵包含2个侧杆、一个撑杆和覆盖太阳电池片的壳结构。杆件材料为铝合金，传导率$k = 150 \text{W/m℃}$。棒的面积是$A = 2 \times 10^4 \text{m}^2$。薄膜是由钛合金制成的，传导率为$k = 10 \text{W/m℃}$。侧杆和撑杆的横截面积分别为$A = 1 \times 10^{-4} \text{m}^2$和$A = 2 \times 10^{-4} \text{m}^2$。壳结构材料为钛合金，传导率为$k = 10 \text{W/m℃}$，侧杆的长度为$L = 5 \text{m}$，撑杆的长度为1.6m。壳结构的厚度为$t = 0.2 \text{mm}$，宽度$b = 1.2 \text{m}$，长度和侧杆相同。侧杆和壳结构之间的间距是0.2m。杆件和壳结构分别用杆单元和四边形单元建模。这个结构的有限元模型如型图25.10所示，热模型如图25.11所示。

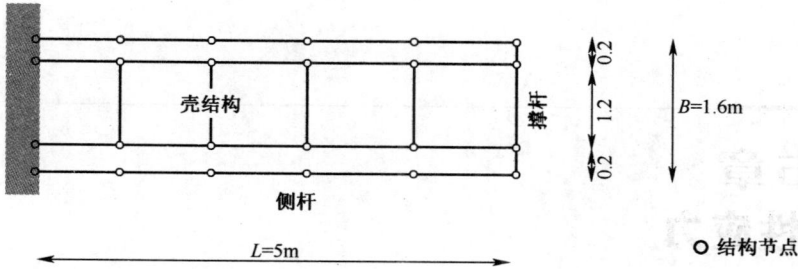

图 25.10 结构有限元模型

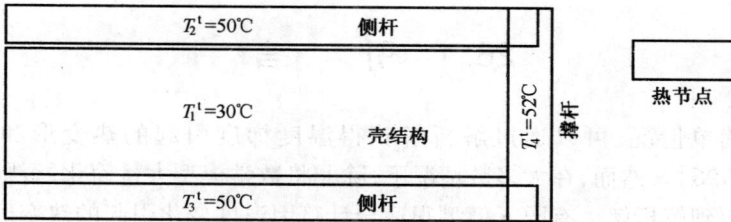

图 25.11 热模型

请使用 PAT 法,基于热模型对结构有限元模型温度分布的进行温度插值。

参 考 文 献

Appel,S. ,1996,*Interpolation of Lumped Parameter Temperatures for Thermo-elastic FEM Anal-ysis with SINAS*,Proceedings Conference on Spacecraft Structues &Mechanical Testing,ESA SP-386, pages 277-281.

Bathe,K. J. 1986,*Finite Element Methods*,Springer-Verlag,1986.

Cook,D. ,Malkus,D. S. ,Plesha,M. E. ,1989,*Concepts and Applications of Finite Element Analy-sis*,third editionJohn Wiley & Sons,ISBN0-471-84788-7.

Thorton,E. A,1996,*Thermal Structures for Aerospace Application*,ISBN 1-56347-6,AIAA Edu-cat-ion Series.

Tsai,J. R. ,2004,*Overview of Satellite Thermal Model*,Journal of Spacecraft & Rockets,Vo141, No. 1,pages 120-125.

第26章
热弹性应力

26.1 引　言

对于简单情况,可以通过解析解获得温度梯度引起的热变形和热应力[Thorton 1996]。然而,在大多数情况下,除非将数学模型大量简化,否则很难甚至不可能得到解析解。有限元模型很适合计算因温度变化引起的热变形和热应力。通常,静力分析有限元模型容易获取。在接下来的章节里,将概述如何用有限元模型计算因温度变化引起的热变形和热应力。沿梁横截面法线方向或板厚度方向的温度变化不在本书讨论范围之内。

使用虚功原理推导有限元法的计算公式。$\Delta T = T - T_{ref}$为(物体和)周围环境的温差,其中,T是以℃或K为单位的实际温度,T_{ref}是参考温度,这个参考温度通常为室温。

机械应变用 ε 表示,热应变用 ε_T 表示,且热应变为 $\varepsilon_T = \alpha \Delta T$,其中 α 是热膨胀系数。对于铝合金来说 $\alpha = 24 \times 10^{-6} K^{-1}$。

在有限元法中热应力为

$$\sigma_T = E\alpha\Delta T \tag{26.1}$$

内部热应力将转换为节点力并附加于机械力上。如果结构因为热弹性变形而存在无应力状态,则热应变必须从节点位移等效热模态力计算的应变中减去。净应变 $\overline{\varepsilon}$ 包含因总节点力(机械+热弹性)而产生的总应变 ε 减去热应变 ε_T,有

$$\overline{\varepsilon} = \varepsilon - \varepsilon_T \tag{26.2}$$

虚功原理建立的前提是平衡。内部虚功等于外部虚功。虚功原理由下式给出:

$$\int_V \sigma\delta(\varepsilon - \varepsilon_T)\,\mathrm{d}V - \int_A F\delta u\,\mathrm{d}A = 0 \tag{26.3}$$

式中:F 和 u 分别是施加的载荷和 A 表面上的任意位移。热应变 $\varepsilon_T = \alpha\Delta T$ 是指定的,变化量 $\delta\varepsilon_T = 0$。虚功原理公式(26.3)变为

$$\int_V \sigma \delta \varepsilon \mathrm{d}V - \int_A F \delta u \mathrm{d}A = 0 \qquad (26.4)$$

为了阐明虚功原理,将用简单的拉压元件(桁架杆)作一些计算。桁架杆的有限元模型如图 26.1 所示。

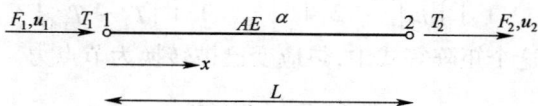

图 26.1　拉压单元(桁架杆)

拉压元件的有限元模型包含两个节点。位移场和温度场可以都写成用节点变量表示的线性方程;节点位移分别为 u_1 和 u_2,节点温度分别为 T_1 和 T_2。位移方程为

$$u(x) = \left(1 - \frac{x}{L}\right) u_1 + \frac{x}{L} u_2 \qquad (26.5)$$

考虑温度场

$$T(x) = \left(1 - \frac{x}{L}\right) T_1 + \frac{x}{L} T_2 \qquad (26.6)$$

桁架杆的机械应变为

$$\overline{\varepsilon} = (\varepsilon - \varepsilon_\mathrm{T}) = \frac{\mathrm{d}u}{\mathrm{d}x} - \alpha \Delta T = \frac{u_2 - u_1}{L} - \alpha \Delta T \qquad (26.7)$$

应变在杆件长度上是连续的。

桁架杆的应力变为

$$\sigma = E\overline{\varepsilon} = E\left[\frac{u_2 - u_1}{L} - \alpha \Delta T\right] \qquad (26.8)$$

虚功原理的表达式(26.3)变为

$$\int_V \sigma \delta(\varepsilon - \varepsilon_\mathrm{T}) \mathrm{d}V = AE \int_0^L \frac{u_2 - u_1}{L} - \alpha \left\{\left(1 - \frac{x}{L}\right) T_1 + \frac{x}{L} T_2 - T_{\mathrm{ref}}\right\} \frac{\delta u_2 - \delta u_1}{L} \mathrm{d}x$$

且有

$$\int_A F \delta u \mathrm{d}A = F_1 \delta u_1 + F_2 \delta u_2$$

如果和虚位移 δu_1 和 δu_2 相关的项是等同的,则可得到下面的公式:

$$-AE \int_0^L \left[\frac{u_2 - u_1}{L} + \alpha \left\{\left(1 - \frac{x}{L}\right) T_1 + \frac{x}{L} T_2 - T_{\mathrm{ref}}\right\} \frac{\delta u_1}{L}\right] \mathrm{d}x = F_1 \delta u_1 \quad (26.9)$$

和

$$AE\int_0^L\left[\frac{u_2-u_1}{L}-\alpha\left\{\left(1-\frac{x}{L}\right)T_1+\frac{x}{L}T_2-T_{\text{ref}}\right\}\frac{\delta u_2}{L}\right]\mathrm{d}x=F_2\delta u_2 \quad(26.10)$$

完成上式中的积分,并将上式写成矩阵形式,有

$$\frac{AE}{L}\begin{bmatrix}1&-1\\-1&1\end{bmatrix}\begin{Bmatrix}u_1\\u_2\end{Bmatrix}=\frac{\alpha EA}{2}\begin{bmatrix}-1&-1\\1&1\end{bmatrix}\begin{Bmatrix}T_1-T_{\text{ref}}\\T_2-T_{\text{ref}}\end{Bmatrix}+\begin{Bmatrix}F_1\\F_2\end{Bmatrix} \quad(26.11)$$

在式(26.11)这个矩阵等式中,热应变已被转换为节点力。热应力为

$$\sigma=E\bar{\varepsilon}=E(\varepsilon-\varepsilon_{\text{T}}) \quad(26.12)$$

下面用两个简单的问题来举例说明:

- 桁架杆的一端固定($u_1=0$)的且作用有恒定的温度场 $\Delta T=T-T_{\text{ref}}$,节点力 $F_3=F$ 作用于另一端。将桁架杆按式(26.11)简化为两个杆单元的有限元结构。计算单元应力和节点位移。

- 一个两端固支的杆($u_1=0,u_3=0$),作用有恒定的温度场 $\Delta T=T-T_{\text{ref}}$。计算单元应力和节点位移。杆件不受其他外部载荷作用。

桁架杆的模型简化在图26.2中。

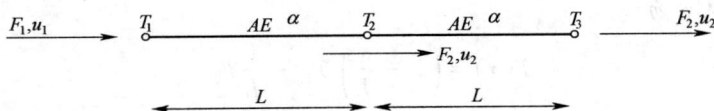

图 26.2　两个杆单元(恒定温度场)

平衡方程变为

$$\frac{AE}{L}\begin{bmatrix}1&-1&0\\-1&2&-1\\0&-1&1\end{bmatrix}\begin{Bmatrix}u_1\\u_2\\u_3\end{Bmatrix}=\frac{\alpha AE\Delta T}{2}\begin{bmatrix}-1&-1&0\\1&1-1&-1\\0&1&1\end{bmatrix}\begin{Bmatrix}1\\1\\1\end{Bmatrix}+\begin{Bmatrix}0\\0\\F\end{Bmatrix}$$

节点位移变为:

情况 1

节点位移变为

$$\begin{Bmatrix}u_1\\u_2\\u_3\end{Bmatrix}=\alpha\Delta TL\begin{Bmatrix}0\\1\\2\end{Bmatrix}+\frac{FL}{AE}\begin{Bmatrix}0\\1\\2\end{Bmatrix}$$

总应变可以从节点位移向量中推导出:

$$\begin{Bmatrix}\varepsilon_1\\\varepsilon_2\end{Bmatrix}=\left(\alpha\Delta T+\frac{F}{AE}\right)\left(\begin{bmatrix}1&-1&0\\0&1&-1\end{bmatrix}\begin{Bmatrix}u_1\\u_2\\u_3\end{Bmatrix}\right)$$

用热应变修正应变,有

$$\left\{\begin{matrix}\bar{\varepsilon}_1\\\bar{\varepsilon}_2\end{matrix}\right\}=\frac{F}{AE}\left(\begin{bmatrix}1&-1&0\\0&1&-1\end{bmatrix}\left\{\begin{matrix}u_1\\u_2\\u_3\end{matrix}\right\}\right)$$

所以应力为 $\{\sigma\}=[E]\{\bar{\varepsilon}\}$

$$\left\{\begin{matrix}\sigma_1\\\sigma_2\end{matrix}\right\}=\frac{F}{A}\left(\begin{bmatrix}1&-1&0\\0&1&-1\end{bmatrix}\left\{\begin{matrix}u_1\\u_2\\u_3\end{matrix}\right\}\right)$$

在情况 1 中,仅机械载荷可在桁架杆中产生应变,热应力不会产生应变。此时桁架杆是静定的。

可以用无应力膨胀法来检查有限元模型。对静定模型施加约束后,能够求出相对参考温度的均匀温度分布结果。如果材料的属性(膨胀系数、弹性模量等)都相同,则模型将表现出无应力膨胀。

情况 2

节点位移向量变为

$$\left\{\begin{matrix}u_1\\u_2\\u_3\end{matrix}\right\}=\alpha\Delta TL\left\{\begin{matrix}0\\0\\0\end{matrix}\right\}$$

总应变为

$$\left\{\begin{matrix}\varepsilon_1\\\varepsilon_2\end{matrix}\right\}=\left\{\begin{matrix}0\\0\end{matrix}\right\}$$

修正后的应变

$$\left\{\begin{matrix}\bar{\varepsilon}_1\\\bar{\varepsilon}_2\end{matrix}\right\}=\left\{\begin{matrix}0\\0\end{matrix}\right\}-\alpha\Delta T\left\{\begin{matrix}1\\1\end{matrix}\right\}$$

应力为

$$\left\{\begin{matrix}\sigma_1\\\sigma_2\end{matrix}\right\}=-\alpha E\Delta T\left\{\begin{matrix}1\\1\end{matrix}\right\}$$

前述实例也适用于其他类型的有限元模型。

算例

下面的算例来源于 Peery 和 Azar[Peery 1982]编著的书中。

非静定桁架结构如图 26.3 所示。假设杆 1 的横截面面积为 A 并被加热到一个恒定的温度 T,环境温度为 0。杆 2 和杆 3 的面积均为 $\sqrt{A}$。作用在杆 1 两端的外部等效载荷为 αAET,见式(26.11)。α 为热膨胀系数,E 是材料的弹性模量。使用能量法(卡式定理)进行求解。这可能会先使结构冗余,如图 26.3。考虑变形的兼容性,R_1 方向的相对位移一定是零。所以使

用卡式定理可得

$$\delta_1 = \frac{\mathrm{d}U}{\mathrm{d}R_1} = 0$$

其中：U 是结构中的总应变能；R_1 是杆 1 中待定的等效内部载荷。

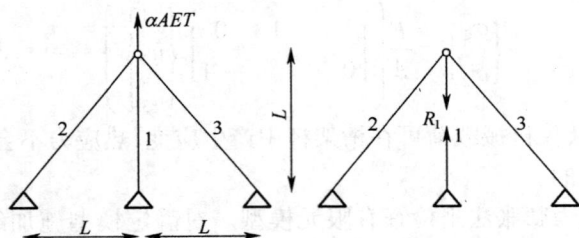

图 26.3　非静定桁架构型

使用平衡方程以及连接节点方法可以推导出杆 2 和杆 3 中的等效内部载荷。

$$\overline{F}_2 = \overline{F}_3 = \frac{\alpha AET - R_1}{\sqrt{2}}$$

总应变能变为

$$U = \frac{1}{2}\frac{R_1^2 L}{AE} + \frac{1}{AE\sqrt{2}}\left[\left(\frac{\alpha AET - R_1}{\sqrt{2}}\right)^2 L\sqrt{2}\right]$$

完成对 R_1 的微分并将设定结果为零，得出

$$R_1 = \frac{\alpha AET}{2} = \overline{F}_1 \ , \ \overline{F}_2 = \overline{F}_3 = \frac{\alpha AET}{2\sqrt{2}}$$

杆件中的应力可用式（26.8）求得：

$$\sigma_1 = \frac{\overline{F}_1}{A} - \alpha ET = \frac{\alpha ET}{2}, \sigma_2 = \sigma_3 = \frac{\overline{F}_2}{A\sqrt{2}} - 0 = \frac{\overline{F}_3}{A\sqrt{2}} - 0 = \frac{\alpha ET}{4}$$

算例结束

26.2　材 料 属 性

不同合金的典型材料属性（弹性模量、膨胀系数和热传导系数等）总结在表 26.1 中。

表 26.1　材料属性

材料	弹性模量 /MPa	热膨胀系数 /$\left(\dfrac{\mu m}{mK}\right)$	热传导系数 /$\left(\dfrac{J}{mK}\right)$
Al-alloys	70	24	150
Mg-alloys	45	26	44
Ti-alloys	110	9	7
Be-alloys	330	11	180
译者注:热传导系数单位应为 W/(mK)			

26.3　练　习

26.3.1　梁的热应力

考虑一个从相对温度 T_{ref} 均匀加热到温度 $T(\text{K})$ 的梁结构。梁的横截面积为 A,弹性模量为 $E(\text{Pa})$,热膨胀系数为 $\alpha(\text{K}^{-1})$,梁的一端由刚度为 k 的弹簧约束,系统结构图如图 26.4 所示。

求出下列参数的表达式:

·梁的应力

·C 点的位移 δ_{C}。

答案:$\sigma = -\dfrac{\alpha k EL(T - T_{\text{ref}})}{kL + AE}, \delta_{\text{C}} = \dfrac{\sigma A}{k}$。

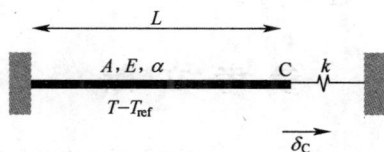

图 26.4　均匀加热梁结构示意图

26.3.2　自应力结构

航天器暴露在太阳一侧受热辐射而被加热。桁架结构如图 26.5 所示。所有的杆的延伸刚度 EA 相同。杆 1-3 的长度为 L,且被加热到应力自由温度之上 ΔT。杆 1-2 和杆 2-3 未被加热。热膨胀系数为 α。求解:

- 支承处反作用力
- 节点 1 和 3 的待定位移
- 杆(或桁架)的内部力

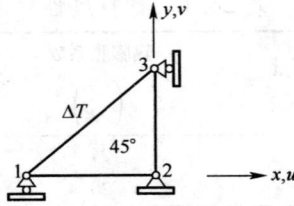

图 26.5　被加热的桁架结构

$$答案：\begin{Bmatrix} R_{1y} \\ R_{2x} \\ R_{2y} \\ R_{3x} \end{Bmatrix} = AE\alpha\Delta T \begin{Bmatrix} \dfrac{\sqrt{2}}{2+\sqrt{2}} \\[3mm] \dfrac{\sqrt{2}}{2+\sqrt{2}} \\[3mm] \dfrac{-\sqrt{2}}{2+\sqrt{2}} \\[3mm] \dfrac{\sqrt{2}}{2+\sqrt{2}} \end{Bmatrix}, \quad \begin{Bmatrix} u_1 \\ v_2 \end{Bmatrix} = \alpha\Delta TL \begin{Bmatrix} \dfrac{-\sqrt{2}}{2+\sqrt{2}} \\[3mm] \dfrac{\sqrt{2}}{2+\sqrt{2}} \end{Bmatrix},$$

$$\begin{Bmatrix} N_{1-2} \\ N_{1-3} \\ N_{2-3} \end{Bmatrix} = AE\alpha\Delta T \begin{Bmatrix} \dfrac{\sqrt{2}}{2+\sqrt{2}} \\[3mm] \dfrac{-\sqrt{2}}{2+\sqrt{2}} \\[3mm] \dfrac{\sqrt{2}}{2+\sqrt{2}} \end{Bmatrix} 。$$

参 考 文 献

Peery, D. J. , Azar, J. J. , 1982, *Aircraft Structures*：ISBN0-07-049196-8, MacGraw-Hill.

J. S. Przemieniecki, 1985, *Theory of Matrix Structural Analysis*, Dover Publications, Inc.

Thorton, E. A, 1996, *Thermal Struciures for Aerospace Application*, ISBN 1 - 56347 - 6, AIAA Education Series.

K. Washizu, 1968, *Variational Methods in Elasticity and Plasticity*, Pergamon Press.

第27章
热、湿膨胀系数

27.1　引　言

航天器结构的热变形非常重要。它们由温度梯度和热膨胀系数(CTE)决定。在本章中将讨论 CTE 的定义:

当材料吸湿后,航天器结构就会发生变形(湿膨胀系数),例如使用 CFRP 和/或 GFRP 制造的结构部件。然而,湿度引起的变形计算与热变形分析方法相似。

27.2　热膨胀系数

本章将讨论两种 CTE 的定义:

- CTE $\alpha[\mathrm{m/m/℃}]$ 是热膨胀量 $\beta(\Delta T)$ 的导数,热膨胀量 $\beta(\Delta T)$ 是温度变化量 $\Delta T[℃,\mathrm{K}]$ 的函数。

- 正割 CTE $\alpha_{\mathrm{c}}[\mathrm{m/m/^{\circ}C}]$

27.2.1　热膨胀量导数定义的 CTE

热膨胀量 β,定义为在温度 $\Delta T=T-T_{\mathrm{ref}}[℃,\mathrm{K}]$ 变化量下,杆件相对参考长度 $L_{\mathrm{ref}}[\mathrm{m}]$ 的增加或减少量 $\Delta L(\Delta T)=L(T)-L_{\mathrm{ref}}(T_{\mathrm{ref}})[\mathrm{m}]$,所以有

$$\beta=\frac{\Delta L(\Delta T)}{L_{\mathrm{ref}}(T_{\mathrm{ref}})} \tag{27.1}$$

热应变的定义和由外部载荷 $F[\mathrm{N}]$ 产生的工程应变 $\varepsilon[\mathrm{m/m}]$ 的定义一样,所以

$$\varepsilon[F]=\frac{\Delta L}{L_{\mathrm{ref}}} \tag{27.2}$$

无限小应变 $\mathrm{d}\varepsilon$ 定义为

$$\mathrm{d}\varepsilon(T)=\alpha(T)\mathrm{d}T \tag{27.3}$$

$$\varepsilon(T) = \int_{T_{\text{ref}}}^{T} \alpha(T) \, dT \tag{27.4}$$

整理可得

$$\alpha(T) = \frac{d\varepsilon(T)}{dT} \approx \frac{\Delta(\varepsilon(T))}{\Delta T} = \frac{\Delta(\beta(T))}{\Delta T} \tag{27.5}$$

或

$$\alpha(T) = \frac{1}{L_{\text{ref}}} \frac{\{L(T + \Delta T) - L(T)\}}{\Delta T} = \frac{1}{L_{\text{ref}}} \frac{\{\Delta L(\Delta T)\}}{\Delta T} \tag{27.6}$$

27.2.2 正割 CTE

正割 $\text{CTE}\alpha_{c}(T)$ 的定义为

$$\varepsilon(T) = \alpha_{c}(T)(T - T_{\text{ref}}) = \alpha_{c}(T) \Delta T \tag{27.7}$$

$$\alpha_{c}(T) = \frac{1}{(T - T_{\text{ref}})} \int_{T_{\text{ref}}}^{T} \alpha(z) \, dz \tag{27.8}$$

当使用正割 CTE 时,取决于温度的热膨胀系数在当前温度 T 和参考温度 T_{ref} 之间进行线性化。通过引入正割 CTE,将非线性变形线性化,热变形和相应的热应力便可使用线弹性公式计算,如图 27.1 所示。

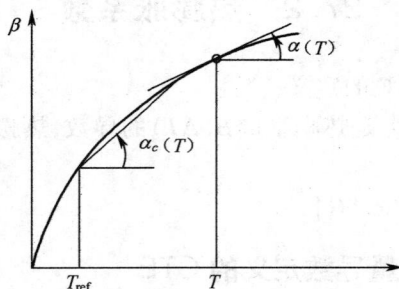

图 27.1　CTE 和正割 CTE 的示意图

算例

参考长度为 L_{ref} 的杆,其伸长量 ΔL 为

$$\Delta L(T - T_{\text{ref}}) = a_1(T - T_{\text{ref}}) - a_2(T - T_{\text{ref}})^2$$

所有参数 $a_i > 0$。

$\text{CTE}\alpha(T)$ 变为

$$\alpha(T) = \frac{d\varepsilon(T)}{dT} = \frac{d\Delta L(T)}{L_{\text{ref}} dT} = a_1 - 2a_2(T - T_{\text{ref}})$$

正割 CTE 定义为

$$\alpha_c(T) = \frac{1}{(T - T_{ref})} \int_{T_{ref}}^{T} (a_1 - 2a_2(\Theta - T_{ref})) \mathrm{d}\Theta = a_1 - a_2(T - T_{ref})$$

27.3 湿膨胀系数(CME)

纤维增强基体材料,例如碳纤维复合材料(CFRP),玻璃纤维复合材料(GFRP)等,在大气环境下会吸湿膨胀。然而在轨(状态)矩阵中的湿度量会减少,结构因此而收缩。由于收缩,应力就会在非静定的结构中产生。

湿膨胀现象与热膨胀类似。

材料吸湿而产生的结构长度和宽度方向的改变可通过下式计算:

$$\Delta L = L_{ref}\beta(M_f - M_{ref}) \tag{27.9}$$

式中:ΔL 为长度的变化[m];L_{ref} 为参考长度[m];β 为湿膨胀系数[m/m/%];M_f 为最终状态的湿度百分比[%];M_{ref} 为参考状态的湿度百分比[%]。

湿度百分比的计算公式为

$$M_f = 100\left(\frac{W_f - W_{ref}}{W_{ref}}\right) \tag{27.10}$$

式中:W_f 为最终状态结构的质量[kg];W_{ref} 为参考状态结构的质量[kg];

湿膨胀产生的应变为

$$\varepsilon = \frac{\Delta l}{L_{ref}} = \beta(M_f - M_{ref}) \tag{27.11}$$

注意式(27.11)和式(27.7)非常相似。

对于 CFRP 来说湿度的含量 M 在 0.5%~1%之间变化。树脂的湿膨胀系数 β(CME)大约为 $\beta = 2.5 \times 10^{-3}$[m/m/%]。

第28章
通 气 孔

28.1 引 言

为了防止一个容器中压力过大,必须开通气孔。在本章中将介绍一种计算防止密闭空间压力过大的通气孔横截面的方法。同时也是预测通气孔横截面的经验法。

28.2 通 气 孔

28.2.1 Beryline 方法

孔后简化的截面通过空气的速度可以用 Beryline 关系求得(空气流出时视作不可压缩的)

$$v = \sqrt{\frac{2\Delta p}{\rho_{\text{int}}}} \tag{28.1}$$

式中:Δp 是内外的压强差(Pa);ρ_{int}是容器内空气的密度(kg/m³);v 是气体流速(m/s)。

$$P_{\text{int}} = RT_{\text{int}}\rho_{\text{int}} = RT_{\text{int}}\frac{m}{V}, \tag{28.2}$$

式中:m 是容器内空气的总质量;R 是气体常数;T_{int} 视为容器中的温度常数(K)。则内部压强为

$$p_{\text{int}}(t) = RT_{\text{int}}\frac{m_{\text{int}}(t)}{V} \tag{28.3}$$

容器内空气总质量的减少率为

$$\frac{\mathrm{d}m_{\text{int}}(t)}{\mathrm{d}t} = v(t)\rho_{\text{int}}(t)A_{\text{vh}} \tag{28.4}$$

其中,A_{vh}是通气孔的面积。

内部空气的总质量 $m_{int}(t)$ 变为

$$m_{int}(t) = m_{int}(0) - \int_0^t v(\tau)\rho_{int}(\tau)A_{vh}\mathrm{d}\tau \tag{28.5}$$

内部压强的变化量 p_{int},用式(28.4)

$$-\frac{\mathrm{d}p_{int}(t)}{\mathrm{d}t} = -\frac{RT_{int}}{V}\frac{\mathrm{d}m_{int}(t)}{\mathrm{d}t} = \frac{RT_{int}}{V}v(t)\rho_{int}(t)A_{vh} \tag{28.6}$$

用式(28.6)减去式(28.1)我们得到

$$-\frac{\mathrm{d}p_{int}(t)}{\mathrm{d}t} = \frac{RT_{int}}{V}\sqrt{\frac{2\Delta p(t)}{\rho_{int}(t)}}\rho_{int}(t)A_{vh} = \frac{RT_{int}}{V}\sqrt{2\rho_{int}(t)\Delta p(t)}A_{vh} \tag{28.7}$$

孔的横截面积可以计算为

$$A_{vh}(t) = \frac{\mathrm{d}p_{int}(t)}{\mathrm{d}t}\frac{V}{RT_{int}}\frac{1}{\sqrt{2\rho_{int}(t)\Delta p(t)}} \tag{28.8}$$

算例

通风孔对于避免容器内过压的必要性是可以预见的。可以定义直径来限制过压为 20mbar。容器的体积为 33 升。空气在室温 $T_{RT}=300K$ 下,常数 $R=287$。发射后容器外压强的降低速度限制为 20mbar/s。

内部压强的降低速率为

$$\frac{\mathrm{d}p_{int}(t)}{\mathrm{d}t} = -2\times10^3 \mathrm{Pa/s}$$

等式(28.8)可以用来计算所需的横截面积 A_{vh}

$$A_{vh}(t) = \frac{\mathrm{d}p_{int}(t)}{\mathrm{d}t}\frac{V}{RT_{int}}\frac{1}{\sqrt{2\rho_{int}(t)\Delta p(t)}} = 2\times10^3\frac{33\times10^{-3}}{287\times300}\frac{1}{\sqrt{\rho_{int}(t)}}\frac{1}{\sqrt{4\times10^3}}$$

公式在低压 $p=1\times10^3\mathrm{Pa}$ 时上升到最大值,所以在此压强时空气的密度可以由式(28.2)得到

$$\rho_{int}(t) = \frac{p(t)}{RT} = \frac{2\times10^3}{287\times300} = 0.012\mathrm{kg/m^3}$$

所以

$$A_{vh} = 2\times10^3\frac{33\times10^3}{287\times300}\frac{1}{\sqrt{0.012}}\frac{1}{\sqrt{4\times10^3}} = 1.125\times10^{-4}\mathrm{m^2}$$

当孔是圆形且 $A_{vh} = \frac{\pi}{4}d^2$,直径 d 为 $d=12\mathrm{mm}$。

算例结束

28.2.2 收敛喷口

设想大罐子($A_1\sim\infty$,$V_1\sim0$)中高压气体通过收敛的喷口进入压强 p_2'

（Pa）区域，见图 28.1。除非罐子内外的压差足够大，否则流速是不可能达到声速的。

对于压差 p_2' 和 p_2 是相同时，在通气孔喷口的流出速度可以计算[Vineyard 1975]。

$$\frac{V_2^2}{2} = \frac{p_1}{p_1}\frac{k}{k-1}\left[1 - \left(\frac{p_2}{p_1}\right)^{\frac{k-1}{k}}\right] \quad (28.9)$$

其中 $k = 1.4$。

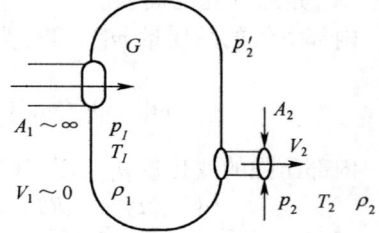

图 28.1 大罐子（高压气体流）

流速 $G = \rho_2 V_2 A_2$ 可以计算：

$$G = \begin{cases} A_2\sqrt{\dfrac{2k}{k-1}p_1\rho_1\left[\left(\dfrac{\rho_2}{\rho_1}\right)^{\frac{2}{k}} - \left(\dfrac{p_2}{p_1}\right)^{\frac{k+1}{k}}\right]}, & \dfrac{p_2}{p_1} > \left[\dfrac{2}{(k+1)}\right]^{\frac{k}{k-1}} \\[4mm] \dfrac{A_2 p_1}{\sqrt{T_1}}\sqrt{\dfrac{k}{R}\left(\dfrac{2}{k+1}\right)^{\frac{(k+1)}{(k-1)}}}, & \dfrac{p_2}{p_1} < \left[\dfrac{2}{(k+1)}\right]^{\frac{k}{k-1}} \end{cases} \quad (28.10)$$

其中 R 是空气的常数特征。压强和密度的比值关系为

$$\frac{p_2}{p_1} = \left(\frac{\rho_2}{\rho_1}\right)^k \quad (28.11)$$

28.2.3 经验法

考虑到所需通气的体积，通气孔的横截面为

$$\frac{A}{V} \geq (17 - 20) \times 10^{-4} 1/\text{m} \quad (28.12)$$

式中：A 是通气孔的总面积（m^2）；V 是总通气体积（m^3）[Droner 1995，Eliot 2002]。

参 考 文 献

Droner Dumb, 1995, *Envisage*-1, document PO-RP-DOR-PL-0038.

Eliot, A., 2002, *Genral Design and Interface Requirement Specification*（GDIR），Austrian, AE. RS. ASU. SY. 004, issue 2.

Vineyand, J. K., Street, R. L., 1975, *Elementary Fluid Mechanics*, John Wely & Sons, Inc., ISBN 0-471-90587-9.

第29章
举　例

29.1　引　言

本章的主要内容为典型航天器相关的专题算例。算例的选取原则是可以直接通过解析方法或手算求解。经典的手算方法可借助计算机软件完成,如 EXCEL,MATLAB,MATHCAD 等。

从简单的强度和刚度分析入手,开始对航天器结构部件进行几何设计是很有效的。大多数算例都是这样安排的,如:

在进行航天器结构设计时,一个有效的方法是首先分析结构的强度和刚度,本章中的大部分算例采用了这种思路,即

- 位移法计算固有频率
- 悬臂梁设计(刚度和强度)
- 等效动力系统
- 两种随机振动规范的对比
- 强迫随机加速度(强度和刚度)
- SIMPSAT 卫星的强度刚度分析
- 用卡氏第二定理计算刚度

其他的算例包含以下分析过程:

- 悬臂梁的模态有效质量
- 组件模态综合(Craig-Bampton 方法)

有些算例中引用的参考文献列在本章最后。

本章的算例肯定不是完整的(全系统分析),待续。

29.2　固有频率近似

29.2.1　位移法

两端轴承支撑的轴可简化为两端弹簧支撑的梁模型,如图 29.1 所示。

计算该系统的最低固有频率时,忽略轴(梁)的质量。

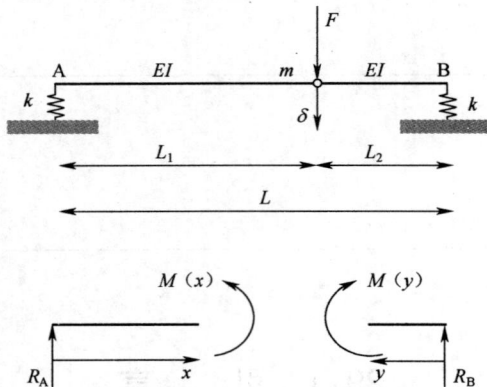

图 29.1 弹簧支承梁模型

使用卡氏定理计算位移。

点 A 和点 B 的支反力为

$$R_A = \frac{L_2}{L}F, R_B = \frac{L_1}{L}F$$

弯矩 $M(x)$ 和 $M(y)$ 为

$$M(x) = xR_A = \frac{xL_2}{L}F, M(y) = yR_B = \frac{yL_1}{L}F$$

总应变能 U 可以写成

$$U = \int_0^{L_1} \frac{M^2(x)}{2EI}dx + \int_0^{L_2} \frac{M^2(y)}{2EI}dy + \frac{R_A^2}{2k} + \frac{R_B^2}{2k}$$

由作用力 F 引起的挠度 δ 为

$$\delta = \frac{\partial U}{\partial F} = \frac{F}{2EIL^2}(L_1^5 + L_2^5) + \frac{F}{k}\left[\left(\frac{L_1}{L}\right)^2 + \left(\frac{L_2}{L}\right)^2\right]$$

假设 $L_1 = L_2 = L/2$ 且 $k \to \infty$ 可以检查挠度 δ 的计算结果,此时有

$$\delta = \frac{FL^3}{48EI}$$

如果 $L_1 = L_2 = L/2$ 且 $EI \to \infty$ 挠度 δ 变为

$$\delta = \frac{F}{2k}$$

单位力 $F = 1$ 的产生的位移 Δ 为

$$\Delta = \frac{1}{2EIL^2}(L_1^5 + L_2^5) + \frac{1}{k}\left[\left(\frac{L_1}{L}\right)^2 + \left(\frac{L_2}{L}\right)^2\right]$$

忽略梁的质量,设系统的集中质量为 m,则系统的固有频率为

$$f_o = \frac{1}{2\pi}\sqrt{\frac{1}{\Delta m}}\,(\text{Hz})$$

29.3 悬臂梁设计算例

29.3.1 引言

集中质量 $M = 30\text{kg}$，由长 $L = 500\text{mm}$ 的悬臂梁支撑。如图 29.2 所示。

梁的横截面是矩形管，长度为 L，宽度为 b，壁厚为 t。梁的材料为铝合金，弹性模量 $E = 70\text{GPa}$，屈服应力为 $\sigma_Y = 400\text{MPa}$，极限强度为 $\sigma_U = 525\text{MPa}$。

飞行极限载荷在三个方向（x，y 和 z）上均为 20g。

弯曲方向最小固有频率为 $f \geqslant 20\text{Hz}$（y 向和 z 向），拉伸/压缩方向 $f \geqslant 35\text{Hz}$（x 向）。忽略梁的质量。

固定-自由支撑梁模型如图 29.2 所示。

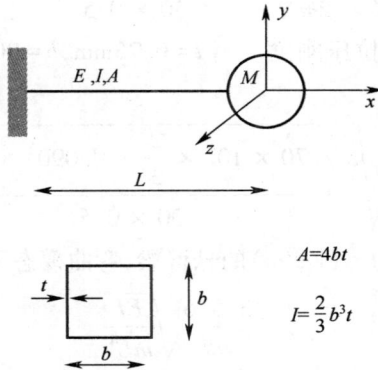

图 29.2 有集中质量的悬臂梁刚度计算

29.3.2 刚度计算

首先，根据刚度要求计算梁的横截面。y 向和 z 向的弯曲固有频率可通过下式计算：

$$f_B = \frac{1}{2\pi}\sqrt{\frac{3EI}{ML^3}}\,(\text{Hz}) \qquad (29.1)$$

x 向（纵向）模态对应的固有频率为

$$f_L = \frac{1}{2\pi}\sqrt{\frac{EA}{ML}}\,(\text{Hz}) \qquad (29.2)$$

刚度要求可以表示为

$$EI \geqslant (2\pi f_B)^2 \left(\frac{ML^3}{3} \right)$$

和

$$AE \geqslant (2\pi f_L)^2 (ML)$$

弯曲刚度需要满足 $f \geqslant 20\text{Hz}$ 的刚度要求，有

$$EI \geqslant (2\pi f_B)^2 \left(\frac{ML^3}{3} \right) = (2\pi 20)^2 \left(\frac{30 \times 0.5^3}{3} \right) = 1.974 \times 10^4 \text{Nm}^2$$

$$I = \frac{2}{3} b^3 t = (2\pi f_B)^2 \left(\frac{ML^3}{3E} \right) = 2.82 \times 10^7 \text{m}^4$$

假设壁厚 $t = 0.75\text{mm}$，梁横截面的长度和宽度为 $b = 83\text{mm}$。

横截面积为 $A = 4bt = 2.49 \times 10^{-4} \text{m}^2$。

纵向振动固有频率为

$$f_L = \frac{1}{2\pi} \sqrt{\frac{EA}{ML}} = \frac{1}{2\pi} \sqrt{\frac{2.49 \times 10^4 \times 70 \times 10^9}{30 \times 0.5}} = 171\text{Hz}$$

弯曲刚度 EI 决定了拉压刚度。当 $t = 0.75\text{mm}$，$b = 90\text{mm}$ 时，弯曲模态下的固有频率变为

$$f_{B,1} = \frac{1}{2\pi} \sqrt{\frac{3EI}{ML^3}} = \frac{1}{2\pi} \sqrt{\frac{3 \times 70 \times 10^9 \times \frac{2}{3} \times 0.090^3 \times 0.00075}{30 \times 0.5^3}} = 22.6\text{Hz}$$

对于单位长度质量为 $m(\text{kg/m})$ 的悬臂梁，弯曲模态下的最低固有频率为

$$f_B = \frac{3.516}{2\pi} \sqrt{\frac{EI}{mL^4}} \qquad (29.3)$$

铝合金的密度为 $\rho = 2800\text{kg/m}^3$，所以单位长度质量 $m = A\rho = 4bt\rho = 4 \times 0.090 \times 0.00075 \times 2800 = 0.756\text{kg/m}$

因此，固定－自由梁的最小固有频率为

$$f_{B,2} = \frac{3.516}{2\pi} \sqrt{\frac{EI}{mL^4}} = \frac{3.516}{2\pi} \sqrt{\frac{70 \times 10^9 \times \frac{2}{3} \times 0.090^3 \times 0.00075}{0.756 \times 0.5^4}} = 411\text{Hz}$$

用 Dunkerley 方程可以计算弯曲模态下最终的固有频率：

$$\frac{1}{f_{\text{final}}^2} = \frac{1}{f_{B,1}^2} + \frac{1}{f_{B,2}^2} \qquad (29.4)$$

最终的弯曲模态固有频率变为

$$\frac{1}{f_{\text{final}}^2} = \frac{1}{f_{B,1}^2} + \frac{1}{f_{B,2}^2} = \frac{1}{22.6^2} + \frac{1}{411^2} f_{\text{final}} = 22.5\text{Hz}.$$

29.3.3 强度计算

设计思路和安全系数见图29.3。

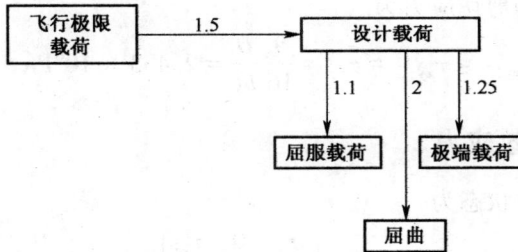

图29.3 载荷和安全系数

设计载荷为同时在3个方向施加30g的惯性载荷,如图29.4所示。

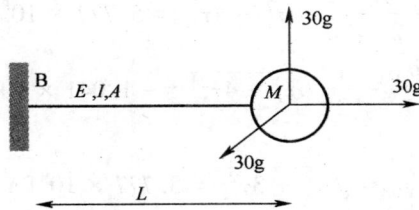

图29.4 惯性载荷

B点(固定端)的横截面积如图29.5所示。

由x轴的法向力N产生的正应力为$\sigma_{xx} = \dfrac{N}{A} = \dfrac{Mg_x}{4bt} = 3.27 \times 10^7 \text{Pa}$。$y$轴的最大弯矩为$M_{yy} = Mg_z L = 30 \times 30 \times 9.81 \times 0.5 = 4.415 \times 10^3 \text{Nm}$,$z$轴的最大弯矩为$M_{zz} = Mg_y L = 30 \times 30 \times 9.81 \times 0.5 = 4.415 \times 10^3 \text{Nm}$。

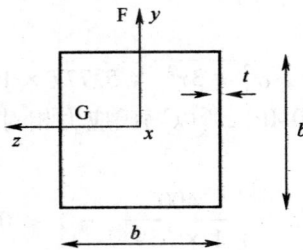

图29.5 B点的横截面

x方向的最大的弯曲应力(在F点和G点)为

333

$$\sigma_{xx,F} = \frac{\frac{1}{2}M_{zz}b}{I_{zz}} = \frac{\frac{1}{2}M_{zz}b}{\frac{2}{3}b^3 t} = \frac{3M_{zz}}{4b^2 t} = 5.45 \times 10^8 \text{Pa}$$

FF 点和 G 点的剪切应力为

$$\tau_{xy,F} = \tau_{xy,G} = \tau_{xy} = \frac{9}{16}\frac{D}{bt} = 2.453 \times 10^6 \text{Pa}$$

29.3.4 有效应力

F 点的 3D 应力状态为

$$[\sigma] = \begin{bmatrix} \sigma_x & 0 & \tau_{xz} \\ 0 & 0 & 0 \\ \tau_{zx} & 0 & 0 \end{bmatrix}$$

主应力为

$$\sigma_1 = \frac{\sigma_x}{2} + \frac{1}{2}\sqrt{\sigma_x^2 + 4\tau_{xz}^2} = 5.777 \times 10^8 \text{Pa}$$

$$\sigma_2 = \frac{\sigma_x}{2} - \frac{1}{2}\sqrt{\sigma_x^2 + 4\tau_{xz}^2} = -1.041 \times 10^4 \text{Pa}$$

冯氏应力为

$$\sigma_{VM} = \sqrt{\sigma_x^2 + 3\tau_{xz}^2} = 5.777 \times 10^8 \text{Pa}$$

G 点的 3D 应力状态为

$$[\sigma] = \begin{bmatrix} \sigma_x & \tau_{xy} & 0 \\ \tau_{yx} & 0 & 0 \\ 0 & 0 & 0 \end{bmatrix}$$

主应力为

$$\sigma_1 = \frac{\sigma_x}{2} + \frac{1}{2}\sqrt{\sigma_x^2 + 4\tau_{xy}^2} = 5.777 \times 10^8 \text{Pa}$$

$$\sigma_2 = \frac{\sigma_x}{2} - \frac{1}{2}\sqrt{\sigma_x^2 + 4\tau_{xy}^2} = -1.041 \times 10^4 \text{Pa}$$

冯氏应力为

$$\sigma_{VM} = \sqrt{\sigma_x^2 + 3\tau_{xy}^2} = 5.777 \times 10^8 \text{Pa}$$

$1.1\sigma_{VM} \geqslant [1]\sigma_Y, \sigma_Y = 400\text{MPa}$，所以冯氏应力相对屈服应力来说高很多。安全裕度变为

$$MS = \frac{400}{1.1 \times 559.7} - 1 < 0$$

材料将会发生屈服。

---

① 原书有误。——译者

334

29.3.5 计算过程

弯曲应力是最主要的,所以考虑弯曲应力 $\sigma_{xx,\mathrm{F}}$,$\sigma_{xx,\mathrm{G}}$ 确定 b 的尺寸,有

$$\sigma_{xx,\mathrm{F}} = \sigma_{xx,\mathrm{G}} = \frac{3M_{zz}}{4b^2t} = \frac{3M_{yy}}{4b^2t}$$

所以

$$b \geqslant \sqrt{\frac{3M_{yy}}{4\sigma_\mathrm{Y}t}} = \sqrt{\frac{3 \times 4.414 \times 10^3}{4 \times 400 \times 10^6 \times 0.00075}} = 0.105\mathrm{m}$$

取 $b = 120\mathrm{mm}$。

x 方向法向力 N 引起的正应力为

$$\sigma_{xx} = \frac{N}{A} = \frac{Mg_x}{4bt} = \frac{30 \times 30 \times 9.81}{4 \times 0.120 \times 0.00075} = 2.453 \times 10^7 \mathrm{Pa}$$

F 点和 G 点的弯曲应力为

$$\sigma_{xx,\mathrm{F}} = \sigma_{xx,\mathrm{G}} = \frac{3M_{zz}}{4b^2t} = \frac{3 \times 4.415 \times 10^3}{4 \times 0.120^2 \times 0.00075} = 3.066 \times 10^8 \mathrm{Pa}$$

F 点和 G 点的剪切应力为

$$\tau_{xy,\mathrm{F}} = \tau_{xy,\mathrm{G}} = \tau_{xy} = \frac{9}{16}\frac{D}{bt} = 1.839 \times 10^6 \mathrm{Pa}$$

总正应力为

$$\sigma_{x,\mathrm{F}} = \sigma_{xx} + \sigma_{xx,\mathrm{F}} = 3.311 \times 10^8 \mathrm{Pa}$$

$$\sigma_{x,\mathrm{G}} = \sigma_{xx} + \sigma_{xx,\mathrm{G}} = 3.311 \times 10^8 \mathrm{Pa}$$

冯氏应力为

$$\sigma_{\mathrm{VM}} = \sqrt{\sigma_x^2 + 3\tau_{xy}^2} = 3.311 \times 10^8 \mathrm{Pa}$$

安全裕度为

$$MS = \frac{400}{1.1 \times 344.5} - 1 = 0.098$$

欧拉屈曲载荷为

$$F_{\mathrm{buckling}} = \frac{\pi^2 EI}{4L^2} \tag{29.5}$$

$b = 120\mathrm{mm}$,$t = 0.75\mathrm{mm}$,则惯性矩为

$$I = \frac{2}{3}b^3t = \frac{2}{3} \times 0.120^3 \times 0.00075 = 8.64 \times 10^7 \mathrm{m}^4$$

悬臂梁的欧拉屈曲载荷为

$$F_{\mathrm{buckling}} = \frac{\pi^2 EI}{4L^2} = \frac{\pi^2 \times 70 \times 10^9 \times 8.64 \times 10^7}{4 \times 0.5^2} = 5.97 \times 10^5 \mathrm{N}$$

防止梁屈曲的安全裕度为

$$MS = \frac{F_{\text{buckiing}}}{2Mg_x} - 1 = \frac{5.97 \times 10^5}{2 \times 30 \times 30 \times 9.81} - 1 = 32$$

防止屈曲的安全裕度非常高,所以不考虑梁屈曲问题。

弯曲刚度 EI 决定了拉压刚度。设 $t = 0.75\text{mm}$,$b = 120\text{mm}$,弯曲模态的固有频率变为

$$f_{\text{B},1} = \frac{1}{2\pi}\sqrt{\frac{3EI}{ML^3}} = \frac{1}{2\pi}\sqrt{\frac{3 \times 70 \times 10^9 \times \dfrac{2}{3} \times 0.120^3 \times 0.00075}{30 \times 0.5^3}} = 34.8\text{Hz}$$

铝合金的密度 $\rho = 2800\text{kg/m}^3$,所以单位长度质量 $m = A\rho = 4bt\rho = 4 \times 0.120 \times 0.00075 \times 2800 = 1.008\text{kg/m}$。

悬臂梁的最小固有频率为

$$f_{\text{B},2} = \frac{3.516}{2\pi}\sqrt{\frac{EI}{mL^4}} = \frac{3.516}{2\pi}\sqrt{\frac{70 \times 10^9 \times \dfrac{2}{3} \times 0.120^3 \times 0.00075}{1.008 \times 0.5^4}} = 548\text{Hz}$$

用 Dunkerley 方程计算弯曲模态下最终的固有频率为

$$\frac{1}{f_{\text{final}}^2} = \frac{1}{f_{\text{B},1}^2} - \frac{1}{f_{\text{B},2}^2}$$

最终的弯曲模态固有频率变为

$$\frac{1}{f_{\text{final}}^2} - \frac{1}{f_{\text{B},1}^2} + \frac{1}{f_{\text{B},2}^2} = \frac{1}{34.8^2} + \frac{1}{548^2} \quad f_{\text{final}} = 34.7\text{Hz}$$

29.4　等效动力学系统

29.4.1　引言

为进行动态响应分析,将末端有集中质量的悬臂梁转换成三个单自由度系统:

(1) y 向弯曲

(2) z 向弯曲

(3) x 向拉压

为计算弹簧刚度,在集中质量 M 上施加单位载荷(图 29.6) $F_y = 1\text{N}$,$F_z = 1\text{N}$,$N = 1\text{N}$。使用卡氏第二定理计算位移,$\delta = \dfrac{\partial U}{\partial F}$。其中 U 是应变能 $U = \dfrac{1}{2}\displaystyle\int_V \sigma\varepsilon\mathrm{d}V$,$F$ 是广义力,δ 是位移,σ 是应力,ε 是应变。

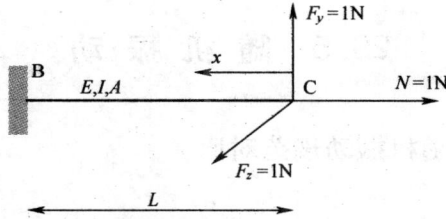

图 29.6 单位载荷

悬臂梁(杆)的应变能表示如下:

$$U = \frac{1}{2}\int_0^L \frac{(F_y x)^2}{EI}\mathrm{d}x + \frac{1}{2}\int_0^L \frac{(F_y x)^2}{EI}\mathrm{d}x + \frac{1}{2}\int_0^L \frac{N^2}{EA}\mathrm{d}x$$

$$U = \frac{1}{2}\left[\frac{F_y L^3}{EI} + \frac{F_z L^3}{EI} + \frac{NL}{EA}\right]$$

x,y,z 向的位移为

$$\delta_x = \frac{\partial U}{\partial N} = \frac{NL}{EA} = \frac{L}{EA}$$

$$\delta_y = \frac{\partial U}{\partial F_y} = \frac{F_y L^3}{3EI} = \frac{L^3}{3EI}$$

$$\delta_z = \frac{\partial U}{\partial F_z} = \frac{F_z L^3}{3EI} = \frac{L^3}{3EI}$$

若集中质量占主导,可以忽略梁的质量,直接计算出弹簧刚度, $k = \frac{1}{\delta}$ (N/m)。

等效单自由度(SDOF)动力学系统见表 29.1。

表 29.1 等效单自由度系统

单自由度动力学系统	x 向	y 向	z 向
$x(t)$ m	k	k	k
	$\dfrac{EA}{L}$	$\dfrac{3EI}{L^3}$	$\dfrac{3EI}{L^3}$
$\ddot{u}(t)$ k	m	m	m
	M	M	M

设 $y(t) = x(t) - u(t)$,在强迫加速度 $\ddot{u}(t)$ 激励下,等效单自由度系统的无阻尼动力学方程可写为

$$\ddot{y}(t) + \frac{k}{M}y(t) = \ddot{y}(t) + \omega_o^2 y(t) = -\ddot{u}(t)$$

29.5 随 机 振 动

29.5.1 两种随机振动规范对比

ESA 规范

ESA 用于组件试验的随机振动规范为：

频域范围[Hz]	PSD[g^2/Hz]
20~100	3dB/oct
100~400	$0.05\dfrac{(m+20)}{(m+1)}$
400~2000	−3dB/oct

m 为组件的总质量[kg]。

NASA 规范

NASA 用于组件试验的随机振动规范为：

频域范围[Hz]	PSD[g^2/Hz]
20~50	6dB/oct
50~800	0.16
800~2000	−6dB/oct

组件

质量为 $m=5$kg，一阶固有频率 $f_0=14$Hz 的组件(动力学系统)，通过 ESA 或 NASA 规范进行随机振动试验。求解哪一规范下加速度引起的组件内部最大载荷较大？

目标

(1) 计算两种规范下的 $g_{rms}(g)$。

(2) 计算具有相等 $g_{rms}(g)$ 的 m 值。

(3) 计算具有相等最大 PSD(g^2/Hz)值的 m 值。

(4) 找出最恶劣随机振动工况。

(5) 计算最恶劣工况下组件的 3σ 反作用力？假设放大因子 $Q=10$。

两种规范下的的 g_{rms} 均可通过下式计算(见图 29.7)

$$g_{rms}^2 = \int_0^\infty W(f)\,\mathrm{d}f = A_1 + A_2 + A_3 \qquad (29.6)$$

其中

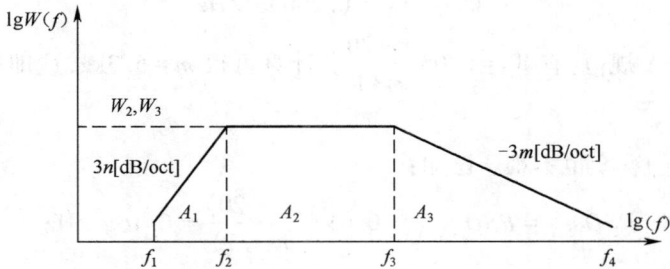

图 29.7 PSD 函数 $W(f)$ 与频率 $f(\mathrm{Hz})$

$$A_1 = \frac{W_2 f_2}{n+1}\left[1 - \left(\frac{f_1}{f_2}\right)^{n+1}\right], n > 0$$

$$A_2 = W_2(f_3 - f_2)$$

$$A_3 = \frac{W_3 f_3}{m+1}\left[\left(\frac{f_4}{f_3}\right)^{m+1} - 1\right], m < 0, (m \neq -1)$$

对 $m = -1$（使用 l'Hôpital 法则），有

$$A_3 = W_3 f_3 \ln\left(\frac{f_4}{f_3}\right) = 2.303 W_3 f_3 \lg\left(\frac{f_4}{f_3}\right)$$

NASA 的随机振动规范和组件质量无关。设 $n = 2, m = 2, f_1 = 2\mathrm{Hz}, f_2 = 50\mathrm{Hz}$，$f_3 = 800\mathrm{Hz}$ 且 $f_4 = 2000\mathrm{Hz}$。PSD 值分别为 $W_2 = W_3 = 0.16g^2/\mathrm{Hz}$。则有

$$A_1 = \frac{W_2 f_2}{n+1}\left[1 - \left(\frac{f_1}{f_2}\right)^{n+1}\right] = 2.5g^2$$

$$A_2 = W_2(f_3 - f_2) = 120g^2$$

$$A_3 = \frac{W_3 f_3}{m+1}\left[\left(\frac{f_4}{f_3}\right)^{m+1} - 1\right] = 76.8g^2$$

这样，有

$$g_{\mathrm{rms}} = \sqrt{\int_0^\infty W(f)\,\mathrm{d}f} = \sqrt{A_1 + A_2 + A_3} = 14.1g$$

假设 $g_{\mathrm{rms}}^{\mathrm{ESA}} = g_{\mathrm{rms}}^{\mathrm{NASA}}$，则必须计算频率点 f_2 和 $f_3(\mathrm{Hz})$ 对应的 PSD 的值 $W_2 = W_3$。ESA 的随机振动规范属性如下：$n = 1, m = -1, f_1 = 20\mathrm{Hz}, f_2 = 100\mathrm{Hz}, f_3 = 800\mathrm{Hz}$ 且 $f_4 = 2000\mathrm{Hz}$。

$$g_{\mathrm{rms}}^{\mathrm{ESA}} = \sqrt{W_2}\sqrt{\frac{f_2}{n+1}\left[1 - \left(\frac{f_1}{f_2}\right)^{n+1}\right] + f_3 - f_2 + f_3 \ln\left(\frac{f_4}{f_3}\right)} = 31.5\sqrt{W_2}$$

然后可得

$$g_{\mathrm{rms}}^{\mathrm{ESA}} = 31.5\sqrt{W_2} = g_{\mathrm{rms}}^{\mathrm{NASA}} = 14.1\mathrm{g},$$

这样

$$W_2 = W_3 = 0.2003g^2/\text{Hz}$$

根据 ESA 规范,有 $W_2 = 0.05\dfrac{m+20}{m+1}$。计算可得 $m = 5.3\text{kg}$,这即是问题 2 的答案。

问题 3 的答案也不难。已知:

$$PSD_{\text{ESA}} = PSD_{\text{NASA}} = 0.05\frac{(m+20)}{(m+1)} = 0.16g^2/\text{Hz} \qquad (29.7)$$

从式(29.7)可以看出可以计算出当 PSD 的最大值是相等时,$m = 7.6\text{kg}$。

对于质量 $m = 5\text{kg}$,固有频率 $f_o = 140\text{Hz}$ 的组件,必须找到基础加速度随机激励下动力学系统基础的最恶劣工况。这将决定 ESA 规范和 NASA 规范中组件的最恶劣随机响应特性。应用 Miles 方程求解,质量为 $m = 5\text{kg}$,在 ESA 规范下的 PSD 值为 $W_{\text{ESA}}(f_o) = 0.05\dfrac{(m+20)}{(m+1)} = 0.21g^2/\text{Hz}$。

二者响应的比值为

$$\frac{\sqrt{\dfrac{\pi}{2}f_o Q W_{\text{ESA}}(f_o)}}{\sqrt{\dfrac{\pi}{2}f_o Q W_{\text{NASA}}(f_o)}} = \sqrt{\frac{W_{\text{ESA}}(f_o)}{W_{\text{NASA}}(f_o)}} = \sqrt{\frac{0.21}{0.16}} = 1.14$$

从中可以总结出,使用 ESA 规范产生的响应比 NASA 规范高。

对于第五个问题,使用 Miles 方程求解组件的 rms 加速度值。基础激励下的 3σ 反作用力为

$$F_{\text{reaction}} = 3m\sqrt{\frac{\pi}{2}f_o Q W_{\text{ESA}}(f_o)} = 3 \times 5 \times 9.81\sqrt{\frac{\pi}{2} \times 140 \times 10 \times 0.21} = 3162\text{N}$$

29.5.2　强迫随机加速度

使用章动阻尼器来迅速衰减自旋卫星的章动。章动阻尼器包含两个由不同直径管子连接起来的蓄液罐(如图 29.8 所示)。流体流过管道产生阻尼力。

在结构分析中,考虑直径较大管子的强度和刚度,管中充满液体。

本算例的目的是揭示随机加速度激励下问题的设计分析步骤。

计算步骤如下:

(1) 假设两端固支,计算较大直径 $d(\text{m})$ 管子的最小固有频率。

(2) 用简单的质量-弹簧-阻尼模型来表示两端固支的管。

(3) 计算质量-弹簧-阻尼模型的均方根响应。

(4) 将质量-弹簧-阻尼模型的响应转换为两端固支管的弯矩和应力。

随机强迫振动可以激起连接在罐体上的两个管路的章动。

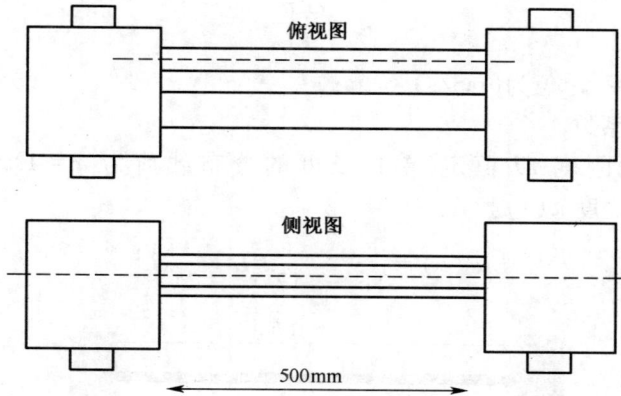

图 29.8 章动阻尼器

表 29.2 随机振动

频率范围/Hz	加速度谱密度/$\left(\dfrac{g^2}{Hz}\right)$
20~50	6dB/oct
50~800	0.2
800~2000	-6dB/oct
G_{rms}	13.3G_{rms}

两端固支管

两端固支管及其特性如图 29.9 所示。

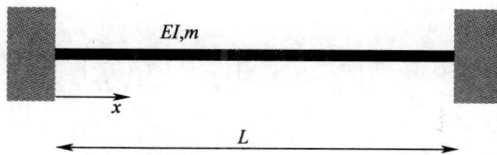

图 29.9 两端固支管

固有频率

长为 $L(m)$、弯曲刚度为 $EI(Nm^2)$ 的恒定质量分布 $m(kg/m)$ 两端固支梁，其固有频率 $f_o(Hz)$ 可以用下式计算：

$$f_o = \frac{22.4}{2\pi} \sqrt{\frac{EI}{mL^4}} \tag{29.8}$$

相关的振型为

$$\phi(x) = (\cos\kappa x - \cosh\kappa x) - 0.9825(\sin\kappa x - \sinh\kappa x) \tag{29.9}$$

其中

$$\kappa = \frac{\omega^2 m}{EI} \qquad (29.10)$$

ω 为圆频率,单位为(rad/s)。

Rayleigh 系数

梁的弯曲刚度 EI 恒定,单位长度的分布载荷为 $q = 1\text{N/m}$,此时,梁(图 29.10)的挠度 $w(x)$ 为

$$EIw(x) = \frac{1}{24}x^4 - \frac{1}{12}x^3 L + \frac{1}{24}xL^2 \qquad (29.11)$$

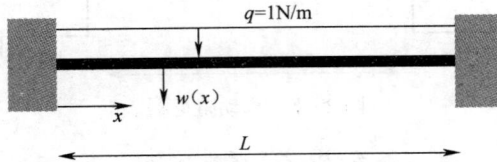

图 29.10 单位分布载荷作用下的两端固支梁

Rayleigh 系数实际上是离散或连续动力学系统的特征值问题。对于弯曲梁,Rayleigh 系数如下所示:

$$R(u) = \frac{\dfrac{1}{2}\displaystyle\int_0^L EIu''^2 \,\mathrm{d}x}{\dfrac{1}{2}\displaystyle\int_0^L mu^2 \,\mathrm{d}x} \qquad (29.12)$$

式中:u 是假设的特征方程或振型,u'' 是特征方程对 x 的二阶导数。

特征方程 u 代表两端固支梁在恒定单位长度分布静态载荷 $q = 1\text{N/m}$ 的挠度。假设的特征方程为

$$u(x) = \left(\frac{x}{L}\right)^4 - 2\left(\frac{x}{L}\right)^3 + \left(\frac{x}{L}\right)^2 \qquad (29.13)$$

Rayleigh 系数为

$$\omega^2 \cong R(u) = \frac{\dfrac{1}{2}\displaystyle\int_0^L EIu''^2 \,\mathrm{d}x}{\dfrac{1}{2}\displaystyle\int_0^L mu^2 \,\mathrm{d}x} = 504.10\,\frac{EI}{mL^4}, \quad f = \frac{22.4}{2\pi}\sqrt{\frac{EI}{mL^4}}$$

所求解的结果与公式(29.8)得出的结果非常接近。

运动方程

我们可以运用 Lagrange 方程建立两端固支梁的运动方程。弯曲梁的总位移(绝对位移)为梁位移 $w(x,t)$ 和基础位移 $v(t)$ 的叠加。总位移 $y(x,t)$ 如下:

$$y(x,t) = w(x,t) + v(t) = u(x)q(t) + v(t) \qquad (29.14)$$

其中 $q(t)$ 是广义坐标或模态幅值系数,梁的应变(势)能为

$$U = \frac{1}{2}q^2 \int_0^L EIu''^2 \mathrm{d}x = \frac{1}{2}\left(\frac{0.8EI}{L^3}\right)q^3 \qquad (29.15)$$

动能 T 为

$$\frac{1}{2}\int_0^L m(u\dot{q} \mid \dot{v})^2 \mathrm{d}x = \frac{1}{2}(0.001587mL\dot{q}^2 + 0.03333mLv\dot{q} + mL\dot{v}^2) \quad (29.16)$$

关于参数 $q(t)$ 和 $v(t)$ 的 Lagrange 方程为

$$\frac{\partial}{\partial t}\frac{\partial T}{\partial \dot{q}} - \frac{\partial T}{\partial q} + \frac{\partial U}{\partial q} = 0, \frac{\partial}{\partial t}\frac{\partial T}{\partial \dot{v}} - \frac{\partial T}{\partial v} + \frac{\partial U}{\partial v} = 0 \qquad (29.17)$$

进一步有

$$mL\begin{bmatrix} 0.001587 & 0.03333 \\ 0.03333 & 1 \end{bmatrix}\begin{bmatrix} \ddot{q} \\ \ddot{v} \end{bmatrix} + \frac{0.8EI}{L^3}\begin{bmatrix} 1 & 0 \\ 0 & 0 \end{bmatrix}\begin{bmatrix} q \\ v \end{bmatrix} = \begin{bmatrix} 0 \\ 0 \end{bmatrix} \qquad (29.18)$$

最终运动方程可以写为

$$0.001587mL\ddot{q} + \frac{0.8EI}{L^3}q = -0.03333mL\ddot{v} \qquad (29.19)$$

或

$$\ddot{q} + \frac{504.10EI}{mL^4}q = -21.1238\ddot{v} \qquad (29.20)$$

$$\ddot{q} + \omega_o^2 q = -21.1238\ddot{v} \qquad (29.21)$$

等效质量-弹簧动力学系统如图 29.11 所示。

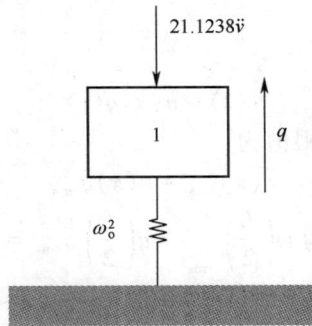

图 29.11 等效质量-弹簧系统

引入相应的模态黏性阻尼,可以推导出如下质量-弹簧-阻尼系统方程:

$$\ddot{q} + 2\xi\omega_o\dot{q} + \omega_o^2 q = -21.1238\ddot{v} \qquad (29.22)$$

强迫随机振动

动力学系统的动力学方程为

$$\ddot{q} + \omega_o^2 q = -\beta\ddot{v} \qquad (29.23)$$

加入相应的模态粘性阻尼,得出

$$\ddot{q} + 2\xi\omega_o\dot{q} + \omega_o^2 q = -\beta\ddot{v} \qquad (29.24)$$

图 29.12 为基础激励的等效质量—弹簧模型。

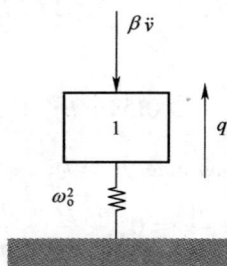

图 29.12　基础激励的等效质量—弹簧模型

可以用 Miles 方程计算质量的 $3_{rms}(3\sigma)$ 加速度:

$$\ddot{q}_{3rms} = 3 \mid \beta \mid \sqrt{\frac{\pi}{2}f_o Q W_{\ddot{v}}(f_o)} \qquad (29.25)$$

$$q_{rms} = \frac{\ddot{q}_{rms}}{\omega_o^2} \qquad (29.26)$$

式中:q 是广义坐标(质量相对于基础的位移);rms 表示均方根;f_o 是质量-弹簧系统的固有频率 $f_o = \dfrac{\omega_o}{2\pi}(\text{Hz})$,$Q = \dfrac{1}{2\xi}$ 是放大系数(通常,在 Miles 方程中 $Q = 10$);$W_{\ddot{v}}(f_o)$ 是在固有频率 f_o 处强迫加速度 $\ddot{v}$ 的功率谱密度,单位 $\left(\dfrac{g^2}{\text{Hz}}\right)$。

加速度

实际加速度为

$$\ddot{w}(t) = u(x)\ddot{q}(t) \qquad (29.27)$$

加速度 $\ddot{w}(x,t)$ 的均方根值为

$$\ddot{w}(x)_{rms} = u(x)\ddot{q}_{rms} \qquad (29.28)$$

在 $x = \dfrac{L}{2}$ 位置,加速度为 $\ddot{w}\left(\dfrac{L}{2}\right)_{rms} = u\left(\dfrac{L}{2}\right)\ddot{q}_{rms} = \dfrac{1}{16}\ddot{q}_{rms}$。

位移

实际位移为

$$w(t) = u(x)q(t)$$

位移 $w(x,t)$ 的均方根值为

$$w(x)_{rms} = u(x)q_{rms} \qquad (29.29)$$

在 $x = \dfrac{L}{2}$ 位置,位移为 $w\left(\dfrac{L}{2}\right)_{rms} = u\left(\dfrac{L}{2}\right)q_{rms} = \dfrac{1}{16}q_{rms}$。

力

计算支点 $(x = 0, L)$ 以及中间位置 $\left(x = \dfrac{1}{2}L\right)$ 的力和应力。

弯矩 $M(x)$ 定义为

$$M(x) = -EIw''(x) \qquad (29.30)$$

剪切力 $D(x)$ 定义为

$$D(x) = -EIw'''(x) \qquad (29.31)$$

因为弯矩和剪切力是在模态 $u(x)$ 和广义坐标 $q(i)$ 下的,所以弯矩可以写为

$$M(x,t) = -EIu''(x)q(t) = -EI\left[\frac{12}{L^2}\left(\frac{x}{L}\right)^2 - \frac{12}{L^2}\left(\frac{x}{L}\right) + \frac{2}{L^2}\right]q(t)$$

$$(29.32)$$

剪切力可以写为

$$D(x,t) = -EIu'''(x)q(t) = -EI\left[\frac{24}{L^3}\left(\frac{x}{L}\right) - \frac{12}{L^3}\right]q(t) \qquad (29.33)$$

使用广义坐标 $q(t)$ 下的均方根表示,有

$$M_{\mathrm{rms}}(x) = EI\left[\frac{12}{L^2}\left(\frac{x}{L}\right)^2 - \frac{12}{L^2}\left(\frac{x}{L}\right) - \frac{2}{L^2}\right]q_{\mathrm{rms}} \qquad (29.34)$$

剪切力为

$$D_{\mathrm{rms}}(x) = EI\left[\frac{24}{L^3}\left(\frac{x}{L}\right) - \frac{12}{L^3}\right]q_{\mathrm{rms}} \qquad (29.35)$$

在位置 $x=0$ 和 $x=\frac{1}{2}L$,弯矩和剪切力的均方根值为

$x=0$

$$M_{\mathrm{rms}}(0) = EI\left[\frac{2}{L^2}\right]q_{\mathrm{rms}} \qquad (29.36)$$

$$D_{\mathrm{rms}}(0) = EI\left[\frac{12}{L^3}\right]q_{\mathrm{rms}} \qquad (29.37)$$

$x=\dfrac{L}{2}$

$$\left| M_{\mathrm{rms}}\left(\frac{L}{2}\right) = EI\left[\frac{1}{L^2}\right]q_{\mathrm{rms}} \qquad (29.38)$$

$$D_{\mathrm{rms}}\left(\frac{L}{2}\right) = 0 \qquad (29.39)$$

$x=L$

$$M_{\mathrm{rms}}(L) = EI\left[\frac{2}{L^2}\right]q_{\mathrm{rms}} \qquad (29.40)$$

$$D_{\mathrm{rms}}(L) = EI\left[\frac{12}{L^3}\right]q_{\mathrm{rms}} \qquad (29.41)$$

应力

直径为 $d(\mathrm{m})$ 厚度为 $t(\mathrm{m})$ 的管件,其距中性层最远距离的弯曲应力 σ_{bend}

（Pa）可以通过下式计算：

$$\sigma_{\text{bend}} = \frac{M(x)e}{I} = \frac{4M(x)}{\pi d^2 t} \tag{29.42}$$

截面惯性距 I 为 $I = \frac{\pi d^3 t}{8} (m^4)$，距中性层最远距离为 $e = \frac{d}{2}$（m）。

直径为 d、厚度为 t 的管件，其中性面（弯曲应力为零的面）上的最大剪切应力为

$$\tau_{\text{max}} = \frac{D(x)S}{It} = \frac{4D(x)}{\pi d t} \tag{29.43}$$

式中 S 是相对于管件中性面的静矩，$S = \frac{d^2 t}{2} (m^3)$。

数值计算

章动阻尼器所使用材料的物理属性如下：

管件材料为由铝合金

——弹性模量 $E = 70 \times 10^9 \text{Pa}$

——泊松比 $\nu = 0.33$

——屈服应力 $\sigma_{0.2} = 250 \times 10^6 \text{Pa}$

——密度 $\rho = 2800 \text{kg/m}^3$

管件的平均直径 $d = 15 \text{mm}$

厚度 $t = 0.5 \text{mm}$

管件长度 $L = 500 \text{mm}$

管件中充满液体，液体的密度为 $\rho = 1100 \text{kg/m}^3$

问题

（1）计算单位长度的质量 m。

（2）计算截面惯性矩 I。

（3）计算对应模态 $u(x)$ 的固有频率 f_0。

（4）预估频率为 f_0 时基底加速度的功率谱密度值。

（5）计算 q 的 3σ 值，$Q = 10$。

（6）计算 $w\left(\dfrac{L}{2}\right)$ 处的相对 3σ 加速度。

（7）计算 $M(0) = M(L)$ 时的 3σ 弯矩。

（8）计算 $D(0) = D(L)$ 时的 3σ 剪切力。

（9）计算应力并与屈服应力 $\sigma_{0.2}$ 比较。

答案

（1）单位长度质量 $m[\text{kg/m}]$ 为

$$m = 2\pi d t \rho_{\text{al}} + \frac{\pi}{4} d^2 \rho_{\text{fluid}} = 0.26 \text{kg/m}$$

（2）截面惯性距

$$I = \frac{\pi}{8} d^3 t = 6.6268 \times 10^4 \mathrm{m}^4$$

（3）充满液体的两端固支管件的一阶固有频率

$$f_{\mathrm{o}} = \frac{22.4}{2\pi} \sqrt{\frac{EI}{mL^4}} = 190 \mathrm{Hz}$$

$$u(x) = \left(\frac{x}{L}\right)^4 - 2\left(\frac{x}{L}\right)^3 + \left(\frac{x}{L}\right)^2$$

（4）频率为 f_{o} 时基础加速度的功率谱密度值

$$W(f_{\mathrm{o}}) = 0.2 \frac{g^2}{\mathrm{Hz}}$$

（5）$\ddot{q}$ 和 q 的 3σ 值

$$\ddot{q}_{3\sigma} = 3\sqrt{\frac{\pi}{2} f_{\mathrm{o}} Q W(f_{\mathrm{o}})} = 73.3g$$

$$q_{3\sigma} = \frac{\ddot{q}_{3\sigma}}{(2\pi f_{\mathrm{o}})^2} = 5.0 \times 10^{-4} \mathrm{m}$$

（6）弯矩的 3σ 值为

$$M_{3\sigma}(L) = EI\left[\frac{2}{L^2}\right] q_{3\sigma} = 0.19 \mathrm{Nm}$$

（7）弯曲力 $D(0)$ 的值为

$$D_{3\sigma}(L) = EI\left[\frac{12}{L^3}\right] q_{3\sigma} = 2.25 \mathrm{N}$$

（8）弯曲应力和剪切力为

$$\sigma_{\mathrm{bend}} = \frac{M(x)e}{I} = \frac{4M(x)}{\pi d^2 t} = 2.04 \times 10^6 \mathrm{Pa}$$

$$\tau_{\mathrm{max}} = \frac{D(x)S}{It} = \frac{4D(x)}{\pi dt} = 3.82 \times 10^5 \mathrm{Pa}$$

屈服应力为 $\sigma_{0.2} = 250 \times 10^6 \mathrm{Pa}$。我们需要比较 2D 与 1D 状态的应力。可以采用冯氏应力 $\sigma_{\mathrm{VM}} = \sqrt{\sigma_{\mathrm{bend}}^2 + 3\tau_{\mathrm{max}}^2}$ 进行对比,冯氏应力小于屈服应力。

29.6　SIMPSAT 卫星的强度和刚度分析

29.6.1　简介

通过简单的卫星结构来阐述卫星结构分析的过程。SIMPSAT 卫星由阿丽亚娜 4 运载火箭（L/V）发射升空。因此，将使用阿丽亚娜火箭说明书［Arianespace 1999］中的数据。

SIMPSAT 的主载荷为试验装置，其总重为 $M = 500\text{kg}$，并安装于卫星的梁结构上。主载荷和卫星的接口距载荷质心（CoG）的距离为 $L = 1000\text{mm}$。设主载荷为集中质量 $M = 500\text{kg}$，且安装主载荷的梁长度为 $L = 1000\text{mm}$。SIMPSAT 卫星的结构详见图 29.13。假设只有面内载荷，即 x 向和 y 向的载荷。这是个简化的方法，但结构分析过程是相同的，此方法也适用于 3D 情况。

本算例的目的是演示如何设计承载结构。需考虑强度和刚度的安全裕度问题。

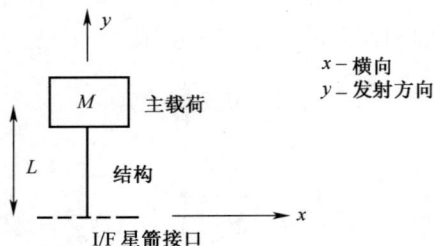

图 29.13　SIMPSAT 卫星（结构和主载荷）

29.6.2　设计思路

不同种类载荷间的关系如图 29.14 所示。在结构的初样设计中，通常使用设计载荷初步确定卫星结构尺寸。

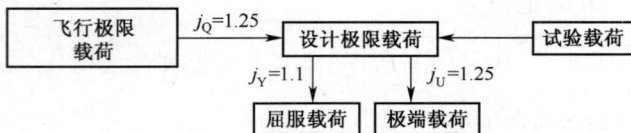

图 29.14　安全系数（FoS）

对于屈服载荷和极限载荷来讲，安全裕度值应满足 $MS \geqslant 0$。尽管安全系数与项目和任务有关，然而对于 SIMPSAT 来说，安全系数由图 29.14 中的流程规定。安全裕度定义为

$$MS = \frac{\sigma_{\text{allowable}}}{j\sigma_{\text{stress\_analysis}}} - 1 \qquad (29.44)$$

式中：j 是适当的安全系数（屈服，极限）；$\sigma_{\text{allowable}}$ 是许用应力（屈服，极限，屈曲……）；$\sigma_{\text{stress\_analysis}}$ 是计算出的应力（设计极限载荷）。

29.6.3　准静态载荷（QSL）

准静态载荷静态设计极限载荷（DLL），用于航天器的初始结构设计。载荷

的单位为(g)。

表 29.3　准静态载荷 QSL

加速度(g)QSL		
阿丽亚娜 4	发射方向	横向
最大加速度	−5.5	±1.5

29.6.4　最小固有频率

通常将刚度要求转化为最小固有频率要求:

- 发射方向(y 轴)$f_y \geqslant 35\text{Hz}$
- 发射方向(x 轴)$f_x \geqslant 15\text{Hz}$

29.6.5　材料属性

梁结构(承载结构)所使用的材料为各向同性铝合金,其材料属性为:

弹性模量 $E = 70\text{GPa}$

极限应力 $\sigma_{\text{ultimate}} = 480\text{MPa}$

屈服应力 $\sigma_{\text{yield}} = 410\text{MPa}$

密度 $\rho = 2770\text{kg/m}^3$

泊松比 $\nu = 0.3$

剪切模量 $G = \dfrac{E}{2(1 + \nu)} = 26.9\text{GPa}$

29.6.6　固有频率

通常对发射方向(纵向)和横向都有最小固有频率要求。

发射方向

力 $F(\text{N})$ 施加在杆件的 y 方向。杆件的横截面积为 $A(\text{m}^2)$,长度为 $L(\text{m})$,如图 29.15 所示。由于力 F 的施加,杆件的长度变化为 $v(\text{m})$。

则杆件的刚度 $k(\text{N/m})$ 为

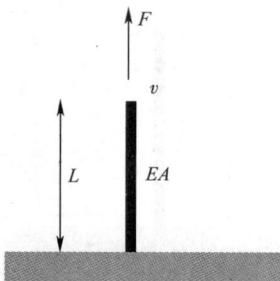

图 29.15　发射方向的刚度

$$k = \frac{F}{v} \tag{29.45}$$

总应变 ε 为

$$\varepsilon = \frac{v}{L} \tag{29.46}$$

应变 ε 是应力和弹性模量(胡克定律)的比值

$$\varepsilon = \frac{\sigma}{E} = \frac{F}{AE} \tag{29.47}$$

所以杆件的长度变化量 v 变为

$$v = \varepsilon L = \frac{FL}{AE} \tag{29.48}$$

因此,可求得刚度 $k(\text{N/m})$

$$k = \frac{AE}{L} \tag{29.49}$$

则固有频率为

$$f_n = \frac{1}{2\pi}\sqrt{\frac{k}{M}} = \frac{1}{2\pi}\sqrt{\frac{AE}{ML}} \tag{29.50}$$

考虑到频率要求,有

$$\frac{AE}{L} \geqslant M(2\pi f_n)^2 \tag{29.51}$$

因为忽略了结构的质量,因此考虑代入不确定系数 $j = 1.25$。这样,刚度需满足

$$\frac{AE}{L} \geqslant 500(2\pi \times 1.25 \times 35)^2 = 3.778 \times 10^7 \text{N/m} \tag{29.52}$$

结论是,杆件的的最小横截面积(拉压)必须满足 $A \geqslant 5.397 \times 10^{-4} \text{m}^2$。

横向

弯曲刚度为 $EI(\text{Nm}^2)$ 的固支梁,其自由端的变形量为 $u(\text{m})$,如图 29.16 所示。

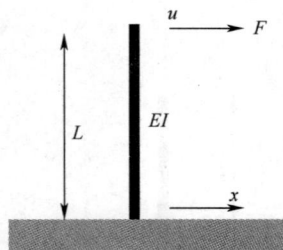

图 29.16 横向刚度

由弯曲产生的变形量 u 为

$$u = \frac{FL^3}{3EI} \tag{29.53}$$

所以梁的横向刚度 $k(\text{N/m})$

$$k = \frac{F}{u} = \frac{3EI}{L^3} \tag{29.54}$$

可以计算出固有频率为

$$f_\text{n} = \frac{1}{2\pi}\sqrt{\frac{k}{M}} = \frac{1}{2\pi}\sqrt{\frac{3EI}{ML^3}} \tag{29.55}$$

考虑到频率要求,有

$$\frac{3EI}{L^3} \geqslant M(2\pi f_\text{n})^2 \tag{29.56}$$

因为忽略了结构的质量,因此考虑代入不确定系数 $j = 1.25$。这样,刚度需满足

$$\frac{3EI}{ML^3} \geqslant 500(2\pi \times 1.25 \times 15)^2 = 6.940 \times^6 \text{N/m} \tag{29.57}$$

结论是,杆件的最小截面惯性矩必须满足 $I \geqslant 3.305 \times 10^{-5}\text{m}^4$。

29.6.7 结构类型选择

圆柱筒

如果选择半径为 $R(\text{m})$,厚度为 $t(\text{m})$,长度为 $L(\text{m})$,可以计算出圆柱筒的面积 $A(\text{m}^2)$,截面惯性矩 $I(\text{m}^4)$:

面积 $A = 2\pi Rt(\text{m}^2)$;

惯性矩 $I = \pi R^3 t(\text{m}^4)$。

因此有

$$R = \sqrt[3]{\frac{I}{\pi t}} \tag{29.58}$$

$$t = \sqrt{\frac{A^3}{8\pi^2 I}} \tag{29.59}$$

之前求取了截面面积和惯性矩,选择 $t = 0.5\text{mm}$,$R = 300\text{mm}$,面积 $A = 9.42 \times 10^{-4}\text{m}^2$,惯性距 $I = 4.24 \times 10^{-5}\text{m}^4$ 的截面,比所需的截面属性略大。

发射方向和横向的固有频率分别为

发射方向(y 轴) $\quad f_\text{n} = \frac{1}{2\pi}\sqrt{\frac{k}{M}} = \frac{1}{2\pi}\sqrt{\frac{AE}{ML}} = 57.8\text{Hz}$

横向(x 轴) $\quad f_\text{n} = \frac{1}{2\pi}\sqrt{\frac{k}{M}} = \frac{1}{2\pi}\sqrt{\frac{3EI}{ML^3}} = 21.2\text{Hz}$

设计的结构固有频率满足要求。

29.6.8　强度

1. 圆柱筒

如图 29.17 所示,卫星的试验装置受到惯性载荷作用。通过圆柱筒的传递路径,惯性载荷传递到发射界面。

x 向惯性载荷将在发射界面引起弯矩载荷,y 向惯性载荷将在发射界面引入拉压载荷。本节将计算发射界面的最大压应力。并讨论圆柱筒的屈曲问题。

计算最大压应力时,将使用下列属性和参数:

厚度 $t = 0.5$mm;

半径 $R = 300$mm;

惯性矩 $I = 4.24 \times 10^{-5}$m^4;

横截面积 $A = 9.42 \times 10^{-4}$m^2。

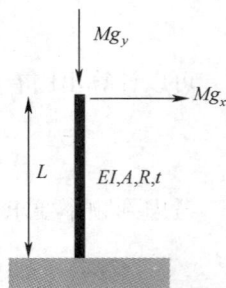

图 29.17　加载的圆柱筒

设计载荷

发射界面的载荷如图 29.18 所示。

惯性力和弯矩分别为:

x 向惯性载荷 $Mg_x = 500 \times 9.81 \times 5.5 = 26978$N;

y 向惯性载荷 $Mg_y = 500 \times 9.81 \times 1.5 = 7378$N;

绕 z 向弯矩 $MLg_x = 500 \times 9.81 \times 5.5 = 26978$Nm;

最大应力(压)$\sigma_o = \dfrac{n_y}{t} = \dfrac{Mg_y}{A} + \dfrac{MLg_x R}{I} = 28.7$MPa。

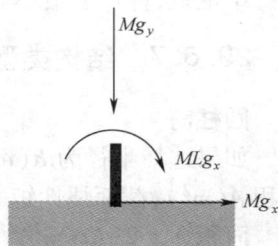

图 29.18　设计载荷

其中,截面系数 $W = \dfrac{I}{R} = \pi R^2 t$。

此时可以忽略界面的剪切应力。

1)屈服安全裕度

屈服应力对应的安全裕度为

$$MS = \frac{\sigma_y}{j_y \sigma_o} - 1 = \frac{410}{1.1 \times 28.7} - 1 > 10$$

2)极限安全裕度

极限应力对应的安全裕度为

$$MS = \frac{\sigma_u}{j_u \sigma_o} - 1 = \frac{480}{1.25 \times 28.7} - 1 > 10$$

3）圆柱筒在压缩载荷下的屈曲

硬壳圆柱筒的许用屈曲应力计算公式见文献［NASA SP - 8007, Marty 1986］。首先预估缺陷敏感度：

$$\gamma = 1 - 0.901(1 - e^{-\alpha}) \qquad (29.60)$$

其中

$$\alpha = \frac{1}{16}\sqrt{\frac{R}{t}}$$

半径为 R、壁厚为 t 的硬壳圆柱筒的许用屈曲应力为

$$\sigma_{\text{buck}} = \frac{\gamma E}{\sqrt{3(1-\nu^2)}}\left(\frac{t}{R}\right) \qquad (29.61)$$

许用屈曲应力对应的的安全裕度为

$$MS - \frac{\sigma_{\text{buck}}}{j_y \sigma_o} - 1 \geqslant 0$$

半径为 $R=300\text{mm}$ 时，极限安全系数 $j_u = 1.25$，$\sigma_o = 28.7\text{MPa}$。针对壁厚 t 开展敏感度分析。

选择壁厚为 0.75mm 的圆柱筒（表 29.4）。

表 29.4　壁厚 $t(\text{mm})$ 和其他参数的关系表（一）

t/mm	$\sqrt{\dfrac{R}{t}}$	α	γ	σ_{buck} /MPa	MoS
0.5	600	1.53	0.294	20.8	−0.42
0.75	400	1.25	0.357	37.8	0.05
1.0	300	1.08	0.405	57.2	0.59

所需的最小惯性矩为 $I = 5.397 \times 10^{-4}\text{m}^4$。用式（29.58）可以计算出新的半径值，$R = \sqrt[3]{\dfrac{I}{\pi t}} \Rightarrow 0.25\text{m}$。

半径 $R=250\text{mm}$，极限安全系数 $j_u = 1.25$，$\sigma_o = 28.7\text{MPa}$。针对壁厚 t 开展敏感度分析。

选择壁厚为 0.75mm、半径 $R=250\text{mm}$ 的圆柱筒（表 29.5）。惯性矩为 $I = \pi R^3 t = 3.68 \times 10^{-5}\text{m}^4$，横截面积为 $A = 2\pi R t = 1.18 \times 10^{-3}\text{m}^2$。

表 29.5　壁厚 $t(\text{mm})$ 和其他参数的关系表（二）

t/mm	$\sqrt{\dfrac{R}{t}}$	α	γ	σ_{buck} /MPa	MoS
0.5	500	1.40	0.321	27.2	−0.25
0.75	333.7	1.14	0.387	49.1	0.36

2. 圆锥壳

1）强度

假设发射器界面的直径为 $D = 900\text{mm}$，试验装置连接界面的直径为 $D = 400\text{mm}$，则承载结构为圆锥壳。假设圆锥壳的最小半径为 $R_{\min} = 200\text{mm}$，最大半径为 $R_{\max} = 450\text{mm}$，圆锥的高 $H = 1000\text{mm}$（图 29.19）。

长圆锥壳结构的许用轴向屈曲力可以表示为 [Seide 1968]

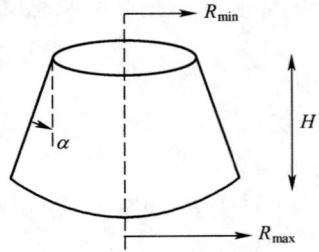

图 29.19　圆锥壳

$$F_{\text{cr}} = \gamma \frac{2\pi E t^2 (\cos\alpha)^2}{\sqrt{3(1 - \nu^2)}} \qquad (29.62)$$

其中 γ 为试验修正系数，$10° < \alpha < 75°$ 时，其推荐值为 $\gamma = 0.33$。

t 为壁厚（m）

E 为弹性模量，$E = 70\text{GPa}$

ν 为泊松比，$\nu = 0.3$

则角 α 变为

$$\alpha = \arctan\left(\frac{R_{\max} - R_{\min}}{H}\right) = \arctan\left(\frac{225 - 100}{1000}\right) = 14.04°$$

忽略剪切载荷，则

$$F_{\text{cr}} \geq j_u M g_y = 1.25 \times 500 \times 9.81 \times 5.5 = 33722\text{N}$$

因此圆锥壳的壁厚必须为 $t = 0.7\text{mm}$。屈曲载荷 F_{cr}（N）变为

$$F_{\text{cr}} = \gamma \frac{2\pi E t^2 (\cos\alpha)^2}{\sqrt{3(1 - \nu^2)}} = 0.33 \frac{2\pi 70 \times 10^9 \times 0.0007^2 (\cos 14.04)^2}{\sqrt{3(1 - \nu^2)}} = 40510$$

可以计算安全裕度值为

$$MS = \frac{F_{\text{cr}}}{j_u M g_y} - 1 = \frac{40510}{1.25 \times (500) \times 9.81 \times (5.5)} - 1 = 0.20$$

2）刚度

圆锥壳在发射方向（y 轴）的柔度为 [Seide 1972, Girard 1999]

$$G_y = \frac{1}{k} = \frac{Ln\left(\dfrac{R_{\max}}{R_{\min}}\right)}{2\pi \sin\alpha (\cos\alpha)^2 E t} \qquad (29.63)$$

相应的固有频率为 $f_y = \dfrac{1}{2\pi}\sqrt{\dfrac{1}{G_y M}}$

处理可得

$$f_y = \frac{1}{2\pi}\sqrt{\frac{1}{G_y M}} = 66\text{Hz}$$

安全裕度值为

$$MS = \frac{66}{35} - 1 = 0.88$$

圆锥壳在横向(x 轴)的柔度为[Seide 1972, Girard 1999]

$$G_x = \frac{1}{k} = \frac{Ln\left(\frac{R_{max}}{R_{min}}\right) - 2\left(1 - \frac{R_{min}}{R_{max}}\right) + \left(1 - \left\{\frac{R_{min}}{R_{max}}\right\}^2\right)\left(\frac{1}{2} + (1 + \nu)(\sin\alpha)^2\right)}{\pi(\sin\alpha)^3 Et}$$

$$(29.64)$$

相应的固有频率为 $f_x = \frac{1}{2\pi}\sqrt{\frac{1}{G_x M}}$

处理可得 $f_x = \frac{1}{2\pi}\sqrt{\frac{1}{G_x M}} = 26\text{Hz}$

安全裕度值为

$$MS = \frac{26}{15} - 1 = 0.73$$

29.6.9 安全裕度值总结

表 29.6 为安全裕度值的总结

表 29.6 安全裕度值总结

结构	强度/刚度	计算值	要求值	安全裕度
圆柱筒	横向固有频率/Hz	19.8	15	0.32
	发射方向固有频率/Hz	64.6	35	0.85
	屈曲载荷/N	49.1	28.7	0.36
圆锥壳	屈曲载荷/N	40510	33722	0.2
	横向固有频率/Hz	26	15	0.73
	发射方向固有频率/Hz	66	35	0.88

29.7 用卡氏第二定理计算刚度

使用卡氏第二定理计算桁架系统在 x 向和 y 向的刚度。

桁架系统的总能量用 $U(E, A, L, F_x, F_y, \alpha)$ 表示。对于线性系统，总能量等同于势能或应变能。桁架系统如图 29.20 所示。

设有恒定载荷 $N(\text{N})$ 作用的杆件，其支柱的应变能为

$$U = \frac{1}{2}\int_0^L \frac{N^2(x)}{E(x)A(x)}\mathrm{d}x \qquad (29.65)$$

355

式中：$N(x)$为杆件长度方向的可变载荷；$E(x)$为可变弹性模量；$A(x)$为可变截面面积。

对于恒定刚度 EA 和载荷 N（图 29.21），杆件的应变能为

$$U = \frac{1}{2} \frac{N^2 L}{EA} \quad (29.66)$$

桁架系统的总应变能为

$$U = \frac{1}{2} \frac{N_1^2 L_1}{EA} + \frac{1}{2} \frac{N_2^2 L_2}{EA}$$

$$(29.67)$$

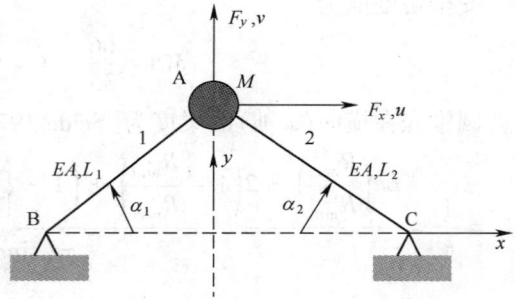

图 29.20 有集中质量的桁架系统

位移 u 和 v 可以用卡氏第二定理计算

$$u = \frac{\partial U}{\partial F_x}, v = \frac{\partial U}{\partial F_y} \quad (29.68)$$

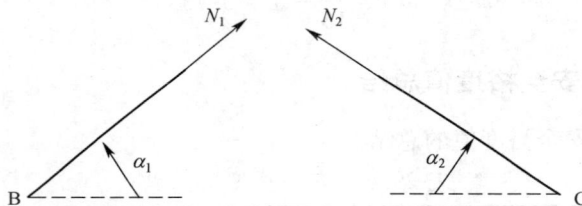

图 29.21 受载荷作用的杆件示意图

A 点的平衡方程为

$$\begin{bmatrix} \sin\alpha_1 & \sin\alpha_2 \\ \cos\alpha_1 & -\cos\alpha_2 \end{bmatrix} \begin{bmatrix} N_1 \\ N_2 \end{bmatrix} = \begin{bmatrix} -F_y \\ -F_x \end{bmatrix} \quad (29.69)$$

当 $\alpha_1 = \alpha_2 = \alpha$ 时，式（29.69）的解为

$$N_1 = -\frac{F_x}{2\cos\alpha} - \frac{F_y}{2\sin\alpha}, N_2 = \frac{F_x}{2\cos\alpha} - \frac{F_y}{2\sin\alpha} \quad (29.70)$$

桁架系统的应变能变为

$$U = \frac{1}{2} \frac{\left(-\frac{F_x}{2\cos\alpha} - \frac{F_y}{2\sin\alpha} \right)^2 L}{EA} + \frac{1}{2} \frac{\left(\frac{F_x}{2\cos\alpha} - \frac{F_y}{2\sin\alpha} \right)^2 L}{EA}$$

位移 u 为

$$u = \frac{\partial U}{\partial F_x} = \frac{1}{2(\cos\alpha)^2} \frac{P_x L}{EA} \quad (29.71)$$

位移 v 为

$$v = \frac{\partial U}{\partial F_y} = \frac{1}{2(\sin\alpha)^2} \frac{P_y L}{EA} \tag{29.72}$$

x 向刚度和 y 向刚度分别为 k_{xx} 和 k_{yy}，定义为

$$k_{xx} = \frac{F_x}{u} = \frac{1}{2(\cos\alpha)^2} \frac{EA}{L} \tag{29.73}$$

$$k_{yy} = \frac{F_y}{v} = \frac{1}{2(\sin\alpha)^2} \frac{EA}{L} \tag{29.74}$$

其中 L 是杆件长度。

两个方向的固有频率(Hz)分别为

$$x \text{ 方向} f_x = \frac{1}{2\pi} \sqrt{\frac{k_{xx}}{M}}$$

$$y \text{ 方向} f_y = \frac{1}{2\pi} \sqrt{\frac{k_{yy}}{M}}$$

其中 M 是点 A 的质量(kg)。

杆 1 和杆 2 的应力分别为

$$\sigma_1 = \frac{N_1}{A}, \sigma_2 = \frac{N_2}{A}$$

29.8   悬臂梁的模态有效质量

弯曲刚度为 EI，长度为 L 的悬臂梁如图 29.22 所示。模态变形为

$$\phi(x) = 2\left(\frac{x}{L}\right)^2 - \frac{4}{3}\left(\frac{x}{L}\right)^3 + \frac{1}{3}\left(\frac{x}{L}\right)^4 \tag{29.75}$$

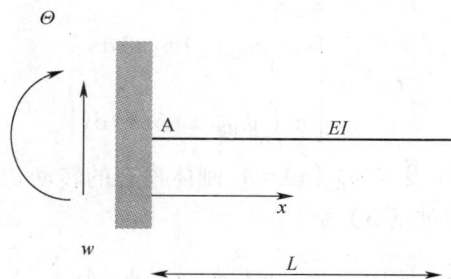

图 29.22   固支梁模型

悬臂梁单位长度质量为 $m(\text{kg/m})$。

- 用 Rayleigh 系数计算模态变形 $\phi(x)$ 的自然频率(Hz)。

- 计算点 A 在 w 和 Θ 方向的模态参与因子。
- 计算模态变形 $\phi(x)$ 的广义质量。
- 计算 2×2 模态有效质量矩阵。

用 Rayleigh 商可以求得近似的固有频率如下

$$R(\phi) \approx \omega_{\mathrm{o}}^2 = \frac{\int_0^L EI\{\phi''(x)\}^2 \mathrm{d}x}{\int_0^L m\{\phi(x)\}^2 \mathrm{d}x} = 12.46\,\frac{EI}{mL^4} \tag{29.76}$$

其中

$$\phi'(x) = \frac{4}{L}\left(\frac{x}{L}\right) - \frac{4}{L}\left(\frac{x}{L}\right)^2 + \frac{4}{3L}\left(\frac{x}{L}\right)^3,\ \phi''(x) = \frac{1}{L^2}\left[4 - 8\left(\frac{x}{L}\right) + 4\left(\frac{x}{L}\right)^2\right]$$

式(29.76)的分子变为

$$\int_0^L EI\{\phi''(x)\}^2 \mathrm{d}x = \frac{EI}{L^4}\int_0^L \left\{4 - 8\left(\frac{x}{L}\right) + 4\left(\frac{x}{L}\right)^2\right\}^2 \mathrm{d}x = 3.2\,\frac{EI}{L^3} \tag{29.77}$$

式(29.76)的分母变为

$$\int_0^L m\{\phi(x)\}^2 \mathrm{d}x = m\int_0^L \left\{2\left(\frac{x}{L}\right)^2 - \frac{4}{3}\left(\frac{x}{L}\right)^3 + \frac{1}{3}\left(\frac{x}{L}\right)^4\right\}^2 \mathrm{d}x = 0.2568mL \tag{29.78}$$

弯曲梁的自然频率变为

$$f_{\mathrm{o}} = \frac{\omega_{\mathrm{o}}}{2\pi} = \frac{1}{2\pi}\sqrt{R(\omega)} = \frac{1}{2\pi}\sqrt{\frac{3.2\,\dfrac{EI}{L^3}}{0.2568mL}} = \frac{3.53}{2\pi}\sqrt{\frac{EI}{mL^4}} = 0.56\sqrt{\frac{EI}{mL^4}} \tag{29.79}$$

模态参与因子是刚体运动 $\phi_R(x)(\omega=0)$ 和弹性模态 $\phi(x)$ 的耦合。耦合矩阵 $[L]^{\mathrm{T}}$ 为

$$[L]^{\mathrm{T}} = \left\{ \begin{array}{c} m\int_0^L \phi_{\mathrm{R}u}(x)\phi(x)\mathrm{d}x \\[2mm] m\int_0^L \phi_{\mathrm{R}\theta}(x)\phi(x)\mathrm{d}x \end{array} \right\} \tag{29.80}$$

刚体模态的平移 U 设为 $\phi_{\mathrm{R}u}(x) = 1$,刚体模态的转动 θ 设为 $\phi_{\mathrm{R}\theta}(x) = x$。刚体模态的质量矩阵(相对点 A)为

$$[M_{\mathrm{R}}] = \begin{bmatrix} m\int_0^L \phi_{\mathrm{R}u}(x)\phi_{\mathrm{R}u}\mathrm{d}x & m\int_0^L \phi_{\mathrm{R}u}(x)\phi_{\mathrm{R}\theta}\mathrm{d}x \\[2mm] m\int_0^L \phi_{\mathrm{R}\theta}(x)\phi_{\mathrm{R}u}\mathrm{d}x & m\int_0^L \phi_{\mathrm{R}\theta}(x)\phi_{\mathrm{R}u\theta}\mathrm{d}x \end{bmatrix} = \begin{bmatrix} mL & \dfrac{m}{2}L^2 \\[3mm] \dfrac{m}{2}L^2 & \dfrac{m}{3}L^3 \end{bmatrix} \tag{29.81}$$

模态参与因子(29.80)式向量变为

$$[L]^{\mathrm{T}} = \left\{ \begin{array}{l} m\displaystyle\int_0^L \left(2\left(\frac{x}{L}\right)^2 - \frac{4}{3}\left(\frac{x}{L}\right)^3 + \frac{1}{3}\left(\frac{x}{L}\right)^4 \right) \mathrm{d}x \\ m\displaystyle\int_0^L x \left\{ 2\left(\frac{x}{L}\right)^2 - \frac{4}{3}\left(\frac{x}{L}\right)^3 + \frac{1}{3}\left(\frac{x}{L}\right)^4 \right\} \mathrm{d}x \end{array} \right\} = \left\{ \begin{array}{l} 0.4mL \\ 0.29mL^2 \end{array} \right\}$$

$$(29.82)$$

广义质量(29.78)式为

$$m_{\mathrm{g}} = \int_0^L m\{\phi(x)\}^2 \mathrm{d}x = m\int_0^L \left\{ 2\left(\frac{x}{L}\right)^2 - \frac{4}{3}\left(\frac{x}{L}\right)^3 + \frac{1}{3}\left(\frac{x}{L}\right)^4 \right\}^2 \mathrm{d}x = 0.2568mL$$

最后可以计算振型 $\phi(x)$ 对应的模态有效质量矩阵。模态有效质量矩阵为

$$[M_{\mathrm{eff}}] = \frac{[L]^{\mathrm{T}}[L]}{m_{\mathrm{g}}} = \frac{\left\{ \begin{array}{l} 0.4mL \\ 0.29mL^2 \end{array} \right\} [0.4mL, 0.29mL^2]}{0.2568mL} = \left[\begin{array}{cc} 0.62mL & 0.45mL^2 \\ 0.45mL^2 & 0.33mL^3 \end{array} \right]$$

$$(29.83)$$

比较模态有效质量矩阵 $[M_{\mathrm{eff}}]$ 和点 A 的刚体质量矩阵 $[M_{\mathrm{RR}}]$,可以看出,对于模态 $\phi(x)$,体现 62% 的质量和 100% 的质量二次矩。

29.9   模态综合法(Craig-Bampton 方法)

设有五自由度的离散动力学系统,如图 29.23 所示。研究其动态行为并用模态综合法对比不同阶数下得到的结果。

使用固定-自由 Craig-Bampton 方法。弹簧刚度简化为 $k_1 = k_2 = k_3 = k_4 = k_5 = k = 1$,离散质量为 $m_1 = m_2 = m_3 = m_4 = 1, m_5 = 0.5$ 。系统的质量和刚度矩阵分别为

$$[M] = \left[\begin{array}{ccccc} 1 & 0 & 0 & 0 & 0 \\ 0 & 1 & 0 & 0 & 0 \\ 0 & 0 & 1 & 0 & 0 \\ 0 & 0 & 0 & 1 & 0 \\ 0 & 0 & 0 & 0 & 0.5 \end{array} \right], [K] = \left[\begin{array}{ccccc} 2 & -1 & 0 & 0 & 0 \\ -1 & 2 & -1 & 0 & 0 \\ 0 & -1 & 2 & -1 & 0 \\ 0 & 0 & -1 & 2 & -1 \\ 0 & 0 & 0 & -1 & 1 \end{array} \right]$$

通过直接求解特征值问题,提取的特征值如下:

$$\{\lambda\} = \left\{ \begin{array}{l} 0.0979 \\ 0.8244 \\ 2.0000 \\ 3.1756 \\ 3.9021 \end{array} \right\}$$

组件 1

组件 1 由节点 1,2,3 及对应的弹簧和质量组成。节点 1,2 的位移是内部自

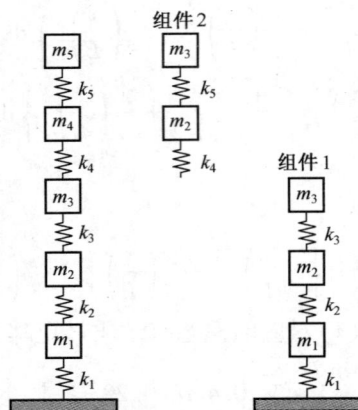

图 29.23　系统及组件示意图

由度$[x_1, x_2]$，节点 3 的位移是边界自由度 x_3。组件 1 的质量和刚度矩阵，由边界自由度和内部自由度组成，有

$$[M_1] = \begin{bmatrix} 1 & 0 & 0 \\ 0 & 1 & 0 \\ 0 & 0 & 1 \end{bmatrix}, [K_1] = \begin{bmatrix} 1 & 1 & 0 \\ -1 & 2 & -1 \\ 0 & -1 & 2 \end{bmatrix}$$

$$[K_{ii,1}] = \begin{bmatrix} 2 & -1 \\ -1 & 2 \end{bmatrix}, [K_{ib,1}] = \begin{Bmatrix} -1 \\ 0 \end{Bmatrix}, [M_{ii,1}] = \begin{bmatrix} 1 & 0 \\ 0 & 1 \end{bmatrix}$$

$$\{\Phi_{c,1}\} = \begin{Bmatrix} 1 \\ \dfrac{1}{3} \\ \dfrac{2}{3} \end{Bmatrix}, \{\Phi_{i,1}\} = \begin{bmatrix} 0 & 0 \\ \dfrac{\sqrt{2}}{2} & -\dfrac{\sqrt{2}}{2} \\ \dfrac{\sqrt{2}}{2} & \dfrac{\sqrt{2}}{2} \end{bmatrix}$$

$$[M_{CB,1}] = \begin{bmatrix} 1.5556 & 0.7071 & -0.2357 \\ 0.7071 & 1 & 0 \\ -0.2357 & 0 & 1 \end{bmatrix}, [K_{CB,1}] = \begin{bmatrix} 0.3333 & 0 & 0 \\ 0 & 1 & 0 \\ 0 & 0 & 3 \end{bmatrix}$$

组件 2

组件 2 由节点 3,4,5 及对应的弹簧和质量组成。因节点 3 的质量将在组件 1 中表示，因此这个质量被设置为零。节点 4,5 的位移是内部自由度$[x_4, x_5]$，节点 3 的位移是边界自由度 x_3。组件 2 的质量和刚度矩阵，由边界自由度和内部自由度组成，有

$$[M_2] = \begin{bmatrix} 1 & 0 & 0 \\ 0 & 1 & 0 \\ 0 & 0 & 0.5 \end{bmatrix}, [K_2] = \begin{bmatrix} 1 & -1 & 0 \\ -1 & 2 & -1 \\ 0 & -1 & 1 \end{bmatrix}$$

360

$$[K_{ii,2}] = \begin{bmatrix} 2 & -1 \\ -1 & 1 \end{bmatrix}, [K_{ib,2}] = \begin{Bmatrix} -1 \\ 0 \end{Bmatrix}, [M_{ii,2}] = \begin{bmatrix} 1 & 0 \\ 0 & 0.5 \end{bmatrix}$$

$$\{\Phi_{c,2}\} = \begin{Bmatrix} 1 \\ 1 \\ 1 \end{Bmatrix}, \{\Phi_{i,2}\} = \begin{bmatrix} 0 & 0 \\ \dfrac{\sqrt{2}}{2} & -\dfrac{\sqrt{2}}{2} \\ 1 & 1 \end{bmatrix}$$

$$[M_{CB,2}] = \begin{bmatrix} 1.5 & 1.2071 & -0.2071 \\ 1.2071 & 1 & 0 \\ -0.2071 & 0 & 1 \end{bmatrix}, [K_{CB,2}] = \begin{bmatrix} 0 & 0 & 0 \\ 0 & 0.5858 & 0 \\ 0 & 0 & 3.412 \end{bmatrix}$$

组件可以像有限单元那样组合起来。因此,有下面的映射关系(表29.7)。

表 29.7　组件自由度的映射

组件	边界自由度	内部自由度	整体自由度
1	1		1
		2	2
		3	3
2	1		1
		2	4
		3	5

通过自由度的映射,可以推出下列刚度和质量矩阵:

$$[K_{CMS}] = \begin{bmatrix} 0.3333 & 0 & 0 & 0 & 0 \\ 0 & 1 & 0 & 0 & 0 \\ 0 & 0 & 3 & 0 & 0 \\ 0 & 0 & 0 & 0.5858 & 0 \\ 0 & 0 & 0 & 0 & 3.1442 \end{bmatrix}$$

$$[M_{CMS}] = \begin{bmatrix} 3.0556 & 0.7071 & -0.2357 & 1.2071 & -0.2071 \\ 0.7071 & 1 & 0 & 0 & 0 \\ -0.2357 & 0 & 3 & 0 & 0 \\ 1.2071 & 0 & 0 & 0.5858 & 0 \\ -0.2071 & 0 & 0 & 0 & 3.1442 \end{bmatrix}$$

矩阵的划分将边界位移自由度从模态自由度中分离出来。如果去掉第三行列和第五行列,则对每个组件只考虑单一内部自由度。如果使用完整的矩阵,考虑了所有模态,计算结果将和精确解一致。所求结果用特征值(固有频率的平方)来表示,见表 29.8。

表 29.8　特征值

模态阶数	5(精确解)	3 阶矩阵结果	5 阶矩阵结果
一阶模态	0.0979	0.0979	0.0979
二阶模态	0.8244	0.8245	0.8244
三阶模态	2.0000	2.2150	2.0000
四阶模态	3.1756		3.1756
五阶模态	3.9021		3.9021

这个算例来自 Genta 所著的书[Genta 1995]。

参 考 文 献

Harris,C. M. ,Crede,C. E. ,1976,*Shock and Vibration Handbook*,second edition,McGraw-Hill,IS-BN0-07-026799-5.

Ludolph,G. L. ,Potma,A. ,Legger,J. ,1961,*Leerboek der Mechanica*,Wolters,Groningen.

Prescott,J. ,1924,*Applied Elasticity*,Dover Publications.

Arianespace,1999,ARIANE 4 User's Manual,Issue 2.

Girard, A. and Pawlowski, M. , *Optimum Conical Shell For Dynamic Behaviour*, Vibrations in Launchers,Conference,Toulouse,1999,pages 265-272.

Marty,D. ,1986,*Conception des Vehicles Spatiaux*,Masson

NASA SP-8007,*Buckling of Thin-Walled Circular Cylinders*,1968.

Seide,P. , 1972, *Influence Coefficients for End-Loaded Conical Shells*, AIAA Journal, Vol. 10, No. 12,1972,pages 1717-1718.

Seide,P. ,Weingarten,V. I. ,1968,*Buckling of Thin-Walled Truncated Cones*,NASA Space Vehicle Design Criteria(Structures,NASA SP-8019,1968)

Genta,G. ,1995,*Vibration of Structures and Machines*,ISBN 0-387-94403-6,Springer Verlag.

英汉术语对照

A	
Abort limit	停机限
Absolute acceleration	绝对加速度
Absolute displacement	绝对位移
Absolute temperature	绝对温度
Acceleration transformation matrix	加速度变换矩阵
Accelerometer	加速度计
Acceptance test	验收级试验
Acoustic analysis	声分析
Acoustic load	声载荷
Acoustic test	声试验
Admissible vector	许用向量
Allowable cycles	许用循环次数
Allowable stress	许用应力
Alternative Dunkerley's equation	Dunkerley 近似方程
Altitude	高度
Aluminium alloy	铝合金
Aluminium honeycomb core	铝蜂窝芯子
A-matrix	A 矩阵
Amplification factor	放大系数
Analytical mass matrix	分析质量矩阵
Analytical mode shape	分析模态振型
ARIANE 5	阿丽亚娜 5
Assumed mode	假设模态
ATLAS	宇宙神系列运载火箭
ATM	加速度变换矩阵
Atmospheric flight	大气层飞行
Attitude control	姿态控制
Attitude control system	姿态控制系统
A-value	A 值
Average speed	平均速度

B	
Balance weight	配重
Bandwidth	带宽
Base acceleration	基础加速度
Bending beam	弯曲梁
Bending stiffness	弯曲刚度
Bending stress	弯曲应力
Bernoulli method	伯努利方法
Beryllium alloy	铍合金
Block of stress amplitude	应力幅值分组
Block of stress cycles	应力循环分组
Boron fibres	硼纤维
Boundary degrees of freedom	边界自由度
Buckling load	屈曲载荷
Buckling of cone	锥形筒的屈曲
Buckling of cylinder	圆柱筒的屈曲
Buckling of sandwich cylinder	夹层圆柱筒的屈曲
Buckling safety factor	屈曲安全系数
Bumper	缓冲器
B-value	B 值
C	
Carbon fibres	碳纤维
Castigliano's first theorem	卡氏第一定律
CB reduced-mass matrix	Craig-Bampton 缩减质量矩阵
CB reduced-stiffness matrix	Craig-Bampton 缩减刚度矩阵
CDLA	耦合动载荷分析
Centre frequency	中心频率
Centre of gravity	重心
Centre of mass	质心
Centrifuge test	离心试验
Characteristic constant	特征常数
Characteristic equation	特征方程
Characteristic passages	特征穿越数

C	
CLA	耦合载荷分析
Classical pulses	经典脉冲信号
CME	湿膨胀系数
CMS	组件模态综合
Coefficient of moisture expansion	湿膨胀系数
Coefficient of thermal expansion	热膨胀系数
Collision	碰撞
Combination of load conditions	多载荷组合
Component modal synthesis	组件模态综合
Component mode synthesis	组件模态综合
Component vibration requirement	组件级振动要求
Composite material	复合材料
Conduction coefficient	热传导系数
Conduction matrix	传递矩阵
Confidence interval	置信区间
Conservation of energy	能量守恒
Constraint modes	约束模态
Continuous dynamic system	连续动力学系统
Convergent nozzle	收敛喷口
Coordinate system	坐标系
Correlation requirement	相关性规定
Coupled load analysis	耦合载荷分析
Craig - Bampton method	Craig - Bampton 方法
Craig - Bampton model	Craig - Bampton 模态
Craig - Bampton transformation matrix	Craig - Bampton 变换矩阵
Crater diameter	弹坑直径
Cratering	弹坑
Critical damping	临界阻尼
Critical design review	关键设计评审
Cross orthogonality	交叉正交性
Cross orthogonality check	交叉正交性检查
Cross orthogonality matrix	交叉正交性矩阵
Cross second moments of mass	质量惯性矩

C	
CTE	热膨胀系数
Cumulative damage rule	累积损伤法则
Cumulative density function	累积密度函数
D	
Damping constant	阻尼系数
Damping energy	阻尼耗能
Damping property	阻尼特性
Damping ratio	阻尼比
Data system	数据系统
Debris flux model	碎片流量模型
Decaying sinusoid	衰减正弦曲线
Decibel	分贝
Degrees of freedom	自由度
DELTA	德尔塔系列运载火箭
Deployable mechanism	展开机构
Design consideration	设计原则
Design criteria	设计准则
Design development plan	设计开发策划书
Design drawing	设计图纸
Design element	设计元素
Design limit load	设计极限载荷
Design load	设计载荷
Design process	设计过程
Design specification	设计技术要求
Design study	设计研究
Detrimental deformation	有害变形
Diffuse sound field	散射声场
Dimpling of face sheet	面板凹陷
Displacement compensation	位移补偿
Displacement field	位移场
Displacement function	位移函数
Displacement transformation matrix	位移变换矩阵

D	
Distributed heat flow	分布热流
Distributed mass	分布质量
Dry mass	干重
DTM	位移变换矩阵
Dunkerley's equation	Dunkerley 方程
Dutch Space B. V.	荷兰宇航局
Dynamic analyis	动力学分析
E	
Effective pressure	有效压力
Elastic deformation	弹性变形
Elastic mode shape	弹性模态振型
Electrical ground support equipment	地面电气支持设备
Electrical model	电路模型
Enforced acceleration	强迫加速度
Engine ignition	发动机点火
Engineering strain	工程应变
Euler load	欧拉载荷
Exciter	激励器
Expendable launch vehicle	不可重复用运载火箭
Exposed area	外露面积
External degree of freedom	外部自由度
External heat flow	外部热流
External load vector	外载向量
F	
Face dimpling	面板凹陷
Face sheet	面板
Facing failure	面板失效
Factor of safety	安全系数
Fail – safe	失效安全
Failure mode	失效模式
Fast sine sweep	快速正弦扫频

F	
Fatigue curve	疲劳曲线
Fatigue life	疲劳寿命
Fatigue problem	疲劳问题
Glass fiber	玻璃纤维
Fill factor	填充系数
Filtered plots	滤波后的曲线
Finite element analysis	有限元分析
Finite element mass matrix	有限元质量矩阵
Finite element method	有限元法
Finite element model	有限元模型
Finite element model check	有限元模型检查
Finite element model requirements	有限元模型要求
Finite element strain energy	有限单元应变能
Finite element type	有限单元类型
Finite element work	（外力）对有限单元做的功
First moment of mass	质量的静矩
Fixed-interface method	固定界面方法
Flexibility matrix	柔度矩阵
Flight acceptance load	飞行验收级载荷
Flight acceptance test	飞行验收级试验
Flight limit load	飞行极限载荷
Flight model	飞行产品
Foldable structure	折叠式结构
Force exciter	力激励器
Force limiting	力限
Force vector	力向量
Fractile	分位数
Free-free elastic body	自由-自由弹性体
Free-interface method	自由界面方法
Fuel mass	燃料重量
Functional requirement	功能要求

G	
Gamma function	Gamma 函数
Generalised coordinate	广义坐标
Generalised mass	广义质量
Generalised stiffness	广义刚度
Geometric matrix	几何矩阵
Geostationary orbit	地球同步静止轨道
Global mass matrix	总体质量矩阵
Growth rate	增长率
Guyan reduced stiffness matrix	Guyuan 减缩刚度矩阵
H	
Half sine pulse	半正弦脉冲
Highest peak	最大峰值
Honeycomb core	蜂窝芯子
Honeycomb core properties	蜂窝芯子性能
I	
I/F accelerations	界面加速度
I/F displacements	界面位移
I/F forces	界面力
Imperfections	缺陷
Inertia-relief coordinates	惯性释放坐标
Inertia-relief effect	惯性释放效应
Insert	埋件
Interface forces	界面力
Internal degree of freedom	内部自由度
Internal thermal energy	内能
Internal load	内部载荷
Interplanetary flux	行星通量
Interpolation function	插值函数
Interpolation matrix	插值矩阵

J	
Jacobian	雅可比行列式
Johnson column equation	Johnson 列方程
Joint	连接
K	
Kinetic energy	动能
Knock down factor	折损失稳因子
L	
Lagrange multiplier	拉格朗日乘子
Lagrangian function	拉格朗日函数
Lap joint	搭接接头
Launch authority	运载方
Launch mission	发射任务
Launch system	发射系统
Launch vehicle	运载火箭
Launch vehicle adapter	运载火箭适配器
Launch vehicles catalogue	运载火箭目录
Life-fraction rule	寿命-分数理论
Lift-off	发射
Lightsat	轻型卫星
Limit stress	极限应力
Load transformation matrix	载荷变换矩阵
Local buckling	局部屈曲
Local crushing of core	局部芯子塌陷
Low level sine sweep test	低量级正弦扫频测试
LTM	载荷变换矩阵
Lumped heat input	集中热输入
Lumped mass	集中质量
Lumped parameter method	集总参数法
M	
MAC	质量-加速度曲线

M	
Magnesium alloy	镁合金
Margin of safety	安全裕度
Mass acceleration curve	质量-加速度曲线
Mass budget	质量预算
Mass coupling	质量耦合
Mass matrix	质量矩阵
Mass participation approach	质量参与法
Matched SRS	匹配冲击谱
Material strength	材料强度
Mathematical model	数学模型
Max/min values	最大/最小值
Maximum acceleration	最大加速度
Maximum shock time	最大冲击时间
Measurement plan	测试大纲
Mechanical dynamic load	动态机械载荷
Mechanical engineer	机械工程师
Metal alloy	合金
Metal matrix	金属基体
Metal threads	金属丝
Micro meteoroid shower	微型流星雨
Microphone	麦克风
Miles´ equation	Miles 方程
Miner´s constant	Miner 常数
Minimum mass optimisation	最小质量优化
Minimum stiffness	最小刚度
Mission duration	任务寿命
Modal analysis	模态分析
Modal assurance criteria	模态置信准则
Modal base	模态基向量
Modal characteristics	模态特性
Modal contribution	模态贡献
Modal coupling technique	模态耦合技术
Modal damping ratio	模态阻尼比

M	
Modal effective mass	模态有效质量
Modal matrix	模态矩阵
Modal participation factor	模态参与因子
Modal reaction force	模态反力
Modal survey	模态测试
Modal transformation	模态变换
Mode displacement method	模态位移法
Modulated random noise	调制随机噪声
Moisture contents	含水量
Moment of inertia	惯性矩
Myosotis formulae	Myosotis 公式
N	
Narrow-banded Random Vibration	窄带随机振动
Natural frequency	固有频率
Newmark-beta method	Newmark-beta 方法
Newton - Cotes Method	Newton - Cotes 方法
Nodal temperature	节点温度
Normal mode generalised coordinates	正则模态广义坐标
Normalised cross orthogonality	归一化十字正交
Notching	下凹
Numbering scheme	编号规则
O	
OASPL	总声压级
Octave band	倍频程
One-third octave band	1/3 倍频程
Operational condition	运行环境
Orbital debris	轨道碎片
Organic fibres	有机纤维
Oribital debris flux	轨道碎片流
Orthogonality test	正交性试验
OTM	输出变换矩阵

(续)

O	
Output transformation matrix	输出变换矩阵
Overall sound pressure level	总声压级
P	
Passages	穿越
PAT	规定的平均温度
Payload	有效载荷
Payload separation system	有效载荷分离系统
Permanent deformation	永久变形
Permissible bending moment	许用弯矩
Pilot accelerometer	参考测点
Poisson	泊松
Positive zero crossings	正向零穿越
Potential energy	势能
Power spectral density	功率谱密度
Power spectral density function	功率谱密度函数
Power supply	电源系统
Preliminary design review	初步设计评审
Preliminary sizing	基本尺寸
Preliminary design	初步设计
Prescribed averaged temperatures	规定的平均温度
Pressure change	压力变化
Primary contractor	总承包商
Primary structure	主结构
Principal axis of inertia	惯性主轴
Principal coordinates	主坐标系
Principal direction	主方向
Principal second moments of mass	主惯性矩
Probability density function	概率密度函数
Probability of impact	冲击概率
Probability of no impact	无冲击概率
Probability of occurrence of stress	应力发生概率
Production document	产品文件

P	
Proof load	验证载荷
Propulsion system	推进系统
Protection method	保护措施
Proto flight model	飞行模型原型
PSD	功率谱密度
Pyroshock	火工品冲击
Q	
Qualification model	鉴定模型
Qualification test	鉴定试验
Quasi-static load	准静态载荷
Quasi-static load factor	准静态载荷系数
R	
Rain flow method	雨流法
Random mechanical load	随机机械载荷
Random vibration	随机振动
Random vibration level	随机振动量级
Random vibration load factors	随机振动载荷系数
Random vibration test	随机振动试验
Range pair-range counting method	程对计数法
Rankine allowable load	Rankine 许用载荷
Rayleigh's method	Rayleigh 法
Rayleigh's quotient	Rayleigh 商
Reaction force	反力
Reduced dynamic model	减缩动力模型
Reduced mass matrix	减缩质量矩阵
Reduced model	减缩模型
Reduced stiffness matrix	缩减刚度矩阵
Reference coordinate system	参考坐标系
Reference pressure	参考压力
Relative displacement	相对位移
Relative motion	相对运动

R	
Relative velocity	相对速度
Reliability	可靠性
Residual flexibility matrix	残余柔度矩阵
Residual mass	残余质量
Reverberant chamber	混响室
Reverberant sound field	混响声场
Rigid body mass matrix	刚体质量矩阵
Rigid body mode	刚体模态
Rigid body motion	刚体运动
Rigid body motion energy	刚体动能
Rigid body vector	刚体向量
Ring	环形筋
Root mean square	均方根
Root sum squared	和方根
RSS	和方根
Running load	分布载荷
S	
Safe-life	安全寿命
Safety plan	安全计划
Sandwich column	夹层柱
Sandwich construction	夹层结构
S-basis	S 值
Scaled test mode	缩比实验模式
Secant coefficient of thermal expansion	正割热膨胀系数
Second moment of mass	质量惯性矩
Secondary notching	二次下凹
Secondary structure	次结构
Selection of material	材料选择
Separation test	分离试验
SEREP	系统等效减缩扩展方法
Service module	服务舱
Shaker	振动台

S	
Shear crimpling	剪切皱损
Shear force	剪力
Shear stress	剪应力
Shell of revolution	回转壳
Shock load	冲击载荷
Shock response spectrum	冲击响应谱
Shock spectra plot	冲击谱图
Shock test	冲击试验
Shut down	关机
Sicilian carbide fibres	西西里碳化纤维
Side-condition	附加条件
Simpson's rule	Simpson 法则
Sine burst test	正弦脉冲试验
Sine dwell test	正弦定频试验
Sine vibration test	正弦振动试验
Single mass-spring system	单质量点弹簧系统
Sinusoidal vibration	正弦振动
Smallsat	小卫星
$s-N$ curve	$s-N$ 曲线
Solar radio flux	太阳辐射通量
Sound pressure level	声压级
SOYUZ	联盟号运载火箭
Space debris	空间碎片
Space flight	空间飞行
Space transportation system	空间运输系统
Spacecraft configuration	航天器构型
Spacecraft construction	航天器研制
Spacecraft structure	航天器结构
Speed of sound	声速
Spinning satellite	自旋稳定卫星
SPL	声压级
SRS	冲击响应谱
SRSS	平方和的方根

376

S	
Stability of cone	圆锥壳稳定性
Staging	级间分离
Standard deviation	标准偏差
Standard structural element	标准结构件
Static condensation method	静力缩聚法
Static displacement method	静态位移法
Static mode	静模态
Static test	静力试验
Static transformation	静变换
Statistical Energy Analysis	统计能量分析
Steady-state acceleration	稳态加速度
Steady-state heat problem	稳态热问题
Steady-state static load	稳态静载
Steel	钢
Steinberg's approximation	Steinberg 近似
Stiffness matrix	刚度矩阵
Stiffness of cone	圆锥体刚度
Stiffness of cylinder	圆柱刚度
Stiffness requirement	刚度要求
Strain energy	应变能
Strain gauge	应变片
Strain vector	应变向量
Strength analysis	强度分析
Strength of materials	材料强度
Stress cycle	应力循环
Stress range histogram	应力幅值直方图
Structural analyse	结构分析
Structural damping	结构阻尼
Structural member	结构构件,结构元件
Structural model	结构分析模型
Structural test	结构试验
Structure	结构
Structure mass	结构质量

S	
Structure shrink	结构收缩
Stuffed Whipple Shield	被填充的惠普尔防护罩
Substructure	子结构
Subsystem	分系统
S-Value	S 值
Sweep rate	扫描速率
System equivalent reduction expansion process	系统等效减缩扩展方法
T	
TAM	测试分析模型
Tapered strut	锥形支柱
Telecommunication system	通信系统
Telemetry	遥测
Temperature distribution	温度分布
Temperature field	温度场
Temperature function	温度函数
Temperature gradient	温度梯度
Temperature variation	温度变化
Test analysis model	试验分析模型
Test article	试验样品
Test condition	试验条件
Test facility	试验设备
Test mode	试验模态振型
Test model	试验模型
Test plan	试验大纲
Test prediction	试验预测
Test preparation phase	试验准备阶段
Test procedure	试验流程
Test rig	试验台
Test sequence	试验顺序
Test success criteria	试验成功判据
Test tolerance	试验容差
Test verification	试验验证

T	
Thermal control	热控
Thermal control system	热控系统
Thermal deformation	热变形
Thermal distortion	热变形
Thermal engineer	热工程师
Thermal functional	热传导
Thermal model	热模型
Thermal node	热节点
Thermal stress	热应力
Thermal work	热功
Thermo-elastic Analysis	热弹性分析
Time frame	时间范围
Time history	时间历程
Time history synthesis	时域合成
TITAN	泰坦系列(大力神)运载火箭
Titanium alloy	钛合金
Tolerance limit	容差限制
Torsion in beam	梁扭转
Trace of matrix	矩阵的迹
Transformation matrix	变换矩阵
Transient response	瞬态响应
Transvere shear failure	横向剪切失效
Trapezoidal rule	梯形积分法则
Truss frame	桁架结构
U	
Ultimate load	极端载荷
Uncertainty factor	不确定性系数
Unfiltered plots	未过滤图
Unit displacement method	单位位移法
Unit force method	单位力法
Universal file	通用文件
Upper bound	上限
User's manual	用户手册

V	
Variation static pressure	静压力波动
Velocity compensation	速度补偿
Venting hole	通气孔
Vibroacoustic Analysis	声振耦合分析
Virtual work	虚功
W	
Wave form	波形
Wave length	波长
Wave number	波数
Weight factor	权重因子
Whiffle tree	分配梁
Whipple Shield	惠普尔防护罩
Wöhler curve	Wöhler 曲线
Wrinkling of face sheet	面板起皱屈曲
Y	
Yield load	屈服载荷
Yoke	轭
Z	
Zero inertia effects	零惯性作用
Zero to peak	零至峰
Zero-upcrossing rate	零正向交叉率

内 容 简 介

空间飞行产生的结果可以同时用于理论和实践研究。空间飞行对于科学研究非常重要。由于太空环境隔离了大部分的辐射,因此在太空中进行研究比在地球上进行研究更加可靠。空间飞行对科学探索有着重要意义。太空飞行是一个综合性和创新性的技术,它包含许多技术领域,本书将会介绍其中的某些技术。

本书截取"空间飞行"综合技术的一个横截面进行阐述,并深入探讨了航天器的设计、制造及分析,为该领域的工作提供了一个最佳参照。本书的重点是对无人驾驶航天器的讨论,主要是关于航天器的结构设计而非运载火箭的设计。

卫星的特性决定于它被赋予的任务,通常分为通信卫星、电视卫星、气象卫星、航海卫星、天文卫星、军用卫星、对地观测卫星、科学卫星、载人航天飞行器、微重力飞行器等种类。飞行器通常由有效载荷与服务舱两部分组成。有效载荷执行设定的任务,如通信卫星的无线电通信系统。飞行器系统包含很多分系统,如姿态控制系统、推进系统、电源系统、热控系统、结构系统、可展开机构(太阳电池阵)系统及遥测技术。本书将重点讲述飞行器结构设计方面的知识。

本书针对空间飞行器结构设计所涉及到的七个主要方面(载荷假设与环境,设计准则,设计细节、构造特点及制造方法,材料选择,静力与动力分析,失效分析及承载能力,条件及验证试验)进行了详细描述。第1章~第8章首先介绍了运载火箭系统及航天器分系统的结构与功能,并通过设计过程、设计原则、设计载荷及设计试验验证等方面阐述了航天器结构设计的基本内容。第9章介绍了典型的航天器结构强度与刚度的手算方法。第10章针对目前常用的蜂窝夹层结构,从结构的特性、失效模式、设计与优化、应力、屈曲、连接埋件、蜂窝结构的机械性能及接头设计等方面进行了详细的描述。第11章和第12章阐述了航天器结构有限元分析及刚度柔度分析的基本方法。第13章与第14章介绍了航天器结构设计的材料选用方法和原则,并且对航天器质量特性的计算进行了具体的讲解。第15章~第21章对航天器结构的动力学特性及计算方法进行描述。第22章~第28章分别对航天器疲劳寿命、冲击响应谱、轨道碎片对航天器的破坏、空间温度、材料的热弹性性能及通气孔结构进行了具体阐述。第29章针对典型的航天器相关问题进行了举例描述,如等效动态系统、模态有效质量及模态综合法等。